JN254108

環境人間学と地域

Siberia

シベリア

温暖化する極北の水環境と社会

檜山哲哉・藤原潤子 編著

京都大学学術出版会

シベリアは人間が暮らす場所としては最も寒い地域である。冬の気温は氷点下 40 度を下回る日もあり、大地も川も、町も村も凍りつく。しかしシベリアは温暖化の影響が最も顕著に現れている地域でもあり、特異な自然環境と、そこに暮らす人々の生活に影響が出はじめている。(→はじめに)

上段：上空から見たサハ共和国の首都ヤクーツクの街並み。(2008 年 3 月、藤原潤子撮影)
中段：タイガ地帯にある家畜トナカイの冬キャンプ。(サハ共和国オレニョク郡。2013 年 2 月、吉田睦撮影)
下段左：凍った川に穴をあけて作られた水飲み場。(サハ共和国ハンガラス郡。2009 年 3 月、藤原潤子撮影)
下段右：冬にさかんに行われる氷下漁。(サハ共和国オイミャコン郡。2013 年 2 月、中田篤撮影)

シベリアでは北緯50〜70°付近はタイガ地帯、それ以北の北極海に至る範囲はツンドラになっており、地下には広い範囲で永久凍土が分布している。近年、温暖化による降水量の増加で、カラマツの立ち枯れなどタイガの劣化が観察され、それと連鎖して凍土の劣化も生じている。（→1章、2章）

上段：ツンドラ地帯で放牧される家畜トナカイ。（サハ共和国オレニョク郡。2010年9月、吉田睦撮影）
下段左：タイガのカラマツ林。（サハ共和国ウスチ・マヤ郡。2004年6月、杉本敦子撮影）
下段右上：気候変化によって生じたカラマツの枯死。（サハ共和国ヤクーツク近郊。2012年6月、太田岳史撮影）
下段右下：地下氷の露頭。（サハ共和国ウスチ・アルダン郡。2009年8月、檜山哲哉撮影）

シベリアは野生動物資源が豊富な地域で、中でもトナカイは特に重要な位置を占める。しかし近年、野生トナカイの移動ルートや移動のタイミングが不安定になり、効率よく発見・捕獲することが難しくなっている。クロテン、マスクラット、キツネなどの毛皮獣狩猟も行われてきたが、ソ連崩壊後は毛皮の買取り価格が暴落しており、狩猟を行う経済的な意味は失われつつある。（→ 3 章、11 章）

上段：野生トナカイの大集団。（サハ共和国オレニョク郡。2001 年 6 月、フョードル・ヤコヴレフ撮影）
下段左上：冬に湖で行われるマスクラット罠猟の様子。（サハ共和国ナム郡。2010 年 3 月、池田透撮影）
下段左下：マスクラットの皮をはぐ猟師。（サハ共和国スレドネコリマ郡。2010 年 3 月、藤原潤子撮影）
下段右：倒木を用いて作られた伝統的なイタチ罠。（サハ共和国ナム郡。2011 年 3 月、池田透撮影）

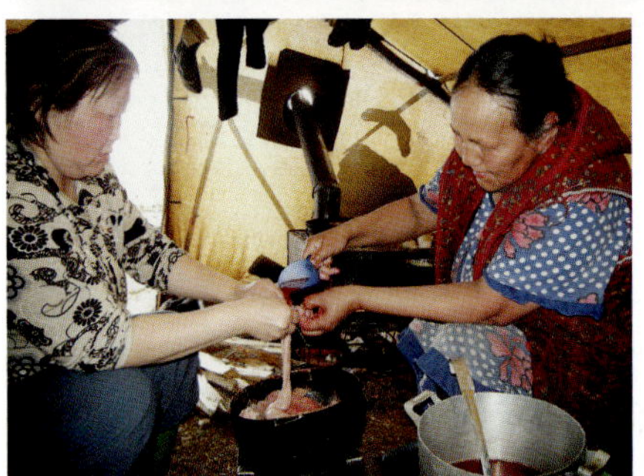

シベリアではトナカイは食糧、衣料、移動手段などとして利用され、先住民文化を特徴づける重要な要素となっている。家畜トナカイの数は時期により増減しているが、その原因は気候変化よりも社会変化に帰する部分が大きい。(→ 11 章)

上段：トナカイの背に乗って別のキャンプ地へ移動する人々。(クラスノヤルスク地方。2010 年 8 月、吉田睦撮影)
中段左：トナカイの臓器に血をいれてソーセージを作る。(同上)
中段右：屠畜の後、天日に干されるトナカイの肉と頭部。(同上)
下段左：トナカイの搾乳風景。(サハ共和国オレニョク郡。2010 年 9 月、吉田睦撮影)
下段右：エヴェンキ人のトナカイ毛皮製上衣と帽子。(サハ共和国オレニョク郡。2013 年 3 月、吉田睦撮影)

レナ川中流域で重要な生業となっているのが牛馬飼育である。毎年、春の解氷期に川が増水し、中洲や氾濫原が水に浸かるが、この現象が川辺の豊かな牧草地をはぐくんできた。人々は冬に備えるために、夏の間、干し草作りに精を出す。

上段左：半野生状態で飼育される馬。（サハ共和国オイミャコン郡。2013 年 2 月、中田篤撮影）
上段右：厳寒期に戸外を歩き回る牝牛。寒さから乳房を守るために、毛皮でできた「ブラジャー」のようなものが必ずつけられる。（サハ共和国スレドネコリマ郡。2010 年 3 月、藤原潤子撮影）
中段：チームを組んで干し草を作る人々。（サハ共和国メギノ・カンガラス郡。1999 年 8 月、高倉浩樹撮影）
下段左右：屠殺用の子馬の選別作業。（サハ共和国ハンガラス郡。2007 年 11 月、高倉浩樹撮影）

シベリアの村の多くは川辺に位置する。人々は川の水を飲み、川で魚を獲り、川辺で牛馬の飼育を行う。川は重要な交通路でもあり、夏はボートで、冬は凍った川の上を車で移動する。しかし水辺に住むがゆえに、水害を受けやすいという問題をかかえている。（12 章、13 章）

上段：レナ川の中流域の村。（サハ共和国ハンガラス郡。2009 年 7 月、藤原潤子撮影）
中段：凍結したレナ川に作られた冬道路。（サハ共和国レナ川中流域。2008 年 3 月、藤原潤子撮影）
下段左：一家で魚を獲り、さばき、干す。（サハ共和国スレドネコリマ郡。2010 年 8 月、藤原潤子撮影）
下段右：湖から切り出された飲料用の氷。（サハ共和国ハンガラス郡。2009 年 3 月、藤原潤子撮影）

大地を蛇行しながら流れるシベリアの川は、冬には固く凍りつく。春になると氷が融けて割れ、流れ出すが、それが下流で詰まることにより洪水が発生する。洪水の際は、家をも押しつぶすような勢いで巨大な氷が村に流れ込むこともある。近年、こうした洪水が大規模化かつ頻繁化し、大きな問題となっている。（→4章、5章、6章、12章）

上段左：シベリア上空から見た冬の大地と川。（2010年3月、藤原潤子撮影）
上段右：上流から流れてきた氷で詰まったレナ川。（サハ共和国ヤクーツク近郊。2011年5月、酒井徹撮影）
中段：洪水の際に村に押し寄せた氷。（サハ共和国カンガラス郡。2010年5月撮影、郡役場提供）
下段：洪水で水に浸かった村。（サハ共和国ヤクーツク近郊。2011年5月、酒井徹撮影）

シベリアには数多くの民族が暮らし、多様な文化をはぐくんでいる。神話、昔話、伝説、歌など、各民族に伝えられてきたフォークロアには独自の自然観が刻み込まれている。寒さの厳しいこの地では、春の訪れはことさらに待ち遠しいものであり、祭りの際にはその喜びが高らかに歌われる。(→7章、8章、9章)

上段：「トナカイ牧者の祭典」に参加したエヴェン人のトナカイ橇。(サハ共和国トンポ郡。2009年4月、立澤史郎撮影)
中段：冬に見立てた人形を焼くロシア人の春迎えの行事。(サハ共和国ハンガラス郡。2009年3月、藤原潤子撮影)
下段：夏至祭で「馬乳酒の歌」に合わせて踊る子どもたち。(サハ共和国スンタール郡。2006年6月、荏原小百合撮影)

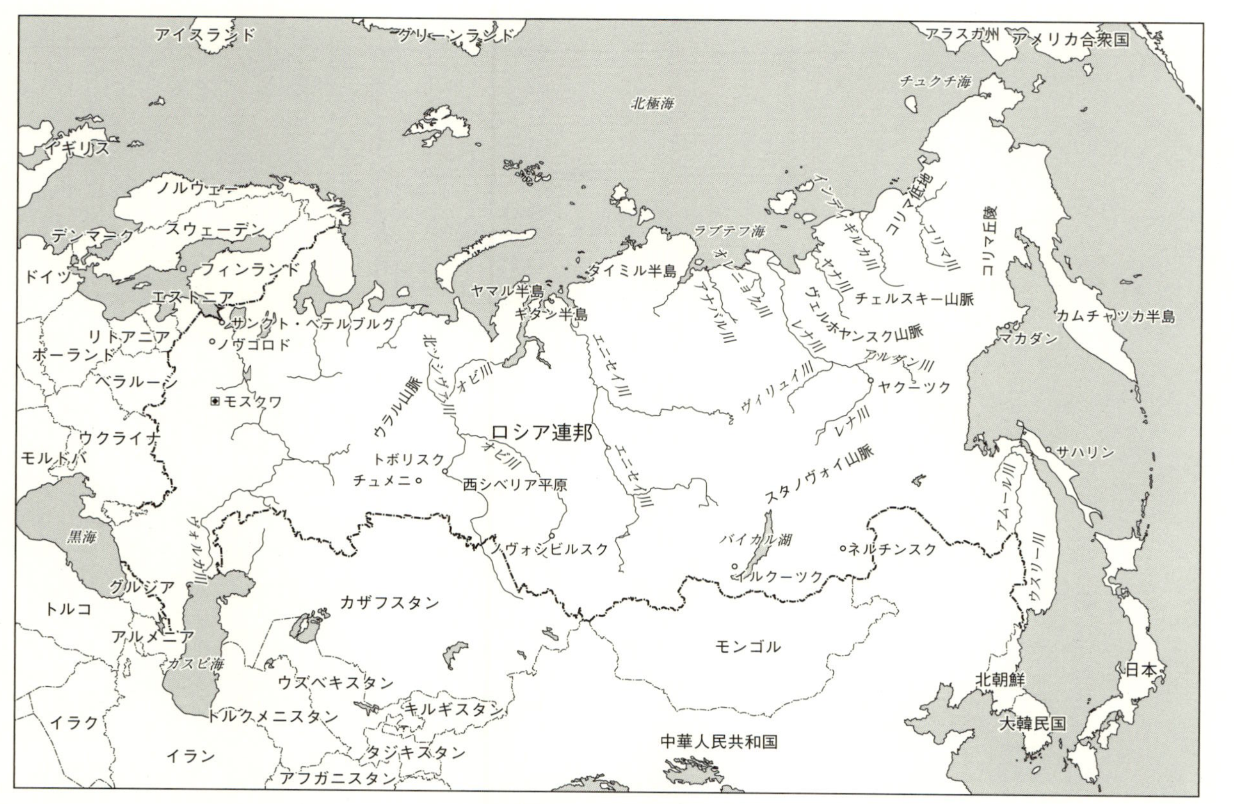
アイスランド
グリーンランド
アラスカ州
アメリカ合衆国
チュクチ海
北極海
イギリス
ノルウェー
デンマーク
スウェーデン
ドイツ
フィンランド
エストニア
リトアニア
ポーランド
ベラルーシ
ウクライナ
モルドバ
サンクト・ペテルブルグ
ノヴゴロド
モスクワ
ヤマル半島
ギダン半島
タイミル半島
ラプテフ海
オレニョク川
アナバル川
インディギルカ川
ヤナ川
コリマ低地
コリマ川
コリマ丘陵
チェルスキー山脈
ヴェルホヤンスク山脈
レナ川
アルダン川
ヤクーツク
カムチャツカ半島
マカダン
北ソシヴァ川
オビ川
ウラル山脈
エニセイ川
ヴィリュイ川
ロシア連邦
トボリスク
チュメニ
西シベリア平原
スタノヴォイ山脈
サハリン
アムール川
ウスリー川
黒海
ヴォルガ川
ノヴォシビルスク
バイカル湖
イルクーツク
ネルチンスク
グルジア
トルコ
カザフスタン
アルメニア
カスピ海
モンゴル
ウズベキスタン
トルクメニスタン
キルギスタン
イラク
イラン
タジキスタン
アフガニスタン
中華人民共和国
北朝鮮
大韓民国
日本

地図１　ロシア広域

地図２　シベリア行政区分

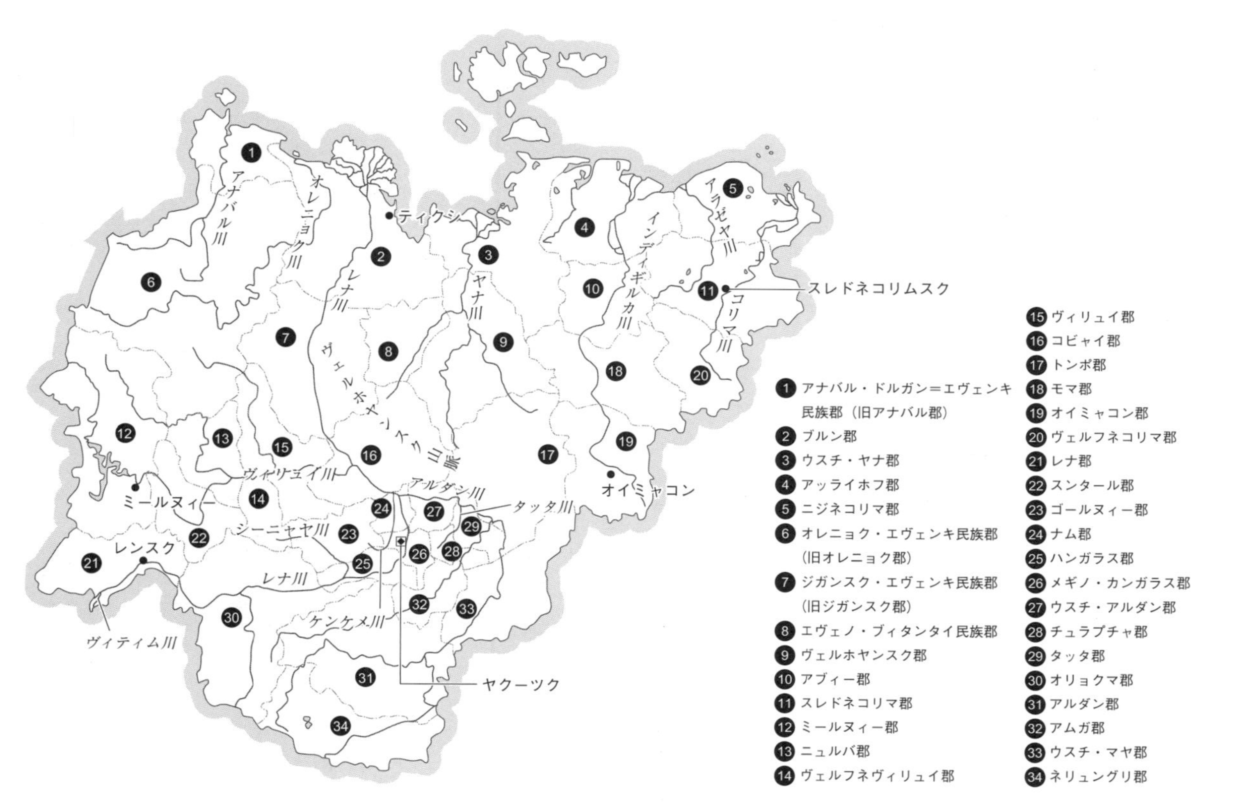

地図3　サハ共和国（ヤクーチア）

シベリアに関する略年表

6〜8 世紀	アルタイ地方はテュルク族（突厥）の支配下に、極東地方ではツングース系の渤海が興隆
10〜15 世紀	バイカル湖周辺からサハ人（ヤクート）が北進し、レナ川中流域で暮らすように
11 世紀	ロシアの年代記に北方ロシアの先住民の記述（「ユグラ」の地、「サモヤージ（サモエード系民族）」に言及）
12〜13 世紀	ノヴゴロドの商人が交易のために西シベリアに達する
13 世紀	東シベリアの南部がモンゴル系のチャガタイ・ハーン国に、西シベリアがキプチャク・ハーン国の版図に入る
15 世紀	キプチャク・ハーン国の後にシビル・ハーン国が形成。通説ではその首都シビリがシベリアの語源となる
1558 年	商人グリゴリー・ストロガノフがイワン 4 世から西シベリア開発の許可を得る
1581 年	エルマークを長とするコサック隊のシベリア遠征の開始
1582 年	エルマークがシビル・ハーン国を占領
1586 年	チュメニ要塞の建設。先住民にはヤサクと呼ばれる現物税（毛皮など）が課されるように
1587 年	トボリスク要塞の建設
1632 年	ヤクーツク要塞の建設
1630 年代	現サハ共和国地域のロシア領への編入
1639 年	コサック隊がオホーツク海に到達
1648 年	デジニョフによるユーラシア東端の回航
1661 年	イルクーツク要塞の建設
1689 年	中国とネルチンスク条約締結
1701 年	セミョーン・レメゾフが『シベリア地図帳』を作成
1719–27 年	メッサーシュミットによる初の学術的シベリア探検
1725–30 年	ベーリングを隊長とする第一次カムチャツカ探検

1733–43 年	ベーリングを隊長とする第二次カムチャツカ探検
1799 年	露米会社の設立
18 世紀	シベリアでの鉱山開発の開始
18 世紀後半以降	シベリア流刑の制度化
18 世紀末～19 世紀初め	ネルチンスクで銀山の開発開始
1822 年	異民族統治に関する最初の法律制定
1845 年	帝政ロシア科学アカデミー地理学協会創立
1849 年	ネヴェリスコイによるアムール川河口の航行
1858 年	中国と愛琿条約締結（アムール川以北の領土画定）
1860 年	中国と北京条約締結（ウスリー川左岸の領土画定）
1861 年	農奴解放令。これにより、シベリアへの農民の移住が一段と加速化
1867 年	ロシア領アラスカ・アリューシャン列島をアメリカに売却
1891 年	シベリア鉄道の建設開始
1897 年	シベリア鉄道が一部除き開通
19 世紀	レナ川流域で金山の開発開始
19 世紀後半	西シベリアが穀倉地帯に
1897–1902 年	ジェサップ北太平洋民族学調査（米露共同研究）
1917 年	ロシア革命
1918–1922 年	シベリア出兵（ソビエト政権打倒のための干渉戦争）
1922 年	ヤクート自治共和国（現在のサハ共和国）の誕生
1924–35 年	ロシア北方諸民族の統治を目的とする「北方委員会」が活動
1928–1932 年	第 1 次 5 か年計画でウラル・クズバス・コンビナート建設。以来、ソビエト政権によるシベリア開発が活発化
1929 年	全面的農業集団化の開始
1930 年以降	民族自治単位の設置
1937 年	東部開発が重点課題となり、バム鉄道の建設が策定
1941–1945 年	大祖国戦争（第 2 次世界大戦）

1950 年以降	強制的定住化・農業集団化の強化
1950 年代	水力発電所建設をはじめとするシベリア開発プロジェクトの本格化
1957 年	ノヴォシビルスクにアカデムゴロドク（科学都市）を建設
1984 年	バム鉄道の完成
1986 年以降	ペレストロイカ、歴史の見直し
1990 年	第 1 回シベリア・北方少数民族大会
1991 年	ソ連崩壊
1999 年	ロシア先住少数民族基本法の制定

＊本表は、川端香男里ほか監修『新版　ロシアを知る事典』（平凡社、2004 年）他の資料を参照して藤原潤子、吉田睦が作成した。

シベリア先住民族一覧

	民族名		主要な居住地域（現ロシア連邦行政区）	伝統生業	言語系統	ロシア連邦における人口（2010年）
1	アジア・エスキモー（シベリア・ユピック）	Asian Eskimo (Siberian Yupik)	チュクチ自治管区、カムチャツカ地方	海獣狩猟・漁労	（古アジア）エスキモー・アレウト	1,738
2	アリュートル	Alutor	カムチャツカ地方	海獣狩猟・漁労・トナカイ牧畜	（古アジア）チュクチ・カムチャツカ	データ無し
3	アルタイ（テレンギット、トゥバラル、チェルカンを除く）	Altai	アルタイ共和国ほか	ステップ型牧畜・狩猟	テュルク	74,238
4	アレウト	Aleut	カムチャツカ地方	海獣狩猟・漁労	（古アジア）エスキモー・アレウト	482
5	イテリメン	Itel'men	カムチャツカ地方	海獣狩猟・漁労	（古アジア）チュクチ・カムチャツカ	3,193
6	ウイルタ（オロッコ）	Uilta	サハリン州	トナカイ牧畜・狩猟・漁撈・海獣狩猟	ツングース	295
7	ウデヘ	Udehe	沿海地方、ハバロフスク地方	狩猟・漁撈	ツングース	1,496
8	ウリチ	Ul'chi	ハバロフスク地方	狩猟・漁撈	ツングース	2,765
9	エヴェン	Even	サハ共和国、マガダン州、カムチャツカ地方ほか	トナカイ牧畜・狩猟・漁撈	ツングース	22,383
10	エヴェンキ	Evenki	サハ共和国、クラスノヤルスク地方ほか	トナカイ牧畜・狩猟・漁撈	ツングース	37,843
11	エネツ	Enets	クラスノヤルスク地方	トナカイ牧畜・狩猟・漁撈	（ウラル）サモエード	227

	民族名		主要な居住地域（現ロシア連邦行政区）	伝統生業	言語系統	ロシア連邦における人口（2010年）
12	オロチ	Orochi	ハバロフスク地方	漁撈・海獣狩猟	ツングース	596
13	ガナサン	Nganasan	クラスノヤルスク地方	トナカイ牧畜・狩猟・漁撈	（ウラル）サモエード	862
14	カムチャダール	Kamchadal	カムチャツカ地方	漁撈・狩猟		1,927
15	クマンディン	Kumandin	アルタイ地方、アルタイ共和国、ケメロヴォ州	ステップ型牧畜・狩猟	テュルク	2,892
16	ケット	Ket	クラスノヤルスク地方	狩猟・漁撈・トナカイ牧畜	（古アジア）エニセイ	1,219
17	ケレック	Kerek	チュクチ自治管区	狩猟・漁撈	（古アジア）チュクチ・カムチャツカ	4
18	コリヤーク	Koryak	カムチャツカ地方、マガダン州ほか	トナカイ牧畜・海獣狩猟・漁撈	（古アジア）チュクチ・カムチャツカ	7,953
19	サハ（ヤクート）	Sakha	サハ共和国ほか	牛馬飼育・狩猟・漁撈	テュルク	478,085
20	シベリア・タタール	Siberian Tatar	チュメニ州ほか	ステップ型牧畜・農業	テュルク	6,779
21	ショル	Shor	ケメロヴォ州、ハカス共和国、アルタイ共和国	ステップ型牧畜・狩猟	テュルク	12,888
22	セリクープ	Sel'kup	ヤマル・ネネツ自治管区、トムスク州ほか	狩猟・漁撈・トナカイ牧畜	（ウラル）サモエード	3,649
23	ソヨート	Soyot	ブリヤート共和国	ステップ型牧畜・狩猟	テュルク	3,608
24	ターズ	Taz	沿海地方	農業		274
25	チェルカン	Chelkan	アルタイ共和国	ステップ型牧畜・狩猟	テュルク	1,181

	民族名		主要な居住地域(現ロシア連邦行政区)	伝統生業	言語系統	ロシア連邦における人口(2010年)
26	チュクチ	Chukchi	チュクチ自治管区、カムチャツカ地方	トナカイ牧畜・海獣狩猟	(古アジア)チュクチ・カムチャツカ	15,908
27	チュワン	Chuvan	チュクチ自治管区、マガダン州	トナカイ牧畜・狩猟・漁撈		1,002
28	チュリム	Chulym	トムスク州、クラスノヤルスク地方	漁撈・狩猟・牧畜	テュルク	355
29	テレウト	Teleut	ケメロヴォ州	ステップ型牧畜・狩猟	テュルク	2,643
30	テレンギット	Telengit	アルタイ共和国	ステップ型牧畜・狩猟	テュルク	3,712
31	トゥバ(トージャ・トゥバを除く)	Tuva	トゥバ共和国ほか	ステップ型牧畜・狩猟	テュルク	263,934
32	トゥバラル	Tubalar	アルタイ共和国	ステップ型牧畜・狩猟	テュルク	1,965
33	トージャ・トゥバ	Tozha-Tuva	トゥバ共和国	トナカイ牧畜・狩猟・漁撈	テュルク	1,858
34	トファラル	Tofalar	イルクーツク州	トナカイ牧畜・狩猟・漁撈	テュルク	762
35	ドルガン	Dolgan	クラスノヤルスク地方、サハ共和国	トナカイ牧畜・狩猟・漁撈	テュルク	7,885
36	ナーナイ	Nanai	ハバロフスク地方、沿海地方、サハリン州	狩猟・漁撈	ツングース	12,003
37	ナガイバク	Nagaibak	チェリャビンスク州	農業	テュルク	8,148
38	ニヴフ	Nivkh	ハバロフスク地方、サハリン州	漁撈・海獣狩猟・狩猟	(古アジア)孤立語	4,652
39	ネギダール	Negidal	ハバロフスク地方	狩猟・漁撈	ツングース	513

	民族名		主要な居住地域（現ロシア連邦行政区）	伝統生業	言語系統	ロシア連邦における人口（2010年）
40	ネネツ	Nenets	ヤマル・ネネツ自治管区、ネネツ自治管区ほか	トナカイ牧畜・狩猟・漁撈	（ウラル）サモエード	44,640
41	ハカス	Khakas	ハカス共和国ほか	ステップ型牧畜・狩猟	テュルク	72,959
42	ハンティ	Khanty	ハンティ・マンシ自治管区、ヤマル・ネネツ自治管区ほか	トナカイ牧畜・狩猟・漁撈	（ウラル）ウゴル	30,943
43	ブリヤート	Buryat	ブリヤート共和国ほか	ステップ型牧畜・狩猟	モンゴル	461,389
44	マンシ	Mansi	ハンティ・マンシ自治管区、スヴェルドロフスク州ほか	トナカイ牧畜・狩猟・漁撈	（ウラル）ウゴル	12,269
45	ユカギール	Yukaghir	サハ共和国、マガダン州	トナカイ牧畜・狩猟・漁撈	（古アジア）ユカギール	1,603
合計						1,613,982
ロシアの人口（142,856,536）全体における割合						1.13%

本表は以下の①をベースとし、②のデータを入れて藤原・吉田・高倉・永山・江畑・中田が作成した：

①高倉浩樹・佐々木史郎・吉田睦・藤原潤子・永山ゆかり「シベリアに暮らす民族一覧」、高倉浩樹編『極寒のシベリアに生きる』新泉社、2012年、92–95頁。

② 2010年の全ロシア国勢調査（Всероссийская перепись населения 2010 года. Т.4. Национальный состав и владение языками, гражданство.）
http://www.gks.ru/free_doc/new_site/perepis2010/croc/perepis_itogi1612.htm

「環境人間学と地域」の刊行によせて

地球環境問題が国際社会の最重要課題となり、学術コミュニティがその解決に向けて全面的に動き出したのは、1992年の環境と開発に関する国連会議、いわゆる地球サミットのころだろうか。それから20年が経った。

地球環境問題は人間活動の複合的・重層的な集積の結果であり、仮に解決にあたる学問領域を『地球環境学』と呼ぶなら、それがひとつのディシプリンに収まりきらないことは明らかである。当初から、生態学、経済学、政治学、歴史学、哲学、人類学などの諸学問の請来と統合が要請され、「文理融合」「学際的研究」といった言葉が呪文のように唱えられてきた。さらに最近は「トランスディシプリナリティ」という概念が提唱され、客観性・独立性に依拠した従来の学問を超え社会の要請と密接にかかわるところに『地球環境学』は構築すべきである、という主張がされている。課題の大きさと複雑さと問題の解決の困難さを反映し、『地球環境学』はその範域を拡大してきている。

わが国において、こうした『地球環境学』の世界的潮流を強く意識しながら最先端の活動を展開してきたのが、大学共同利用機関法人である総合地球環境学研究所（地球研）である。たとえば、創設10年を機に、価値命題を問う「設計科学」を研究の柱に加えたのもそのひとつである。事実を明らかにする「認識科学」だけでは問題に対応しきれないのが明らかになってきたからだ。

一方で、創設以来ゆるぎないものもある。環境問題は人間の問題であるという考えである。よりよく生きるためにはどうすればいいのか。環境学は、畢竟、人間そのものを対象とする人間学Humanicsでなければならなくなるだろう。今回刊行する叢書『環境人間学と地域』には、この地球研の理念が通底しているはずである。

これからの人間学は、逆に環境問題を抜きには考えられない。人間活動の全般にわたる広範な課題は環境問題へと収束するだろう。そして、そのときに鮮明に浮かび上がるのが人間活動の具体的な場である「地域」である。地域は、環境人間学の知的枠組みとして重要な役割を帯びることになる。

ひとつの地球環境問題があるのではない。地域によってさまざまな地球環境問題がある。問題の様相も解決の手段も、地域によって異なっているのである。安易に地球規模の一般解を求めれば、解決の道筋を見誤る。環境に関わる多くの国際的条約が、地域の利害の対立から合意形成が困難なことを思い起こせばいい。

地域に焦点をあてた環境人間学には、二つの切り口がある。特定の地域の特徴的な課題を扱う場合と、多数の地域の共通する課題を扱う場合とである。どちらの場合も、環境問題の本質に関わる個別・具体的な課題を措定し、必要とされるさまざまなディシプリンを駆使して信頼に足るデータ・情報を集め、それらを高次に統合して説得力のある形で提示することになる。簡単ではないが、叢書「環境人間学と地域」でその試みの到達点を問いたい。

「環境人間学と地域」編集委員長
総合地球環境学研究所　教授
阿部　健一

はじめに

人間が暮らす場所としては世界で最も寒い場所、シベリア。ここは、温暖化が最も顕著に現れると予測される北半球高緯度にある。本書は、冬には極寒となるシベリアの特異な自然環境、そこに暮らす人びとの生業・文化、そしてそれらに対する地球温暖化の影響を、水や氷（水環境）の観点から描き出すものである。

水は、温暖な地域では液体として存在し、我々の生活に恩恵をもたらす。一方で東シベリアには北半球の寒極が位置し、海から遠いために雨と雪が少ない。そしてシベリアの寒冷な環境下では、固体の水である「氷」もごくありふれた存在である。シベリアは、水が気体—液体—固体の3つの状態を容易に取り得るという点できわめてユニークな地域であると言える。少ない雨雪と大きな気温年較差といった過酷な環境にあるシベリアでは、季節に応じて起こる水の「凍結・融解」が人びとの生活を左右する。たとえば、液体としての水が交通の障壁となる一方で､氷は逆にそれを容易にすることもある。東シベリアを流れるレナ川など、北極海に流れ込む大河では、春になると解氷洪水（大解氷）が毎年のように発生する。ある年には洪水をもたらして彼らに恵みを与える一方、違う年には災いをもたらすこともある。季節によって性質を変える水と氷の存在は、シベリアの気候、それに適応してきた動植物相や人間の文化・社会に大きな影響を与えてきたのである。

シベリアは，そのような厳しい気候条件でありながらも、北方林（タイガ）の存在によって永久凍土が守られ、翻ってタイガが守られるという共存（共生）関係が築かれている。ところが近年の地球温暖化は､シベリアでの降水・蒸発・河川流出などの水循環を変化させ、水環境が変化することでタイガやツンドラなどの陸域生態系にも影響を及ぼしている。水環境と陸域生態系（植物相）の変化は、それらに依存するトナカイなどの資源動物（動物相）にも影響を及ぼし、それらを利用するシベリアの人々にも影響を及ぼすものと思われる。

このように、地球温暖化は0℃を挟んで毎年ダイナミックに繰り広げられるシベリアの「凍結・融解」という水の相変化の季節性を変化させ、蒸発・降水・河川流出といった水循環を変化させることで、そこに生きざるを得ない人々に大きな影響を与えるのである。

本書は、大学共同利用機関法人　人間文化研究機構　総合地球環境学研究所（愛称：地球研）の連携研究プロジェクト（C-07）『温暖化するシベリアの自然と人 ―― 水環境をはじめとする陸域生態系変化への社会の適応』（略称：地球研シベリアプロジェクト）のプロジェクトメンバーにより著されたものである。地球研シベリアプロジェクトは2007年度の予備研究（FS）に始まり、2008年度にプレリサーチ（PR）に移行後、2009年度から2013年度の5年間にわたり本研究（FR）として主に日露間でプロジェクト研究を遂行してきた。その主な研究対象は、プロジェクトの副題にもあるように、温暖化にともなうシベリアの水循環（水環境）変化と陸域生態系変化である。そして忘れてならないのは、それらの影響を直接受ける「人」にフォーカスしていることである。

地球研シベリアプロジェクトによって得られた本書は、シベリアの水環境変化に対し、人々がどのように適応し利用してきたのかを浮き彫りにする。そして地球温暖化に代表される近年の気候変化によって、あるいは1991年末のソ連崩壊に代表される社会変化によって、人びとがどのような影響を受けているのかを、科学知・伝統知の双方から概観するものである。近くて遠いシベリア。そこで生じている環境変化を知り、そこに住む人びとの生き様を知ることで、自分たち以外の社会に対する理解や想像力・共感力の欠如を補いながら、我々自身の社会のあり方を考えるきっかけになれば幸いである。

本書を読む際、参考になる文献を以下に示す。必要に応じて、これらの良本も参考にして頂ければ幸いである。

遠藤邦彦・山川修治・藁谷哲也 編（2010）『極圏・雪氷圏と地球環境』二宮書店，東京．
福田正巳（1996）『極北シベリア』岩波書店，東京．
檜山哲哉（2011）タイガ―永久凍土の共生関係．『水の環境学 ―― 人との関わりから考える』（清水裕之・檜山哲哉・河村則行 編）pp. 114–115　名古屋大学出版会，名古屋．
山田仁史・永山ゆかり・藤原潤子 編（2014）『水・雪・氷のフォークロア ―― 北の人々の伝承世界』勉誠出版，東京．
高倉浩樹（2012）『極北の牧畜民　サハ ―― 進化とミクロ適応をめぐるシベリア民族誌』昭和堂，京都．
高倉浩樹 編（2012）『極寒のシベリアに生きる ―― トナカイと氷と先住民』新泉社，東京．
Tennberg, M. (eds.) (2012) Governing the Uncertain: Adaptation and Climate in Russia and Finlnd. Springer, Dordrecht, The Netherlands.

目　次

第２部　荒ぶる水 — シベリアの洪水と社会

第3部 水をめぐる多様なまなざし
── 北方諸民族の文化にみる水

第 11 章　資源動物利用に関わる環境変動と住民の適応

第 12 章　洪水リスクへの適応 ── サハ共和国の移住政策

第 13 章　シベリアの水環境変動と社会適応 ── 東日本大震災との対比からみたリスクへの対応

第1部

シベリアの自然と水環境

シベリア、特に東シベリアには世界で最も広く永久凍土が存在する。高山域を除き、シベリアには北から南に向けてツンドラ、森林ツンドラ、タイガといった植生帯が文字通り“帯状”に分布している。ここには、非常に広大な永久凍土生態系が成立しているのである。

第1部では、シベリアの気候、凍土、植生を概観し、「植生―凍土」共生系、動物相と人類の関わりについて解説する。第1部で最も重要な概念は「植生―凍土」共生系である。凍土は植生によって日射の暴露から守られ、植生は凍土があるおかげで少ない降水量でも生育することができる。第1章では、「植生―凍土」共生系を中心に、シベリアにおける自然環境を概観する。加えて、第2部の主要概念である「春洪水」と「夏洪水」について定義する。第2章ではシベリアの植生に着目し、永久凍土生態系における水循環と物質（栄養塩）循環を概観する。そして、過去百年スケールのそれらの変動についての最新の研究成果を紹介する。第3章では、シベリアの動物相の基礎を、人類にとって重要な資源動物である大型哺乳類、特にトナカイに着目して解説する。シベリアの野生トナカイの衛星追跡調査結果は、水循環の変化が様々な形で野生トナカイの生態に影響を及ぼしつつあることを示している。また本章は、第11章における北方少数民族の狩猟や資源動物利用、今後の適応のあり方に関する議論の基礎ともなる。

第１章　気候・凍土と水環境

檜山哲哉

東シベリアには、数千年から一万年程度かけて形成された
アラースと呼ばれる草地―湖沼生態系が、タイガの中に存在する。
（2010 年 7 月 21 日、上空から撮影）

シベリアは、温暖化が最も顕著に現れると予測される北半球高緯度に位置する。東シベリアでは、降水量、融雪時期、河川・湖沼の凍結融解時期が変化し、永久凍土が劣化し始めている。それらは河川の**洪水**の規模を変え、トナカイ牛馬飼育や野生動物の狩猟など、人々の**生業**に大きな影響を与え始めている。人々がそれらにどのように**適応**[1]しているのかを調べ、これからの適応策はどうあるべきかを議論するためには、まず、この地の気候・植生・凍土と水環境の概要を知っておく必要がある。本章では、**「植生―凍土」共生系**に着目しながら、近年の温暖化がどのような形でシベリアに影響を及ぼしているのか、そしてシベリアでの水循環と水環境の変化が、どのように地域社会に影響を及ぼしているのかについて、概説する。

シベリアの気候・植生・凍土と水環境を総括的に解説した類書として、遠藤ほか（2010）がある。そのなかで、福田（2010）は永久凍土の成り立ちと現在の分布、シベリアの古気候、凍土環境と植生の関係について解説している。北半球高緯度域の近年の気候については、山崎（2010）に詳しく説明されている。本章では、それらの知見を踏まえつつ、温暖化とシベリアの水循環・水環境の関わりに力点をおいて解説する。

1−1　凍土と植生

(1) シベリアの凍土・植生と景観の成り立ち

シベリアの自然を特徴付けるのは永久凍土と植生、そしてそれらと相互作用して成り立つ寒冷な気候である。北緯50°〜70°の大地は**北方林（タイガ）**に覆われており、70°以北の北極海に至る帯状の範囲は**ツンドラ**になっている。後述するように、植生と凍土は共生系（または共存系）になっており、お互いがお互いを劣化から守っている。

[1]　生物学的な適応ではなく、本書では社会適応（social adaptation）を扱う。

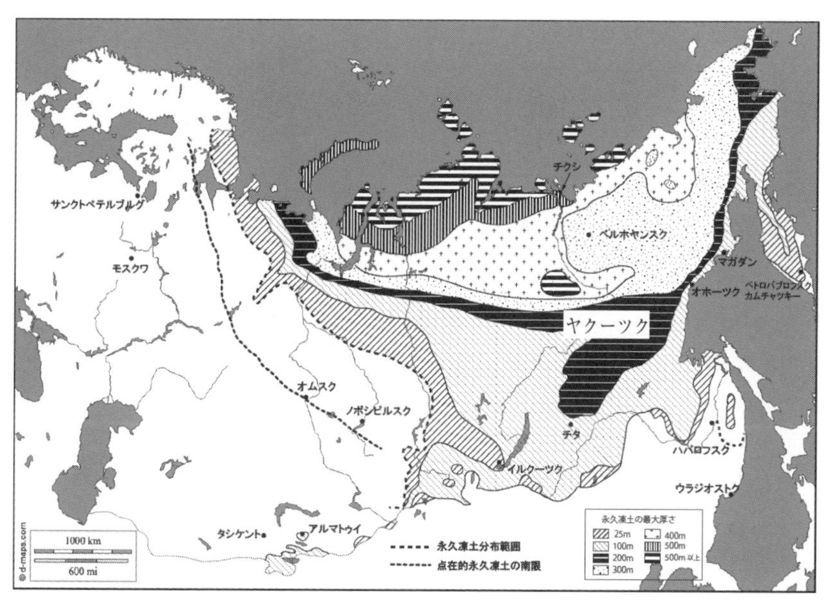

図 1-1　北ユーラシアの永久凍土の分布。福田（2010）の図 1 をもとに総合地球環境学研究所（当時）の清水宏美作図。

図 1-1 はシベリアを含む北ユーラシアにおける**永久凍土**の分布を示している。東シベリアのヤクーツクを含む広い帯状の範囲で最大厚さが 200 m 以上、レナ川流域の一部と北極海沿いで 500 m 以上となっている（福田 2010）。西シベリアのオビ川流域の上流域や中流域には点在的に凍土が存在するのみで、連続永久凍土帯は下流域（北極海沿岸域）に限られる。それでは、なぜ北ユーラシアの永久凍土がこのような分布に至ったのであろうか。

東シベリアでは、**最終氷期**は約 7 万年前からはじまり、2 万年前に最寒期となり、1 万 3000 年前に終了した（福田 1996）。この間、北半球高緯度域には、北米にローレンタイド氷床が、北欧から西～中央シベリア北部にかけての地域にスカンジナヴィア氷床が発達していた。一方、東シベリアには、ヴェルホヤンスク山脈に小規模な氷河が存在したものの、全域を覆うような大陸氷床は存在しなかった（福田 2010）。**氷床**は大気と表層土壌とを断熱的に隔離するため、氷床の存在によって、熱伝導を介した大気と表層土壌との熱のやり取りが妨げられる。つまり、冬季に気温が氷点下になったとしても、土壌は凍結しにくくなる。逆に、氷床が存在しなければ、大気の熱が熱伝導を介して表層土壌に直接伝わることになる。東シベリア・ヤクーツクでの現在の年平均気温は－8℃程度と非常に低い。このような極低温の東シベリアでは、氷床が存在しない期間が長かったことで、非常に分厚い永久凍土層が形成された。特に、東シベリアのヤクーツク周辺、永久凍土の厚さが 500 m 程度の地域には、永久凍土は**第四紀**初期（約 200 万年前）に形成されてから、一度も融解することなく存在していた（福田 1996）。すなわち、約 200 万年前から現在に至るまで大規模な氷床に覆われなかったことが、東シベリアや中央シベリアに、永久凍土が地中深くまで形成した理由である。

本章が主に焦点を当てる東シベリアの植生と景観の成り立ちに着目してみよう。東シベリアは非常に少ない年降水量（300 mm 程度）にもかかわらず、タイガに点在する**アラース**と呼ばれる開地（下記参照）を除くと、ほとんどが落葉針葉樹である**カラマツ**に広く覆われている（Osawa and Zyryanova 2010）。カラマツが生育できる大きな理由は、①夏季の気温が 0℃ 以上になることによって地表面近傍の凍土が一部融解し、**活動層**（**融解層**ともいう）が形成されるため、そして、②夏季の活動層下端（永久凍土上端）で活動層内の土壌水が下方に浸透できないため、の二点にある（檜山 2012a）。ヤクーツク付近のカラマツ林に覆われた凍土の、夏季後半における活動層の深さ（**年最大融解深**）は 1～2 m 程度である（Ohta et al. 2001; 2008）（図 1-2 の 0℃ のラインを参照）。少ない年降水量ではあっても、活動層とその下端の不透水層（永久凍土層）の存在により、カラマツは活動層内の土壌水を使いながら生育することができるのだ。

ところが、冬季の積雪量や夏季の降雨量は多かれ少なかれ変動する。その場合、夏季のカラマツはどのようにして蒸散のための水を確保するのであろうか。カラマツの樹体水、活動層内の土壌水、夏季の降雨、冬季の積雪の、それぞれの水の**酸素・水素安定同位体組成**を用いた研究（Sugimoto et al. 2002; 2003）によれば、カラマツは、夏季の降雨量の大小に応じて、活動層内の土

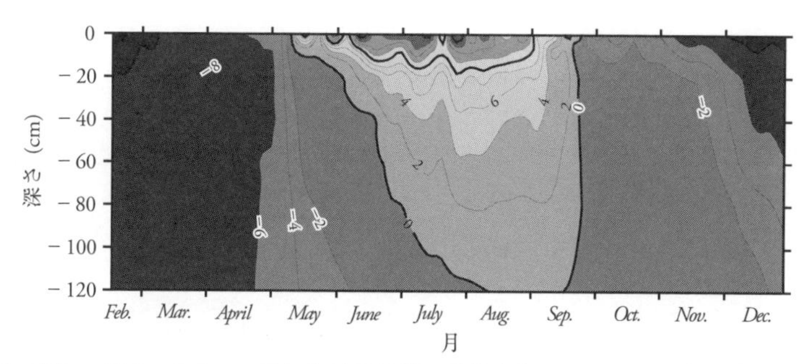

図 1-2　東シベリア・カラマツ林における地温の季節変化。Ohta et al.（2001）の Fig. 6 を修正。

壌水を巧みに使い分けて蒸散している（第2章参照）。すなわち、降水量が多い年には活動層の表層の土壌水を根が吸い上げ蒸散するのに対し、降水量が少ない場合には、活動層の深部から土壌水を吸水している。したがって、年降水量の変動の大小と比較すると、年蒸発散量にはそれほど大きな変動がみられない（Ohta et al. 2008）。このように、カラマツを主とする植生は、永久凍土と活動層とを巧みに利用しながら、東シベリアに根付いて上手に生育できていると言える。一方で、凍土は地上に森林があることによって日射の暴露から守られている。すなわち、**「植生―凍土」共生系**（檜山 2011a）を形成しているのである。

カラマツ林を擁する東シベリアには、永久凍土内に**氷楔**（ひょうせつ：ice wedge）と呼ばれる地下氷がかなり多く存在している。氷楔は、地表面下数 m より深い部分に存在している（図 1-3）。ただし、氷楔はいたるところにあるわけではない。ヤクーツク近郊に存在する氷楔は、最終氷期や現間氷期の寒冷期において、夏季の凍土の融解と冬季の再凍結の繰り返しにより、10年から300年程度の時間をかけて、次に示すような過程で地表面付近に形成された（福田 1996; 檜山 2012a）。①冬季、凍土の表面は低温になればなるほど収縮する。しだいに凍土表面の一部が収縮することにより亀裂が生じる。②融雪期、冬季に発生した亀裂に融雪水が浸透する。亀裂の深部（活動層下端よりも深部）の温度は氷点下であるため、融雪水は浸水後再び活動層

図 1-3　東シベリア・シルダフ村近傍にみられる地下氷の露頭。2009 年 8 月上旬に著者撮影。

内で凍結する。これが氷楔の卵となる。③次の冬、凍土の収縮により前の年に生じた亀裂（氷楔の卵）付近でさらに亀裂が入る。④融雪期以降、この亀裂にさらに融雪水が浸透し、再凍結して氷楔が成長していく。①から④を100 年〜300 年程度繰り返すことにより、氷楔がある一定間隔（20 m 程度）で形成される。

氷楔が存在するタイガ帯では、気候がある程度定常であれば、「植生―凍土」共生系が維持される。ところが、**原野火災**（あるいは、**森林火災**）などによって一時的に開地が生成されることにより、長い時間をかけて、タイガの中に草原や湖沼が形成されてくる（図 1-4）。図 1-4 の写真を見ると、まるで日本のゴルフ場のような景観である。

近年、急激な温暖化が起こっている状況下では、夏季に氷楔が融解する確率が高くなる（Katamura et al. 2006; 2009）。氷楔の融解と再凍結が地表面で生じるような場合、地表面に、亀の甲羅に似た構造土が形成されてくる。このような地形を**ブラー**（bullar）という（図 1-5 左上）。ブラーは、**サーモカルス**

図 1-4　東シベリアのタイガとアラース。2010年7月下旬に著者撮影。

ト衰退（thermokarst depression）[2] における第一段階である。その後、もし樹冠を燃え尽くすような大規模な森林火災などでタイガに開地ができると、夏季、開地に日射が直接差し込むことになる。地表面に氷楔が存在していた場合、氷楔は日射のエネルギーを直接受けて融解することになる。開地では、夏季の活動層の深さは周囲に比べて深く、氷楔の融解水により小規模の湖沼が形成される。サーモカルスト衰退が始まってから、300年～700年かけて形成されたこのような地形を、**ディエデ**（dyede）という（図1-5右上）。

氷楔の融解と消滅によって湖沼の規模が広がり、ディエデは周囲よりも数m凹む。湖沼の地下には冬季になっても凍結することのない**タリク**

［2］　地表層に地下氷が存在する場合、原野火災などで地面を覆っていた森林被覆が無くなると、地面への日射の暴露によって地温が上昇する。その結果地下氷の上部が融解し、体積が縮小して従前に比べて地面が陥没する。このようにして進行する地表層の劣化をサーモカルストと呼ぶ。

図 1-5　サーモカルスト衰退によるアラースの形成過程。ロシア科学アカデミー・寒冷圏生物問題研究所の A. R. Desyatkin 氏提供。

(talik)[3] と呼ばれる不凍水溜まりが形成されるようになる。ブラーの形成後700年から3000年程度かけて形成されたこのような湖沼を、**テュンプ** (tuumpu) という (図 1-5 左下)。この段階の陥没地には融雪水や降水が流入しやすくなり、陥没地全体を水が覆う。水深が深い場合、その断熱効果によって地表面下の水も凍結しにくくなり、タリクが生じる。タリクの一部が地質の不連続面に沿ってレナ川の段丘面やその小谷に湧出している現象も存在する。レナ川を挟んでヤクーツクの南方約 50 km に位置するブルース湧水 (檜山 2012b; Hiyama et al. 2013a) のように、タリクの湧出点付近が地域住民の憩いの場になっているケースもある。

[3]　タリクの存在を地上で確認するのは難しい。

さて、時間の経過によってテュンプは乾燥化し、一部の凹地に湖沼をもつ大規模な草地へと遷移していく。ブラーの形成後 3000 年から 9000 年程度かけて形成されたこのような地形を**アラース**（alas）という（図 1–5 右下）。アラースは、最終氷期終了後、現在の**間氷期**（または**完新世**）に入ってから出現した、サーモカルスト衰退によって形成された景観、ということができる。Katamura et al.（2009）は、アラースの湖沼堆積物中の木炭や泥炭、花粉分析や年代測定を行い、アラースは森林火災の結果として急激に形成されたというよりも、**氷期―間氷期**といった気温上昇を伴う気候変化により、徐々に形成されたものと結論づけている。ヤクーツク近傍、レナ川の右岸側には数多くのアラースが存在する。これらのアラースは、現地住民にとっては牛や馬の放牧地であり、人や家畜の飲み水を確保するための重要な生活の場になっている。近年の急激な温暖化は、今後どのようにサーモカルスト衰退を進行させ、この地域の景観を変えていくのであろうか。1–2 節（2）項や（4）項で詳しく解説する。

(2) シベリアの現在の気候と水循環

まず、現在のシベリアの気候を概観してみよう。図 1–6 は、北ユーラシアにおける 1 月と 7 月の平均気温の分布図である。図 1–6（a）から、北半球の**寒極**は東シベリアのオイミャコンにあることがわかる。一方、図 1–6（b）からは、夏の気温は低緯度ほど高く、高緯度ほど低いことがわかる。（一部、チベット高原付近は標高の関係で気温が低くなっている。）冬のオイミャコンが寒い理由は、この地域（東シベリア）がユーラシア大陸の東に位置し、暖かい大西洋沿岸からかなり遠いため、西からやってきた大気が陸上でかなり冷やされてしまうためである。（つまり陸上を吹く風の吹送距離が長いためである。）陸は海に比べて比熱が小さいため、日照時間が短く日射量が小さい北極域の冬は、海上に比べて陸上の方が低温になりやすいのだ。また、オイミャコンは地形的に標高 1000 m 程度の高原に位置し、周囲をヴェルホヤンスク山脈、チェルスキー山脈、コリマ丘陵に囲まれた盆地であることも、寒極になる原

a)

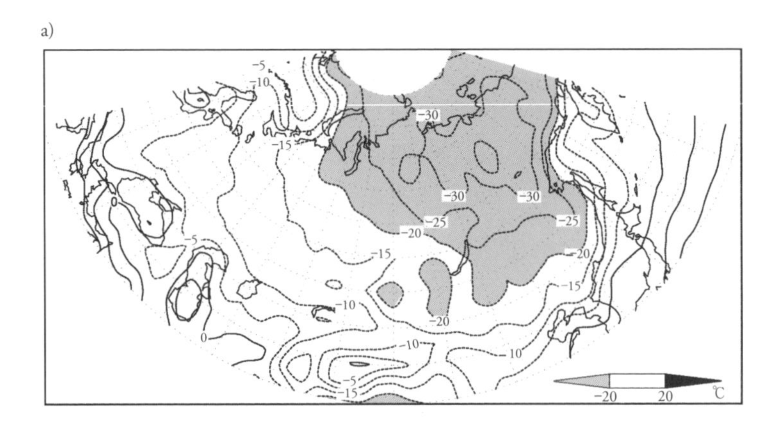

b)

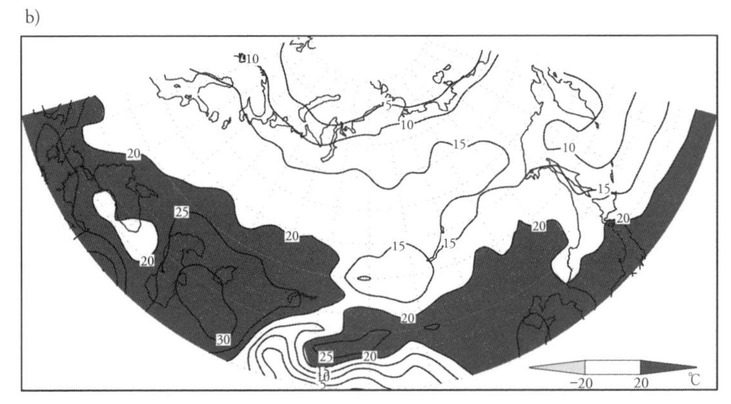

図 1-6　北ユーラシアにおける (a) 1 月の平均気温、(b) 7 月の平均気温。NCEP/NCAR 1 (National Centers for Environmental Prediction/National Center for Atmospheric Research, Reanalysis 1) (Kalnay et al. 1996) の 1971 年〜2000 年 (30 年間) の大気再解析データを使用して海洋研究開発機構の大島和裕作図。

因となっている。(冬、冷気は盆地の底に溜まりやすい。なぜならば、気温が低い空気は暖かい空気よりも重いためである。日本でも、盆地では深夜から早朝にかけて冷気が溜まり、かなり冷える。) 一方で、大西洋からの距離に比べ、オイミャコンは北極海や太平洋に近い。北極海方面から北風が入ることはあるが、冬には西風が卓越するため、太平洋からの大気循環が抑制される。これも、

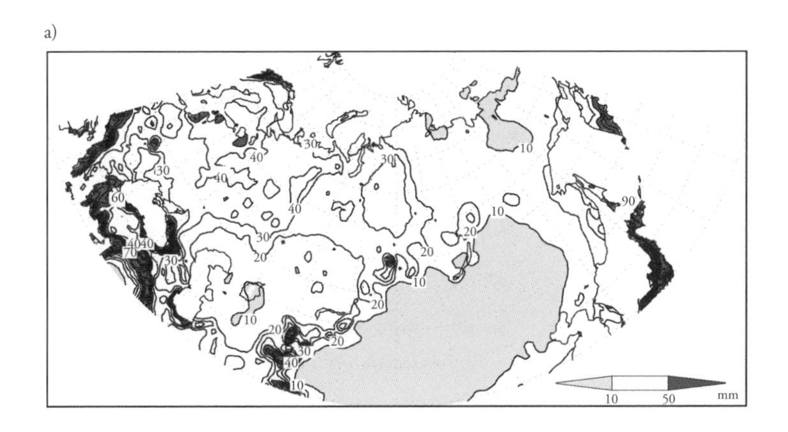

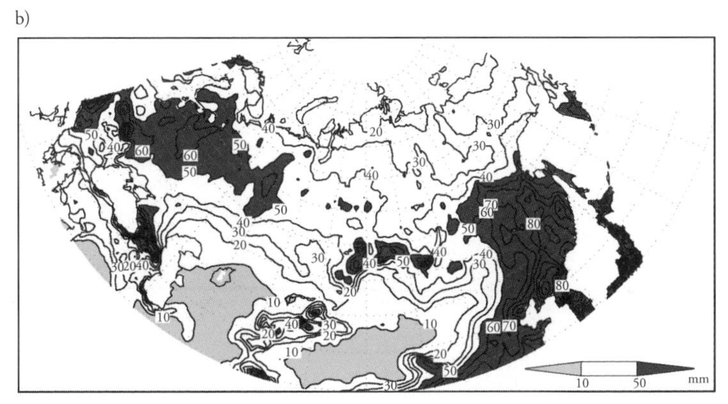

図 1–7　北ユーラシアにおける (a) 10 月〜3 月の月平均降水量、(b) 4 月〜9 月の月平均降水量。APHRODITE (Asian Precipitation—Highly Resolved Observational Data Integration Towards Evaluation of Water Resources) (Yatagai et al. 2012) の 1971 年〜2000 年 (30 年間) の日降水量データを使用して海洋研究開発機構の大島和裕作図。

オイミャコンが寒くなる理由のひとつである。

図 1–7 は、北ユーラシアにおける 10 月〜3 月 (秋季〜冬季) と 4 月〜9 月 (春季〜夏季) の月平均降水量の分布図である。図 1–7 (a) から、秋季〜冬季の月平均降水量は東シベリアで少なく、中央シベリア、西シベリア、ヨーロッパに向かうほど降水量が多くなっていることがわかる。上述したように、こ

の時期にはシベリアでは西風が卓越し、水蒸気の起源である大西洋からの距離が東シベリアに向かうほど遠くなるためである。この図からは、モンゴル～中国東北部にかけての月降水量が非常に少ないこともわかる。また、日本列島やカムチャツカ半島の南東側で降水量が多い一方、ロシアの極東地方では月降水量はそれほど多くないこともわかる。図1–7 (b) からは、春季～夏季の月降水量がユーラシア大陸の東側で非常に多くなることがわかる。これは**アジアモンスーン**が直接的に関わっている。興味深いのは、レナ川の支流であるアルダン川の上流域も、この時期にはアジアモンスーンによって降水量が多くなることである。一方、北極海に近い極北シベリアでは降水量はそれほど多くないことがわかる。

図1–6と図1–7は、双方とも1971年～2000年の30年間における**気候値**（現在の**平年値**）であることに注意してほしい。1–2節 (2) 項で後述するように、1980年代以降（特に2000年代に入ってから）、東シベリア（レナ川流域）や中央シベリア（エニセイ川流域）において夏季の降水量が増加してきている。シベリアでは、気候はもはや定常ではない。図1–6や図1–7からはわからないが、この地域では、十年弱～数十年の変動を伴いながら、気温や降水量が変化してきていることにも注意したい。

1–2　シベリアの温暖化

(1) 温暖化は起こっているのか

図1–8 (a) は、北緯45°以北の（グリーンランドを除く）陸域における1900年以降の**気温偏差**を、4つの季節毎に示したものである。各季節とも、1940年代に気温が高くなり、その後、1960年代と1970年代にいったん気温が低下したことがわかる。そして1980年代から再び気温が上昇し始め、2000年代まで上昇している。特に2005年以降の冬季と春季の気温の上昇が顕著である。図1–8 (a) からは、夏季よりも冬季の気温の年々変動（年による違い）

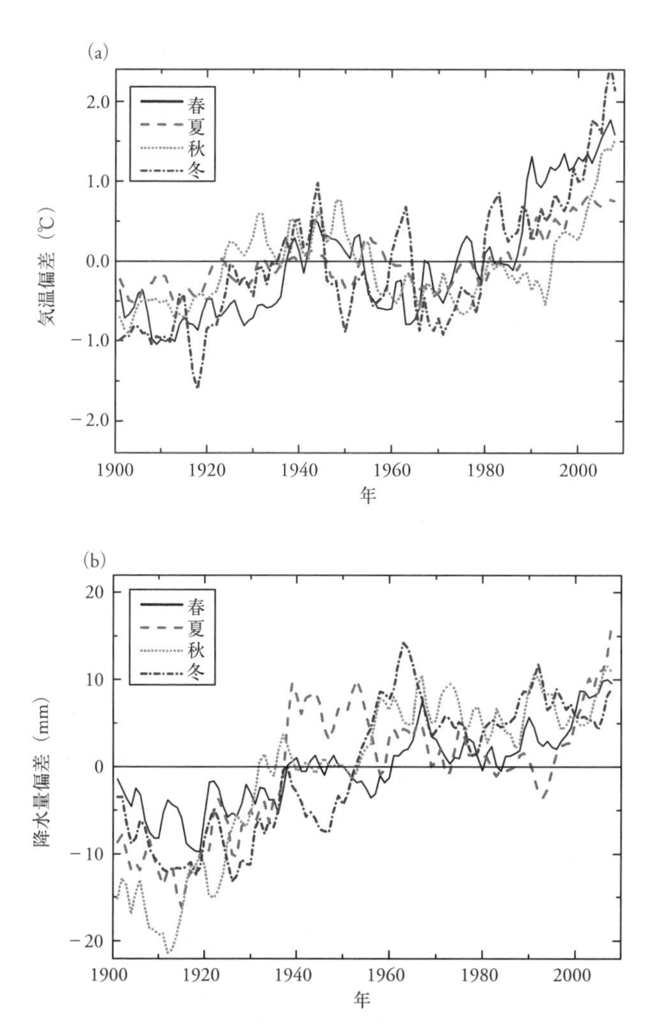

図 1-8　環北極陸域（北緯 45° 以北の陸域。ただしグリーンランドを除く領域）の各季節の (a) 平均気温と (b) 降水量の変化。CRU3.1 (Climate Research Unit TS 3.1 Dataset) から作成。春は 3 月〜5 月、夏は 6 月〜8 月、秋は 9 月〜11 月、冬は 12 月〜2 月のそれぞれの 3ヶ月間。気温は http://rcmes.jpl.nasa.gov/rcmed/parameters/tavg の、降水量は http://rcmes.jpl.nasa.gov/rcmed/parameters/pr のデータを使用した。

が大きいこともわかる。1900年以降、夏季の気温上昇量は1.0〜1.5℃であり、冬季のそれは3.0〜3.5℃と大きい。このように、温暖化は、環北極陸域では冬季に顕著に生じているのだ。

一方、降水量はどうであろうか。図1–8（b）には、図1–8（a）と同じ領域、同じ期間の**降水量偏差**が示されている。降水量偏差は気温偏差とほぼ同様の年々変動を示すが、季節別に細かく見ると、気温とは多少異なる年々変動を示している。特に顕著なのは、1910年代に秋季の降水量が非常に小さかったこと、1960年代に冬季の降水量が最大値を示したこと、1930年代〜1940年代にかけての夏季の降水量が高かった一方、1990年代以降、2000年代まで降水量が再び増加傾向にあること、の3点である。気温偏差とは対称的に、降水量偏差の場合、夏季や秋季の年々変動が大きいことがわかる。

図1–8はシベリアだけでなく北欧や北米のデータを含んでいる。シベリア、北欧、北米ごとに描画してみると少しずつ年々変動の傾向が異なっている。ここでは図示しないが、東シベリア・レナ川流域の気温偏差と降水量偏差の年々変動に着目してみると、2000年代以降、冬季の気温がかなり上昇し、夏季と秋季の降水量が非常に大きかったようだ。2000年代以降の夏季と秋季の降水量増加は、東シベリアの熱・水環境（そして陸域生態系）に大きな影響を及ぼしたことになる。この点については、次項で詳細に解説する。

(2) 水循環と水環境はどう変わっているか

北極海の夏季の**海氷面積**がユーラシア大陸側で縮小している（図1–9）。それに連動する形で、ユーラシア大陸側の北極海上で低気圧が発生しやすくなり、夏季、東シベリアに多量の雨がもたらされるようになってきた。最近では2005年〜2008年にかけて、東シベリアのレナ川上・中流域で夏の降水量が増加した（Hiyama et al 2013b）。その結果、温暖化による気温の上昇というよりも、夏季降水量の増加が原因となって（活動層内の土壌水分量が増加したことによって）植生や景観に変化が生じた。

図1–10は、レナ川中流域の、ある**サーモカルスト湖沼**（thermokarst lake）

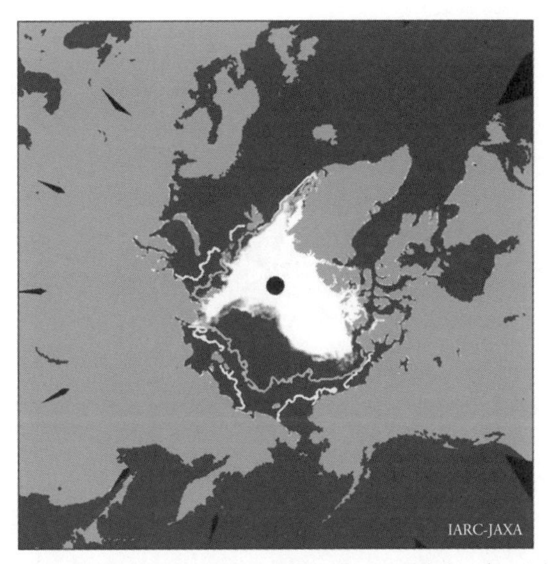

図 1-9　北極海とその周辺海域における 2007 年 9 月 15 日の海氷分布。北極海上の白い線は 1980 年代平均の、灰色の線は 2000 年代平均の、それぞれ海氷域を示している。Arctic Sea-ice Monitor（北極圏海氷モニター）のホームページ http://www.ijis.iarc.uaf.edu/cgi-bin/seaice-monitor.cgi?lang＝j を利用して作図。

における同じ季節（8 月）の湖沼水の変化を、5 年おきに撮影したものである（Fedorov et al. 2014）。湖沼水が著しく増加しているのが一目瞭然でわかる。この湖沼水の水収支を見積もった結果（表 1-1）、増加した湖沼水の 4 割〜5 割弱は、湖面上での（降雪を含む）降水量の増加に起因していた。そして 2 割〜3 割が周囲の地面から流れ込んできた地表水であった。前述のように、サーモカルスト湖沼は地下氷が融解するため周囲に比べて低く、周囲から地表水を集めやすいのである。湖沼上やその周囲の地面への（降雪を含む）降水量が増加したことで、この湖沼水の増加分の約 7 割は説明できた。では残りの 2 割〜3 割は、いったいどこから来た水なのであろうか。それは、この周辺の地下に存在していた地下氷が融解した水なのである（表 1-1）。東シベリア・レナ川中流域では、降水量が増加することでサーモカルスト湖沼の水が増加するだけでなく、図 1-3 にみられるような地下氷の融解によっても、湖沼

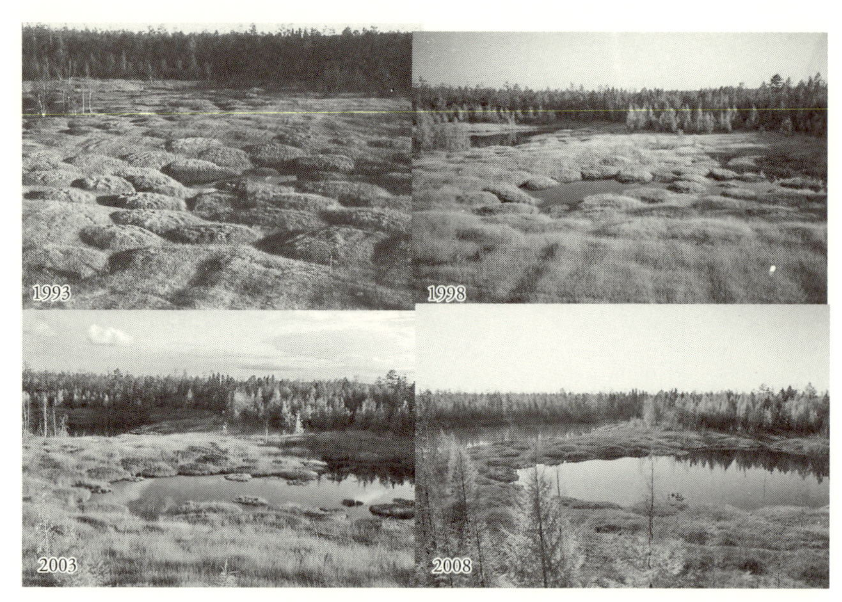

図1-10　東シベリア・レナ川中流域のサーモカルスト湖沼（Yukechi サイト）の帯水量の変化。Fedorov et al.（2014）の Fig. 4 を修正。

表1-1　東シベリア・レナ川中流域のサーモカルスト湖沼（Yukechi サイト）における湖沼水変化量に対する降水量、地下氷融解量、地表水流入量の寄与率。Fedorov et al.（2014）の Table VI を修正。

年	湖沼水変化量 (m^3)	降水量の寄与 (%)	地下氷融解量の寄与 (%)	地表水流入量の寄与 (%)
1994–1998	1,448	46	26	29
1999–2003	2,700	47	33	19
2004–2008	7,551	40	24	36

（備考）地表水流入量には、融雪水の流入量を含む。
上記寄与率には、丸めの誤差があるため必ずしも合計値が 100（%）にならない。

水が増加するのである。

1990 年代から東シベリアのカラマツ林で行ってきた我々の観測データを見ると、2005 年～2008 年に、1 年で最も深くまで達した時の活動層の深さ（年最大融解深）がこれまで以上に深くなった（Iijima et al. 2010）。その原因として、温暖化によって 1 年当たりの 0℃以上の日数が長くなったことが挙げられる。そして忘れてならないことは、夏季や秋季の降水量が増加して活動層中の土壌水分量が増えるとともに、冬季の積雪量も多かったことである。特に、降水量の増加は土壌水分量を多くすることによって土壌の熱容量を増やし、地温を下がりにくくする効果を引き起こした（飯島 2010）。つまり、夏に融解した活動層が秋以降に再凍結するまでに時間がかかり、氷点下ではあっても地温がそれほど低くならなくなったのである。そうすると、翌年の春（融雪時）以降にそれほど冷えていない土壌が再び暖まることになり、年最大融解深も深くなることになる。つまり秋の雨と冬の雪が多いと、翌年の夏の活動層が深くまで達するようになり、結果的に氷楔の上端部を融解させることになる。

このように、温暖化は気温の上昇という形でシベリアの景観や陸域生態系に直接影響を与えるよりも、むしろ降水量の変動を介して（水循環が変化することによって）、熱的に活動層の深さを変え、地下氷の融解速度を変え、地上の植生にも影響を与えるのである。

一般に年最大融解深が深くなると活動層は乾燥化する。しかしながら氷楔が融解する場合、あるいは温暖化によって降水量が増加した場合には、活動層の中の土壌水は多くなる。その結果、地表が湿潤化して樹木に湿潤ストレスがかかりやすくなる。実際、2005 年～2008 年の夏季の終わり頃（土壌が凍結する直前の季節）に降水量が多かった（Hiyama et al 2013b）ため、その頃から、レナ川中流域のヤクーツク周辺ではカラマツの立ち枯れなど、タイガの劣化が確認され始めた（Iijima et al. 2014）（図1-11）。

タイガの劣化には、この他にも森林火災や虫害によって引き起こされたものもある。虫害が生じる原因のひとつに、降水量の増加（湿潤化）が考えられている。湿潤化は虫害を引き起こし、タイガの劣化を進行させるという仮

図 1-11　東シベリア・レナ川中流域のフラックス観測サイト（Spasskaya Pad サイト）における林冠（a：2003 年 8 月、b：2007 年 7 月）と林床（c：1997 年 8 月、d：2009 年 6 月）の変化。Ohta et al.（2014）の Fig. 1 を修正。（巻末カラー参照）

説である。降水量には数年～10 年弱の変動があるため、乾燥した年には劣化したカラマツ林が火災の被害に見舞われやすくなる。その結果、凍土も劣化する、という連鎖も生じる。すなわち、降水量変動（湿潤化と乾燥化の繰り返し）は、サーモカルスト衰退を助長することにつながるのである。温暖化は降水量の大小、すなわち乾燥と湿潤の規模を増幅させるため、もし、短期的に降水量が減少して活動層が乾燥してしまえば、森林火災を招く可能性も高くなる。

一方、河川に対する影響はどうであろうか。Brutsaert and Hiyama（2012）は、夏季の（河川表面が凍結していない状態での）基底流出量の変化を凍土の融解凍結に伴う活動層深さの変化と関係づけ、レナ川の 4 支流域において、1950 年～2008 年の約 60 年間の活動層深さ（正確には、年最大融解深）の変化トレンドを算出した。その結果、対象とした全期間の平均的傾向として、レナ川上流域の不連続永久凍土域で年間0.3 cmから1 cmの速さで、アルダン川上流の寒冷な連続永久凍土域ではその半分程度の速さでそれぞれ年最大融解深が深くなり、凍土表層が融解していた。解析期間を約20年ごとに区切った場合、前半の1950年から1970年にかけては年最大融解深が浅くなり（凍土融解が抑えられ）、後半の1990年代以降には年間2 cmあるいはそれ以上の速さで年最大融解深が急激に深くなり、地表付近の永久凍土が急激に融解していることがわかった（コラム8参照）。温暖化に伴う凍土融解は、陸水貯留量変化を介して河川流出量に反映されるのである。

(3) 温暖化は水環境変化を通してシベリア地域社会に影響を及ぼす

前項で紹介したBrutsaert and Hiyama (2012) の研究事例は、夏季の活動層（年最大融解深）が年々変動することでその時期の河川流出量（基底流出量）に対する影響を見たものであった。それでは、河川沿いの住居や中州を浸水させるような洪水はどのようになっているだろうか。

2005年～2008年にかけて降水量が増加した結果、レナ川中流に位置するヤクーツク付近ではレナ川の中州が浸水するほど河川水位が上昇した[4]。一方、レナ川では毎年春に、**解氷**に伴い**春洪水**が発生する（表1-2参照）。一般的に、レナ川のように北半球の寒冷な地域を流れる河川（特に上流域が南方に、下流域が北方にある河川）では、気温低下と流速の減少によって、河川表層に河氷が形成される。河氷は、水面の硬い氷板、流水内に存在する柔らかい晶氷、氷板の上に堆積する雪に大別できる。春、気温が上昇し流量が多くなると、河氷は融解し破壊されて下流に流下する。解氷した河氷が河道の狭窄部、蛇行部、橋脚部分などで滞留して河道を閉塞させると、川の流れがせき止められて**アイスジャム**が発生する。その結果、上流側の河川水位は急激に上昇

[4]　本書では夏の降雨による河川水位の上昇とそれに伴う浸水を**夏洪水**と定義する（表1-2参照）。

表1–2　本書で記載する河川洪水の分類

大分類	小分類	説明	関連章
春洪水 (spring flood)	解氷 (ice breakup)	冬季、河川の表層部に形成した河氷が、春の融解時期に破壊される現象。	4章、5章、6章、13章
	アイスジャム洪水 (ice-jam flood)	①解氷で生じたブロック状の河氷や晶氷が流下し、河道の狭い部分（狭窄部）や蛇行部に蓄積（河道閉塞）し、氷のダム（アイスジャム）を形成することによって水の流下が妨げられ、上流側の水位が上昇して生じる洪水。 ②狭窄部のアイスジャムが、上流側からの流下圧に耐えられなくなり、決壊することで生じる洪水。	4章、5章、6章、12章、13章
	融雪洪水 (snow-melt flood)	上流域の融雪水が河道に流れ込むことで生じる河川流量の増加と河川水位の上昇。それらによる対象物の浸水や冠水。	5章、6章
夏洪水 (summer flood)	降雨洪水 (rain flood)	夏季の（氷や雪を伴わない）降雨によって生じる河川流量の増加と河川水位の上昇。それらによる対象物の浸水や冠水。	4章、5章、6章、12章

する（表1–2参照）。春洪水は、冬寒く、春になかなか気温が上がらない場合ほど、アイスジャムが川の流れをせき止めやすくなり、大きな被害をもたらす。春洪水は川沿いの住居に浸水被害をもたらす（第5章と第6章参照）。1998年以降、春洪水によって毎年のように住居浸水の被害が生じ始めているのだ（第12章参照）。

温暖化や降水量の増加によって特に深刻な被害が生じているのが、ほぼ全域が連続永久凍土域に位置する極北シベリアのコリマ低地である。コリマ低地のアラゼヤ川沿いにはいくつかの村落が立地しているが、1997年以降（特に2005年以降）、毎年のように夏になるとアラゼヤ川が増水し、村の住民に浸水被害をもたらした。

アラゼヤ川の河畔に立地するアルガフタフ村の一部は、2007年に発生したアラゼヤ川の洪水によって1年以上の長い期間にわたって水に浸った（藤原 2012）。洪水の原因は2007年の降水量が多かったことが主因であるが、長年にわたる凍土（地下氷）の融解によって生じた湖沼水の増加（とその決壊）も、無視できない副因と考えられている。この地域の地面の下は、体積にして約8割が地下氷で占められ、活動層が深くなると氷の融解量がかなりのものになる。特に地下氷の存在割合が多いところでは、氷の融解によって地面が陥没して水が集まりやすくなり、深さ数メートル、直径数百メートルから十キロメートル程度の**テュンプ**がいたる所に生じている。ロシア科学アカデミー永久凍土研究所によれば、満々と水を蓄えたテュンプに夏の大雨が加わり、湖岸が決壊して湖水がアラゼヤ川に溢れ出した結果、河川沿いの村が浸水被害に見舞われたようだ。それに加えて、この地域は地形が非常に平坦なため、一度河川が増水するとなかなか河口（北極海）に向けて流れ下ることができない。そのため、2007年には夏季から翌年にかけて村は水浸し状態になった。このような状況では、発電所が稼働できなくなり、空港の滑走路が使えなくなるなど、ライフラインにダメージが生じ、住民の生活は難しくなる。ソ連崩壊以降、このような僻地でのライフライン修復に税金を投入することが稀になったサハ共和国政府は、この地域の住民に対し、移住するよう働きかけている。

幸いにも2009年以降、アラゼヤ川の増水は生じておらず大きな被害は報告されていない。しかしながら、洪水を予測し浸水被害を軽減するためには、この地域の水収支（地下氷の融解量、湖沼水の移動量、河川流出量、蒸発散量など）を正確に見積もるための観測体制を作る必要がある。

ところで、レナ川の春洪水と夏洪水がどのような場合に災害として住民に認識されるのであろうか、そして現地政府（ロシア連邦・サハ共和国政府）の適応策はどのようなものなのであろうか。我々の調査の結果、河川沿いの住居浸水や牛馬への被害は災害と認識される一方、情報伝達がうまくいっている村では、春洪水は一時的な河川水位上昇であるため大きな災害として認識されないケースも見出された。一方、近年発生するようになった夏洪水は、レナ川の中州で生育させてきた牧草を刈り取り直前に浸水させるため、災害として認識されていることがわかった（第6章参照）。春洪水については**移住**という適応策が採用されてきた。移住を勧める行政側と、生業のためのアクセスのしやすさ、在来知や文化を尊重する住民側との間で議論した結果、**季節移住**[5]が採用され、一部の村で移住を開始した（第 12 章参照）。夏洪水については行政側も住民側も在来知を持たないため、適応策が存在していない。レナ川のような大河川の中州で牧草を生育させる生業形態が採られている場合には、夏洪水に対処するために飼料流通網の整備が必要である。また春洪水に対しては、洪水情報の伝達手段の改善が求められる。これらは、レナ川沿いの住民が牛馬飼育などの生業を維持するために非常に有効で必須な適応策である（第 6 章参照）。

レナ川のような大河川沿いの住民への影響だけでなく、ツンドラやタイガでトナカイの飼育や狩猟をしている少数民族への影響も調べた。(2) 項で述べたように、ヤクーツク近郊ではタイガ（カラマツ林）の林冠が茶色に変色し、その林床はスゲに覆われるようになってきた（Ohta et al. 2014）（図 1–11）。これまで、林床はトナカイなどの野生動物にとって食物となる植生に覆われていたが、近年は驚くべき変化が生じている。

このような植生の急激な変化を衛星リモートセンシングデータから検知し、生態人類学的調査を照らし合わせた結果、水環境や植生の変化に対し、トナカイ牧民は微地形を巧みに利用して柔軟に適応できていることがわかった（第 11 章参照）。牧民は近年の気温上昇を大きな環境変化と認識していない一方、大雨や小河川の洪水を鮮明に記憶しており、近い将来、低地での浸水を危惧していることがわかってきた。また、彼らはオオカミなどの肉食獣が増加していると認識していた。野生トナカイについては移動ルートがわかり、夏には繁殖のため、冬には越冬のため群れで滞留することがわかった（第 3 章参照）。温暖化で緑色植物は繁茂している一方、冬の食物であるトナカイゴケは減少傾向にあるため、トナカイの出生率や春の体重が減少傾向にあることがわかってきた。そのため、野生トナカイを保護するには越冬地を

［5］　河川の中州を利用して牛馬飼育を行ってきたサハ人は、伝統的に移牧と呼ばれる飼育形態を採用してきた。移牧に伴い、彼らは夏営地と冬営地に季節的居住していた（第 6 章参照）。

保護区に設定する政策が必要である（第3章参照）。また、極北シベリアの生業文化として位置づけられるトナカイ飼育と牧民を守るためには、彼らに適度な政府補助金を与え、肉食獣の狩猟を促す政策も必要である（コラム13参照）。

(4) 温暖化で「植生—凍土」共生系は崩壊するか

以上のように、最終氷期が終わり、約1万年前から現在に至る比較的温暖な間氷期に入ってからは、シベリアのタイガは何度も森林火災に見舞われつつ、「植生—凍土」の共生系が維持されてきた。すなわち、タイガは夏季に活動層の中の土壌水を使って生長できるが、活動層の下端は年中凍ったままの永久凍土になっているため、それより下方には水が浸透できない。そのため、少ない降水量であっても活動層中に十分な量の土壌水が貯留される。カラマツなど、タイガの樹木は、夏季、3ヶ月から4ヶ月という短い期間ではあるが、活動層の中の土壌水を有効利用して生きているのである。一方、タイガが存在することによって、凍土は日射の暴露から幾分守られることになる。日射の暴露から守られれば、夏季、活動層は地下深くまで達しにくくなる。活動層が地下深くに達しなければ、タイガは、少ない降水量が供給源となっている土壌水を、有効活用することができるという好循環である。

しかしながら将来、もし森林火災や森林伐採などで地面が日射に直接当たる面積がますます大きくなれば、夏季、地温が上昇しやすくなって活動層が地下深くまで達してしまう。活動層が深くなれば、当然、樹木が根から吸い上げることのできる土壌水が少なくなる。そうなると、タイガが再び成立するまでに相当の時間がかかることになる。東シベリアでは、だいたい百年に一度の頻度で部分的にタイガが森林火災によって焼失してきたようである。火災で焼失したタイガの地表近くは、いったん活動層が深くまで達し、カンバやアカマツといった樹種に占有されるものの、最終的にはカラマツが卓越したタイガに戻るといった景観の変化を経験してきた（例えば、Zhang et al. 2011 の Figure 2）。

一方、(2) 項で述べたような湿潤化（すなわち夏季や秋季の降水量増加によって引き起こされる土壌水分量の増加）は、図1-4に示したような空間スケールで樹木に湿潤ストレスを与えるであろう。その範囲が広ければ広いほど、タイガの劣化は広範囲となり、凍土表層への日射の暴露を促してさらにタイガの劣化を招くであろう。温暖化は、短期的には湿潤化を引き起こし、「植生―凍土」共生系を崩していくものと思われる。

1-3　シベリア気候研究における長期的視点の重要性

地球温暖化として現れる近年の気候変化は、東シベリアでは降水量の増加として表出する。それは、IPCC (2013) に報告されている約百年後の降水量変化予測結果を信じれば、妥当な現象である。それでは、降水量の増加として表出する大気水循環の変化は、より具体的にはいったい何によってもたらされているのであろうか。その原因を、現段階では正確に記載することができない。しかしながら、ユーラシア大陸側で北極海の夏季の海氷面積が縮小しつつあること（図1-9）と関係があることは間違いないであろう。夏季、北極海で海氷が空けば、海面からの蒸発量が増加し、その周囲でも大気中の水蒸気量が増え、いずれ陸域にも降水として水がもたらされる。シベリアは、そのような場所に位置しているのだ。

過去約百年間のシベリア（そして環北極域）での気温の年々変動が将来も同様に繰り返されると仮定した場合、今後数十年間、温暖化はいったん止まり、気温の上昇傾向は沈静化すると思われる。その結果、降水量の年々変動幅も幾分縮小する可能性は高い。とは言え、長期的な傾向として気温は上昇することはほぼ間違いなく、したがって降水量の年々変動幅も大きくなるであろう。今後十年あるいは数十年といった近視眼的見方をするのではなく、100年後、そして1000年後の気候変化を見据え、それによる陸域（生態系）の変化を想像していく姿勢とともに、それらを研究していく体制作りが必要である。

参考文献

Brutsaert, W. and Hiyama, T. (2012) The determination of permafrost thawing trends from long-term streamflow measurements with an application in eastern Siberia. *Journal of Geophysical Research*, 117: D22110, doi: 10.1029/2012JD018344.

遠藤邦彦・山川修治・藁谷哲也 編 (2010)『極圏・雪氷圏と地球環境』二宮書店，東京.

Fedorov, A. N., Gavriliev, P. P., Konstantinov, P. Y., Hiyama, T., Iijima, Y. and Iwahana, G. (2014) Estimating the water balance of a thermokarst lake in the middle of the Lena River basin, eastern Siberia. *Ecohydrology*, 7: 188–196, doi: 10.1002/eco.1378.

福田正巳 (1996)『極北シベリア』岩波新書，東京.

福田正巳 (2010) 温暖化と永久凍土の融解.『極圏・雪氷圏と地球環境』(遠藤邦彦・山川修治・藁谷哲也 編) pp. 146–164. 二宮書店，東京.

藤原潤子 (2012) シベリアの村における社会変化と気候変化 ── サハ共和国アルガフタフ村の例から.『平成 23 年度 FR3 研究プロジェクト報告「温暖化するシベリアの自然と人 ── 水環境をはじめとする陸域生態系変化への社会の適応 (地球研プロジェクト C–07)」』(藤原潤子・檜山哲哉 編) pp. 151–156. 総合地球環境学研究所，京都.

檜山哲哉 (2011a) タイガ ── 永久凍土の共生関係.『水の環境学 ── 人との関わりから考える』(清水裕之・檜山哲哉・河村則行 編) pp. 114–115. 名古屋大学出版会，名古屋.

檜山哲哉 (2011b) シベリアにおける地球温暖化 ── 自然と人間の相互作用環に着目して. ユーラシア研究，第 45 号：4–9.

檜山哲哉 (2012a) 極北・高緯度の自然環境.『極寒のシベリアに生きる ── トナカイと氷と先住民』(高倉浩樹 編) pp. 98–111. 新泉社，東京.

檜山哲哉 (2012b) 訪問記 名水を訪ねて (98)：東シベリアの名水 ── ヤクーツク地域の水. 地下水学会誌，54: 171–181.

Hiyama, T., Asai, K., Kolesnikov, A. B., Gagarin, L. A. and Shepelev, V. V. (2013a) Estimation of residence time of permafrost groundwater in the middle of the Lena River basin, eastern Siberia. *Environmental Research Letters*, 8: 035040, doi: 10.1088/1748–9326/8/3/035040.

Hiyama, T., Ohta, T., Sugimoto, A., Yamazaki, T., Oshima, K., Yonenobu, H., Yamamoto, K., Kotani, A., Park, H., Kodama, Y., Hatta, S., Fedorov, A. N. and Maximov, T. C. (2013b) Changes in eco-hydrological systems under recent climate change in eastern Siberia. *IAHS Publication*, 360: 155–160.

飯島慈裕 (2010) シベリアとモンゴルの永久凍土.『極圏・雪氷圏と地球環境』(遠藤邦彦・山川修治・藁谷哲也 編) pp. 165–173. 二宮書店，東京.

Iijima, Y., Fedorov, A. N., Park, H., Suzuki, K., Yabuki, H., Maximov, T. C. and Ohata, T. (2010) Abrupt increases in soil temperatures following increased precipitation in a permafrost region, central Lena River Basin, Russia. *Permafrost and Periglacial Processes*, 21: 30–41.

Iijima, Y., Ohta, T., Kotani, A., Fedorov, A. N., Kodama, Y. and Maximov, T. C. (2014) Sap flow changes in relation to permafrost degradation under increasing precipitation in an eastern

Siberian larch forest. *Ecohydrology*, 7: 177–187, doi: 10.1002/eco.1366.

IPCC (2013) *Climate Change 2013. The Physical Science Basis*. Contribution of Working Group I to the Fifth Assessment Report of the Intergovernmental Panel on Climate Change. [Stocker, T. F. et al., (eds.)], Cambridge University Press: Cambridge, U. K. and New York, N. Y., U.S.A., 1535pp.

Kalnay, E., Kanamitsu, M., Kistler, R., Collins, W., Deaven, D., Gandin, L., Iredell, M., Saha, S., White, G., Woollen, J., Zhu, Y., Chelliah, M., Ebisuzaki, W., Higgins, W., Janowiak, J., Mo, K. C., Ropelewski, C., Wang, J., Leetmaa, A., Reynolds, R., Jenne, R. and Joseph, D. (1996) The NCEP/NCAR 40–year reanalysis project. *Bulletin of the American Meteorological Society*, 77: 437–470.

Katamura, F., Fukuda, M., Bosikov, N. P., Desyatkin, R. V., Nakamura, T. and Moriizumi, J. (2006) Thermokarst formation and vegetation dynamics inferred from a palynological study in central Yakutia, eastern Siberia, Russia. *Arctic, Antarctic and Alpine Research*, 38: 561–570.

Katamura, F., Fukuda, M., Bosikov, N. P. and Desyatkin, R. V. (2009) Charcoal records from thermokarst deposits in central Yakutia, eastern Siberia: Implications for forest fire history and thermokarst development. *Quaternary Research*, 71: 36–40.

Ohta, T., Hiyama, T., Tanaka, H., Kuwada, T., Maximov, T. C., Ohata, T. and Fukushima, Y. (2001) Seasonal variation in the energy and water exchanges above and below a larch forest in eastern Siberia. *Hydrological Processes*, 15: 1459–1476.

Ohta, T., Maximov, T. C., Dolman, A. J., Nakai, T., van der Molen, M. K., Kononov, A. V., Maximov, A. P., Hiyama, T., Iijima, Y., Moors, E. J., Tanaka, H., Toba, T. and Yabuki, H. (2008) Interannual variation of water balance and summer evapotranspiration in an eastern Siberian larch forest over a 7–year period (1998–2006). *Agricultural and Forest Meteorology*, 148: 1941–1953.

Ohta, T., Kotani, A., Iijima, Y., Maximov, T. C., Ito, S., Hanamura, M., Kononov, A. V. and Maximov, A. P. (2014) Effects of waterlogging on water and carbon dioxide fluxes andenvironmental variables in a Siberian larch forest, 1998–2011. *Agricultural and Forest Meteorology*, 188: 64–75.

Osawa, A. and Zyryanova, O. A. (2010) Chapter 1, Introduction. pp. 3–15. In Osawa, A., Zyryanova, O. A., Matsuura, Y., Kajimoto, T. and Wein, R. W. (eds.), *Permafrost Ecosystems, Siberian Larch Forests* (Ecological Studies, Vol. 209). Springer, Dordrecht, The Netherlands.

Sugimoto, A., Yanagisawa, N., Naito, D., Fujita, N. and Maximov, T. C. (2002) Importance of permafrost as a source of water for plants in east Siberian taiga. *Ecological Research*, 17: 493–503.

Sugimoto, A., Naito, D., Yanagisawa, N., Ichiyanagi, K., Kurita, N., Kubota, J., Kotake, T., Ohata, T., Maximov, T. C. and Fedorov, A. N. (2003) Characteristics of soil moisture in permafrost observed in East Siberian taiga with stable isotopes of water. *Hydrological Processes*, 17: 1073–

1092.

山崎孝治（2010）北極振動とユーラシアの気候変動.『極圏・雪氷圏と地球環境』（遠藤邦彦・山川修治・藁谷哲也 編）pp. 199–215. 二宮書店，東京.

Yatagai, A., Kamiguchi, K., Arakawa, O., Hamada, A., Yasutomi, N. and Kitoh, A. (2012) APHRODITE: Constructing a long-term daily gridded precipitation dataset for Asia based on a dense network of rain gauges. *Bulletin of the American Meteorological Society*, 93: 1401–1415, doi: 10.1175/BAMS-D-11-00122.1.

Zhang, N., Yasunari, T. and Ohta, T. (2011) Dynamics of the larch taiga–permafrost coupled system in Siberia under climate change. *Environmental Research Letters*, 6: 024003, doi: 10.1088/1748-9326/6/2/024003.

第２章　シベリアの植生

杉本敦子

アカマツとカラマツの混交林。東シベリアの明るいタイガを構成する樹種はカラマツであるが、乾燥した立地にはアカマツが生育し、カラマツ林よりもさらに粗で明るい森となっている。
（ヤクーツク郊外スパスカヤ・パッド実験林、夏）

本章では、シベリアの植生について深く掘り下げて解説する。その際、**「植生―凍土」共生系**はシベリアの植生を語る上で重要な視点であるので、**永久凍土**についても盛り込みながら解説する。

2-1　植生の地理的分布と特徴

北極上空から緯度方向に注目して陸地を眺めると、帯状に緯度方向に異なる植生が分布していることがわかる（図2-1）。グリーンランドの大部分と緯度75°以上の北極圏の島の一部は氷床や氷河に覆われているが、その沿岸部とカナダ北西部の島の多くは氷河・氷床後退によって裸地が現れた極砂漠となっていて、地表面付近には高山帯にみられるようなほふく型（地面にはいつくばるような形）の背の低い木本類、草本類、地衣類が生育している。その南側に位置するユーラシア大陸の沿岸部の低地は典型的な湿地植生である**ツンドラ**が帯状に広がっていて、山岳域が沿岸まで迫っている地域は**高地ツンドラ**である。その南にはツンドラと**タイガ**がパッチ状に混ざる**森林ツンドラ**が広がり、さらにその南に広大なタイガが続く。森林ツンドラは確立された定義があるわけではないため、高木が存在するということでタイガに分類されることもあれば、湿地が広がるということでツンドラに分類されてしまうこともあり、作成された地図ごとに取り扱いが異なっている。また、図2-1の植生図では、**森林ステップ**（森林とステップが混在する景観の生態系）も森林ツンドラとして描かれている。ステップとツンドラの違いは、表層土壌の水分環境で、地表面を覆うコケ類の種類が異なる。北極域の植生図はこれまで多数作成されているが、このように植生（あるいは景観）の分類は単純ではなく、どの図も一長一短がある。

高緯度帯の植生を今度は経度方向に眺めると、北東ユーラシアの特徴が際立つ（図2-2）。北米や北欧の北方林はトウヒを主な樹種とする常緑針葉樹林帯であるのに対し、ユーラシア大陸の東半分はカラマツを主とする落葉針葉樹林帯が広がっている。その分布域は連続永久凍土の分布域とほぼ一致し、

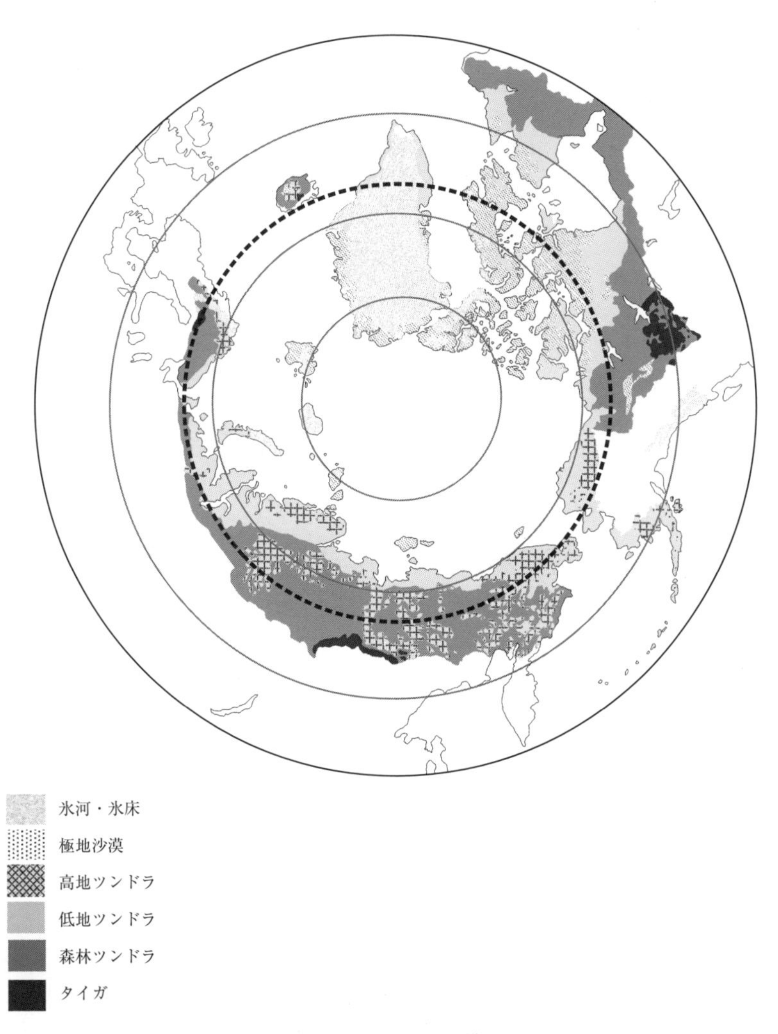

図 2-1　環北極域の植生

Philippe Rekacewicz, UNEP/GRID-Arendal 2005（http://www.grida.no/graphicslib/detail/vegetation-zones-in-the-arctic_5a0a）から作成。

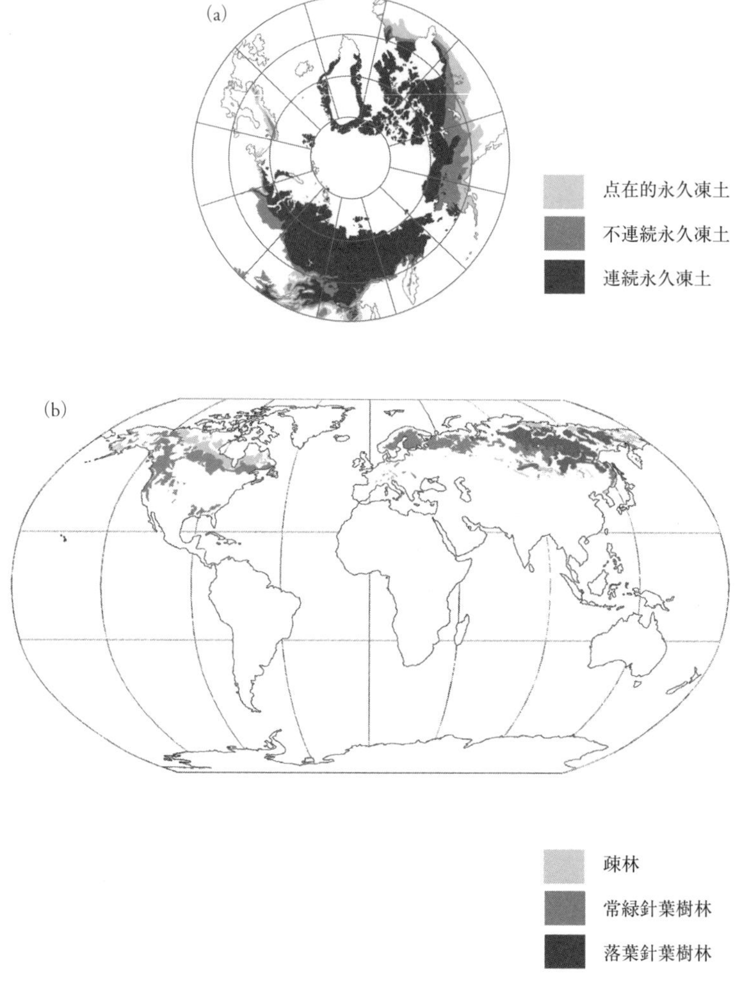

図 2–2　永久凍土（a）と針葉樹林帯（b）の分布

（a）は Philippe Rekacewicz, UNEP/GRID-Arendal; data from International Permafrost Association, 1998. Circumpolar Active-Layer Permafrost System（CAPS）, version 1.0
（http://nsidc.org/cryosphere/frozenground/whereis_fg.html）から作成。
（b）は WCMW-UNEP 2000 の地図
（http://web.archive.org/web/20031020221756/http://www.unep-wcmc.org/forest/global_map.htm）から作成。

北東ユーラシアのカラマツを主とするタイガは永久凍土生態系の森林であると言えよう。

ここで、まずシベリアのカラマツの種名について述べておこう。カラマツは、基本的には東西方向で種が異なる。これまでに複数の分類学者により分類がなされていて、それぞれの分類による名称が混在して使用されているため混乱している。中央〜東シベリアのカラマツに対して最も長くそして一般的に使用されてきた名称は、ダフリアカラマツ（Dahurian larch）で、種名としては *Larix dahurica* が現在でも使用されている。一方、現在、文献で最もよく見かける種名は *L. gmelinii* である。加えて問題となるのは、東シベリアに分布するカラマツを *L. cajanderi* として *L. gmelinii* から分けて記載するかどうかである。

Abaimov et al.（1997）は、タイガ林のカラマツの種類は、東から *L. cajanderi*、*L. gmelinii*、*L. sibirica* で、レナ川中流域の平地タイガを含む東シベリア全域を *L. cajanderi* の分布域としている。*L. cajanderi* と *L. gmelinii* は種子の形の違いで同定すると記載されているが、個体ごとに差が大きく、また生育環境によっても異なるとされ、素人には識別は不可能である。また、*L. cajanderi* を *L. gmelinii* と区別しない研究者もいる。しかしながら、ユーラシア大陸は、地球上で最も大きい大陸であるため、南北方向の気候の変化だけでなく、東西方向にも環境、特に降水量は大きく異なり、それぞれの環境にカラマツが適応していることは間違いないであろう。*L. cajanderi* は、第四紀更新世[1]あるいは完新世[2]に低温化と乾燥化に適応して出現し、進化の過程にあるカラマツであると考える研究者もいる。現在の東シベリアの気候の特異性と永久凍土の形成過程から言えば、その考えは納得できるものである。

レナ川中流域のヤクーツク周辺のカラマツ林では、カラマツは湿潤な年の8月に発芽する。このカラマツは、種子の形は *L. gmelinii* のように見えるものが多いが、*L. cajanderi* と考えられる。そしてその特徴は乾燥と低い地温へ

［1］　第四紀の前半（2.6百万年前から1.2万年前まで）を更新世という。
［2］　第四紀の後半（1.2万年前から現在にかけて）の、現間氷期をいう。

の適応と考えると理にかなっている。夏のはじめ（6月）は融雪水が入るため、表層土壌は湿潤であるが、その後の水分環境は夏の降水量に依存する。そのため、6月に発芽すると、8月までに乾燥により枯死する可能性が高い。一方、8月上旬に土壌水分が十分にあるということは、湿潤な年であり、十分に温度が高くなった鉱物質土壌が存在する深さまで根を伸ばすことができれば生き残れる可能性は高い。秋に落ち葉をかぶって翌年の春を待てば、豊富な融雪水を利用することができる。*L. cajanderi* を種子の形状から区別することは難しいが、乾燥した気候に適応した種として捉えることは合理的であると思われる。

2-2　気候変動と景観・植生の変遷

(1) タイガの景観

レナ川中流域は、気温の年較差が100℃を超える内陸性の厳しい気候の地域が広がっており、平野部に位置するヤクーツクでは年平均降水量が約230 mmと極めて乾燥した気候帯に立派な森林が広がっている。この地域のタイガは、明るいタイガと呼ばれる比較的粗な立木密度の森林である。カラマツにカンバ（*Betula platyphylla*）、またはヨーロッパアカマツ（*Pinus sylvestris*）が所々に混ざる森林となっていて、林床はコケモモ（*Vaccinium vitis-idaea*）、ウラシマツツジ（*Arctous erythrorpa*）などに覆われている。トウヒは湿潤な河畔林や南部の山岳域の湿潤な場所や地域には存在するが主要な構成種ではない。また、平野部は**アラース**（第1章参照）が点在する独特の景観となっている。レナ川中流域の平野部は、乾燥気候帯にあるが、永久凍土表層の地下氷の含量が比較的高く、森林火災や伐採など何かのきっかけでこの氷が融解すると体積が減少するため、地表面が陥没し、このような水体が形成されたと考えられる。アラースは中心部に水体、その周辺は草地となっていて、放牧の場としても重要である。

Velichko and Spasskaya (2002) がまとめた文献を参考にすると第三紀[3]から現在までの北東ユーラシアの気候と植生の変化は次のようなものである。第三紀の終わり頃までは地球は非常に温暖な環境で、北東ユーラシアにも亜熱帯や温帯の植物が生育していた。第三紀の終わりから第四紀[4]のはじめに急激に寒冷化と乾燥化が進行し、この頃から北東ユーラシアの永久凍土の形成が始まったと考えられる（第1章1–2節参照）。第四紀には氷期と間氷期が繰り返され、中央～東シベリアは現在のようなカラマツにカンバ、アカマツが混じるタイガが形成されたと考えられる。永久凍土は、最終氷期の最寒冷期には南西部を除くロシアのほぼ全域が連続永久凍土帯となっていたと考えられているが、完新世の温暖期に連続永久凍土帯の南限はいったん北上した。アラースの多くは今から約6000年ほど前のこの温暖な時期に形成された。その後気候は寒冷化し、連続永久凍土の南限は現在の位置に戻ったと考えられている。カラマツ林がどのように広がっていったのか詳細は不明であるが、第四紀更新世に連続永久凍土帯の拡大と縮小が繰り返されるなかでカラマツ林が形成されていったと思われる。

(2) 森林ツンドラとツンドラ

東シベリアには、レナ川、ヤナ川、インディギルカ川、コリマ川という4つの主要な河川が北極海に向かって流れている。レナ川とヤナ川は下流部まで山岳が迫っているが、インディギルカ川とコリマ川は中～下流域は低地となっていて、広大な面積の森林ツンドラが広がっている。そこは湿地とカラマツの疎林が混在するタイガとツンドラの境界で、タイガ林の北限を決めるのは容易ではない。

カラマツの**森林限界**を決めるのは何かを考えておく必要があろう。低温が

---

[3]　地質年代としては、古第三紀（6500万年前から2300万年前まで）と、新第三紀（2300万年前から260万年前まで）に分けられる。

[4]　新第三紀の終了時（260万年前）から現在にかけてが第四紀である。

森林限界を決めると思われるかもしれないが、これは必ずしも正しいわけではない。まず、冬季の低温はあまり重要で無いことは明らかである。ヤクーツク周辺に生育するカラマツやカンバは、低温に対する準備[5]が十分できれば−70℃の低温にも耐えることができる（酒井 1995）。光合成は、気温が0℃近くから、あるいは樹種によっては0℃以下の気温でも開始することが知られ、一方で25℃を超えるような高温では光合成活性が低下してしまう。森林ツンドラとカラマツが生育しないツンドラの違いは、気温ではなく、水に浸からない酸化的な土壌があるかどうかが最も重要であると考えられる。ツンドラ域は貧栄養であることから、カラマツは必要な栄養塩を得るために根を水平方向に広く伸ばさなければならない。水に浸かる土壌では根腐れを起こし栄養塩の吸収ができないため、ある程度乾燥した土壌が必要である（Liang et al., 2014）。

森林ツンドラは、土壌水分の変化によっては森林にもツンドラにも速やかに変化しうる生態系である。ツンドラ土壌中では、比較的水分が多く還元状態にあるため、強力な温室効果ガスであるメタンが生成される。したがって、森林からツンドラへの変化はメタンの発生量を増加させ、温暖化を促進する可能性がある。

2–3　永久凍土生態系

(1) 永久凍土の水循環システム

すでに述べたとおり、永久凍土の分布とタイガの分布はほぼ一致している。このことは永久凍土の水循環システムが、厳しい乾燥帯にカラマツが生育できる環境を作りだしていることを示唆している。では、永久凍土の水循環システムは、カラマツが水を確保するのにどのように役立っているのだろ

[5]　諸説あるが、樹体内の水分を低くする戦略が考えられる。

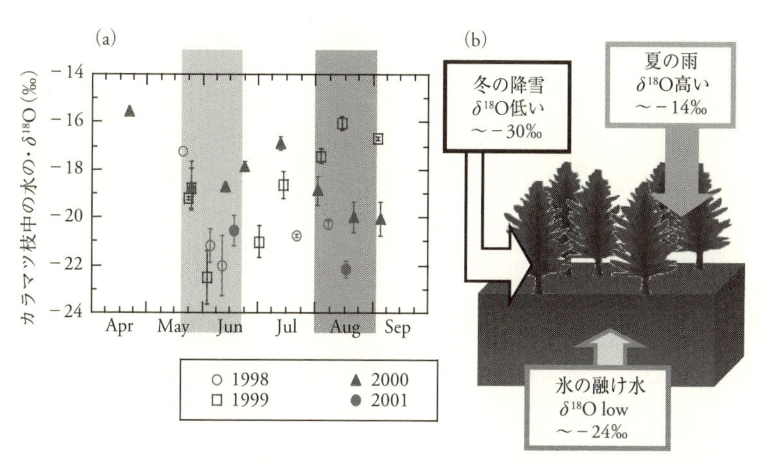

図 2–3　カラマツ枝の中の水の酸素同位体比 (a) とカラマツが利用する水源の模式図 (b)。6月は融雪水を利用するため同位体比が低下している。8月は、夏の雨が多い年 (a では1999年) には同位体比は上昇し、乾燥した年 (1998年、2000年、2001年) は活動層内の氷の融け水が利用され、同位体比は低下したと考えられる。Sugimoto et al. (2002)、(2003) をもとに作成。

うか。ここではまず、カラマツがどのような水を利用しているかをみてみよう。**水の酸素安定同位体比** ($^{18}O/^{16}O$) はその情報を与えてくれる有効なツールである (杉本 2009)。

水の酸素同位体比は、次式のような $\delta^{18}O$ 値を用いて表す。

$$\delta^{18}O = [(^{18}O/^{16}O)_{SA}/(^{18}O/^{16}O)_{ST} - 1] \times 1000 (‰)$$

冬季の雪は同位体比が非常に低い (約−30‰) ため、融雪水は夏の雨よりはるかに低い同位体比となっている。これに対して夏の雨の同位体比 (約−14‰) は非常に高い (図 2–3)。植物の幹や枝の中の水は、植物が根から吸水した水が存在し、その同位体比は吸水した水と同じであるため、この枝の中の水の同位体比を調べることで、植物がどのような水を吸い上げたのかを知ることができる。カラマツの枝の中の水は、毎年6月 (初夏) には低い同位体比を示す (図 2–3a)。つまり、カラマツが初夏に利用した水は融雪水の寄与が大きい水であると言える。一方、8月 (晩夏) は、年により同位体比が

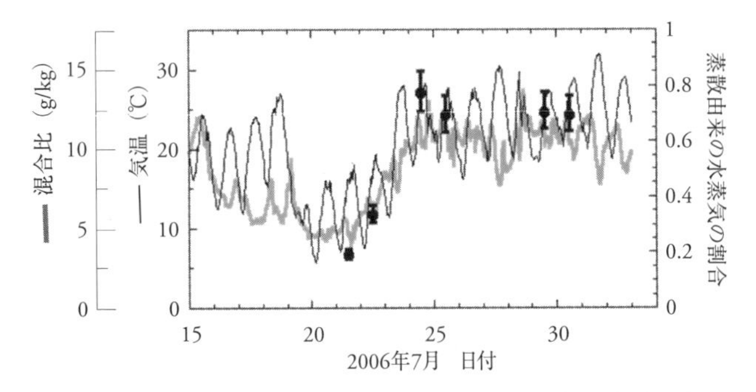

図 2-4　大気水蒸気の酸素同位体比を用いて算出した大気水蒸気の全量に占める蒸散由来の水蒸気の割合（●）と観測された大気水蒸気の混合比（灰色太線）と 24 m 高度の気温（黒線）。Ueta et al.（2014）をもとに作成した。

大きく異なり、夏季に降水量が多い年は同位体比が高く、夏の雨が土壌に浸透した水を利用していることがわかる。夏季の雨が十分ではない乾燥した夏は、8 月のカラマツの枝の中の水同位体比は低く、この水は土壌中の氷の融け水である。活動層の中部から永久凍土層の上部には年間の降水の同位体比の中間的な値（−24‰）を示す氷が存在し、この水がカラマツにとって乾燥年の貴重な水源になっている（Sugimoto et al. 2002; 2003）。

このタイガ林のカラマツが蒸散で大気に戻す水は、水循環の視点から極めて重要な要素である。タイガ林の中で空気を採取し、その中から水蒸気を抽出して、酸素と水素同位体比（$^{18}O/^{16}O$、$^{2}H/^{1}H$）を測定した。水蒸気の同位体比は日々変化し、その変化は大気中の水蒸気量や気温に依存して変化していた。気温が上昇して大気水蒸気量が増加するとその同位体比は高くなり（図 2-4）、このことは森林から蒸散された水蒸気が付加されることにより、大気水蒸気の同位体比が高くなったと解釈できる。これを利用して、大気水蒸気の何割が蒸散由来の水蒸気だったのかを計算したところ、最大で 80％が蒸散由来であることがわかった（Ueta et al. 2014）。また、2008 年の観測でも同様な結果が得られた。この数値からも水循環に対する植物の蒸散の重要性がわかるであろう。一方、2007 年の観測では 2006 年や 2008 年のような蒸散の寄与が高くなることで水蒸気同位体比が高くなるという現象はみられなかった。後で述べるように、2007 年は多数のカラマツが枯死する湿潤イベントが発生し、植物の蒸散は抑制されていた。

(2) 過去 100 年間の森林環境

レナ川中流域ヤクーツク周辺はこれまで述べてきたとおり、気候学的には内陸性の厳しい乾燥気候帯にあるため、ここに生育するカラマツは過去に何度も厳しい乾燥に耐えてきたと考えられる。森林の土壌水分が減少して乾燥すると樹木はストレスを受けて気孔を閉じるため、光合成活性が低下する。同時に乾燥ストレスに対して気孔を閉じると、固定される二酸化炭素の**炭素安定同位体比**（$^{13}C/^{12}C$）は上昇する。そのため、一般的には、乾燥気候帯の樹木の年輪には過去の森林の土壌水分の情報が記録されている。

光合成で固定される炭素の同位体比（$^{13}C/^{12}C$）は、CO_2 が気孔を通過する際の分子拡散と、光合成の生化学反応の最初のステップである**ルビスコ**（酵素）との反応の 2 つの過程で同位体比が変化する。どちらの過程でも軽い分子（$^{12}CO_2$）の方が相対的に速く輸送されたり、あるいは速く反応することで、同位体比に差が生じる。気孔内の CO_2 は軽い分子が相対的に速く反応して光合成経路に供されるため、重い同位体が濃縮している。ここに気孔を通して低い同位体比の CO_2 が拡散により輸送されてくる。乾燥ストレスに対する応答で気孔が閉じられると、気孔内への CO_2 輸送が遅くなり、その結果、光合成で固定される CO_2 の同位体比は高く（重く）なる。この現象に基づき、10 年以上にわたる森林の観測ステーションで得られた土壌水分データを利用し、**年輪**の炭素同位体比と表層土壌水分量の関係式を作成して、100 年間の土壌水分の変化を復元した（Tei et al. 2013）。

結果は予想通り、この森林では過去に何度も厳しい乾燥がかかったことがわかる（図 2–5）。日本人の研究者がヤクーツクで本格的な観測を開始した 1997 年以降では、1998 年と 2001～2003 年に厳しい乾燥イベントあったが、このような乾燥イベントは過去にも何度か繰り返されてきていることがわか

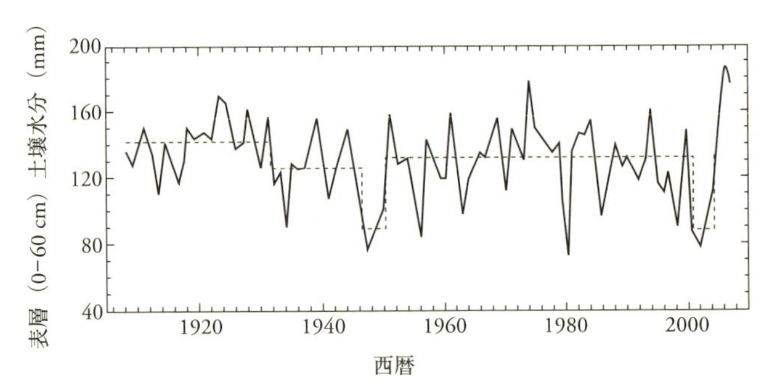

図2–5　ヤクーツク近郊のスパスカヤパッド実験林のカラマツ年輪炭素同位体比から推定した表層土壌（0–60 cm）中の水分。図中の点線は土壌水分の平均値の変化を解析した結果で、各期間の土壌水分の平均値を表している。Tei et al.（2013）をもとに作成。

る。サハでは1939～42年に干ばつが起こり、1941年には死者が多数出たという報告がある（Forsyth 1992）。ヤクーツク市内にある気象観測所の観測では、1941年の年間の降水量はわずか140 mmほどで、夏は相当な乾燥がかかったと考えられる。しかしながら、年輪の炭素同位体比から復元したタイガ林の土壌水分には、1941年の乾燥はみられるが、長い期間続いているようには見えない。土壌水分の推定値は、むしろ1940年代の後半に長く厳しい乾燥期があったことを示している。

Nikolaev（2009）はヤクーツク近郊とアムガ（ヤクーツクから南東約180 km）の森林のカラマツの過去100年間の年輪幅を調べた。ヤクーツク近郊の森林ではTei et al.（2013）と同様、1940年代後半に成長が悪くなったことを報告している。一方、アムガのカラマツでは、1940年代はじめにもカラマツの成長が非常に悪くなり、上に述べた乾燥イベントに対応した成長量の低下がみられる。気象観測所で観測された1947～1951年のヤクーツクの降水量は、1947年と1950年の降水量は180 mm程度と少ないが、その他の年は平年よりも降水量は多く、特に顕著な乾燥期間のようには見えず、この解釈は単純ではない。気象観測所の降水量の観測結果は欠測などが多く、データの信頼性は常に問題があるが、局所的な降雨の可能性や雨の降り方の問題で気象観測所の観測による降水量と土壌水分が対応しないことや、土壌水分は前

図 2–6　2004 年に撮影したコケモモとウラシマツツジに覆われた林床の様子（右）と 2010 年と 2011 年に撮影したイネ科の植物に覆われた林床（左）

年までの降水量に大きく依存することなどを考慮に入れて考える必要があるだろう。また、家畜を支える牧草地の生産量を決める土壌水分と森林の土壌水分が異なっている可能性もある。

サハの平地タイガが広がる地域は、はじめにも述べたとおり非常に乾燥した気候帯にあるが、2005〜2007 年は極めて湿潤な環境となった。2007 年の夏には、ヤクーツク周辺で多くのカラマツの葉が茶色にかわり、枯死した。湿潤イベントは、過去に何度かあったことがわかるが、2006〜2007 年の湿潤イベントは復元データを見る限り、過去 100 年間で最大のものであったと言える。

この湿潤イベントはヤクーツク周辺の林床の植生相を変化させ、湿潤な環境にみられるイネ科植物が勢力を増し、林床がイネ科の植物（*Agrostis clavata*、*Calamagrostis langsdorfii* など）で覆われるような状況になった。図 2-6 は 2004 年に撮影した写真と 2010 年、2011 年に撮影したものである。2004 年の写真では林床がコケモモに覆われ、イネ科の植物はほとんど無いことがわかる。一方、2010 年、2011 年は背の高いイネ科の植物に覆われている様子がわかる。2007 年の湿潤イベントの後、土壌水分は徐々に減少しイネ科植物の繁茂も徐々に収まりつつあるが、もとのコケモモの林床に戻るには相当な時間がかかるだろう。

2007 年の湿潤イベントにより林内の窪地に生育していたカラマツの多くが枯死したが、一方で、2005～2008 年の湿潤な期間に大量のカラマツの種子が発芽し、多数の実生を生存させる結果となった。すでに述べたように、カラマツの種子は、湿潤な年の 8 月に発芽する。現在、スパスカヤパッド実験林では、1999 年に発芽したものと 2005～2008 年に発芽し、2007 年に水に浸からず生き残ったものが成長しつつあり、林床には若木が多数みられる。また、林内でカラマツが枯死してできた空間ではカンバの成長が目立つ。表層土壌の水分は 2007 年以降、徐々に減少し乾燥に向かいつつあり、カラマツの若木は今後淘汰を経て、森林の更新が進行していくと考えられる。

(3) タイガ林の栄養塩循環

植物の成長には**栄養塩**が欠かせない。窒素は通常、土壌有機物中の窒素が分解によって無機化され、**アンモニウム態**（NH_4^+）または**硝酸態**（NO_3^-）の無機態窒素が植物に利用される。寒冷域は微生物による**土壌有機物**の分解が遅いため、土壌中に大量の有機物が蓄積しているが、植物が利用できる無機態窒素の生成速度は小さく、通常、貧栄養な生態系である。シベリアの永久凍土生態系では、永久凍土の存在により地温は低いためさらに貧栄養であるが、これに加えて極めて大きな表層地温の季節変動が**栄養塩循環**に大きな影

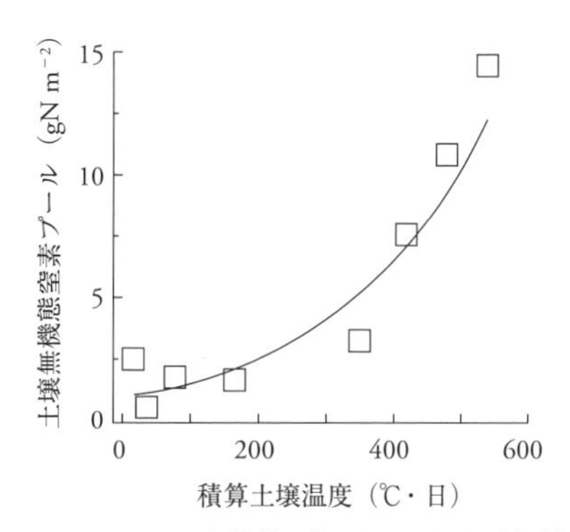

図 2-7　ヤクーツクスパスカヤパッド実験林で観測された土壌無機態窒素の季節変化。横軸は、20 cm の日平均地温が 0°C 以上となった日の日平均地温を積算した値。Popova et al. (2013) をもとに作成。

響を及ぼしていることがわかってきた。

土壌は陽イオン交換能をもつため、アンモニウムは土壌粒子に吸着されていることが知られている。一般的には、この土壌アンモニウムプールは常にある程度の量が存在し、大きな季節変化を示すとは考えられていない。しかしながら、ヤクーツク郊外のスパスカヤパッド実験林での観測結果は、このアンモニウムプールが 6 月（初夏）には非常に小さく、地温が上昇する晩夏から秋にかけて急激に増加することを示していた (Popova et al. 2013)。図 2-7 は土壌中の無機態窒素プール（アンモニウムと硝酸を足し合わせたもの）の季節変化の様子を示したもので、ヤクーツクでは土壌中無機態窒素プールの大部分はアンモニウムであることから、アンモニウムの季節変化も図 7 と同様の傾向である。横軸は 20 cm 深の日平均地温がプラスになった日の日平均地温を積算したもの（積算暖度）で、デグリーデー（℃・day）の単位で表されている。季節が進行し、地温が上昇するとこの値は増加し、夏の後半に地温が高くなると急激に土壌無機態窒素プールも大きくなることがわかる。

土壌中の窒素の季節変化はカラマツに大きな影響を及ぼしていると考えられる。何故なら、カラマツは展葉と同時に光合成をはじめ、枝を伸ばし、幹も成長するが、この時、当然のことながら成長には窒素が必要になる。ところが、カラマツが展葉をはじめる夏のはじめの時点では、土壌中には十分な窒素は存在しない。土壌中に十分な無機態窒素が出てくるのは植物の成長期間の終わり頃で、カラマツが成長のために窒素を必要とする時期はすでに終わっている。植物の光合成や蒸散活動が終了した秋に土壌中のアンモニウムプールの量は最大となるが、翌年の春にはすでにこの窒素は存在しない。このことは、土壌中のアンモニウムをめぐって植物と微生物の間に激しい競争があることを示唆している。植物は無機態窒素を吸収できるときに吸収し、樹体内に蓄え、効率良く再配分しているものと考えられる。

(4) 人間活動の影響と森林火災

東シベリアは人口が非常に少ないため、植生に対する直接的な人間活動の影響は全体としては小さい。しかしながら、東シベリアの中心都市であるヤクーツクの人口密度は、同じく永久凍土帯のアラスカやカナダ北部と比較すると何倍も高い。東シベリアであっても、人口が密集する地域や採鉱が集中的に行われている地域では人間活動が植生に影響を及ぼしている。**森林火災**もそのひとつである。森林火災は自然現象のひとつであるが、サハ共和国全体で発生する森林火災の半分近くは人間活動の結果起こったと考えられている。キノコ採りなどで人が森に入り、そこでのタバコやたき火が原因である(Cherosov et al. 2003)。

森林火災は、その燃え方によってその後の植生の回復状況が大きく異なることが知られている(Cherosov et al. 2003)。表層付近だけが燃えて、若木を含む下層植生だけが焼ける表面火災では大木は生存し、また地中の根は生き残るため、比較的速やかに森林は回復する。一方、**樹冠**が燃えてしまったり、根が燃えてしまうような地下火災では、すべての木が死んでしまうため森林が回復するとしても時間がかかる。この場合、まず低木が地表を覆い、その後、カンバ林となり、その下でカラマツが生育してやがてカラマツ林に戻るまで50年以上かかる。また、すべての木が倒れた場合、永久凍土表層の融解が起こり、地表面が陥没して水がたまると湿地やアラースとなり、森林には戻らない。

2–4 シベリアの植生の脆弱性と将来

これまで述べたとおり、東シベリアは厳しい乾燥がかかる内陸性の気候帯にあるが、永久凍土が存在することによってカラマツ林が成立し維持されている。従って、気候変動により永久凍土の水循環システムが変化するとカラマツ林に大きな影響が及ぶことは間違いない。活動層が深くなり乾燥時に氷の融け水が利用できなくなるとアカマツや草地に変化する可能性もあるだろう。また、異常気象による夏の大雨で湿潤イベントが頻発すると、2007年に観測されたようなカラマツの枯死がさらに広がる可能性もある。これに人間活動による火災が加わるとさらに森林の衰退の可能性が高くなると考えられる。

参考文献

Abaimov, A. P., Lesinski, J. A., Martinsson, O., and Milyutin L. I. (1997) *Variability and Ecology of Siberian Larch Species*. Swedish University of Agricultural Sciences (SUL), Department of Silviculture. Report 43, 123 pp.

Cherosov, M. M., Isaev, A. P., Mironova, S. I., Lytkina, L. P., Gavrilyeva, L. D., Sofronov, R. R., Arzhakova, A. P., Barashkova, N. V., Ivanov, I. A., Shurduk, I. F., Efimova, A. P., Karpov, N. S., Timofeyev, P. A., Kuznetsova, L. V. (2003) Vegetation and human activity. pp. 261–295. In Troeva, E. I., Isaev, A. P., Cherosov, M. M., and Karpov, N. S. (eds.) *The Far North: Plant Biodiversity and Ecology of Yakuti*. Plant and vegetation 3, Springer.

Forsyth, J. (1992) Soviet Siberia after 1941. pp. 347–361. In *A history of the peoples of Siberia*. Cambridge University Press.

Liang, M., Sugimoto, A., Tei, S., Bragin, I. V., Takano, S., Morozumi, Y., Shingubara, R., Maximov, T., Kiyashko, S., Velivetskaya, T. A., and Ignatiev, A. V. Importance of soil moisture and N availability to larch growth and distribution in the Arctic taiga-tundra boundary ecosystem, northeastern Siberia, Polar Science (in press) DOI: 10.1016/j.polar.2014.07.008

Nikolaev, A. N., Fedrov. P. P., and Desyatkin, A. R. (2009) Influence of climate and soil hydrothermal regime on radial growth of *Larix cajanderi* and *Pinus sylvestris* in central Yakutia,

Russia. *Scandinavian Jounal of Forest Research*, 24, 217–226.

Popova A., Tokuchi N., Ohte N., Ueda U. M., Osaka K., Maximov T., Sugimoto A. (2013) Nitrogen availability in the taiga forest ecosystem of northeastern Siberia. *Soil Science and Plant Nutrition*, 59, 427–441. DOI: 10.1080/00380768.2013.772495

Sugimoto, A., Yanagisawa, N., Naito, D., Fujita, N., Maximov, C. (2002) Importance of permafrost as a source of water for plants in East Siberian Taiga. *Ecological Research*, 17, 493–503.

Sugimoto, A., Naito, D., Yanagisawa, N., Ichiyanagi, K., Kurita, N., Kubota, J., Kotake, T., Ohata, T., Maximov, T. C., and Fedorov, A. N. (2003) Characteristics of soil moisture in permafrost observed in East Siberian Taiga with stable isotopes of water. *Hydrological Processes*, 17, 1073–1092.

Tei, S., Sugimoto, A., Yonenobu, H., Yamazaki, T., and Maximov, T. C. (2013) Reconstruction of soil moisture for the past 100 years in eastern Siberia by using $\delta^{13}C$ of larch tree rings. *Journal of Geophysical Research Biogeosciences*, 118, 1256–1265, doi: 10.1002/jgrg.20110

Ueta, A., Sugimoto, A., Iijima, Y., Yabuki, H., Maximov, T. C. (2014) Contribution of transpiration to the atmospheric moisture in Eastern Siberia estimated with isotopic composition of water vapor. *Ecohydrology*, 7, 197–208. DOI: 10.1002/eco.1403.

Velichko, A. and Spasskaya, I. (2002) Climatic change and the development of landscapes, pp. 36–69. In Shahgedanova, M. (ed) *The Physical Geogfaphy of Northern Eurasia*. Oxford University Press.

酒井昭（1995）細胞，組織，器官レベルでの生存戦略．『植物の分布と環境適応』pp. 121–128．朝倉書店．

杉本敦子（2009）土壌・植物の水同位体比．気象研究ノート 220 号『気象学における水安定同位体比の利用』（芳村圭，一柳錦平，杉本敦子編）pp. 45–59．日本気象学会．

第3章　シベリアの動物相と温暖化の影響

立澤史郎・I. オクロプコフ

陸上生態系の頂点に立つホッキョクグマ。東シベリアでも行動圏を内陸にシフトするなど生態に変化が見られ、人との軋轢が増している。
（2010年10月、サハ共和国コリマ川河口、F. Yakovlev 氏撮影）

これまで、シベリアの自然環境の特徴を、気候（第1章）と植生（第2章）の観点から見てきた。そこには、凍土—植生共生系と呼べる、永久凍土とタイガの樹木とが相互に依存しあいながら動的にバランスするシステムが存在していた。それでは、その気候と植生のもとで暮らす野生動物たちには、どのような特徴がみられるだろうか。本章では、まずシベリアの動物相（主に哺乳動物相）を概観した後、北極圏で特徴的な生活を送る動物たち、特に野生トナカイの生態を、温暖化との関係に注意しながら見てみたい。

3–1　シベリアの陸生脊椎動物相

(1) マンモス動物群

後期更新世（およそ12万年前〜1万年前）、ユーラシア大陸北部には、冷涼で乾燥した気候のもと、マンモス・ステップ（もしくはツンドラ・ステップ）と呼ばれる**イネ科型草本（グラミノイド）**を主とした広大な草原が広がり、ケナガマンモス、ケナガサイ、ジャコウウシ、バイソン、トナカイ、ウマなど、寒冷地に適応した大型植食獣を含む動物相、いわゆる**マンモス動物群（マンモスファウナ）**が存在した（Vereshchagin and Baryshnikov 1982, 1992 ほか）。

これらマンモス動物群の構成種は、最終氷期が終わって地球が温暖化しつつあった約1万年前、次々に地球上から姿を消している。それらの絶滅原因は、かつては人類による過剰狩猟説（Martin 1967 ほか）が広く支持されていた。しかし近年は、温暖化に伴う気候と植生の急変、つまり、湿潤多雪化と木本植物の進出が原因だとする**気候変動説**（気候—植生連動説：Guthrie 1984; 2006 ほか）が有力となっている。

さらに近年の研究では、5万年前〜約1万年前までの北極圏の植生は、実は双子葉類草本（非イネ科型の草本性維管束植物）が優占しており、その後に木本植物とイネ科型草本が優占する湿性ツンドラが出現したことがわかってきた（Willerslev et al. 2014）。また、マンモスファウナの大型植食獣の胃と糞の内容物分析でも、双子葉植物をよく食べていたことから、マンモス動物群の衰退に、栄養価の高い双子葉類草本から栄養価が低く消化もしにくいグラミノイドへの植生転換が関わっていることも指摘されている（Willerslev et al. 2014）。

これらの大型植食獣の中で、北極圏やその周辺で有史以降まで生き残ってきたのが、ウシ科のジャコウウシ *Ovibos moschatus* とバイソン（ユーラシアではヨーロッパバイソン *Bison bonasus*）、そしてシカ科のトナカイ *Rangifer tarandus* である。この3種はいずれも偶蹄類（鯨偶蹄目）で反芻胃を持ち、その中の共生微生物の働きによってグラミノイドを効率的に利用することができる。これらの動物たちは、最終氷期からの数万年間、生態系の構成要素として、そして主要な資源として、最も長く現生人類を支えてきた野生動物だと言えるだろう。

なお、ユーラシア大陸においては、ジャコウウシは約3000年前、ヨーロッパバイソンは20世紀初頭に、それぞれ最後の個体群が人為的要因（生息地開発と乱獲）により絶滅している。現在は、生態系復元の目的で、両種とも北米から同種（ジャコウウシ）または近縁種（アメリカバイソン）の再導入（野生個体群の復元）が進んでいる。よって、ユーラシア大陸の大型哺乳類におけるマンモス動物群の**遺存種**は、厳密には大型種ではトナカイ一種だけ（北欧ではほぼ絶滅）となる。

(2) 現生哺乳類相の特徴と変化

次に、マンモス動物群の遺存種であるトナカイを含む現生動物相の例として、シベリア地域でほぼ唯一、動物相のモニタリング調査が行われているロシア連邦サハ共和国の哺乳動物相を概観してみよう。

東シベリアの大半を占めるサハ共和国では、表3-1のように、絶滅危惧種5種を含む70種（うち海洋性5種）の哺乳動物の生息が確認されている。このうち一般的に種数が少ない大型種（植食・肉食あわせて13種）に比しても、飛翔性（コウモリ類5種）と滑空性（モモンガ1種）がともに極めて少ない

表3-1　サハ共和国の現生野生哺乳類相（同国政府資料他から作成）

無盲腸目（旧食虫目） Eulipotyphla
- **モグラ科** Talpidae
  - ヨーロッパモグラ属 *Talpa*
    - * 1. アルタイモグラ *T. altaica* Nicolsky, 1883
- **トガリネズミ科** Soricidae
  - ミズトガリネズミ属 *Neomys*
    - * 2. ミズトガリネズミ *N. fodiens* Pennant, 1771
  - トガリネズミ属 *Sorex*
    - ! 3. ヨーロッパトガリネズミ *S. araneus* Linnaeus, 1758
    - 4. ツンドラトガリネズミ *S. tundrensis* Merriam, 1900
    - 5. アカバトガリネズミ *S. daphaenodon* Thomas, 1907
    - 6. バイカルトガリネズミ *S. caecutiens* Laxmann, 1758 (1788)
    - 7. タイガトガリネズミ *S. isodon* Turov, 1936
    - 8. ヒラタトガリネズミ *S. roboratus* Hollister, 1913
    - 9. チビトガリネズミ *S. minutissimus* Zimmermann, 1780
    - * 10. ヨーロッパヒメトガリネズミ *S. minutus* Linnaeus, 1766

コウモリ目（翼手目） Chiroptera
- **ヒナコウモリ科** Vespertilionidae
  - ホオヒゲコウモリ属 *Myotis*
    - 11. ドーベントンコウモリ *M. daubentonii* Kuhl, 1817
    - * 12. ヒメホオヒゲコウモリ *M. ikonnikovi* Ognev, 1912
    - ! 13. ブラントホオヒゲコウモリ *M. brandtii* Eversmann, 1845
  - ウサギコウモリ属 *Plecotus*
    - * 14. ウサギコウモリ *P. auritus* Linnaeus, 1758
  - クビワコウモリ属 *Eptesicus*
    - 15. キタクビワコウモリ *E. nilssonii* Keyserling et Blasius, 1839

ウサギ目 LAGOMORPHA
- **ナキウサギ科** Ochotonidae
  - ナキウサギ属 *Ochotona*
    - 16. ツルチャンナキウサギ *O. turuchanensis* Naumov, 1934
    - 17. キタナキウサギ *O. hyperborean* Pallas, 1811
- **ウサギ科** Leporidae
  - ノウサギ属 *Lepus*
    - 18. ユキウサギ *L. timidus* Linnaeus, 1758

齧歯目 RODENTIA
- **リス科** *Sciuridae*
  - モモンガ属 *Pteromys*
    - 19. タイリクモモンガ *P. volans* Linnaeus, 1758
  - リス属 *Sciurus*
    - 20. キタリス *S. vulgaris* Linnaeus, 1758
  - シマリス属 *Tamias*
    - 21. シベリアシマリス *T. (Eutamias) sibiricus* Laxmann, 1769
  - ジリス属 *Urocitellus*
    - 22. オナガホッキョクジリス *U. undulatus* Pallas, 1779
    - 23. ホッキョクジリス *U. parryi* Richardson, 1825
  - マーモット属 *Marmota*
    - * 24. ズグロマーモット *M. camtschatica* Pallas, 1811

注　*：サハ共和国 Red List 希少種.　　+：人為的導入種（クロテンのように生息地に放獣された例は除く）.
　　!：近年分布が確認された種（南方から分布域を拡大）.　　?：トラは過去に複数の目撃や捕獲例があるが定着の有無は不明.

表 3-1　サハ共和国の現生野生哺乳類相（同国政府資料他から作成）（その 2）

ビーバー科 Castoridae
ビーバー属 *Castor*
* 71. ヨーロッパビーバー *C. fiber* Linnaeus, 1758
キヌゲネズミ科 Cricetidae
モリレミング属 *Myopus*
25. モリレミング *M. schisticolor* Lilljeborg, 1844
レミング属 *Lemmus*
26. シベリアレミング *L. sibiricus* Kerr, 1792
* 27. アムールレミング *L. amurensis* Vinogradov, 1924
マスクラット属 *Ondatra*
+28. マスクラット *O. zibethicus* Linnaeus, 1766
クビワレミング属 *Dicrostonyx*
29. クビワレミング *D. (Misothermus) torguatus* Pallas, 1778
ヤチネズミ属 *Myodes*
30. タイリクヤチネズミ *M. (Craseomys) rufocanus* Sundevall, 1846
31. ヒメヤチネズミ *M. rutilus* Pallas, 1779
タカネネズミ属 *Alticola*
32. ユキミヤマネズミ *A. (Eothenomys) lemminus* Miller, 1899
ミズハタネズミ属 *Arvicola*
33. ミズハタネズミ *A. amphibius* Linnaeus, 1758
ハタネズミ属 *Microtus*
34. ホソガオハタネズミ *M. (Lasiopodomys) gregalis* Pallas, 1779
35. ツンドラハタネズミ *M. oeconomus* Pallas, 1776
36. マキシモヴィッチハタネズミ *M. maximowiczii* Schrank, 1859
37. モンゴルハタネズミ *M. mongolicus* Poljakov, 1881
38. キタハタネズミ *M. (Agricola) agrestis* Linnaeus, 1761
ネズミ科 Muridae
カヤネズミ属 *Micromys*
39. カヤネズミ *M. minutus* Pallas, 1771
アカネズミ属 *Apodemus*
40. ハントウアカネズミ *A. (Alsomys) peninsulae* Thomas, 1907
ハツカネズミ属 *Mus*
41. ハツカネズミ *M. musculus* Linnaeus, 1758
クマネズミ属 *Rattus*
42. ドブネズミ *R. norvegicus* Berkenhout, 1769

ネコ目（食肉目） CARNIVORA
イヌ科 Canidae
イヌ属 *Canis*
43. タイリクオオカミ *C. lupus* Linnaeus, 1758
キツネ属 *Vulpes*
44. ホッキョクギツネ *V. (Alopex) lagopus* Linnaeus, 1758
45. アカギツネ *V. vulpes* Linnaeus, 1758
クマ科 Ursidae
クマ属 *Ursus*
46. ヒグマ *U. arctos* Linnaeus, 1758
* 47. ホッキョクグマ *U. maritimus* Phipps, 1774
セイウチ科 Odobenidae
セイウチ属 *Odobenus*
* 48. セイウチ *O. rosmarus* Linnaeus, 1758

注　*：サハ共和国 Red List 希少種.　　+：人為的導入種（クロテンのように生息地に放獣された例は除く）.
!：近年分布が確認された種（南方から分布域を拡大）.　　?：トラは過去に複数の目撃や捕獲例があるが定着の有無は不明.

表 3–1　サハ共和国の現生野生哺乳類相（同国政府資料他から作成）（その 3）

アザラシ科 Phocidae
アゴヒゲアザラシ属 *Erignathus*
* 49. アゴヒゲアザラシ *E. barbatus* Erxleben, 1777
ゴマフアザラシ属 *Pusa*
50. ワモンアザラシ *P. hispida* Schreber, 1775
イタチ科 Mustelidae
テン属 *Martes*
51. クロテン *M. zibellina* Linnaeus, 1758
クズリ属 *Gulo*
52. クズリ *G. gulo* Linnaeus, 1758
イタチ属 *Mustela*
53. イイズナ *M. nivalis* Linnaeus, 1758
54. オコジョ *M. erminea* Linnaeus, 1758
55. シベリアイタチ *M. sibirica* Pallas, 1773
* 56. ステップケナガイタチ *M. (Putorius) eversmanii* Lesson, 1827
ミンク属 *Neovision*
+57. ミンク *N. vison* Schreber, 1777
カワウソ属 *Lutra*
* 58. カワウソ *L. lutra* Linnaeus, 1758
ネコ科 Felidae
ヒョウ属 *Panthera*
? 59. トラ *P. tigris*
オオヤマネコ属 *Lynx*
60. ヨーロッパオオヤマネコ *L. lynx* Linnaeus, 1758

鯨偶蹄目 Cetartiodactyla
イッカク科 Monodontidae
シロイルカ属 *Delphinapterus*
* 61. シロイルカ（ベルーガ）*D. leucas* Pallas, 1776
イッカク属 *Monodon*
* 62. イッカク *M. monoceros* Linnaeus, 1758
シカ科 Cervidae
シカ属 *Cervus*
63. アカシカ *C. elaphus* Erxleben, 1777
ノロジカ属 *Capreolus*
64. シベリアノロジカ *C. pugargus* Pallas, 1771
ヘラジカ属 *Alces*
65. ヘラジカ *A. alces* Clinton, 1822
トナカイ属 *Rangifer*
66. トナカイ *R. tarandus* Linnaeus, 1758
ジャコウジカ科 Moschidae
ジャコウジカ属 *Moschus*
67. シベリアジャコウジカ *M. moschiferus* Linnaeus, 1758
ウシ科 Bovidae
ジャコウウシ属 *Ovibos*
*+ 68. ジャコウウシ *O. moschatus* Zimmerman, 1780
ヒツジ属 *Ovis*
* 69. シベリアビッグホーン *O. nivicola* Eschscholtz, 1829
バイソン属 *Bison*
+70. アメリカバイソン *B. bison* Rhoads, 1897

注　*：サハ共和国 Red List 希少種．
！：近年分布が確認された種（南方から分布域を拡大）．
+：人為的導入種（クロテンのように生息地に放獣された例は除く）．
?：トラは過去に複数の目撃や捕獲例があるが定着の有無は不明．

のは、極寒でかつ森林が発達しない極北地域の生物相の特徴と言えるだろう。また、シベリアならではの特徴として、以下の2点も指摘できる。

①地中・半地中棲の種が多い：陸生59種（飛翔・滑空性計6種をのぞく）のうち、いわゆる小型種（ウサギ類以下）が41種（69.5%）と極めて多いが、そのうち27種（65.9%）が地中・半地中棲の種である。これは主にトガリネズミ科（無盲腸目、旧食虫目）とキヌゲネズミ科（齧歯目、特にレミングやハタネズミ類）が多いことによる。これらの種が、特に凍土帯や山岳地の長く厳しい冬を、どのような工夫で生き抜いているのか、非常に興味深い。

②半水棲種も多い：このような極寒の地では水域の利用はかなり限られるように思われるが、実は上記の地中・半地中棲の小型種の3分の1（9種、33.3%）は、河川や湖沼で採食する半水棲種であり、その多くは、ミズトガリネズミ（water shrew）やミズハタネズミ（water vole）など、ハビタットが淡水域に限定される種である。また、中型種（カワウソ以下）でも、8種のうち3種（カワウソ、ミンク、マスクラット）が半水棲の種であり、さらに、コウモリ類5種には河畔など水域に依存することで知られるドーベントンコウモリ（water bat）とブラントホオヒゲコウモリ（Brandt's bat）が含まれる。これらの特徴は、河川や湖沼に富み、そこで夏期に大量の昆虫が発生するという東シベリアの環境と無関係ではないだろう。これらの種が1年の半分（約6ヵ月）を氷に閉ざされる環境で、どのような生活史を有しているか、今後の研究が待たれる。

また、古くから生息が確認されているキタクビワコウモリ（Northern bat）は、ヨーロッパでは氷河のクレバスでも営巣することで知られる。シベリアでも同様の環境利用特性を有すると思われるが、サハ共和国では近年分布域や個体数が縮小傾向にあるという。一方、過去5年で新たに生息が確認されたヨーロッパトガリネズミ（common water shrew）とブラントホオヒゲコウモリ（Brandt's bat）は、両種とも南方系の河川依存種であり、その分布域は現在も北上傾向にあるという。今後、当地域の温暖化が進行し、凍結期間の短縮などが進めば、凍結環境特有の生活史を有する種が南方系の種に置き換わってゆくおそれがある。

図 3–1　マンモスファウナの遺存種（上：トナカイ、中：ジャコウウシ、下：バイソン）
いずれもサハ共和国内にて。ただしジャコウウシは北米産の同種を、バイソンは同じく近縁種のアメリカバイソンを再導入したもの。

なお、サハ共和国の陸生中大型哺乳類の中には、意図的に導入され、現時点で広域に定着が確認されている北米産の外来種が4種含まれる。毛皮採取の目的で古くに導入されたマスクラット（muskrat）とアメリカミンク（American mink）、そして、生態系復元のために計画的に導入され再野生化が進むジャコウウシ（musk ox）とアメリカバイソン（wood bison）である。

マスクラットとアメリカミンクの分布域は、現時点では非常に限られており、ともに（シベリアでは）絶滅寸前とさえ言われていた。しかし、21世紀に入ってから、マスクラットの分布域や個体数が増加し、近年はアメリカミンクも勢力を増している。また、種としては在来種であるが、資源増を図って生息域内の他地域から個体が導入されてきたクロテンや、近縁外来種（アメリカビーバー）が導入されていた可能性があるヨーロッパビーバーのように、今後、在来種か否かの議論が必要な種もある。

シベリアにおける外来種の導入は、生態系復元を目的とした上記の2種（ジャコウウシ、アメリカバイソン）を除くと、毛皮の採取が目的で行われたものがほとんどであり、それゆえ防水・防寒に優れた被毛を持つ水系依存種が多く導入されている。温暖化による凍結期間の縮小や凍結状況の変化（厳冬期の湖底の無凍結；次節参照）などによって、これら水系依存型外来種の生存確率や分布域拡大のリスクは高まっていると思われ、過去に導入が失敗している種も含めて、その動向に注意を払う必要がある。

(3) 急速に変化する鳥類相と両生・爬虫類相

近年の温暖化環境において、哺乳類以上に変容が著しいのが鳥類相である。現在サハ共和国で生息が確認されている鳥類310種中、渡り（季節移動）をする種は228種（73.5%）を占め、そのうち160種（70.0%）が湿地性の種である（同国政府未発表資料より）。また、定着している271種のうちレッドデータブック（Department of Biological Resources, Ministry of Nature Protection of Sakha (Yakutia) 2003）に記載される希少種は100種にのぼるが、そのうちの約80種が湿地性の渡り鳥である。すなわち、同共和国の鳥類における生物

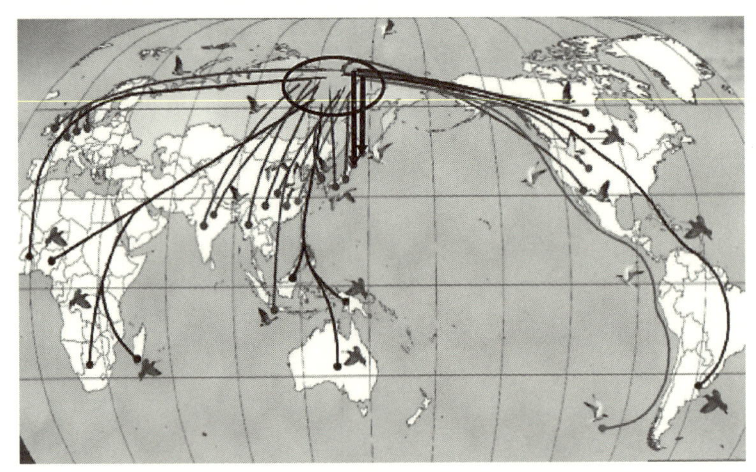

図 3–2　長距離の渡りをする主要鳥類の移動ルート（サハ共和国啓発ポスターに加筆）
太線がコハクチョウの渡りルート（3–2 (2) を参照）、円内がサハ共和国。

多様性の保全には、湿地環境の保全が極めて重要であり、そしてそれが国際的な希少種保全にも直結する（図 3–2）。

ところが、同共和国の鳥類相の保全において、温暖化により、これまで想定されていなかった2つの事態が生じている。ひとつは、南方系の種の増加である。共和国内で確認された鳥類 310 種のうち、過去 10 年で新たに確認された種は、定着未確認のものを含めると 39 種（12.6%）にのぼるが（表 3–2）、それらのすべてが南方系の（主には中国以南に分布域が限られていた）渡り鳥であり、夏の生息域を北方へシフトしてきたと考えられている（Isaev ら未発表）。このような南方系の種の進出が在来生物相に与える影響はまだ不明だが、在来種との競合に加え、新たな病原体の導入も懸念される。

もうひとつは、特に北極海沿岸で顕著な、営巣適地の減少である。シベリアに生息し、渡りをする鳥類の多くは、北極海沿岸の湿地帯で夏を過ごし、産卵と育雛をする。しかし 1980 年代以降、凍土の融解や洪水の影響により各地で湿地の水位が上がり、生残や繁殖に負の影響が生じている（Isaev ら未発表）。

表3-2　サハ共和国における野生動物の既知種数の推移（同国政府資料他から作成）

分類群	確認（集計）年					推定暴露率*1	ロシア連邦*2	日本*3
	1935	1965	1995	2012	2014			
哺乳綱	37	60	63	70	71	98	269	241
鳥綱	138	250	285	300	310	92	628	700
爬虫綱	2	2	2	2	2	99	58	97
両生綱	2	2	4	4	4	99	41	64
硬骨魚綱（淡水）	36	53	53	53	（未集計）	97	435	300
昆虫綱	600	1100	4000	4480	（未集計）	40	（不明）	30,200

*1：推定生息種数に対する生息確認種数の割合．*2：World Resources Institute（2001）ほかより．
*3：環境省生物多様性センター資料より．

なかでも、絶滅危惧種に指定されている大型のツル属3種（ソデグロヅル *Grus leucogeranus*、クロヅル *Grus grus*、ナベヅル *Grus monacha*）とハクチョウ属2種（オオハクチョウ *Cygnus cygnus*、コハクチョウ *Cygnus bewickii*）は、いずれもシベリアの人々にとって文化的にも重要な存在であるが、営巣地として好む湿地の中洲が水没したりすることで、営巣・産卵・孵化に失敗したり、捕食されるリスクが高まっている（Isaev ら未発表）。

これらの種は、いずれもシベリアと東アジアの国々との間を往来し、越冬地の国々の生態系の一員としても重要な存在である。日本でもハクチョウ類やナベヅルは、古くから親しまれ、歴史的・文化的に重要な存在であるとともに、多数が飛来するため保全管理の責任も負っている。これら移動性動物の保全では、国際的な情報共有や共同管理体制が不可欠であり、中国・韓国とサハ共和国政府は、これら渡り鳥の共同調査や、保全と開発支援のスワッピング協定などの共同政策を急速に進めている。日本の場合、このような国際共同活動への参加は、これまでNPOや一部の研究者が進めてきたが、今後は国としての積極的参加が望まれている。

さて、本節の最後に、現在のシベリアで、爬虫・両生類相も大きく変容しつつあることを指摘しておきたい。サハ共和国でこれまで確認されている爬虫類は、わずかに2種（コモチカナヘビ、ヨーロッパクサリヘビ）であった。前者は胎生、後者は小型哺乳類を常食するという、いずれも特異な生態を有しており、凍結環境や地表棲小型哺乳類の多様さに適応してきたと思われる。また両生類では、日本にも遺存的に生息する湧水性のキタサンショウウオ（Siberian salamander）1種と、アカガエル属（Rana spp.）3種のみが、これまで確認されていた。ところが、近年は、記録になかった爬虫類の発見例が増えており、一方で上記の両生類4種はいずれも急速に減少している（Department of Biological Resources, Ministry of Nature Protection of Sakha (Yakutia) 2003）。この両生類の減少は世界的な傾向の一部分ともみられるが、現地の研究者は肉食性の哺乳類・鳥類・魚類による捕食圧が高まっていることを危惧している。

3–2　野生動物の土地利用と水系の変化

シベリアの動物相は、少なくとも東シベリアにおいては、極めて寒冷で、かつ湿地が多いという環境の特徴を反映したものだった。そして、生物相（動物相）の変遷には、温暖化の影響が見てとれた。それでは、個々の種は、これらの環境をどのように利用して暮らしているだろうか。ここで3つの事例から、シベリアの野生動物と環境の関係を見てみよう。

(1) ジャコウウシの季節移動と河川凍結時期の遅れ

ジャコウウシは、陸生大型植食動物の中で、最も寒冷地に適応した種である。その社会構造は、ウシ科やシカ科の多くの種にみられるように、主にメスと仔からなる群れを作り、オスは分散して暮らす（Gunn and Adamczewski 2003 ほか）。夏は低湿地でスゲ類を中心に多様な草本を食べ、冬は深い雪を避けて高標高部に移動してグラミノイドや地衣類などを食べるが、トナカイのように長距離の季節移動はせず、周年北極圏（特に北極海沿岸）にとどまる（Ferguson 1991, Gunn and Adamczewski 2003, Klein 1992 ほか）。ただし、グリーンランドや北米（カナダ北東部やアラスカの再導入個体群）では生態が調べられ

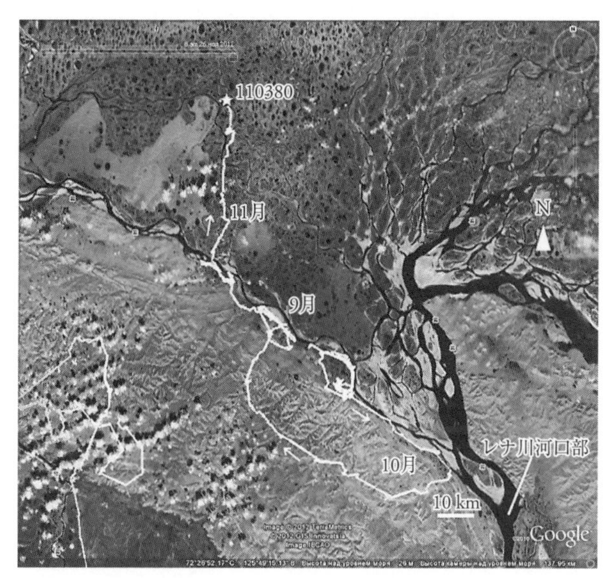

図3-3　ジャコウウシの土地利用パターン（白色、矢印は移動の向き、左下はトナカイ）（Kirillin et al. unpublished）

ているものの、シベリアの個体群の生態についてはまだ報告がない。そこで筆者らは、2012年から導入個体に衛星発信機を装着し、陸上での直接観察を併用しながら、環境利用特性を調査している。

図3-3（Kirillin et al. unpublished）に、導入地のひとつであるレナ川デルタ自然保護区における、秋期（2012年9〜11月）の追跡個体の土地利用のようすを示す。この時期、北極海沿岸部では、湿地帯が凍り、ジャコウウシは内陸の高標高部へ移動する。この地域の場合、南東方向に移動して凍ったレナ川を渡らないと、高標高域には辿り着けない。この年も、ジャコウウシは9月末から10月にかけて、レナ川沿いに南東へ移動をはじめた。レナ川河口部は、例年なら10月には十分凍結しており、ジャコウウシの群れは凍結したレナ川をわたって、丘陵部の南西向き斜面に入って冬を越すはずである。ところがこの年は、10月中旬になってもまだ河口部が十分凍結せず、おそらくそのために、この追跡個体を含む群れの一部はUターンしてデルタに戻って

しまった。そして河岸でしばらくすごした後、あろうことか、より北側（北極海側）へと移動してしまったのである。

実はこの発信機を付けた個体は1才ほどの仔で、まだ幼いために河口部を渡ることができなかったのかもしれない。その後、群れの本隊は無事南東部の丘陵地へ移動したが、この個体は成獣数個体と共に、そのまま氷結したデルタ地帯で立ち枯れているスゲなどを採食していることが地上観察で確認された。母仔群がデルタに取り残されたかたちになったと思われるが、厳冬期のデルタでは採食可能な食物がなく、これらの個体が生残する可能性はかなり低いと思われた。厳冬期に発信が停止したため、この個体の生死は現時点では不明だが、この不適応な状況が、河口部の凍結の遅れにより引き起こされたことは間違いないであろう。

(2) コハクチョウの渡りと肉食獣の北上

次に、前節で言及した渡り鳥の国際的保全に関連して、興味深い事例を紹介したい。2012年9月末、北極海に注ぐコリマ川の中流域で、日本で首輪型衛星発信機を装着されたコハクチョウが死体で見つかった。日本とシベリアをハクチョウ類が往復し、その多くがコリマ川を利用していることはすでによく知られた事実である。しかし地元のハンターや研究者が注目したのは、その死因がクズリ（wolverine）による捕食だったことだ。イタチ科のクズリは死肉も食し、どう猛なことで知られる肉食獣だが、北極圏に属するこの地域では、10月から4月の冬季にはまず見ることがなかった。ところが近年は、冬季にもクズリが目撃されるようになり、鳥類に対する捕食圧の増加が危惧されていたところだったからである。

このコハクチョウに装着されていた首輪と足輪（図3-4）は、発見した現地ハンターからサハ共和国政府、さらに著者らへと受け渡され、標識装着を行った（財）山階鳥類研究所へと返還された。同研究所によれば、2010年12月24日に北海道北部のクッチャロ湖で標識および装着された個体で，2011年にも日本へ飛来してクッチャロ湖で越冬しており、この年（2012年）も北極

図3-4　コハクチョウに装着されていた標識足輪（左）、同（中）、首輪式衛星発信機（右）

海沿岸の繁殖地からコリマ川沿いに、日本へ向けて南下しつつあったのだろう、とのことであった（同研究所吉安京子氏、私信）。衛星発信機については、東京大学（当時）が、装着し追跡していたもので、それまでの成果（Higuchi et al. 1991ほか）で、すでに日本とコリマ川河口部を往復する渡りルートは明らかになっており、本件の個体も同様の土地利用を行っていたようだ（図3-2参照）。ただし、死因が判明した例はこれまでなかったそうで、シベリアのハンター・行政・研究者の連携のよさが示された形だ。

なお、シベリアの北極海沿岸の湿地帯は、このように水鳥の国際的に重要な繁殖地となっているが、近年は春や夏の増水・出水が顕著であり、コハクチョウをはじめ多くの鳥類に悪影響（営巣適地の水没など）が出ている（Iwamura et al. 2013ほか）。また、前節で紹介したように競合する外来種が増え、これに加えて、クズリやオオカミといった強力な捕食者の脅威が増している。サハ共和国政府は、保護区の拡充などを進めているが、デルタなど沿岸地帯の水没や洪水を止めることはできず、手をこまねいているのが現状である。これはもちろんシベリアだけではなく、日本をはじめ生物相を共有する近隣諸国がともに対策を進めるべき課題である。

(3) 外来種マスクラットとアラースの拡大

第一節でみたように、シベリアの動物相には、現在さまざまな外来種が加わったり、勢力を拡大しつつある。勢力を盛り返しつつある古い外来種の典型がマスクラットであり、そこにはやはり温暖化による水環境の変化が関与しているようだ。

マスクラットは、サハ共和国では 1930 年代初頭に毛皮目的で大規模な導入が行われ、広域に定着して代表的な毛皮獣の一種として頻繁に利用されている（Long 2003, 池田 2012）。同国でそこまで広く定着した理由のひとつは、彼らが生活の場とする陸水（河川、池沼など）が豊富であるからだ。しかし本種はビーバーのように浮巣やダムを造ってその中で営巣するため、その周囲の水体がすべて凍結すると活動ができず、その巣の個体は死滅してしまう。また、水位が低くても移動や採食に支障をきたし、冬季に水体の凍結が進むほど、行動や生態（生残率や繁殖率）に悪影響が出る（Chibyev and Mordosov 2007 ほか）。

そこで、マスクラットの生息数の指標としての捕獲数の変遷と、相対的な水位（高位または低位；Bosikov 1991）との関係を見てみよう（図 3–5）。頻繁に国内で導入が繰り返された 1950 年代から毛皮需要が落ち込みはじめる 1980 年代まで、基本的には増加傾向にあるように見えるが、アラースの水位が低下した 1970 年代には捕獲数も伸び悩んでいる（Chibyev et al. unpublished）。1990 年代以降は毛皮需要が極端に落ち込んだが、捕獲数が落ち込んだ理由はそれだけではなく、極端な水位低下によって実際の個体数も激減したのだという（Chibyev et al. unpublished）。

ところで、ここには 2005 年以降のデータが加えられていないが、実はこの 10 年間（2005～2014 年）、本種の分布域拡大は顕著であり、その背景には 2005 年以降の各地でのアラースの拡大や冬季に全凍結しない湖沼の増加があるという（Chibyev 私信、図 3–6）。2005 年から 2008 年といえば、東シベリアで降水量が増加し、記録的な湿潤化が生じた時期である（Hiyama et al. 2013, 本書第 1 章参照）。同共和国では、近年、本種の外来種としての問題点

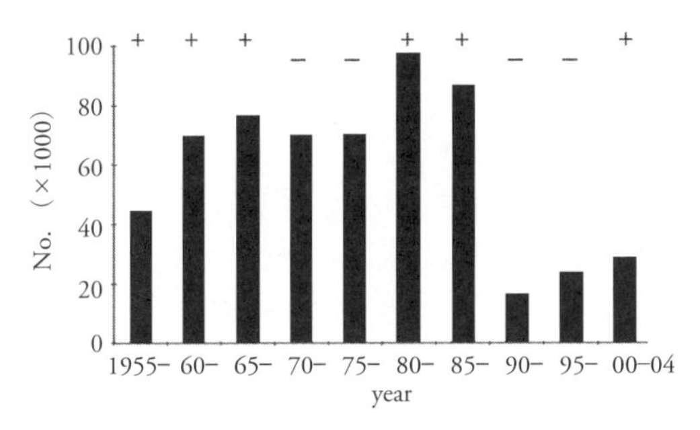

図3–5　サハ共和国ヤクーツク特別区におけるマスクラットの捕獲数とアラースの相対的水位（Chibyev et al. unpublished）
捕獲数は5年括約。水位は高水位（+）と低水位（−）にわけグラフ上に示す。

図3–6　半凍結したアラースで行われるマスクラット猟
後方に見えるマウンド内にマスクラットの越冬巣があり、氷の下を泳ぐ個体が罠にかかる。

や個体群制御の必要性が認識されはじめているが（池田2012）、そのきっかけのひとつは、2000年代後半の分布域や密度の増加だという（Chibyev 私信）。重要なのは、今後同共和国で、温暖化と湿潤化が進むことで、マスクラットの好適生息地はさらに増加し、本種が生態系に及ぼすダメージ（在来植食獣との競合、湿性希少植物への採食圧、堤体破壊、水鳥の生息地の攪乱など）も深刻になるという点である。今後はアラースの動態のモニタリングと拡大予測をベースに、広域の個体群管理を進めてゆく必要があるだろう。

3-3　野生トナカイの生息地利用と温暖化

これまで見たように、シベリアの動物相は、すでに温暖化の影響を受けて変容し、攪乱されている。そしてそこには、プラスの変化も、マイナスの変化もある。それでは、マンモスファウナの遺存種であり、古来より**資源動物**として北極圏の人々の暮らしを支えてきたトナカイは、どのような影響を受けているだろうか。また、その変化は、“トナカイの民”たちの生活にどのように影響を及ぼし、そしてその影響を軽減する手立てはあるのだろうか。本節では、まず野生トナカイ（**ツンドラトナカイ**）の生息現状を概観する。そしてその上で、筆者らが行っている衛星発信機調査の結果から、野生トナカイに起こっている変化を探り、その変化が地域の生態系や地域住民に及ぼしつつある影響を見てみたいと思う。

(1) トナカイの生息現状

トナカイと人類

動物群がまるごと交替するような大きな環境変化を生き延びたトナカイは、少なくとも約200万年前（第三紀以前）にはユーラシア（ドイツ）と北米（アラスカ）に出現しており、マンモスファウナの中でも古い種だと考えられている（Anderson 1984）。最も分布域が拡がった15万年前（第三氷期、中期旧石器時代）には、少なくともスペインのイベリア半島まで生息したことが確認されており、最終氷期ピーク頃（約2万年前）には日本を含む世界各地の遺跡から遺物（骨や角）が大量に出土している。このため、多くの人類はマンモスよりむしろトナカイを生活の糧にしていたとも考えられている。

寒冷・乾燥環境に適応していたトナカイは、局所的には氷と草原が一進一退を繰り返す変動環境にあわせてその分布域を変化させた。トナカイハンター（reindeer-hunter）であった人類も、やはりトナカイを追って移動していたと考えられる。そしてその過程でトナカイを扱う技術が進歩して馴化が進み、半家畜化トナカイ（semi-domesticated reindeer）が出現し、生業としてのトナカイ遊牧が成立したと思われる。

トナカイの家畜化の過程についてはいまだ諸説あるが、マンモスファウナのなかでトナカイだけが家畜化に成功した理由については、この季節移動が関係している可能性がある。人間が資源であるトナカイの大移動について歩く、すなわち遊動するなかで、捕食者回避や食物確保の点で人間がサポートするチャンスも生まれ、野生トナカイが見せる大規模な季節移動を、人間が付き合える程度（数百 km）にまで小規模化できたのであろう。

また、マンモスファウナの大型哺乳類のなかで、トナカイだけが生き残ることができた理由についても、季節移動のルートや選択環境に常に分散（多様性）が存在することで、好適な環境を選択できた個体が生き残り、全滅が避けられて来たと考えられる。

このように、トナカイの季節移動は、その進化や人間との関係史を探る上でも、また、新たな変動環境下における保全戦略を構築する上でも鍵となる行動であり、メカニズムの解明を進める必要がある。

トナカイの世界的減少とシベリア地域の重要性

野生トナカイは、多くの個体群が大規模な季節移動をするために、一般の関心が高いわりには、保全や管理の単位を策定することが難しく、そもそも生息実態そのものが非常に把握しづらい（Henttonen and Tikhonov 2008）。しかし近年、世界的に情報が集約されると、一部に増加している集団もあるものの、ほとんどの個体群の個体数は減少、もしくは横ばいであることがわかってきた（Vors and Boyce 2009）。

では、トナカイはどこにどれくらいいるのだろうか？　代表的な統計（Jernsletten and Klokov 2002）では、全世界のトナカイのうち、野生トナカイの

図 3-7　ユーラシアにおける野生トナカイの分布域
主要5個体群に番号を付す（円内はオレニョク川上流域、黒丸はヤクーツク市の位置を示す）

28%（1246000頭/4421500頭）と家畜トナカイの74%（1357700頭/1844500頭）がロシアにいる。そしてロシアの中では、シベリア・極東地域に、野生トナカイの9割、家畜トナカイの7割（西・中央シベリアに約5割、東シベリア・極東に2割強）が生息する。

また、シベリア・極東地域の中でも分布には偏りがある。ロシアの野生トナカイのうち、北極圏に生息し大規模な季節移動を行う亜種ツンドラトナカイの85%は、広大な分布面積の15%に過ぎない3ヶ所、すなわちタイミル半島（クラスノヤルスク地方）、サハ共和国北部、チュクチ自治管区に集中している（Jernsletten and Klokov 2002；図3-7）。

問題は、このロシア（特に中央シベリア以東）の野生トナカイについて、移動や土地利用の実態がほとんどわかっていない、つまり、世界の野生トナカイの4分の1は生息実態が不明だということである。そこで以下に、シベリアのツンドラトナカイの現状について、現地ハンターなどから得た情報をまとめる。

まず、世界最大とされるタイミル個体群は、典型的な季節移動を行う野生トナカイ個体群で、その距離は片道最大1500 kmにも及び、タイミル半島を中心に約60万頭（他の推定では80から100万頭）が生息するとされていた。ユーラシアとアメリカを通じて大陸最北端の地であるタイミル半島には、ほとんど手つかずの生態系を残す世界自然遺産や生物保護区などが点在し、多くの希少・固有植物も報告されている。このような生態系の中で比較的安定的に維持されてきたタイミル個体群は、近年急激な減少を見せ、現在の生息頭数は1万頭程度と目されている。減少の原因は、温暖化とも過度の狩猟とも言われるが、実態は不明である。

次に、サハ共和国北部には、レナ川、ヤナ川、インディギルカ川、コリマ川という北極海に注ぐ大河川沿いに、ツンドラと内陸を往復する3個体群（レナ-オレニョク個体群、ヤナ-インディギルカ個体群、スンドゥロン個体群）が存在する。いずれも個体数もしくは分布域が縮小しており、かつて100万頭以上と言われたその総個体数は、現在あわせても25万頭程度とみられている。特にスンドゥロン個体群は、**連れ去り問題**[1]に絡む有害捕獲や狩猟・密猟で激減して現状把握も難しくなっており、すでに消滅したと言う行政官さえいる。また、ヤナ-インディギルカ個体群については、個体数の減少に加えて季節移動ルートの変化（不安定化）が激しく、北方少数民族によるトナカイ猟が成立しなくなっていると言う。

最後に、ユーラシア最東端に位置し、アラスカの野生トナカイとの遺伝的関係も注目されるチュクチ個体群は、ユーラシアで唯一安定的に維持されていると言われ、現在の生息頭数は16万頭と目されている。

最も情報の薄いチュクチ個体群を除くと、東シベリアの野生ツンドラトナカイは、いずれも動態が不安定化しており、野生個体群の保全、地域生態系の保全、北方少数民族の生業の維持、という3つの課題を共有していると言

[1]　主に発情期（秋）に、放牧地に接近した野生トナカイ（主にオス）に家畜トナカイ（主にメス）が追従し、戻ってこない現象。数百頭から時に千頭以上の家畜トナカイが失われることもあり、大きな経済・社会問題となっている。

える。

(2) 野生トナカイの季節移動とハビタット利用

シベリア唯一の新規個体群

上記は、いずれも古くから存在が知られ、北方少数民族と深い関わりを有してきた個体群であるが、これらとは別に、野生トナカイがこの2〜30年で急増して新たな分布域となった場所があった。それが、西をタイミル半島、東をレナ川に挟まれた、オレニョク川上流域（オレニョク郡のオレニョク川とアナバル川の分水嶺地帯を中心とした地域：図3-7円内）である。

オレニョク郡は1960年代頃まで野生トナカイが少なく、夏の気候が冷涼で草地に恵まれるため、トポリーノ（トンポ郡）、セビャン（コビャイ郡）と並んで、ソビエト連邦時代にトナカイソフホーズのパイロット事業が展開した地域である。特にオレニョク川上部とアナバル川上部に囲まれた範囲には、これまで野生トナカイはほとんどいないとされていたのだが、それが20世紀後半に急増し、タイミル個体群とレナ個体群のどちらか、もしくは両方が移動ルートや分布域を変化させてこの地域へ流入してきたのではないかと目された（Okhlopkov et al. unpublished）。

このオレニョク川上流域は中央シベリア高地の東端に位置し、北限に近いながらも森林（疎林）がひろがる地域である。これまでの研究上の常識からすれば、北部（主には北極海沿岸の低地帯・ツンドラ）で7月の出産・育仔初期を終えたトナカイが移動してきて冬を越すような環境である。ところがそのような常識とは異なり、この地域では、夏に野生トナカイが多く、増加した野生トナカイによる植生変化や家畜トナカイ（トナカイ遊牧）との軋轢（競合や集団連れ去り問題）が生じている。また、西隣のクラスノヤルスク地方との国境部では、北方少数民族によるトナカイの利用権問題（国境をまたいだ狩猟権の問題）も絡み、野生トナカイの実態把握と合理的管理体制の構築が急がれる場所になっている。

しかし、これだけ大きな変化（野生個体群の出現）が起こっていても、ロシアの他地域同様、その挙動はほとんど調べられていなかった。激減しているタイミル個体群の一部が流入してきているという説はいかにもありそうだが、それらが冬にどうしているのか、どこから移動してくるのかという挙動も全く不明であった。そこで、この地域の野生トナカイに衛星発信機を装着して移動ルートと土地利用状況を調べ、本地域と東西隣接個体群（分布域）との関係や、生態変化の原因を検討することにした。

予想と異なる挙動

2008年から準備を始め、実際に現地で捕獲作業を実行できたのは2010年8月だった。8月12–26日の間、共同研究者であるキリリン氏（Kirillin, E. V.）を隊長とするクルーがオレニョク川およびその支流を2隻のボートで移動しながら、渡河中のトナカイの捕獲を行った。ボートの移動距離は約500 kmで、5地点で野生トナカイ計15頭を捕獲し、衛星発信機を装着した（図3–8）。

発信機を装着したのは、オス7頭（2～8才）、メス8頭（2～7才）で、成長による首輪のトラブルが予想される0～1才、およびケガをしていたり不健康と思われる個体の捕獲は避けた。追跡の結果、10月末までに成オス2頭がほぼ移動しなくなったが、この理由は発情期の闘争による衰弱死と考えられた。

残り13個体については、2011年1月まではその位置情報が最短5分から2時間間隔で得られたが、それ以降は発信の途絶や不安定化が起こった。これは電子部品の動作の限界と言われる氷点下50℃を下回る気温のためと考えられる。そのうちの数個体については同年4月以降に発信を再開している。ここではデータが十分にある8月から12月までの位置情報を用いる。

13個体の**越夏地**（8月）から**越冬地**（12～1月）に向けた移動経路は、明瞭に2つの傾向を示した（図3–9）。すなわち、4頭は北東方向への移動（以下、北行集団；Northern Migration Group (NMG)）、9頭は南方向への移動を続けた（以下、南行集団；Southern Migration Group (SMG)）。どちらのグループも、各個体は異なる場所で捕獲・放逐したにもかかわらず、それぞれ非常に類似し

図 3-8　発信機を装着した野生ツンドラトナカイ（サハ共和国オレニョク村近郊にて）

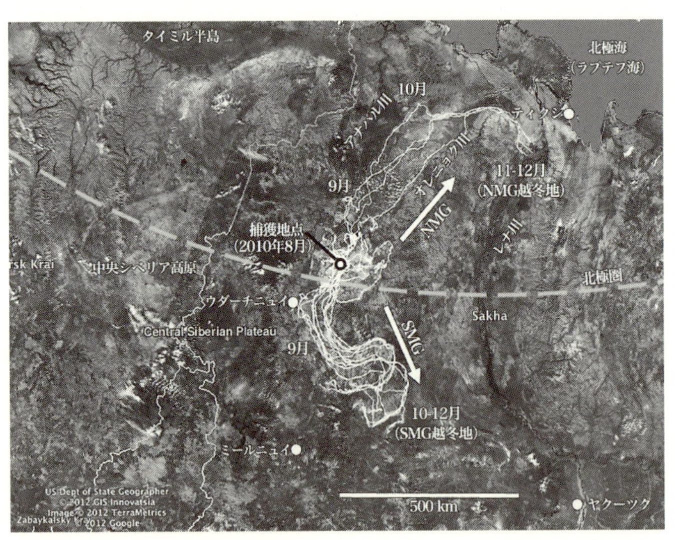

図 3-9　発信機装着個体の位置と移動方向（2010 年 8 月 17 日から 2011 年 1 月 6 日まで）
NMG：北行集団、SMG：南行集団。

た移動経路をたどっており、夏季に同じレンジ（越夏地）をもつ集団が、越冬地の選択において明瞭な 2 グループに別れた。あるいは、異なる越冬地を持つ 2 集団がおなじ越夏地を利用していたとも言える。

また、北行集団は 11 月に入っても移動を続けたが、南行集団は 10 月下旬には定着的な行動を示したまま越年し、早期に越冬地に到着したものと考えられた。すなわち、南行集団は捕獲地点から約 500 km の移動で森林地帯（タイガ）に越冬地を得たのに対し、北行集団は片道 1000 km 近く移動を続け、レナ川河口地帯の山地部（Pronchischev's Mountain Ridge）まで到達して、大きな谷部の南向き斜面で気温が－ 50℃以下となる厳冬期を迎えた。

どのようなハビタットを利用しているか

次に、長期間安定して高精度（誤差 100 m 以内）のデータが取れた 5 個体について、季節移動の際にどのようなハビタットを利用していたかを見てみよう（図 3–10、図 3–11）。

実はサハ共和国内ではいわゆるトナカイゴケ（ハナゴケ科）植生の衰退が著しく、現在レナ川以東でハナゴケ科が優占した植生が残っているのは、北極海沿岸部にほぼ限られている。本調査地域は、同共和国内で最も広域にトナカイゴケ植生が現存しており、そして今回追跡した個体はほとんどトナカイゴケ植生帯の中で生活史を完結していた（図 3–10）。

トナカイの食性としてトナカイゴケの重要性は古くから指摘されている。一方でトナカイゴケだけを食べるわけではないことも知られているが、トナカイゴケがトナカイの冬季の生命維持に重要な役割を果たしているという理解が一般的である（Heggberget et al. 2002 ほか）。今回の調査結果からも、特にトナカイゴケ植生の分布が越冬地の選択に制限要因として効いていることが示唆され、この理解を支持している。

ところが現地確認の結果では、今回の調査対象個体が利用していたトナカイゴケ植生帯に、かなり低木などが侵入していることがわかった（図 3–11）。カナダやスカンジナビア半島の極北部で卓越するトナカイゴケ植生と較べるとかなりその優占度が低いのである。低木などの侵入が温暖化による現象だ

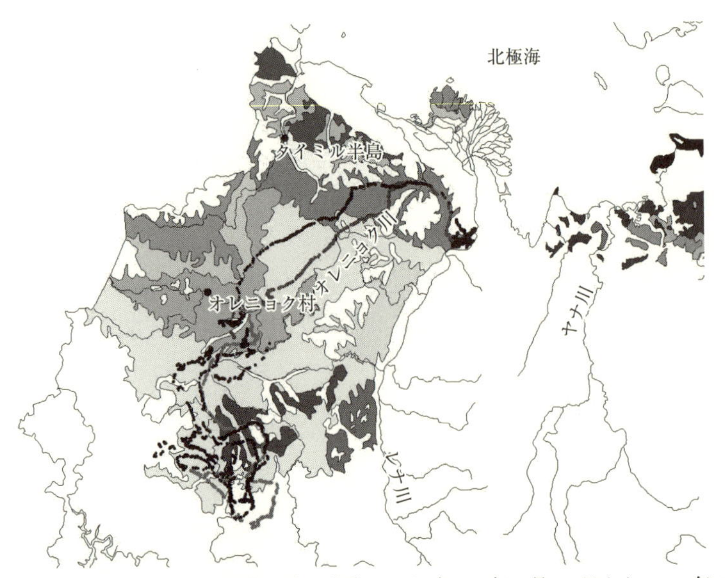

図 3-10　発信機を装着した5個体の秋の移動ルート（2010年8月17日から2011年1月6日まで）とトナカイゴケ植生の分布

ハナゴケ科（トナカイゴケ類）が優占する植生帯のみに着色（現存植生図作成は E. Troeva による）。

とすれば、今後さらに本地域のハビタットの質は悪化する、つまり野生トナカイの冬季死亡率が高まることが予想される。

なぜ死亡するか

次に、ツンドラトナカイの移動と分布を規定するもうひとつの要因、谷地形について検討してみよう。まず、先に用いた高精度の連続データ（8月から12月まで）がとれた5個体について、プロットの間隔を2時間おきに調整した上で、1日の平均移動距離約43km（平均時速1.79 km/時×24時間）を半径とした**カーネル密度推定**[2]（Wasserman 2004ほか）を行い、速度勾配の2次

［2］　一定の範囲内にデータ点が出現する確率をもとに平滑化を行う統計的外挿法のひとつ。

図3–11　トナカイが利用した代表的植生（上）と林床のトナカイゴケ植生
かつては一面にトナカイゴケが覆っていたが、現在は木本植物の実生や低木がかなり侵入し、トナカイゴケは退行している。

元表示を行った（図3–12）。この図で最も停滞しているのは、両集団とも越冬地と越夏地においてであり、いずれも河岸部で大半の時間を過ごしている。一方、季節移動時には、総じて相対的に高速（10 km/時以上）で移動し続けているが、どの個体も停滞している場所がある。それらを地形図に重ねると、すべて大きな谷と重なり、そこを渡る際に時間（コスト）をかけている、ま

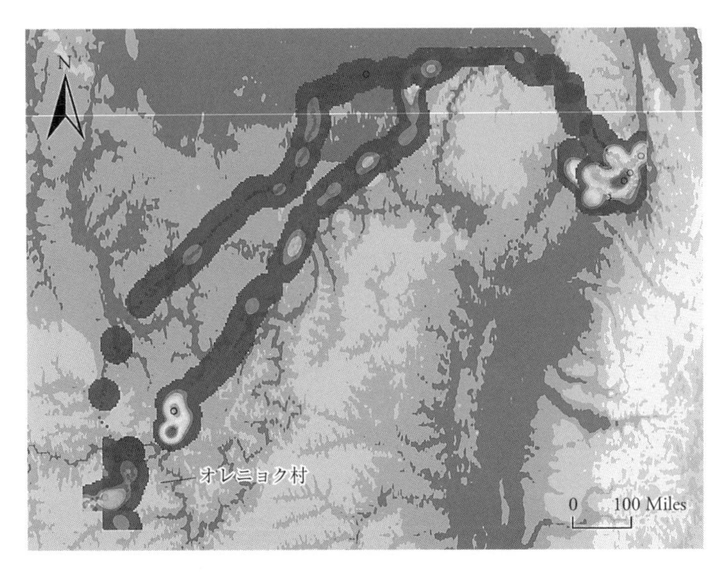

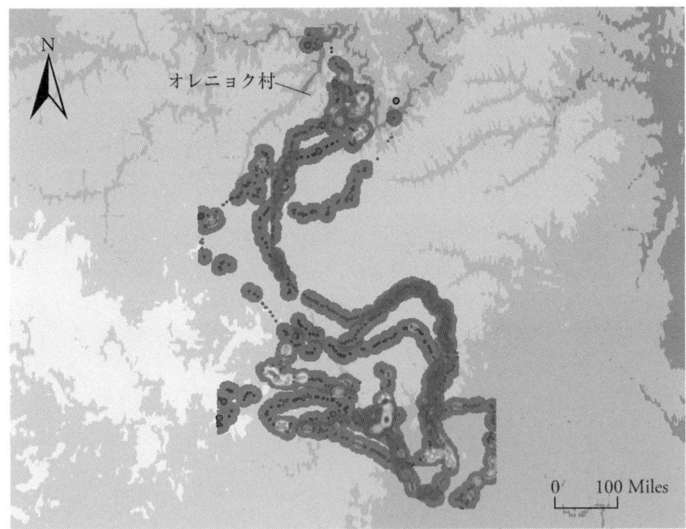

図 3-12　トナカイの移動速度のカーネル密度推定図（上：NMG、下：SMG）

色が明るいほど“停滞”していることを示す。白色はほぼ1日以上動かない（平均時速1 km/時以下の）日が続くことを、グレーは日平均10 km/時以上の速度で移動し続けていることを示す。地図に示される谷地形はおおよそ25 m〜50 mの標高差を持つ。（奥野祐介氏作図）

たは時間がかかっていることがうかがえる。

他方、越冬地まで行き着かず死亡した6個体のうち、狩猟された2個体を除く4個体について見ると、死亡したと推定（一部目視確認）された場所はいずれも谷部であった。また、この期間に本調査地域でいわゆる**ROS現象**（rain-on-snow event；積雪後の降雨）が4回（10～11月）報告されているが、この4個体のうち3個体の死亡推定日はこのROSの期間に含まれていた。さらに、越冬地まで到達した5個体についても、季節移動期間に停滞が示された16地点のうち7地点はROS現象が報告された期間に含まれていた。

ROSが追跡個体の死亡原因であるとは断定できないが、ROSによる家畜の死亡は世界各地で知られており、北極海の島嶼部ではトナカイ個体群のクラッシュ[3]も報告されている。今回の調査結果も、ROSがシベリアの野生トナカイの冬季死亡要因の一つであることを示唆している。今後は、追跡個体が実際にどのような生息地を利用しているか、現地踏査で確認するとともに、継続的な気象情報を得ることで、ROSとトナカイの行動や生死との関係を分析する必要がある。

なお、2010年9月の現地調査や現地協力者（ハンターたち）からの情報では、トナカイはアイスバンになりやすい湿地を避けてなだらかな丘陵地の中腹や山裾を移動するが、かつてトナカイゴケなどの高利用植物が豊富だった場所のいくつかは沼沢地化して食物現存量が減少しているようである。これらの情報は、トナカイゴケ植生帯において、森林化と沼沢地化という2方向の遷移が進むことで、トナカイの移動リスクがより高まっている可能性を示している。

ハビタットへの影響

さて、温暖化環境下では、植生や景観が変化し、好適な環境にトナカイが集中することで、さらに植生に影響が及ぶ可能性もある。まだ試行段階だが、環境要因（1月と7月の平均気温、10℃以上の気温の累積、標高）から潜在植生

[3]　ここでは、半数以上の死亡を意味する。

図 3-13　サハ共和国における潜在植生と現存植生のギャップ帯（四角部分）
ヤクーツク（○）周辺は都市化、ミールヌィー（●）周辺は鉱山開発の影響と考えられるが、本調査地周辺（矢印部分やその隣接域）にギャップが生じている理由は不明である。

をシミュレートし、**現存植生**とのギャップをみることで、これらの影響を検出できる可能性がある。このシミュレーションによる**潜在植生**の割り出しは、近年ロシアの保全政策で頻繁に利用されており、現実（現存植生）との対応がよいことで知られる。

上記の方法で推測した潜在植生図（景観帯分布図）に現存植生を重ねると、共和国（比較的開発の進むレナ川以西）で、広域のギャップが生じている場所が4ヶ所あらわれる（図3-13）。このうち南方の2ヶ所は、ヤクーツク周辺と、ミールヌィー周辺の、強度の人為的開発地域である。

残りの2ヶ所はいずれも北方（ツンドラ帯）に位置する。国境部についてはこのギャップの原因は不明であるが、最後の1ヶ所は、興味深いことに本調査地域、特に越夏地周辺に該当する。越夏地への野生トナカイの集中と家畜トナカイによる利用が、植生の変容（あるいは劣化）を加速させている可能性を検討する必要があるだろう。

(3) 政策への応用と今後の課題

以上の調査結果をもとに、2012年春、筆者らはサハ共和国政府（自然保護省）と地方行政府（オレニョク郡）に対して、以下のような野生トナカイの順応的管理策を提案した。

①オレニョク川上流域からミールヌィーの越冬地を結ぶエリアを重点的モニタリングエリアとし、毎年の季節移動状況をモニタリングする。

②現在の越冬地周辺を、トナカイ保護区域（冬季狩猟規制エリア）とし、その範囲は今後のモニタリング結果によって柔軟（順応的）に変更する。

③周辺地域（バッファゾーン）では、北方少数民族（主にエヴェンキ）が、優先狩猟権を有し、捕獲数は毎年モニタリング結果をもとに決める。

④モニタリング結果などの共有と規制内容の合議・決定は、ステークホルダー（政府、地元行政、先住民団体、狩猟団体、研究者など）で構成する協議会で行う。

⑤行政はモニタリングに協力した者の猟獲物を優占的に買い上げる。

行政側の対応は素早く、まず地方行政府が、①と②に取りかかった。つまり、本調査で明らかになったミールヌィーの越冬地を**地域資源保護区**（Resource reserve of local importance）に指定し（2012年度、図3-14）、季節移動ルートの見回りなど、管理体制を強化したのである。

この地域資源保護区は、日本でいう休猟区にあたり、狩猟が禁止されるだけで、生息地保全などが図られるわけではないが、密猟が多い地域でもあり、取り締まりの効果は大きい。また今後は、トナカイの保護区利用状況（保全効果）をモニタリングするとともに、国営の生態系保護区へ格上げして、トナカイゴケ植生の回復など生息地保全を進めることも検討されている。③〜⑤の項目については、まだ進展がみられていないため、保護区の管理者指定

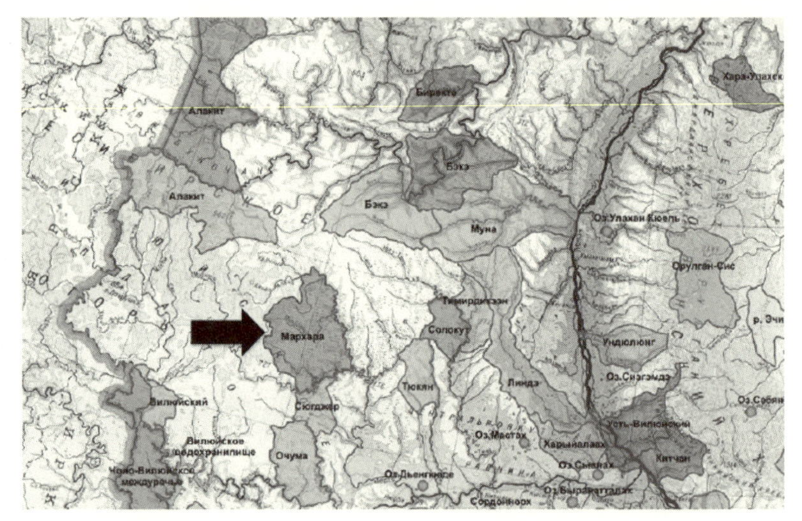

図 3–14　新たに設定されたトナカイ保護区（マルハラ地域資源保護区；矢印）サハ共和国自然保護省提供資料

制度を活用するなどして、ボトムアップ的な保護区管理体制を実現させる必要がある。

さて、以上のような生息状況が明らかになったことで、新たな保全の課題も見えてきた。南行集団の越冬地、すなわちこの地域資源保護区の南部は、ツンドラトナカイとは別亜種である**シンリントナカイ**の分布域なのである。これは、オレニョク川上流域を夏季に利用する集団の少なくとも一部が、実はシンリントナカイであるか、もしくは2亜種（シンリントナカイとツンドラトナカイ）の交雑集団である可能性を意味する。この点については、早急に捕獲個体のサンプルを利用した分子遺伝学的分析を進める必要がある。

なお、オレニョク川上流域では現在、野生トナカイの増加に伴うさまざまな人と野生生物との間の軋轢が顕在化している。先述のような、植生（特に希少植生）の衰退、家畜トナカイとの食物競合、家畜トナカイの集団連れ去り問題などを背景とした、「害獣」としての駆除数の増加は、資源として利用される数を上回る勢いだともいう。

また一時減少していたオオカミは、ロシア連邦全域の保全政策の効果もあって増加しており、サハ共和国では2013年度から、推定最低生息頭数3000〜5000頭に対して、3年間で3000頭を駆除する緊急計画が実施されている。野生トナカイが増えるとオオカミが増えると言うハンターは多く、オオカミによる家畜被害を未然に防ぐために野生トナカイを駆除すべきだと言う住民も多い。今後は、野生トナカイだけでなく、家畜トナカイと植生、そして捕食者（オオカミ、クマ類）の情報を総合的に集約し、順応的な生態系保全と野生動物管理をすすめるシステム作りが不可欠であろう。

3-4　シベリア動物相の保全

以上、本章では、サハ共和国を例に、温暖化の影響を受けつつある東シベリアの陸生脊椎動物相の現状といくつかの事例、そして野生トナカイの生息地利用のようすを紹介した。東シベリアの動物相は、水系や湿地に強く依存する種を多く擁し、それらは極寒・凍結という特有の水環境・水循環システムに適応した生態や生活史を有している。

その水の態様変化は、この特異な生物相・生態系の基盤が覆ることを意味する。例えば野生トナカイは、凍結河川をうまく使いつつ毎年長距離移動を繰り返す中で、生活史の各イベント（出産、育仔、繁殖など）に適した生息地を選択し、代々受け継いできた。ところが温暖化や人間による生息地改変により、受け継がれてきた情報が適応的でなくなり、行動や生態が不安定化している。他方、マスクラットのように、温暖化の恩恵を受けて勢力を拡大しつつある種もいる。

私たちが目を背けてはいけないのは、シベリアの特徴的な動物相を構成する個々の種において、このような行動や生態の変容が生じている可能性が高いことであり、またそれらの変容が種間相互作用を通じて他の種にも及び、生態系の機能自体を損なうおそれさえあるという点である。

今後は、3-1で示したように、生物相（リスト）を指標としながら生物多様性の変容に目を配りつつ、3–2や3–3のような個々の種の行動・生態の変動と管理に関する知見を蓄積する必要がある。それが、北方少数民族をはじめとする地域住民の資源生物利用を保障する具体的・順応的な生態系・生物多様性保全策を可能にし、シベリア地域社会の気候変動適応を成功させる鍵になると思われる。

引用文献

Anderson, E. (1984) *Who's who in the Pleistocene: a mammalian bestiary*. pp. 40–84. In Martin, P. S. and Klein, R. G. (eds.) *Quaternary Extinctions: A Prehistoric Revolution*, University of Arizona Press, Tucson, Arizona, USA.

Bosikov, N. P. (1991) *The Evolution of the Alaases of Central Yakutia*. PH PI SD RAS, Yakutsk, 128 pp.

Chibyev, V. Y. and Mordosov, I. I. (2007) The Muskrat Influence on the Alaas Biogeocenozes in Central Yakutia. *Problems of Regional Ecology* 5: 43–46.

The Department of Biological Resources, Ministry of Nature Protection of Sakha (Yakutia) (2003) *The Red Book of the Republic of Sakha (Yakutia) vol. 2. Rare and endangered species of animals.* Sakhapoligrafizdat, Yakutsk, Russia, 208pp. (in Russian)

Ferguson, R. S. (1991) Detection and Classification of Muskox Habitat on Banks Island, Northwest Territories, Canada, Using Landsat Thematic Mapper Data. *Arctic* 44 (Supp. 1): 66–74.

Gunn, A. and Adamczewski, J. (2003) Muskox. In: G. Feldhamer, B. A. Chapman and J. A. Chapman (eds), *Wild Mammals of North America*, pp. 1076–1094. The Johns Hopkins University Press, Baltimore, Maryland, USA.

Guthrie, R. D. (1984) Mosaics, allelochemics, and nutrients: an ecological theory of late Pleistocene megafaunal extinctions. pp. 259–298. In Martin, P. S. and Klein, R. G. (eds.) *Quaternary Extinctions: A Prehistoric Revolution*, University of Arizona Press, Tucson, Arizona, USA.

Guthrie, R. D. (2006) New carbon dates link climatic change with human colonization and Pleistocene extinctions, *Nature*, 441: 207–209.

Heggberget, T. M., Gaare, E. and Ball, J. P. (2002) Reindeer (*Rangifer tarandus*) and climate change: Importance of winter forage. *Rangifer*, 22: 13–31.

Henttonen, H. and Tikhonov, A. (2008) *Rangifer tarandus*. The IUCN Red List of Threatened Species. Version 2014.3. 〈www.iucnredlist.org〉.

Higuchi, H., Sato, F., Matsui, S., Soma, M., and Kanmuri, N. (1991) Satellite tracking of the migration routes of Whistling Swans *Cygnus columbianus*. *山階鳥研報 (J. Yamashina Inst.*

Ornithol.), 23: 6–12.

Hiyama, T., Ohta, T., Sugimoto, A., Yamazaki, T., Oshima, K., Yonenobu, H., Yamamoto, K., Kotani, A., Park, H., Kodama, Y., Hatta, S., Fedorov, A. N. and Maximov, T. C. (2013) Changes in eco-hydrological systems under recent climate change in eastern Siberia. *IAHS Publication*, 360: 155–160.

池田透（2012）毛皮獣の利用をめぐる生態系保全と外来生物問題．『極寒のシベリアに生きる ── トナカイと氷と先住民』（高倉浩樹編）pp. 157–172　新泉社，東京．

Iwamura, T., Possingham, H. P., Chade`s, I., Minton, C., Murray, N. J., Rogers, D. I., Treml, E. A., Fuller, R. A. (2013) Migratory connectivity magnifies the consequences of habitat loss from sea-level rise for shorebird populations. *Proc. R. Soc. B* 280: 20130325. http://dx.doi.org/10.1098/rspb.2013.0325.

Jernsletten, J-L. L. and Klokov, K. (eds.) (2002) *Sustainable Reindeer Husbandry*. Arctic Council, Centre for Saami Studies, Univ. of Tromsϕ, Tromsϕ, Norway. 157pp.

Klein, D. R. (1992) Comparative ecological and behavioral adaptations of *Ovibos moschatus* and *Rangifer tarandus*. *Rangifer* 12: 47–55.

Long, J. L. (2003) *Introduced mammals of the World: Their History, Distribution and Influence.* CSIRO Publishing, Collingwood, Australia, 590pp.

Martin, P. S. (1967) Prehistoric overkill. pp. 75–120. In Martin, P. S. and Wright Jr., H. E. (eds.) *Pleistocene extinctions: the search for a cause*, Yale University Press, New Haven, Connecticut, USA.

Vereshchagin, N. K., Baryshnikov, G. F. (1982) Paleoecology of the mammoth fauna in the Eurasian Arctic. pp. 267–280. In Hopkins D. M. et al. (eds.) *Paleoecology of Beringia*. Academic Press, New York, USA.

Vereshchagin N. K., Baryshnikov G. F. (1992) The ecological structure of the "Mammoth Fauna" in Eurasia. *Ann. Zool. Fennici*, 28: 253–259.

Vors, L. S. and Boyce, M. S. (2009) Global declines of caribou and reindeer. *Global Change Biology* 15: 2626–2633.

Wasserman, L. (2004). *All of Statistics: A Concise Course in Statistical Inference*. Springer, New York, USA, 442pp.

Willerslev, E., Davison, J., Moora, M., Zobel, M., Coissac, E., et al. (2014) Fifty thousand years of Arctic vegetation and megafaunal diet. *Nature*, 506: 47–51; doi: 10.1038/nature12921.

World Resources Institute (ed.) (2001) *World Resources 2000–2001 People and Ecosystems: The Fraying Web of Life*. World Resources Institute, Washington, D.C., USA, 400pp.

◉ コラム1 ◉

シベリアに関係する北極の気候

大島和裕

シベリアの北には**北極海**が広がっている。北極海は、陸に囲まれたほぼ閉じた海であり、**海氷**の存在によって特徴づけられる。近年北極域では、**北極温暖化増幅**（Arctic amplification）と呼ばれる大きな昇温が観測され、同時に海氷が減っている。それに伴って気象や海洋、周囲陸域での自然環境変化が懸念されている。沿岸域では北極海航路や資源開発といった社会的な側面からも注目を集めている。我々のチームは一昨年（2013年）と昨年（2014年）の9月に北極海の太平洋側で海洋地球研究船「みらい」による大気・海洋観測を行った（http://arctic-climate.com）。昨年と今年の夏の海氷面積はあまり縮小せず、当初の予定よりも南側のチュクチ海陸棚域と陸棚斜面域での定点観測となった。北極海の海氷面積は2007年9月に大きく減り、2012月9月に観測史上最小を記録した（図1）。海氷面積の年々変動は大きいが、近年多年氷は減っており、海氷の体積は減少傾向にある。このような海氷減少には、大気循環場（ダイポールパターン[1]）や低気圧活動が影響しており、さらに海洋状況（成層や水温、循環など）が変わっていることも要因となっている（詳しくは、気象研究ノート第222号、山崎・藤吉編、2011）。

北極海は寒いから海氷ができる。寒いのはこの地域の日射（太陽放射）が弱いためである。地軸の傾きによって、北緯約66.3°以北の地域は冬の

[1]　ボーフォート海上に平年より強い高気圧の偏差、北極海のシベリア側で低気圧の偏差が持続して、海氷がフラム海峡を通って大西洋へ流出するように北極海から大西洋の向きに風が吹く。

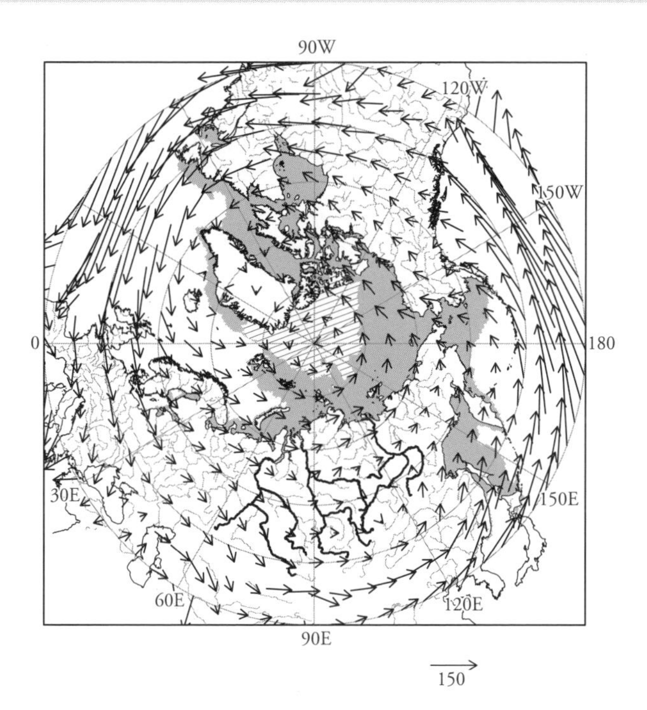

図1　夏季北半球中高緯度域における海氷と水蒸気輸送の分布。陰影は 2012 年 3 月の海氷分布を示し、北極海中心部のハッチは 2012 年 9 月に最少を記録した時の分布である。また陸域の灰色線および黒線（シベリア三大河川）は河川網を示す。矢印は大気の水蒸気輸送（鉛直積分した水蒸気フラックス）の 7 月の平年値（1980 年から 2009 年までの平均）を示す。

間、極夜となって日が入らず、地表面を暖める日射がない。また太陽高度が低いので地表に達するまでの長距離の大気を通過する間に太陽放射は散乱され、入射角が浅いので単位面積当たりに受け取るエネルギー量は小さい。さらに反射率（アルベド）の高い海氷や雪氷によって多くの日射は反射されてしまう。これらの影響を受けて北極海やシベリアを含む高緯度域はそもそも寒い地域となる。

北極海が陸に囲まれたほぼ閉じた海であることは、海氷生成にとって好条件となる。毎年9月中旬に海氷面積が最少に達して以降、海面は大気によって徐々に冷やされて、すなわち海は熱を奪われて、海水は凍りはじめる。周囲の陸域からは河川水として、また北極海上では降水や降雪として北極海へ淡水が供給され、北極海表層に低塩分の層が作られる。北極海と太平洋や大西洋との塩分差によっても淡水のやり取りが行われる。ほぼ閉じた海である北極海には逃げ場がなく、周囲から入ってきた淡水は海水（塩水）よりも軽いため、表層に低塩分層を作る。この表層にできた甘い（塩分の低い）層はより深い水とは混ざりにくく、下層との熱交換を妨げる。したがって、表層だけが効率的に大気から冷やされて凍りやすい状況となる。海氷が生成されるときには、**ブライン**と呼ばれる高塩分の水が深層へ沈み、海氷は塩分をほとんど含まない。よって海氷が融ければ海洋表層の塩分は低下する（北極海の淡水収支については、Lewis et al. 2000）。ちなみにオホーツク海も同じような状況にある（気象研究ノート第214号、立花・本田編、2007）。

北極域の寒さと海氷、雪氷の存在は、北半球中高緯度域の気候システムにとって重要な役割を果たしている。北極海を含む高緯度は寒く、中緯度はそれに比べて暖かい、低緯度はさらに暖かい。この南北の気温コントラストを解消するために大気と海洋には流れ（**大気海洋循環**）が生じる。中緯度の上空には西風ジェットが吹き、移動性高低気圧が発生する。この流れを介して低緯度から中緯度、中緯度から高緯度（北極域）へと熱や水が運ばれる（図1の矢印は北極域の大気を介した水蒸気の輸送）。近年、北極海上空で観測されている北極温暖化増幅は、海氷や積雪の減少による**アイスアルベドフィードバック**、雲に伴う放射、周囲からの熱輸送などの変化が影響していると考えられている。北極が温まると気温コントラストは小さくなり、気象も変化すると予想され、現在研究が進められている。しかし、そのような変化がなくとも中高緯度域の大気の自然変動は大きく、海氷減少や北極温暖化増幅の影響を識別することはなかなか難しい。

もうひとつの気候システムにおける大事な役割として、北極海の淡水収支が**海洋コンベアベルト**に果たす役割が挙げられる。海洋コンベアベルトは北大西洋と南極大陸沿岸の南大洋で沈み込み、北太平洋までめぐる2000年の時間スケールを持つ海洋大循環である。北大西洋の沈み込みによってメキシコ湾から北米の東沿岸を通るガルフストリームは北大西洋にまで達する。この暖流によって同じ緯度帯に比べてヨーロッパは暖かい気候に保たれている。もし北極海の淡水収支が現状からバランスを崩して大西洋への淡水流出が大きく変わったとすると、海洋コンベアベルトが変化してヨーロッパやその他の地域の気候に影響を与える可能性も考えられる。

このような北極域の気候システムには、シベリアも一翼を担っている。レナ川、エニセイ川、オビ川に代表されるシベリア河川は北極海に流れ込み、大きな淡水の供給源となる。シベリア域の降水（雨、雪）は、一部が蒸発と蒸散によって大気に戻り、残りの水が河川水として北極海に注ぐ（シベリア水循環については、大島、2014）。淡水の供給と同時に栄養塩や有機物を運び、海洋の生態系や物質循環にも関わる。また、シベリア域の水循環や植生、凍土が変化すると陸面の水・熱フラックスやアルベドが変わり、その上空の気温も変わって、北極海とシベリア陸域との気温コントラストを変える。これらの結果として、大気循環や気象へ影響が及ぶ可能性も考えられる。

北極域では、最近10年間に海洋、大気、陸域のさまざまな変化が観測され、いろいろなことがわかってきたが、まだわからないことも多い。シベリアと北極海を含む北半球高緯度域の空と陸と海が現在どのように変わりつつあり、今後どのようになるか（なりそうか）、またそれらがどのように関連しているか、今後の観測と研究から徐々に明らかになるだろう。

参考文献

Lewis, E. L., E. P. Jones, P. Lemke, T. D. Prowse, and Wadhams, P. (eds.), (2000) *The Freshwater Budget of the Arctic Ocean*. Kluwer Academic, 623pp.

大島和裕（2014）シベリア域における大気陸域水循環．気象研究ノート第230号『北半球寒冷圏陸域の気候・環境変動』（飯島慈裕，佐藤友徳 編），pp. 16–30．日本気象学会．

立花義裕，本田明治 編（2007）気象研究ノート 214 号『オホーツク海の気象―大気と海洋の双方向作用―』，日本気象学会，178pp.
山崎孝治，藤吉康志 編（2011）気象研究ノート 222 号『北極の気象と海氷』，日本気象学会，171pp.

◉ コラム2 ◉

フラックス観測
── 植生と大気の見えない「つながり」を測る ──

小谷亜由美

図1　カラマツ林に建てられた気象観測タワー（ヤクーツク）

ここで言う「**フラックス**」とは、ある単位面積の断面を単位時間あたりに出たり入ったりする物質やエネルギーの量のことであり、「フラックス密度」が理化学的には正確な用語である。地球上の植物は、生育環境での光・水・栄養資源を利用して成長すると同時に水循環や大気環境に影響を及ぼしている。森林などの植生地では、植物が地中から吸い上げた水を蒸散により大気中へ放出する。植物の蒸散量は、同じ森林内でも樹種や樹齢、葉のおかれた周辺環境によって異なる。また地表面付近に水があり大気の条件が適当な時には、植物を介さずに水が蒸発し大気へ移動する。逆に、早朝や夜間には大気中の水蒸気が凝結して露が降りることもある。このように森林と大気の間での水の移動には、さまざまな媒体による複数のプロセスが同時に起こっているが、これらをまとめて森林全体から大気への正味の移動量を計測するのが**フラックス観測**である。森林の中に観測用タワーを建てて温湿度や風などのセンサーを設置し、森林上空のさまざまな気象要素を計測することでフラックスを見積もることができる。センサーは樹高よりも高い位置に設置する必要があるため、写真のような30 mを超えるタワーをヤクーツクの森林観測地では使用している。

東シベリアの森林では、カラマツを中心とする植物は短い夏季と年間200～300 mmと少ない降水量の条件下で生育するために、凍土の**融解水**を利用する一方で**蒸発散**を介して大気へと水を放出し、この地域に特徴的な水循環の形成に重要な役割を果たしている。この地域の森林における水循環の特性を明らかにするために、レナ川中流域の森林地帯に位置するヤクーツク周辺で、1990年代からフラックス観測研究が進められてきた。森林と大気間との間でやり取りされるフラックスと同時に、気象や地中の環境、植物の生理活動などを計測することで、この地域の水循環におけるカラマツ林の役割を明らかにすることを目的とした研究が続けられている。

本地域にある樹種構成や植物量の異なる2ヶ所のカラマツ林の観測結果から、その特徴を比較してみよう。ヤクーツク（Yakutsk）とその南東300 kmに位置するウスチ・マヤ（Ust'Maya）の観測地は、過去20年の平均気温はほとんど同じであるが、年平均降水量を比較すると、ヤクーツクで230 mm、ウスチ・マヤで290 mmであり、南部のウスチ・マヤのほうがやや多雨傾向であるといえる。またいずれもカラマツを中心とした森林であるが、樹木のサイズや立木密度などがウスチ・マヤのほうが大きい。植物量の違いを反映して、ウスチ・マヤではヤクーツクの1.3倍程度の大気からの二酸化炭素吸収量（植物の光合成による吸収量）がみられたが、二酸化炭素吸収量の違いとは対照的に、**蒸発散量**（植物の蒸散量だけでなく地面などからの蒸発量も含まれている）には、大きな違いがみられなかった。

これらの2ヶ所の森林はいずれも永久凍土上にあり、夏季には地表から1 m程度が融解する。土壌の保水力の違いにより。夏季の**融解層**に蓄えられる水の量はウスチ・マヤのほうがヤクーツクよりも多かった。植物量や土壌水分量だけで、森林からの蒸発散量が決まるわけではないようである。一方で、林床からの蒸発が森林全体の蒸発散量にしめる割合がヤクーツクでは50～60％であるのに対してウスチ・マヤでは20～40％であり、カラマツ以外の林床植生の蒸散や地面からの蒸発の寄与がヤクーツクで大きい。また、植物量の多い森林では、林内へ到達する日射量が少ないことや地上への落葉落枝も多いことから、地面からの蒸発も抑制される。樹木の蒸散量の違いを林床の植生や土壌が補い、水循環の地域間差を小さくしているようだ（Kotani et al. 2014）。

参考文献

Kotani, A., Kononov, A. V., Ohta, T. and Maximov, T. C. (2014) Temporal variations in the linkage between the net ecosystem exchange of water vapour and CO_2 over boreal forests in eastern Siberia. *Ecohydrology*, 7, 209–225.

◉ コラム3 ◉

2005年〜2008年のヤクーツク地域の過湿イベント

太田岳史

近年、地球温暖化に伴う植生の変化とそれに伴う水・CO_2 循環の変動が注目されている。アマゾンでは2005年に極端な干ばつに襲われ（Betts et al. 2008）、植生や地元の産業への影響が危惧されている。また、ヨーロッパでは2003年に干ばつと熱波に襲われ、植生への影響が懸念されている（Ciacis et al. 2005）。また、高緯度帯では、カナダの森林において干ばつの影響がみられている（Peng et al. 2011; Ma et al. 2012）。一方、シベリア、特に我々が注目している東シベリアでは、Gravity Recovery and Climate Experiment（GRACE）により急激な湿潤化（Muskett et al. 2009; Vey et al. 2013）が認められており、その一部である森林においても急激な**湿潤化**が報告されている（Iwasaki, et al. 2010, Iijima et al. 2010, Ohta et al. 2014）。我々は、東シベリアに位置するヤクーツクの北方約20 kmにある、ロシア科学アカデミー寒冷圏生物問題研究所スパスカヤ・パッド実験林（62°15′18″N、129°14′29″E、220m a.s.l.）において1998年以来、水・CO_2 循環を計測してきているが、ここでは2005年〜2008年にわたって急激な湿潤状態が続いた。本コラムでは、1998年以来のスパスカヤ・パッドにおける水・CO_2 循環、特に2005年〜2008年の湿潤化の影響について述べる。

実験林の上層植生はカラマツ（*Larix cajanderi*, 平均樹高18 m、立木密度744本 ha^{-1}、2012年測定）林である。下層植生としてはコケモモ（*Vaccinium vitis-idaea*）が以前は主であったが、近年の湿潤化により低木類あるいは湿潤に優れている草本が進出してきている。

本サイトには、1996年に32 m高のタワーが建てられ、1998年以降現在まで渦相関法による顕熱フラックス、潜熱フラックス、CO_2 フラック

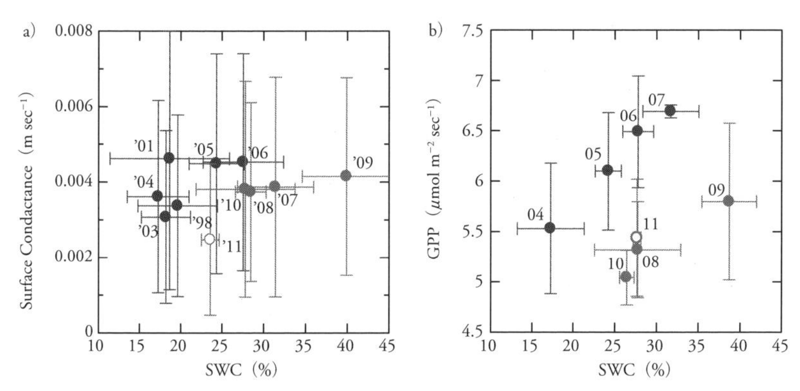

図1　表層土壌水分量と、水や二酸化炭素の交換についての関係
a) 表層土壌水分量と樹冠表面コンダクタンスの関係　b) 表層土壌水分量と総一次生産量（GPP）の関係

スと気象データ（放射4成分、温度、湿度、風向、風速、地温、土壌水分量など）が測られている。

スパスカヤ・パッドにおける1998年から2011年までの気象要素の経時変化は、次のようになっている。すなわち、降水量は1998～2000年、2009～2011年は平年並み、2001～2004年は渇水年、2005～2008年は豊水年であった。これに対し、大気側の環境因子（純放射量、気温、飽差）は、数年単位での変動に追随していない。一方、土壌側の環境因子（地温、土壌水分量）は、降水量の増減に一致している。特に、**土壌水分量**は、降水量の増減に応じた変動をしており、1998～2000年が平年並み、2001～2004年が渇水年、2005～2009年が豊水年、2010～2011年がまた平年並みとなっている。

それに応じて、植生も変動している。上層植生は2007年になってから枯死木が出現している。また、下層植生は2006、2007年あたりから耐水性の高い低木類や草本に変わってきている。

図1a）は、土壌水分量と**蒸発散量**の経時変化を示している。土壌水分量との関係では、2006年以前と2007年以降の関係で異なっており、2006年以前の関係では2007年以降の関係より同じ土壌水分量に対して上回っ

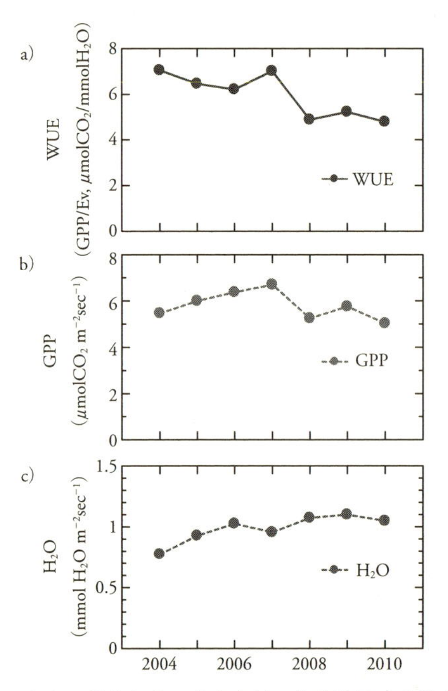

図2　水利用効率と総一次生産量、蒸発散量の季節変化
a) 水利用効率 (WUE)　b) 総一次生産量 (GPP)　c) 蒸発散量 (H_2O)

ている。

また、図1b) は、土壌水分量と**総一次生産量**の関係を示している。これも土壌水分量と蒸発散量との関係と同様に、ある年での関係が異なっている。つまり、図1a) の土壌水分量と蒸発散量との関係では2006年と2007年で両者の関係が異なっていたのに対して、図1b) の土壌水分量と総一次生産量では2007年と2008年で両者の関係が異なっている。すなわち、1年のタイムラグが、蒸発散量と総一次生産量の間に存在する。

図2は、2004年～2010年までの**水利用効率**の経年変化を示している。これによれば、水利用効率は低下している。そして、2004～2007年までの水利用効率は蒸発散量に大きく依存しており、2008年からの水利用効

率は総一次生産量に規定された。

東シベリア・ヤクーツクでは、2001年から2004年にわたって対象地域は少雨に襲われたが、その干ばつの影響は出なかった。そして、2005年から2008年の豊水の影響を受けて上層植生、下層植生とも変化した。また、蒸発散量、総一次生産量とも豊水の影響を受けて減少し、蒸発散量が総一次生産量よりも1年早く減少した。このタイムラグの出方については、まだわかっていない。

参考文献

Betts, R. A., Sanderson, M., Woodward, S. (2008) Effects of large-scale Amazon forest degradation on climate and air quality through fluxes of carbon dioxide, water, energy, mineral dust and isoprene. *Phil. Trans. R. Soc. B*. 363: 1873–1880.

Ciais, Ph., Reichstein, M., Viovy, N., Granier, A., Ogée, J., Allard, V., Aubinet, M., Buchmann, N., Bernhofer, Chr., Carrara, A., Chevallier, F., De Noblet, N., Friend, A. D., Friedlingstein, P., Grunwald, T., Heinesch, B., Keronen, P., Knohl, A., Krinner, G., Loustau, D., Manca, G., Matteucci, G., Miglietta, F., Ourcival, J. M., Papale, D., Pilegaard, K., Rambal, S., Seufert, G., Soussana, J. F., Sanz, M. J., Schulze, E. D., Vesala, T., Valentini, R. (2005) Europe-wide reduction in primary productivity caused by the heat and drought in 2003. *Nature*, 437: 529–533.

Iijima, T., Fedorov, A. N., Park, H., Suzuki, K., Yabuki, H., Maximov, T. C., Ohata, T. (2010) Abrupt increases in soil temperature following increased precipitation in a permafrost region, central Lena River basin, Russia. *Permafrost and Reriglacial Processes*, 21: 30–41.

Iwasaki, H., Saito, H., Kuwao, K., Maximov, T. C., Hasegawa, S. (2010) Forest decline by high soil water condition in a permafrost region. *Hydrol. Earth Syst. Sci.*, 14: 301–307.

Ma, Z., Peng, C., Zhu, Q., Chen, H., Yu, G., Li, W., Zhou, X., Wang, W., Zhang, W. (2012) Regional drought-induced reduction in the biomass carbon sink of Canada's boreal forests. *PNAS*, 109: 2423–2427.

Muskett, R. R., Romanovsky, V. E. (2009) Groundwater storage changes in Arctic permafrost watersheds from GRACE and in situ measurements. *Environ. Res. Lett.*, 4, 045009.

Ohta, T., Kotani, A., Iijima, Y., Maximov, T. C., Ito, R., Hanamura, M., Kononov, A. V., Maximov, A. P. (2014) Effects of waterlogging on water and carbon dioxide fluxes and environmental variables in a Siberian larch forest, 1998–2011. *Agric. For. Meteorol.*, 188: 64–75.

Peng, C., Ma, Z., Lei, X., Zhu, Q., Chen, H., Wang, W., Liu, S., Li, W., Fang, X., Zhou, X. (2011) A drought-induced pervasive increase in tree mortality across Canada's boreal forests. *Nature Climate Change*, 1: 467–471.

Vey. S., Steffen, H., Müller, J. (2013) Interannual water mass variations from GRACE in central Siberia. *J. Geod.*, 87: 287–299.

◉ コラム4 ◉

タイガの蒸発散はどのように表現できるか？

山崎　剛

蒸発散は地表面の水収支を規定する重要な項目であるとともに、潜熱として熱収支を決める要素である。**蒸発散量**の物理的な推定方法としては、[地表面付近と大気中の水蒸気量の差]×[風速]に比例するという式を使うことが多い。しかし、植物が関わると、蒸散は気孔を通して行われ、葉や枝幹に着いた水の蒸発（遮断蒸発）もあり、大変複雑である。地表面での熱・水収支を表現する（式の組み合わせで表す）目的で**陸面モデル**が開発されている。陸面モデルは気象データを入力して、地表面の特徴を表す陸面パラメータ（例えば木の高さなど）を与えることにより、さまざまな地表面での大気と地表面間の熱と水のやり取りを計算するものである。植物のほかに土壌の温度・水分、積雪なども考慮される。気候予測モデル（基本的には天気予報に使われる数値モデルと同じ）は必ず大気最下部での熱と水のやり取りを計算してやる必要があり、その部分に陸面モデルが組み込まれている。

地表面には太陽からの熱（日射）と大気が出す赤外線の放射熱が降り注ぎ、地表面からはその温度に応じて出される赤外放射とその場の大気を加熱する顕熱、水を蒸発させるのに使われる潜熱に分配される。潜熱として出て行った熱は、やがて水蒸気が凝結して雲を作る場所で解放され、そこを加熱する。顕熱と潜熱では加熱する場所が違い、大気に対する作用が全く異なるわけで、顕熱と潜熱の割合を正しく与えることが気候を予測する上で重要である。地表面の温度を評価し、顕熱と潜熱の分配比を見積もるのが陸面モデルの大きな役割である。

気孔の開閉は日射、温度、空気の乾燥度などによって決まり、蒸散量を支配している。したがって、陸面モデルではこの気候の開き具合を式で表し（例えば、本文の（4.2）〜（4.6）式）、式に含まれる係数（パラメータ）を与えて計算している。気孔のパラメータは植物の種類に依存すると考えられてきたが、少なくとも東シベリアや日本に関しては、共通のパラメータで蒸散を評価できることが示されている（Yamazaki et al. 2013）。

シベリアの場合、他地域の地表面と比べて 3 つの大きな特徴があり、これらを的確に表現できることが陸面モデルをシベリアに適用する際には求められる。その特徴とは、①タイガ林：落葉針葉樹であるカラマツが主要な樹木。葉の量が少ない森林で、日射が林内によく届く。しかし、雪が積もっても日射の反射率は低い。着葉と落葉の時期を気象条件などから決められることが予測には必要。②凍土：厚さ数百メートルの永久凍土が地下に存在し、夏期には地表付近の 1〜2 m が融解する。③しもざらめ雪：積雪は大きな温度勾配のもとで発達するしもざらめ雪が卓越する。この雪は熱伝導率が小さく、冬期に土壌が奪われる熱を減らす断熱材の役割を果たす。

陸面モデルはいろいろと研究にも使うことができる。東シベリア域における水・熱収支や土壌の水分・温度の詳細な観測は、十年強のデータの蓄積しかないが、気象台で測定されている気象データはもっと長期のものが利用可能である。そこで、陸面モデルを使って、水・熱収支と土壌状態の 40 年以上にわたる長期シミュレーションを行った。ヤクーツク付近のタイガ林では、土壌水分は周期的に変動してきたこと、最近の過湿・土壌温度上昇は過去 40 年の範囲では経験のない現象であることなどが明らかになった。

モデルの利点は気象条件や地表面状態を現実とは違う仮想の状態にした場合、どのようになるかを調べることができることである。例えば、森林を草地や砂漠に変えるとか、気温が 1℃高くなるとか、雨量が 1 割増しになると水・熱収支はどうなるかといった計算ができる。もちろん、そのような計算をする前提として、モデルが現実を正しく再現できることが重要である。もしモデルの中に含まれるさまざまな式がおかしなものならば、結果が信用できないのは当然である。計算機で計算したものはいつも正しいと錯覚しがちであるが、注意しなければならない。降水のデータを現実のものから変えた計算をすることで、最近のヤクーツクにおける**土壌融解深**が深くなる現象は、初冬の降水（雪）が増えたことが最も影響しているとの結論が得られた。初冬に雪が増えるとその断熱効果によって、冬期に土壌が奪われる熱が減り、土壌温度が下がらなくなる。すると春以降の昇温が容易になるため、夏期に土壌の融解がより進みやすくなるのである。

最近は植物の変化もシミュレーションできるモデルの開発が盛んである。数十年よりもさらに長い計算をする場合には、気候の変化とともに植物も変化していくので、長い時間スケールの気候予測をするにはこのようなモデルが必要になるわけだ。

参考文献

Yamazaki, T., Kato, K., Ito, T., Nakai, T., Matsumoto, K., Miki, N., Park, H. and Ohta, T. (2013) A Common Stomatal Parameter Set to Simulate the Energy and Water Balance over Boreal and Temperate Forests. *Journal of Meteorological Society of Japan*, 91: 273–285.

◉ コラム5 ◉

衛星データからみたシベリアの植生変化

山口　靖・山本一清・陳　学泓

人工衛星や航空機にセンサーを搭載し、電磁波の反射・放射を用いて非接触で情報を得る技術を**リモートセンシング**とよぶ。リモートセンシングは、観測範囲の広域性、周期的な観測能力などの利点のため、さまざまな分野で利用されている。植物は、波長400〜700 nmの可視域では、葉の中のクロロフィルが光を吸収し光合成に利用しているが、波長750〜1300 nmの近赤外域では、光を強く反射する。そのため、植生域では、可視域の赤の波長域から隣接する近赤外域にかけ、狭い波長範囲で地表面からの太陽光の反射の強さが急変する。こうした反射の強さの特徴を数値化したものを植生指数とよぶが、代表的なものに**正規化植生指数**（normalized difference vegetation index; **NDVI**）がある。NDVIは、近赤外域と可視域の赤の波長域の反射光の強さ（放射輝度とよぶ。放射輝度の代わりに反射率を使うこともある）の差を、両者の和で除した値であり、植物の識別や分布マッピングなどに利用されてきた。図1にフランスの**SPOT衛星**に搭載されたVegetationというセンサーの観測データから作成した、シベリアの1999年から2010年までのNDVIの平均値を示す（Chen and Yamaguchi 2013）。図の真ん中付近をほぼ東西にNDVI値の高い帯が延びている。この地域は、クロロフィルの量が多い、つまり植物の葉の量が多いことを示しており、森林の分布域と一致している。この北側は灌木帯で、さらに北方のツンドラ地帯へと続く。一方、南側には草地や農地が分布し、さらに南には乾燥した半砂漠地域が分布する。

さて、植物の生育をコントロールしている要因のうち、気候に関連したものとしては、温度、水、日射の3つがある。Nemani et al.（2003）によれ

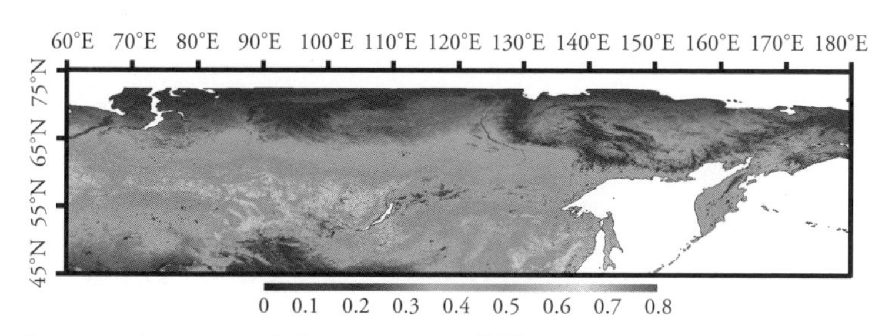

図1　1999年から2010年までのNDVIの平均値。SPOT Vegetationデータを使用。（巻末カラー参照）

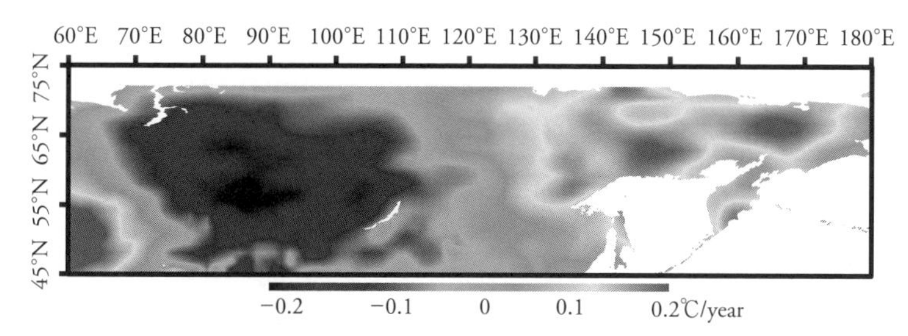

図2　1999年から2010年までの5月から8月の気温の変化傾向。JRA25/JCDASデータ（Onogi et al. 2007）を使用。（巻末カラー参照）

ば、図1のNDVIが高い領域から北側の植生は、主に温度によってコントロールされている。Suzuki et al. (2006) も、北緯60°以北では暖かさ（warmth）が植生をコントロールするとし、ユーラシア北部ではNDVIが高く、月最高気温が18℃となる場所より北側が、暖かさが支配する領域であるとした。もしシベリアで温暖化によって気温が上昇しているのであれば、植生成長にとっての最大の制約要因が弱まっているのであるから、植生成長は促進されていると推測される。植物の生育に気温が強く影響する時期は、シベリアでは5月〜8月であるため（Chen and Yamaguchi 2013）、この4ヶ月間の気温（JRA25/JCDAS; Onogi et al. 2007）について、1999年から2010年の期間の変化傾向を調べた（図2）。その結果、おおよそレナ川よりも東側の地域では、夏の気温は0.1〜0.2℃程度上昇していることがわ

図3　1999年から2010年までの6月から8月のNDVIの変化傾向。（巻末カラー参照）

かる。さらに植生が繁茂する6月〜8月について、同じく1999年から2010年の期間のNDVIの変化傾向を調べた（図3）。NDVIは、展葉時期の気温から多少のタイムラグを伴って影響を受けるため、図2と図3では解析対象期間の開始が1ヶ月ずれていることに注意していただきたい。2つの図を比較すると、気温が上昇した東部地域ではNDVIも増加したことがわかる。NDVIの増加の原因には、2つの可能性が考えられる。ひとつは植物の葉の量そのものが増えたため、もうひとつは植生の成長のタイミングが早まったためである。実際には、おそらく両者の効果が複合してNDVI増加を示しているのであろう。

参考文献

Chen, X. and Yamaguchi, Y. (2013) Discrimination between climate and human-induced change of tundra in Siberia. *Proceedings of International Symposium on Remote Sensing 2013*, in CD-ROM.

Nemani, R. R., Keeling, C. D., Hashimoto, H., Jolly, W. M., Piper, S. C., Tucker C. J., Myneni, R. B. and Running, S. W. (2003) Climate-driven increases in global terrestrial net primary production from 1982 to 1999. *Science*, 300: 1560–1563.

Onogi, K., Tsutsui, J., Koide, H., Sakamoto, M., Kobayashi, S., Hatsushika, H., Matsumoto, T., Yamazaki, N., Kamahori, H., Takahashi, K., Kadokura, S., Wada, K., Kato, K., Oyama, R., Ose, T., Mannoji, N. and Taira, R. (2007) The JRA-25 Reanalysis. *Journal of the Meteorological Society of Japan*, 85: 369–432.

Suzuki, R., Xu, J. and Motoya, K. (2006) Global analyses of satellite-derived vegetation index related to climatological wetness and warmth. *International Journal of Climatology*, 26: 425–438.

◉ コラム6 ◉

西シベリアにおけるメタン放出量の推定

S. マクシュートフ・金　憲淑

強力な**温室効果ガス**である**メタン**（CH_4）の大気中濃度は、2000年から2006年にかけて、その増加率はほぼゼロを保っていたが、その後再び増加している。2007年には全球規模で増加したが、特に北半球高緯度域において増加率が大きかった。2007年における増加現象の原因はまだ不明確であるが、北半球高緯度湿地帯における高温および熱帯における平年値を上まわる降水量による放出量増加が原因として考えられている。湿地帯からのメタン放出は最大の放出源となっており（IPCC 2013）、全球のメタン収支の年々変動に重要な役割を果たしている。湿地帯における嫌気性バクテリアによる**有機物分解**に起因するメタンの生成は、土壌温度と地下水位に強く依存している。したがって、これまで気候に依存したメタン放出量の変動が研究されてきた。しかし、湿地帯からのメタン放出量が見積もられてきた一方で、全球規模での放出量分布についてはいまだに不明確である。Matthews and Fung（1987）は、植生、土壌特性、および小規模浸水に関する個別のデータを収集し、主たる5タイプの湿地帯に関するメタン放出量の1度分解能全球データベースを発表した。全球の湿地領域（約 5.3×10^{12} m^2）からの全メタン放出量は、限定的野外観測値と緯度別の放出期に対する単純な推定値を基にした5タイプの湿地帯に対する典型的放出率を用い、約110 Tg/yearと見積もられた。これらの研究は、全球の湿地分布に関する湿地タイプの分類の仕方の違いや、典型的湿地タイプにおける限定的な野外観測値を基にして放出率を空間外挿する手法などが、メタン放出量の推定における不確実性の主たる原因であることを示している。

西シベリアの湿地帯は、全球で最大であり、西シベリア域の27％

(6.85×10^{11} m^2) を占めている。西シベリアの広大な湿地帯は、全球の泥炭堆積量の40％を蓄積しており、大規模炭素吸収源として、またメタンの主要な自然放出源として、全球炭素循環に重要な役割を果たしている。しかし、永久凍土帯に蓄積されている大量の土壌内炭素は温暖化気候により放出されると考えられる。西シベリア湿地帯の全球炭素循環に対する重要性は認識されてきたが、西シベリア湿地帯からのメタン放出量推定値、およびその空間・時間分布に関する我々の理解はいまだ不十分である。

西シベリア湿地帯における観測に基づくメタン放出量インベントリ

インベントリ作成のためのメタン放出量データは、2003年から2009年にかけて、西シベリアの8区分の生物気候帯の36観測地点において、**固定容器法（チェンバー法）**により計測された（図1）。この方法は、湿地表面に設置されたプラスティック製立方体容器内の空気が外気と交換しないように密閉し、湿地表面からのメタン放出による容器内のメタン濃度上昇量を15〜20分間計測することにより、湿地帯からのメタン放出量を計測するものである。容器内の気体は、数日の内に採取されガスクロマトグラフにより分析された。

湿地帯メタン放出データはデータベース化され、統計的放出モデル作成に利用された。このモデルは、チェンバー法による放出量観測値を基にして、8区分の生物気候帯、20タイプの湿地帯類型分布に対する放出過程、および生物気候帯ごとの8タイプの微地表タイプに対する放出率を再現している。放出モデルで使用された西シベリアの詳細な湿地帯分類は、高分解能衛星画像および野外調査データを組み合わせることにより作成された。本インベントリにより、西シベリア湿地帯からの総メタン放出量は3.2 Tg/yearと見積もられ、放出量の明瞭な南北勾配および南部タイガ域の生産力の高い湿地地表からのメタンの放出量が多いことが見出された。西シベリア湿地帯からのメタン放出量の半分以上は、タイガ域の貧栄養窪地および西シベリア南部の富栄養湿原から放出されていた。一方、初期の全球GISSインベントリにおいては、広大な湿地帯が存在することにより、西

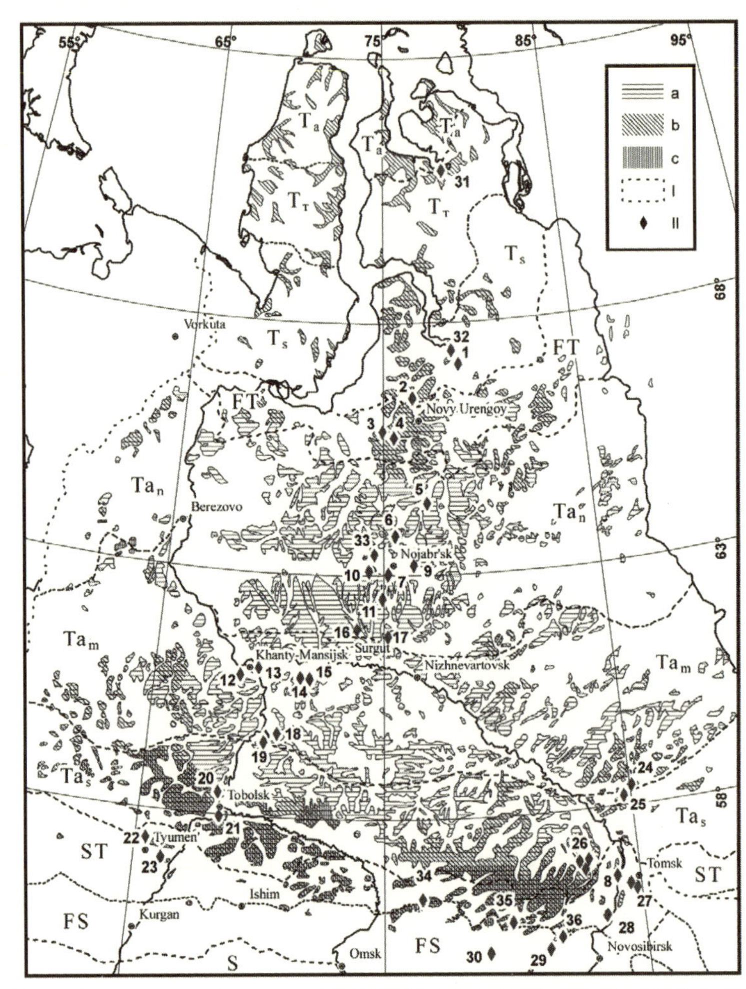

図1　西シベリアにおけるメタン放出量観測地点および生物気候帯。湿地帯地表タイプ：(a) 貧栄養湿地、(b) 中栄養湿原、(c) 富栄養湿原。生物気候帯：北極ツンドラ (T_A)、典型ツンドラ (T_T)、南部ツンドラ (T_S)、森林ツンドラ (FT)、北部タイガ (Ta_n)、中部タイガ (Ta_m)、南部タイガ (Ta_s)、サブタイガ (ST)、森林草原 (FS)、および草原 (S)。◆が 36 観測地点。(Glagolev ERL 2011 より)

シベリアの北部および中部タイガの湿地帯からの放出量がより多く見積もられている。これらの見積もりにおいては、湿地帯からのメタン放出率は月平均地上気温気候値のみにより制御されており、地域的な湿地帯タイプに対する適合化が行われていない。これらの結果から、西シベリア域湿地帯からのメタン放出量のより妥当な季節変化および空間分布の推定は、地点観測放出量データおよび詳細な湿地帯分布データに基づいた新しいインベントリを用いることにより可能になるという結論に至った。

逆数値解法（インバースモデル）

大気中メタン濃度観測値を用いたメタン放出量に関する逆数値解法を行った。メタンの高濃度値はメタン放出領域の近くで観測される。一方、大気の流れと乱流は放出源領域から高濃度のメタンを拡散させる。それにより放出領域とそれ以外の領域でメタンの濃度差が発生する。それを**逆数値解法**により評価し放出率の推定に用いる。大気中濃度は放出域の風上域より風下域でより高濃度となるので、大気輸送モデルを用いて、メタン濃度分布を風向・風速場に対して最適化する。本研究においては、全球12陸域領域および2種類のメタン放出に対する月ごとの最適値を求めるために、大気中メタン濃度の季節変化観測値を用いた。地上からのメタン放出源は2種類に分類された。ひとつは、化石燃料、廃棄物処理、および反芻動物などの人為放出源、もうひとつは、森林火災、湿地帯、米作水田、シロアリ、および土壌などの自然放出源である。大気輸送モデルは、National Centers for Environmental Prediction/National Center for Atmospheric Research（NCEP/NCAR）により作成された再解析気象データや地上メタン放出量を用いて大気中メタン濃度を計算する。メタンの主な消滅過程であるOHラジカルによる化学分解が数値計算過程に含まれている。

航空機観測

国立環境研究所により、スルグトおよびノヴォシビルスクにおいて西シベリア上空の航空機観測が月1回行われている。高度0.5 kmから7 kmで大気採取が行われている。高度1.5 km以下の地表付近の層では、湿地帯からの放出が多いためメタン濃度が高く、自由対流圏（4～6 km）では地域的な放出の影響は小さい。スルグトにおける1993年～2007年、およびノヴォシビルスクにおける1997年～2007年の月平均観測値が逆数値解法に用いられた。大気中メタンは主にOHラジカルとの反応により酸化されるため、OH濃度は対流圏のメタン濃度の季節変化に重大な影響を与える。北半球においては、高OH濃度は夏季における低メタン濃度をもたらす。しかし、西シベリア上空では夏季に高メタン濃度が観測された。中部タイガ湿地帯のスルグト（61.0° N, 73.0° E）においては、8月に地表付近の層のメタン濃度が最大となり、一方、森林草原のノヴォシビルスク（55.0° N, 82.5° E）においては、夏季の地表付近の層のメタン濃度の上昇は小さかった。夏季に観測された湿地帯での高メタン濃度および湿地帯から遠隔地でのメタン濃度の低下は、広大な西シベリア湿地帯からの多量のメタン放出がメタン濃度の季節変化に与える影響の重要性を示している。西シベリアにおけるこれらの観測値は、逆数値解法による西シベリア湿地帯からの放出量推定値の季節変化の最適化のために用いられた。

逆数値解法の結果

湿地帯からのメタン放出量の空間分布インベントリを用いた西シベリア湿地帯からの放出量の年平均推定値は3.0 ± 1.8 Tg/yearであった。推定された放出量は先験値の3.2 Tg/yearに非常に近似しており、季節変化もそれらに近似していた。放出季節期における放出量不確実性低減値も小さく（8.6%）、放出量先験値との差も小さい（図2の灰色丸および灰色棒グラフ）。逆数値解法に西シベリア湿地帯の別々のインベントリを用いた場合でも、西シベリア湿地帯における放出量および季節変化の推定結果は良く一致している。これは、メタン放出量推定における逆数値解法の適応性の良さ示している。

本逆数値解法によるメタン放出量推定値は、GISSインベントリによる結果よりかなり低い値であったが、本研究のインベントリによる推定値

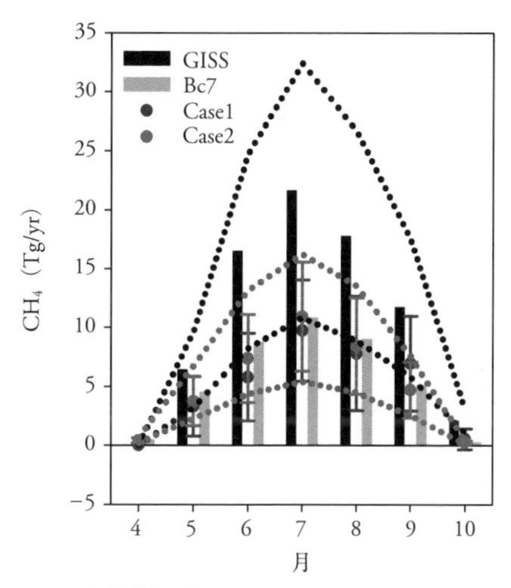

図 2　インベントリおよび逆数値解法により推定された西シベリアにおける放出季節期の湿地帯メタン放出量。黒および灰色棒グラフは、それぞれ GISS および本研究（Bc7）のインベントリによる放出量先験値。点線はそれぞれの不確実性。灰色および黒丸は、それぞれ Case 1 および Case 2 の放出量推定値。エラーバーはそれぞれの不確実性。Case 1 では、人為放出源の EDGAR および自然放出源の GISS のインベントリによる放出量を使用。Case 2 では、Case 1 と同一のインベントリを使用するが、西シベリア湿地帯からの放出量に関しては Bc7 インベントリを使用。

（3.2 Tg/year）には非常に近似していた。逆数値解法により最適化された放出量推定値の季節変化は、本研究のインベントリにより推定された季節変化と良く一致していた。特に、インベントリを用いて逆数値解法により推定されたメタン濃度は、スルグトにおける観測値と良く一致していた。本研究のインベントリによる推定では、南部タイガの湿地帯からの放出量は北部および中部タイガの湿地帯からの放出量より多いことを示している。

参考文献

Glagolev, M., Kleptsova, I., Filippov, I., Maksyutov, S. and Machida, T. (2011) Regional methane emissions from West Siberia mire landscapes. *Environ. Res. Lett.*, 6, 045214.

Climate Change 2013 — The Physical Science Basis. Working Group I Contribution to the Fifth Assessment Report of the Intergovernmental Panel on Climate Change, Cambridge Univ. Press, isbn: 9781107661820, 2014

Matthews, E. and Fung, I. (1987) Methane emission from natural wetlands: global distribution, area, and environmental characteristics of sources, *Glob. Biogeochem. Cycles*, 1: 61–86.

第2部

荒ぶる水

── シベリアの洪水と社会 ──

気温の年較差が大きいシベリアを流れる河川は、四季折々、その表情を変える。夏には悠々と流れる河川は、晩秋にはその表層が凍結（結氷）し、冬には分厚い河氷を形成する。河氷の下には水が蕩々と流れるにも関わらず、河氷によって人々の往来が可能となり、冬の河川は重要な交通路に様変わりする。やがて春になると、気温の上昇によって河氷は融け（解氷し）、アイスジャム（融けた氷塊が詰まった状態）が川の流れをせき止め、上流からの融雪水を溜めて川沿いに洪水をもたらす。

第２部では、北極海に流れ出る河川の諸現象を、東シベリアのレナ川を例に解説する。上流域が南に、下流域が北に位置するため、毎年、春になると解氷が生じる。解氷が引き金となって発生するアイスジャム洪水（春洪水）は、中州のみならず、氾濫原や川沿いの村々を襲う。一方、近年の夏の降水量増加によって、レナ川では夏にも河川水位が上昇するようになり（夏洪水）、中州を浸水させるようになってきた。第４章では、季節によって異なるレナ川の河川流出現象を、洪水がどのようなメカニズムで生じるのかに着目しながら、水文学的に詳しく解説する。第５章では、春洪水と夏洪水を衛星リモートセンシングで眺める。そして第６章では、春洪水と夏洪水が河川沿いの村や人々の生業に及ぼす影響について、現地での聞き取り調査の結果をもとに、人類学的に詳しく紹介する。

第4章　シベリアの河川流出

八田茂実

春にレナ川を流れていく川氷
（サハ共和国首都ヤクーツク近郊タバガ村周辺。2011年5月、酒井徹撮影）

4–1　シベリアの河川流出の重要性

シベリアは東西 5000 km、南北 3000 km に広がる広大な土地である。シベリアの三大河川と呼ばれるオビ川、エニセイ川、レナ川はこの広大な土地の水を集め、北極海に流れ込んでいる。北極海は、冷水を太平洋や大西洋に供給する役割を有するため、地球の熱循環・水循環を考える上で非常に重要で、ここに流入する河川水は、北極海の塩分濃度や水温に大きな影響を与えている。北極海は北アメリカとユーラシア大陸に囲まれており、その集水域は極めて大きい。表 4–1 は北極海に流入する河川のうち、年流出量が 100 km^3 以上の 7 河川を示したものである。マッケンジー川を除いた 6 河川はすべてユーラシア大陸側のもので、特に上述したシベリア三大河川からの水量が多くなっていることがわかる。

このようなシベリアの三大河川も、決して一様な環境にあるわけではない。例えば、オビ川流域の位置する西シベリアはかつて海であった所で、地形は極めて平坦で、湿地帯が広がっている。これに対し、エニセイ川流域とレナ川流域の位置する東シベリアは 500～700 m の台地が中心で、南部に多くの山脈のある地域である。また、シベリア地域を特徴づける最も重要な要素は永久凍土の存在であるが、エニセイ川・レナ川流域では**永久凍土**は広く厚く分布しているのに対し、オビ川流域では流域の上・中流部にわずかに点在する程度である。永久凍土の表層は夏季に 0℃以上となる層（**活動層**）が存在し、その厚さ（深さ）や含水状態は、植生からの蒸発散や河川流出にとって重要である（第 1 章、第 2 章参照）。微妙な温度のバランスの上に成立している北極圏や環北極圏の河川流域は、温暖化の影響を顕著に受ける領域である。実際に活動層厚の増加（例えば、Ohta et al., 2008; Iijima et al., 2010 など）や、河川流量の増加といった現象が顕著に現れてきている。Peterson et al. (2002) はエニセイ川、レナ川など北極海に注ぐユーラシア大陸の 6 つの大河川の流量が 1936 年から 1999 年の間に約 7%増加したと報告している。このような流量の増加について、Yang et al. (2002) は、1935～1999 年のレナ川流域の気

表4-1　北極海に流入する大河川の流域面積と年流出量

河川名	基準点	流域面積 (km²)	年流出量 (km³)
Yenisei	Igarka	2,440,000	580.1
Lena	Kusur	2,430,000	528.5
Ob	Salekhard	2,950,000	394.0
Mckenzie	Norman Wells	1,570,000	266.3
Pechora	Oksino	312,000	138.1
Severnaya Dvina	Ust'Pinega	348,000	105.0
Kolyma	Kolymskoye	526,000	102.6

温・降水・流量・河氷厚・活動層厚の資料から、冬季間の流出量が増加し、融雪流出が早まっているなどの傾向を示すとともに、レナ川の水文過程の変化が主として最近のシベリアの温暖化による凍土の状態と密接に関連しているとしている。また、Zhang et al. (2012) は大気再解析データを用いた極向きの水蒸気輸送量の変動と過去60年間のシベリア三大河川の流量の経年変化と比較を行い、河川流量増加の主要因が降水量にあることを示している。

シベリアでの河川流量の増加は、北極海を介して地球の環境に影響を与えると同時に、流域に住む人たちの生活に直接的な影響を与えている。藤原 (2012) によれば、東シベリアにあるアラゼヤ川沿いの村では、1990年以降、永久凍土の融解が原因とみられる洪水が発生し、これにより氾濫した河川水が湛水したままの状態が1年以上の長い期間にわたって続くといった被害も発生するようになっている。今後の洪水リスクの増加など、温暖化がこの地域特有の河川流出にどのような影響を与えるかを考えるためには、この地域の河川の流出特性を知ることが必要である。

本章では、レナ川を例にシベリアの河川の流出特性について述べる。これは、レナ川が凍土の広く分布するシベリアの代表的な河川であることと、流域の大半が森林に覆われ、人間活動の影響も他の2河川に比べると大きくはないためである。以下の2節で、対象とするレナ川の流域の概要と使用するデータとその特徴を述べた上で、3節でレナ川の主要な支流域の流出特性とその長期的な変動を、そして4節で洪水流出の特性について述べる。なお、本章では工学的な意味で「洪水」という言葉を用いている。工学的な意味での「洪水」は平常時より河川が増水している状態で、災害を指しているものではない[1]。

4–2 レナ川流域の概要

(1) 流域と水文資料

レナ (Lena) 川は、バイカル (Bikal) 湖の西岸のバイカル山脈に発し、ラプテフ (Laptev) 海に注ぐ。流域面積は 249 万 km^2 (世界第 9 位)、主河道長が 4400 km (世界第 10 位) の大河川である。図 4–1 にレナ川流域の概況を流量観測点および気象観測点の配置状況とともに示す。水源からヴィティム (Vitim) 川との合流点付近 (図 4–1 の UL3 地点付近) まで、河谷は 2～10 km と狭く、岸は高い。東に流れる中流部 (同図：UL3～UL 地点) では河谷は 30 km 程度にまで広がる。中部ヤクート低地を北方に流れる下流部 (同図：UL 地点より下流) では、レナ川の主要な支流であるアルダン (Aldan) 川、ヴィリュイ (Vilyuy) 川を集めながら流れる。レナ川流域の南端はバイカル湖から東に伸びるスタノヴォイ (Stanovoy) 山脈、東端はヴェルホヤンスク (Verkhoyansk) 山脈が分水界となっており、レナ川本流の東側の支流域であるアルダン川はこれらの山脈を縫って流れている。一方、レナ川本流の西側と、同じく西の支流域であるヴィリュイ川は中央シベリア高原に含まれる。レナ川流域には広く連続的な永久凍土が存在しており、流域の 84%が森林に覆われている (Revenga et al. 1998)。レナ川は他のシベリアの大河川に比べて、人為的な影響が小さい。例えば、人口 10 万人以上の都市はオビ川流域で 17 都市、エニセイ川流域で 5 都市であるのに対し、レナ川流域ではヤクーツク (Yakutsk) のみである。また、早い時期から資源開発が行われているオビ川やエニセイ川には巨大なダムをいくつも有するが、レナ川流域では後述する発電目的の

[1]　第 1 章や第 6 章では、災害を意識した形で「洪水」という用語を用いている。

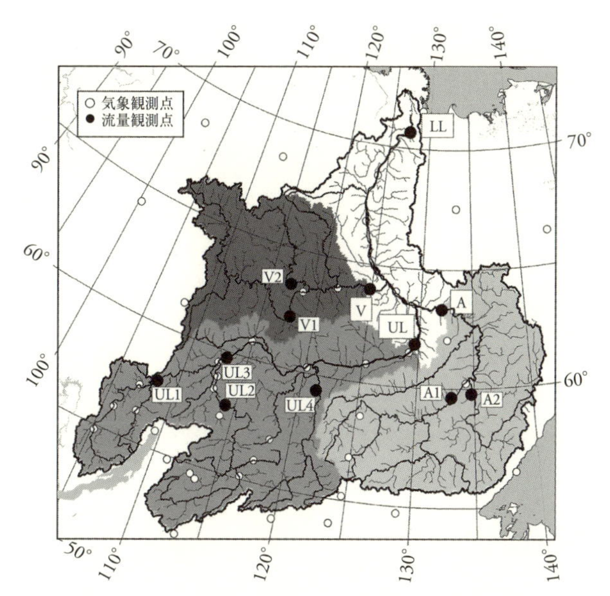

図 4-1　レナ川流域の概要と気象観測点・流量観測点

巨大なダムが1つあるのみである。

流域内には40地点程度の流量観測点が設置され、日単位の流量資料が得られている。このうち34地点では、流量資料に加えて、冬季間10日間おきに測定された**河氷厚**の資料も得られている。**河川水位**および**河川流量**は基本的にニューハンプシャー大学のArcticRIMSプロジェクトのホームページ（http://rims.unh.edu/index.shtml/）で公開されている。これらのうち、本章で使用する流量資料の観測地点の位置は図4-1中に黒丸で示した地点で、その諸元を表4-2に示す。一方、流域周辺の気象データは、図4-1に白丸で示した地点について日単位で降水量・平均気温・最高/最低気温・水蒸気圧・風速・日照時間などが収集・整備されている（Suzuki et al. 2007）。また、ArcticRIMSプロジェクトのホームページでは、Willmott and Matsuuraの作成した降水量の0.5度グリッドデータ（Terrestrial Precipitation: 1900–2008 Gridded Monthly Time Series, Version 2.01, 2009）も公開されており、本章ではこ

表4-2　使用する流量観測地点の諸元

記号	観測点名	流域面積（$\times 10^3$ km^2）	年流出量（km^3/yr）
LL	Kusur	2430	529
UL	Tabaga	897	221
UL1	Zmeinovo	140	35.4
UL2	Bodaibo	186	49.2
UL3	Krestovski	440	131
UL4	Kudu-Kel	115	32.2
A	Verhoyanski' Perevoz	696	165
A1	Ust-Mil	269	86.3
A2	Chabda	165	36.6
V	Hatyrik-Homo	452	46.7
V1	Suntar	202	24.8
V2	Malyukai	89.6	12.3

れらのデータを利用している。

(2) 水文資料にみるいくつかの特徴

河川流量の季節変化の特徴

レナ川の各流量観測点の**ハイドログラフ**[2]を描くと、特徴ある形状がみられる。図4-2は1987年のA2地点（図4-1参照）のハイドログラフを対数目盛で表示したものである。A2地点の河川流量は5月中旬の融雪開始とともに徐々に増加し始め、6月上旬には急激に流量が増加して年最大流量に達する。この後、降水による洪水期を経て、10月以降は流量が大きく低下した後、10月下旬には流量が再度上昇してハイドログラフには一見凹みのような形状が現れる。一方、図中の矢印は、1987年に観測された**解氷**の直前の河氷厚が存在する日付、その時点での河氷厚、**結氷**が最初に観測された日付、河氷厚をそれぞれ示している。調査地点における河氷厚は10日ごとに観測されていることに注意されたい。すなわち、結氷が確認された日付から

[2]　横軸に時間、縦軸に河川流量をプロットした図をハイドログラフという。

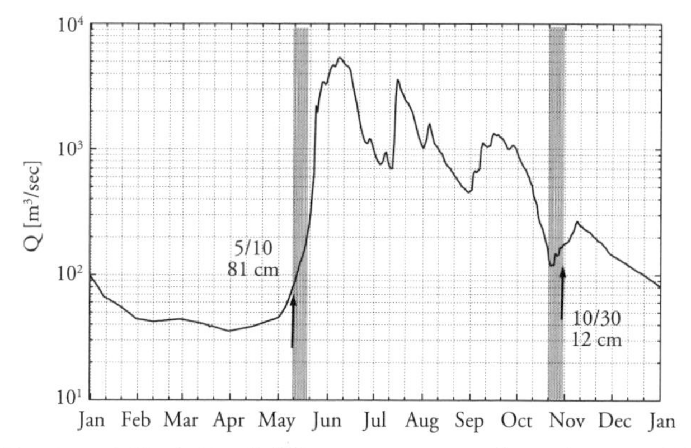

図 4-2　レナ川の河川の典型的なハイドログラフ（A2 地点、1987 年）

10 日以前に結氷が生じ、氷厚の最終のデータのある日から 10 日以降の間に解氷が発生したものと考えられる。このようなハイドログラフの形状は、冬季に完全結氷となる河川を除き、流域内のほとんどの流量観測点で観察される。さらに、河氷厚の観測資料のある地点では、春先には氷厚データのなくなる 10 日間かそれ以降にハイドログラフの増水部の勾配が急変する点が、初冬には氷厚が観測される 10 日間の間に減水部の凹み、あるいは減水部の勾配が大きく変化する箇所が含まれている。

このようなハイドログラフの**減水部**の凹みや**減水曲線**[3]の勾配の変化は、他の多くの結氷河川でも確認されている。Beltaos (1984) は、河川の結氷時には、河川水位が 1〜5 日間をかけて一旦上昇した後、再度水位が低下していく様子を示している。吉川ら (2010a) が北海道の天塩川で行った観測でも、河川結氷直後から水位が急激に上昇することが報告されている。さらに、Prowse and Carter (2002) はマッケンジー川で実施された結氷期の流量観測の結果から、河川結氷時には流量が一旦減少した後、元の減水曲線に沿うような形で冬季間流量が低減することを示している。一方、解氷期のハイドログ

［3］　ハイドログラフ上で、時間とともに河川流量が減少していく部分の曲線。

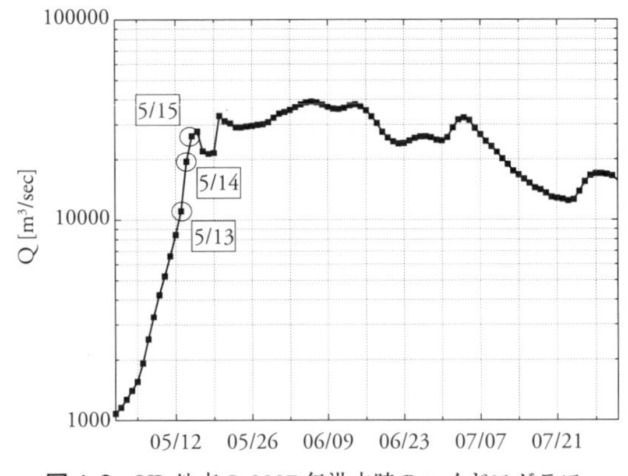

図 4-3　UL 地点の 2007 年洪水時のハイドログラフ

ラフ増水部の勾配が急変する日付付近の河川の状況については Sakai et al. (2010) の報告が参考になる。Sakai et al. (2010) は、2007 年の解氷期に 3 日間にわたり撮影された高解像度の衛星画像から、タバガ (Tabaga；図 4–1 中の UL 地点) 付近のレナ川では 5 月 13 日までは河道が氷で覆われていたものの、5 月 14 日には上流から融解水が流れ込み、5 月 15 日には河氷が下流へ押し流された様子を報告している。図 4–3 は Sakai et al. (2010) が検討を行った UL 地点の 2007 年の解氷期のハイドログラフを示したものである。UL 地点では、5 月 5 日から流量が増加し始め、5 月 13 日〜14 日の区間で**増水部**の勾配が大きくなる。さらに 5 月 15 日に最大水位を記録した後、5 月 20 日にハイドログラフに第一ピークが記録されている。この例で見るように、増水部の勾配急変点が現れるのは完全解氷日 (5 月 17 日) の直前となっている。以上のことを考え合わせると、春先の増水部の勾配の急変部、初冬のハイドログラフの減水部の凹みというハイドログラフの形状的な特徴は、それぞれ解氷の予兆と結氷による影響と見ることができる。

レナ川流域の水位と流量

河川流量は連続的に測定することが困難なため、一般には、予め測定した

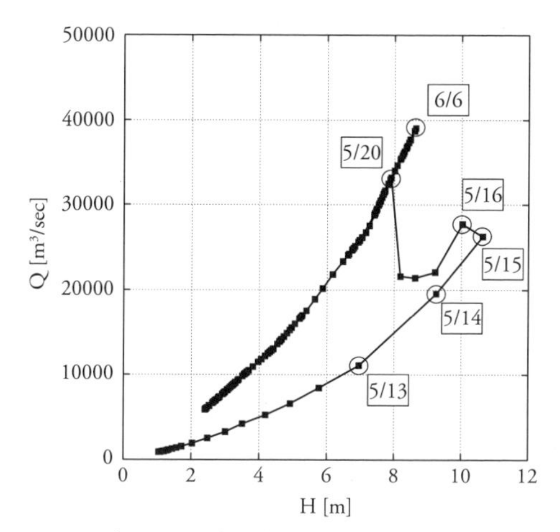

図 4‒4　UL 地点の 2007 年の資料で作成した水位と流量の関係

水位と流量の関係を定めた**水位流量曲線**を作成し、連続的に観測した水位から河川流量を推定している。結氷時の河川は水面に存在する河氷による摩擦抵抗が発生することから、同じ流量が流れていても非結氷時に比べて水位が上昇する。このため、結氷時には非結氷時で作成されている水位流量曲線をそのまま利用することはできない。図 4‒4 は ArcticRIMS プロジェクトのホームページで公開されている 2007 年の水位と流量の資料から作成したレナ川上流域の UL 地点の水位と流量関係を示したものである（ここでいう水位はある基準高さからの水位であり、海面を基準とした水位ではない）。公開されている流量は、元々は水位から推定されていると考えられるので、この曲線が UL 地点における水位流量曲線と考えることができる。図中の日付はその水位が観測された日付を表しており、2007 年の解氷が生じた 5 月 15 日までは下側の曲線、遷移期間を経て 5 月 20 日以降は上側の曲線に移行していることがわかる。下流部が結氷していれば**背水**[4] の影響により上流側の水位が上昇する（例えば、Beltaos 1995）ため、おそらくこの影響がなくなるのが 5 月

[4]　下流から上流に向かって（背後から）河川水位が上昇する現象のこと。

20日以降と推測される。レナ川流域内の観測点ではこのような複数の水位流量曲線を持つ場合が多く、洪水の規模を考える場合に注意を要する。2007年のUL地点の最大流量は6月6日に発生しているが、最大水位は5月15日の解氷時に発生しており、この時の水位は最大流量発生時の水位よりも2mほど高くなっている。人の目から見た洪水の大きさという点では、最大水位が生じた5月15日のほうが大きな洪水として捉えられるかも知れない。高倉（2013）によれば、レナ川中流域に住む人々は「春の洪水が通常2回来ることを想定」して生活している。2007年の融雪期の場合、一度目の洪水は解氷時の最大水位、二度目はその後の最大流量が生じる洪水に相当し、その洪水の特性は大きく異なるものである。

なお、結氷時には、測定地点における河氷の断面積や底面の粗度は経時変化するため、非結氷時のように水位から流量を一義的に定めることは難しいことが指摘されている（例えば、平山1985; 吉川2010bなど）。このため、UL地点で推定されている結氷時の流量の精度には注意を要する。また、すべての流量観測点がUL地点のように複数の水位流量曲線で流量を推定しているわけではない。流量観測点によっては、結氷河川であるにもかかわらず単一の曲線で表されている地点もある。こうした地点では流量資料としての取り扱いに注意が必要であろう。

4-3　レナ川支流域の流況と長期的な流量変動

レナ川流域は、図4-1中のUL地点を基準とする[5]レナ川上流域、A地点を基準点とする右岸側最大の支流であるアルダン川流域、V地点を基準点とする左岸側最大のヴィリュイ川流域の上流3支流域に分けることができる。これらの支流域は、降水量の分布も大きく違い、それぞれ異なる流出特性を

[5]　ここで言う「基準とする」とは、水文学では「これより上流側の」という意味である。

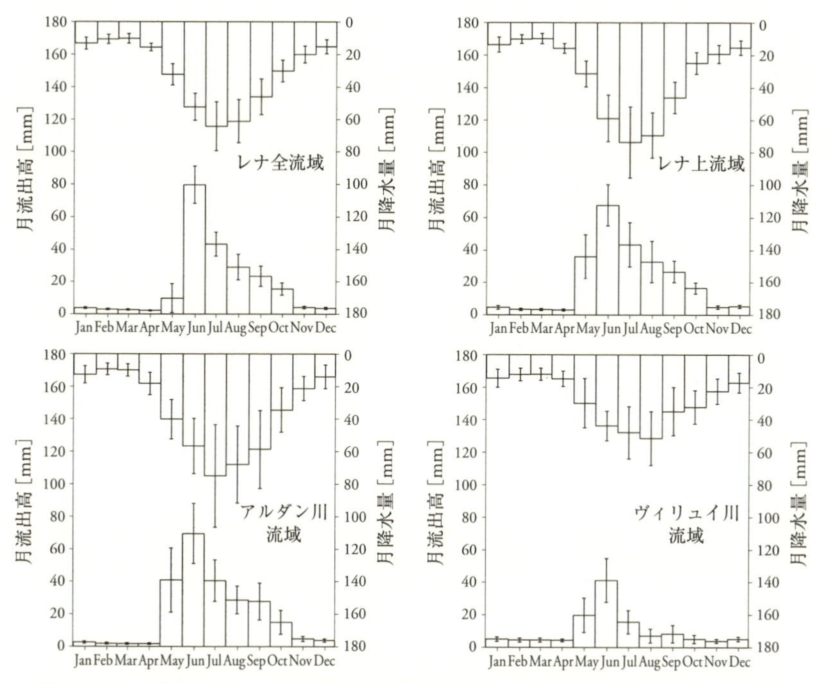

図 4-5　レナ全流域と上流 3 支流域の月別降水量と流出高（1980〜2000 年の平均値）

有している。本節では、これらの支流域の流況を観測資料に基づいて概観するとともに、各支流域の流況の長期的な変化について述べる。なお、本章ではキュシュル地点（Kusur；図 4-1 中の LL 地点）をレナ川最下流とみなし、レナ川全流域と呼ぶことにする。

(1) レナ川支流域の流況

図 4-5 はレナ全流域と各支流域における月降水量と月流出高[6]の 1980 年〜2000 年の平均値を示したものである。レナ川では支流域も含め、大きく

［6］　河川流量をそれより上流側の流域面積で除した値。

11～4月の低水期と5～10月の洪水期に分けることができる。月別に見ると、**融雪期**直前の4月で最低流量を記録し、融雪開始後の5月～6月にかけて最大流量となる。一方、図4-6はレナ川流域の年降水量、11～4月の降水量、5～10月の降水量について、1980年～2000年の平均値を等雨量線で示したものである。レナ川全流域では年降水量の平均値は335 mmで、11～4月、5～10月の降水量はそれぞれ、80 mm、255 mmである。降水量の空間的な分布を見ると、洪水期である5～10月の降水量はレナ川上流域の南部およびアルダン川流域の東部の山岳部で大きく、流域中流部から下流部では降水量が小さくなっていることがわかる。

レナ川上流域は流域面積が89万7000 km^2、年流出量が221 km^3で流域面積はレナ川全流域の36.9%、流出量は全流量の42%を占める支流域である。レナ川上流域の年降水量は364 mmで、このうち281 mmが5～10月の**洪水期**に集中している。レナ川上流域では、**低水期**の月流出高は3.0～4.8 mm程度であるのに対して、洪水期の月流出高は16～67 mm程度となっている。洪水期の年々変動は夏季（7～9月）では降雨量の変動によるものであるが、春季（5～6月）では降水量の影響に加え、融雪開始時期も大きく影響している。レナ上流域では、春先の融雪による洪水が5月初旬から中旬の間に開始し、流量は急激に増加する。このため5～6月の月間流量は洪水そのものに加えて、融雪の開始時期によって大きさが異なる。

アルダン川流域はレナ川流域南東部に位置する流域面積が69万6000 km^2（全流域の28.6%）、年流出量が165 km^3でレナ川全流域の約29%を占める流域である。アルダン川流域はレナ川上流域とよく似た流出パターンをもっている。レナ川上流域のほうが流域面積は大きいため、その分だけ流出量そのものは大きくなっているが、洪水期の月間流出高は15～70 mmで、両流域ともほぼ同じ値をとる。また、夏の降水量もレナ川上流域同様であるが、年々変動が大きく8月から9月にかけては特に大きな雨がふることがあり、この影響を受けて9月の流出高も他の流域に比べて年変動が大きくなっている。一方、低水期については、年最低流量を記録する融雪洪水直前の4月で1.6 mmと洪水期の流出高にくらべると小さく、レナ川上流域の流出高の半

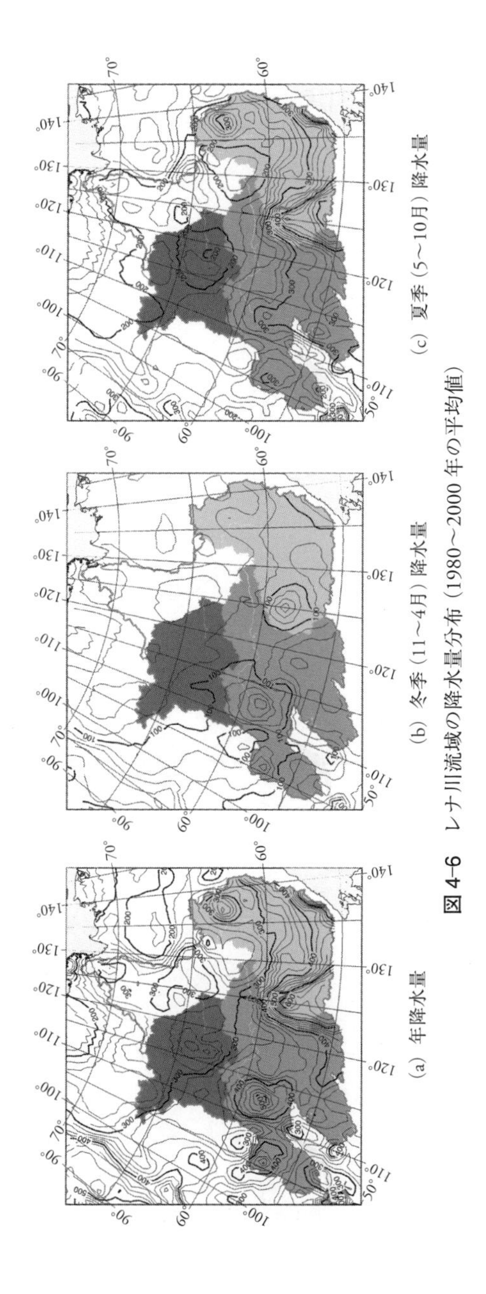

（a）年降水量

（b）冬季（11～4月）降水量

（c）夏季（5～10月）降水量

図 4-6　レナ川流域の降水量分布（1980～2000 年の平均値）

分程度の値になっている。

ヴィリュイ川流域はレナ川流域の西部に位置する流域で流域面積45万2000 km^2で全流域の18.6%を占める。しかし、年降水量は288 mmと他の2支流域の80%弱程度であるため、年流出量は46.7 km^3とレナ川全流量の9%弱にしかならない。ヴィリュイ川流域はレナ川上流やアルダン川支流とは明らかに異なる流出パターンを示している。これは5～10月の洪水期の降水量が207 mm程度と小さいことに加えて、図4-1のV1地点より上流のチェルヌイシェフスキー（Chernyshevsky）付近（63.03N、112.47E）にある最大貯水容量35.9 km^3のヴィリュイダムの操作によるものである。このダムは主として発電に利用されており、洪水期に水を蓄え、低水期に放流するといった操作が行われている。このため、春先の洪水期と夏の洪水期の河川流量が低くなり、冬期間の流量が大きくなっている。

(2) レナ川流域の長期的な流量変動

シベリア地域の長期的な水文環境の変動は、アラスカ大学の研究グループによって多くの報告がされている。例えば、Berezovskaya et al.（2004）はシベリアの3大河川の降水量と流出量の50年間の変動について、オビ川流域では降水量・流出量共に明確なトレンドはみられないが、エニセイ川、レナ川流域では降水量がほぼ一定か、やや減少しているにもかかわらず、流量は増加傾向にあることを示している。Ye et al.（2003）はレナ川流域を対象に、支流域別に長期的な流量の変動を検討している。この結果、レナ川上流域では夏季の流量増加が大きく、アルダン川では夏季の流量増加に加えて冬季の流量の増加も大きいこと、そしてヴィリュイ川では、ダム建設の影響を受け、4000～1万5000 m^3/sであった夏季の流量は3000～1万2000 m^3/sに減少し、冬季流量は500 m^3/s程度増加したこと、更にこの影響がレナ川全流域の流量にも及んでいることなどを報告している。このダムの影響は、流域の水収支や下流の河川水温にも大きな影響を与えていることが報告されている（Berezovskaya et al. 2005; Liu et al. 2005）。ここでは、一部Ye et al.（2003）の結果

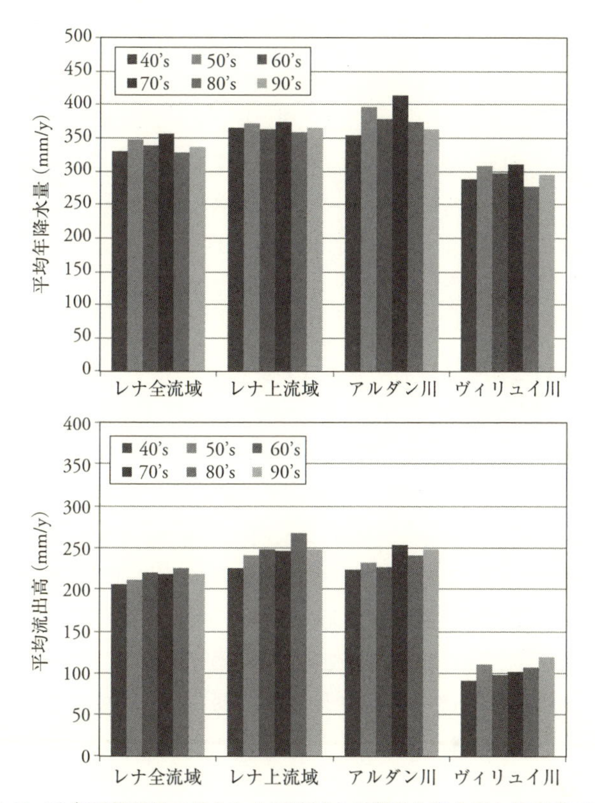

図 4–7　10 年平均流量で見るレナ川流域の長期的な降水量と流出高の変化

を参照しながら、レナ川の長期的な河川流量の変動と各支流域からの流出量がレナ川全体の河川流出に季節的にどのように寄与しているかについて概観する。各支流域からの流出量の構成を見るため、レナ全流域の流量から上流3流域の流量を差し引いたものがレナ下流域からの流出と考える。

年流量の変動

図 4–7 はレナ川全流域、レナ川上流域、アルダン川流域、ヴィリュイ川流域の 10 年単位の流域平均年降水量と流域平均河川流出高の変化を示して

いる。多少の増減はみられるが、流域平均雨量があまり大きく変動していないのに対して（ただし、降水量の資料は用いるデータセットによって差が大きく異なることもあるので、ここでは参考程度に捉えていただきたい）、流量の増加傾向は3つの支流域のいずれにもみられ、その結果としてレナ川全流域でも流量が増加している。特にヴィリュイ川流域では1990年代の流出高は1940年代の流出高に対して1.3倍超で、他の支流域の1.1倍を大きく上回っている。

季節流量の変動と全流域に対する構成の変化

現在の河川流出量が過去に比べて、一年のどの時期に、どのエリアで大きくなっているかを見るため、各支流域のレナ川全流域に対する流量の構成の季節的な変動に注目する。ヴィリュイ川流域には大きなダムが1960年代に建設され、洪水期に貯水し、冬季の低水期に放流するというように人為的に操作され、この影響は下流にまで及んでいる。ヴィリュイ川の冬期間の流量に注目すると、ダムの建設前後で大きく変化しているが、ぞれぞれの期間でほぼ一定の値を示している。このため、ダムが建設されてから貯水が完了するまでの1967年から1970年代中盤までの期間を除いて、すべての支流域の資料が存在する1942〜1965年と1980〜1999年の2つの期間に分けて季節的な流量の変動を見る。

ところで、年流出量に対する各支流域の寄与率を求めたように、基本的にレナ川全流域の流量と各支流域からの流量を比較することで、全流量に占める各流域の寄与率を求めることは可能である。しかし、月流量などのように集計期間が短い場合には、上流側で発生した洪水が同一集計期間内に下流側に到達しないため、直接比較することは必ずしも適切ではない。LL地点から最も遠いレナ川上流域UL地点の間は約1400 km離れている。中流部では洪水時の平均的な速度である1.5 m/sで流下した場合、UL地点からLL地点に到達するにはおおよそ10日かかることになる。レナ川全流域の洪水のピークは5月の下旬から6月上旬にかけて発生し、これより上流の支流域では洪水のピークが主として5月中旬から下旬にかけて発生する。この洪水

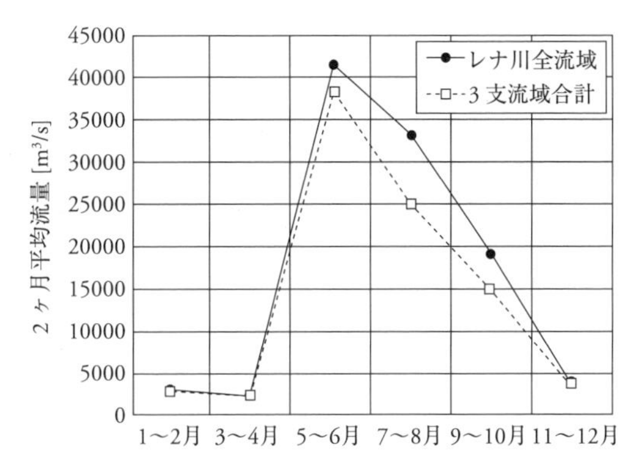

図 4-8　レナ川全流域の 2 か月平均流量と上流 3 支流域の 2 か月平均流量の合計値

は他の期間の洪水に比べて極めて大きい。また、これに続く洪水は 7～8 月に発生する。このため、5～6 月、7～8 月の洪水期を 2ヶ月ひとまとめにして扱い、他の期間もこれに応じて 2ヶ月単位で考えることで、上下流間での流量を直接比較しても極端に大きな差は生じないと考えられる。図 4-8 はレナ川全流域の 2ヶ月平均流量と上流 3 支流域の 2ヶ月平均流量の合計値の比較を行ったものである。2ヶ月単位の流量波形はおおむね一致しており、2ヶ月単位の流量も年流量と同様に、レナ川全流域と上流 3 支流域の流量差をレナ川下流域で生成される流量とみなすことにする。

図 4-9 はレナ川全流域と 3 つの支流域の 2ヶ月平均流量を「過去」(1942～1965 年) と「現在」(1980～1999 年) で比較したものである。現在は、ヴィリュイ川流域では 5～8 月の融雪や降雨による洪水を貯留して冬季に利用することで、冬季流量が増加している。一方、レナ川上流域、アルダン川流域では、冬季の流量と融雪期の洪水量の両方が増加しており、この結果、レナ川全流域では、春先の洪水量が増加していることがわかる。2ヶ月毎のレナ全流域の過去に対する現在の流量変化量とその内訳を支流域別に表示すると図 4-10 のようになる。現在の流出量の増加は、平均的には 11 月～4 月の冬期の流出量の増加と、5～6 月の洪水期の流量増加によるもので、7～10 月の降雨による洪水はレナ川全流域では大きく変動しないことがわかる。このう

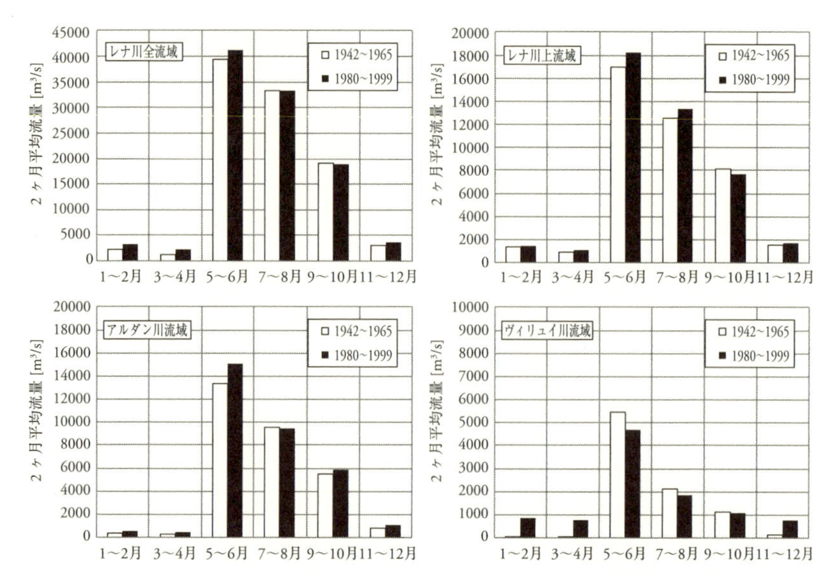

図4-9　過去（1942-1965年）と現在（1980-1999年）のレナ川全流域と3つの支流域の2ヶ月平均流量

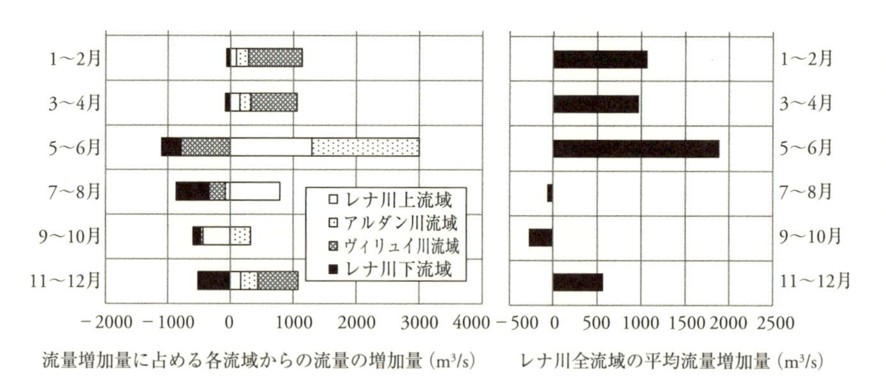

図4-10　2ヶ月毎のレナ全流域の流量の過去に対する現在の変化量とその構成

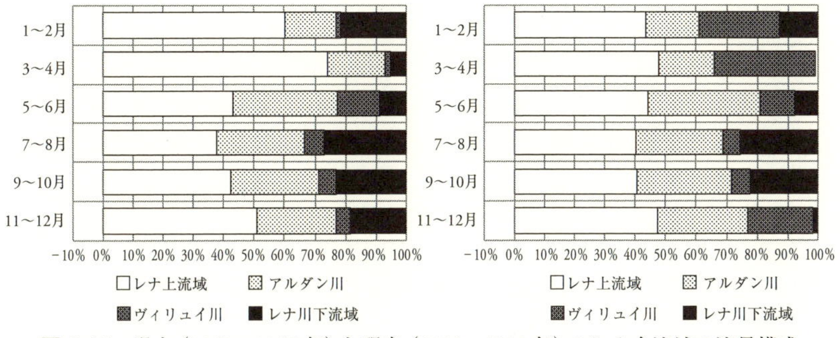

図4-11　過去（1942～1965年）と現在（1980～1999年）のレナ全流域の流量構成

ち、冬季流量の増加は、各支流域からの流量増加に加え、ヴィリュイ川流域で人為的にコントロールされた結果で、5～6月の融雪期の洪水量の増加はレナ川上流域、アルダン川流域の流量増加の影響を受けていることがわかる。人為的に河川流量がコントロールされていないレナ川上流域・アルダン川流域では、年流量の増加の多くが春先の洪水期の流量増加であり、1940～60年代にくらべて融雪期の洪水はより激しさを増していると考えられる。

このように人為的、あるいは自然に流況が変動した結果、レナ川全流域の流量構成も過去と現在では大きく変化する。図4-11は、レナ川全流域の2ヶ月毎の流量構成を過去と現在で比較したものである。ヴィリュイダムの操作によってレナ川から北極海に流入する冬季流量が増加したとともに、冬季流量の20～30%がヴィリュイ川からの流量で占められるようになったことがわかる。

4-4　レナ川流域の洪水流出特性

図4-12は2000年のレナ川全流域（LL）と上流部（UL、A、V）の各支流域の日平均流量を示している。レナ川上流部での各支川では、春先の融雪流出に加え、夏季にも降雨による洪水がみられる。しかし、レナ川全流域のハイ

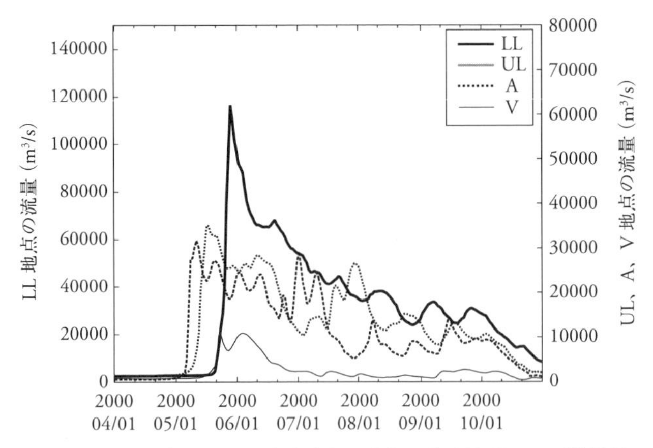

図 4-12　2000 年のレナ川全流域と上流部の各支流域の日平均流量

ドログラフの形状は、春先の融雪に伴う洪水が年流量のピークを示し、その後このピークが冬季に向かって徐々に減衰する波形を示している。これは、レナ川全流域では見た場合、降雨による洪水は春先の融雪洪水に比較して水量が少ないこと、そして融雪洪水により中・下流部の氾濫域が広がるため、最下流部では洪水が平滑化されて明確な洪水波形がみられなくなるためと考えられる。

レナ川の上流にある支流域では融雪による洪水はもちろん、降雨による流出も決して小さくはない。2000 年のレナ川上流域では 6 月下旬から 7 月上旬にかけて、アルダン川流域では 7 月中旬から 8 月上旬にかけて春の融雪流出にも匹敵するほどの大きな洪水が発生していることがわかる。このような夏の洪水は、度々発生しており、その源は図 4-6 に示した夏の降雨が多い地域で、レナ川上流域では図 4-1 中の UL2、UL4 支流域、アルダン川流域においては A1 支流域上流のスタノヴォイ山脈にもたらされる降雨によるものである。一方、ヴィリュイ川では夏期の降水量が小さいことに加え、貯水池操作されているため、夏期の洪水流出は小さく、特にダムの集水域が流域の大半を占める V1 支流域では不自然な形のハイドログラフがみられる。

このように、レナ川支流域では融雪による洪水に加えて、夏季の降雨によっても大きな洪水が発生する。洪水の流出特性は、流域内で観測されている各地点のハイドログラフの比較や、降水量などを見比べながら検討を進めることも可能である。しかし、特に融雪に関わる現象では、洪水の原因となる融雪量などの実測資料が得られないため、これらを計算することのできる**水文モデル**[7]や検証のための**流出モデル**[8]は重要な役割を果たす。本節では、流出特性を理解するために用いる水文モデルの概要を示した上で、これによる結果を一部利用して、融雪期と夏季に発生するレナ川支流域の洪水の流出特性について考える。なお、ヴィリュイ川では貯水池操作によって洪水期の流量が人為的に調整されているので、ここでは対象としない。

(1) 水文モデルの概要

これまでに、レナ川を対象とした水文モデルはいくつか報告されている。Ma et al. (2000) はレナ川を対象に**陸面モデル**[9]と**流出モデル**を組み合わせた分布型水文モデルを開発し、更に Ma et al. (2002) は、提案した水文モデルに河氷の効果を加え、日単位のハイドログラフを再現できることを示した。他にも、Ma らの先駆的な研究は、観測資料が必ずしも十分ではない北極圏の大河川にあっても、河氷の効果を組み込むことによって日単位のハイドログラフが再現できることを示している点で極めて重要である。この他にも Su et al. (2005) は北極海に流入する河川流域を対象に月流出量の再現に成功している。本章では、八田ら (2009) が提案している水文モデルを用いる。この水文モデルは、植生の影響や積雪・凍土などを物理的に取り扱うことのできる陸面モデルと、陸面モデルにより計算される土壌からの余剰水を河道網で合成し、河川流量に変換する流出モデルの2つのモデルによって構成さ

---

[7]　ある流域に降った降水（降雨・降雪）を起源に、蒸発散、土壌中の降下浸透、地下水涵養、河川への流出といった陸域水循環を数値的に解くためのモデル。

[8]　陸域水循環における河川流出のみを数値的に解くためのモデル。

[9]　主に蒸発散と降下浸透過程を数値的に解くためのモデル。

れる。以下にそれぞれのモデルの概略を説明する。

陸面モデル

陸面モデルは、Yamazaki et al. (2004) によって提案されている2層モデルと呼ばれるもので、植生（上下2層）、積雪、土壌の各サブモデルから構成される[10]。2層モデルの概念図を図4–13に示す。

植生サブモデルにおいて、森林上（C2）と森林内（C1）での水・エネルギーフラックスは、次式によって計算される。

$$C\frac{dT_{Ci}}{dt}=S_{Ci}+L_{Ci}-H_{Ci}-LE_{Ci}\quad(i=1,2) \tag{4.1}$$

ここで、Cは熱容量、T_{Ci}は各層のキャノピー（樹冠）温度、S_{Ci}とL_{Ci}は吸収される日射量と長波放射量、H_{Ci}は顕熱フラックス、LE_{Ci}は潜熱フラックスである。

LE_{Ci}の中で大気からのフォーシングに対して植物の生理的反応を表す気孔コンダクタンスgsは以下のJarvis型モデルによって与えている。

$$gs/gs_{max}=f_1(PAR)f_2(T_a)f_3(VPD)f_4(\theta) \tag{4.2}$$

$$f_1(PAR)=\frac{PAR}{PAR+1/a} \tag{4.3}$$

$$f_2(T_a)=\left(\frac{T_a-T_{min}}{T_0-T_{min}}\right)\left(\frac{T_{max}-T_a}{T_{max}-T_0}\right)^{\frac{T_{max}-T_0}{T_0-T_{min}}} \tag{4.4}$$

$$f_3(VPD)=1/\left[1+\left(\frac{VPD}{D_{50}}\right)^b\right] \tag{4.5}$$

$$f_4(\theta)=1-\exp[k(\theta_{min}-\theta)] \tag{4.6}$$

ここで、gs_{max}は最大気孔コンダクタンス、PARは光合成有効放射量、aは

[10]　3つのサブモデルから構成されるが、もともと植生を上下2層に分けて熱・水収支を解くために開発されたため、2層モデルと呼んでいる。

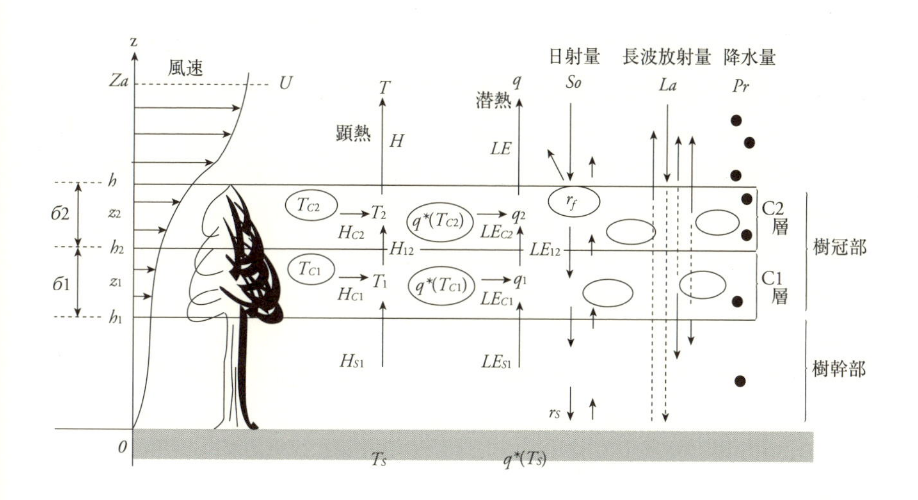

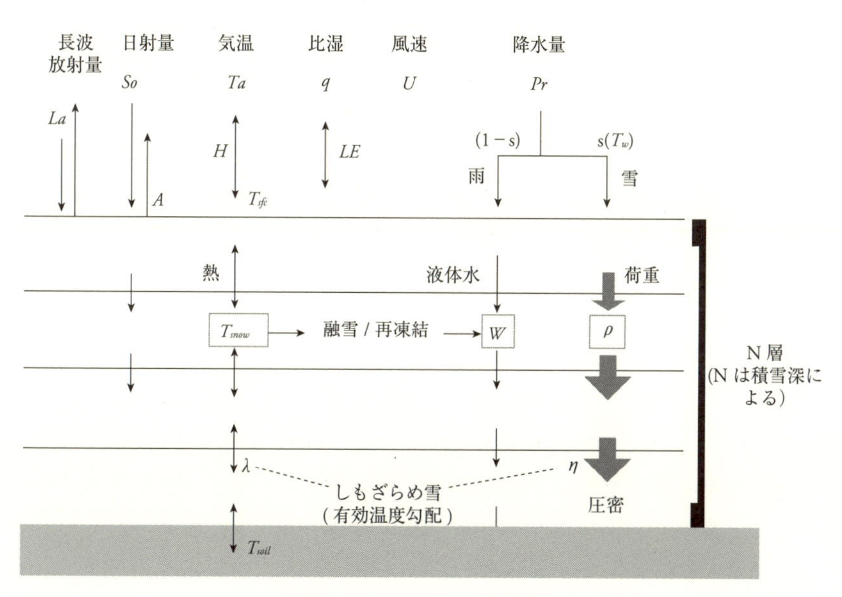

図 4-13　陸面モデルの概念

上：植生サブモデル、下：積雪サブモデル；Yamazaki et al. (2004) より一部改変

$PAR=0$ の時の傾き、T_a は気温、T_{min}、T_{max} は最低・最高気温、T_0 は最適温度、VPD は飽差、D_{50} は gs が gs_{max} の 50％の時の VPD、b は曲率、θ は土壌の体積含水率、θ_{min} は気乾含水率、k は定数である。

これらの各パラメータは、ヤクーツク（東シベリア）、母子里（北海道）、瀬戸（愛知）で行われている気象、水文、森林生理生態測定の個葉レベルでの気孔コンダクタンス測定による Matsumoto et al. (2008) の潜在的応答特性の概念に基づく地域、森林タイプを問わない共通の値が用いられている（Yamazaki et al. 2013）。

積雪サブモデルは、寒冷地で発達する、**しもざらめ雪**を考慮できる多層の積雪モデルにより、温度・密度・含水量のプロファイルを計算し、積雪及び融雪のプロセスをモデル化したものである。**土壌サブモデル**では、土壌での凍土の融解・凍結熱を見かけの熱容量を融点付近で大きくする形で考慮した多層モデルにより土壌と大気間の水・熱移動をモデル化している。陸面モデルは、対象地域を 0.5° グリッドに分割し、各グリッドには 8 タイプに分類した植生および土壌特性、LAI の季節変化を与えた上で、空間補間した気象データを入力値として与えて適用される。陸面モデルの詳細は Park et al. (2008) を参照されたい。各グリッドでは、土壌が飽和して発生した余剰水が深度別に計算され、この余剰水が河川流出モデルの入力値となる。

流出モデル

陸面モデルよって計算された余剰水は**流出モデル**によって河川流量に変換される。ここで用いる流出モデルは、流域のグリッド標高データから河道網を作成し、この河道網上の仮想流路の洪水追跡をするモデルで構成される。流出モデルの概要と余剰水の関係を図 4-14 に示す。洪水流の追跡は、キネマティックウェーブ（kinematic wave）法[11]を用いている。各グリッドごとに計算された余剰水を河道へ入力する際には、グリッドの中心に集中させて与

［11］ 流域を斜面と河道の組み合わせとみなして、斜面・河道の水の流れを水理学的に求めて流出量を求める方法。

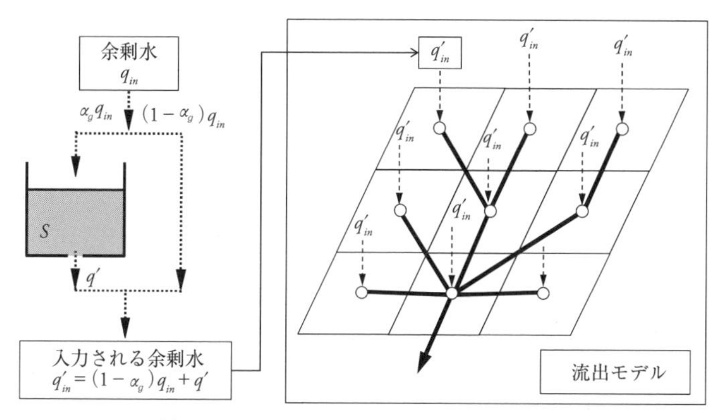

図 4-14　流出モデルの概要と余剰水の関係

えるものとする。グリッド間を結ぶ仮想流路を広幅長方形断面と仮定し、平均流速公式にマニング式[12]を用いると、キネマティックウェーブ法の基礎式は以下のように簡略化できる。

$$\frac{\partial A}{\partial t}+\frac{\partial Q}{\partial x}=0 \tag{4.7}$$

$$A=\lambda Q^{3/5},\quad \lambda=\left(\frac{n}{\sqrt{i_B}}\right)^{3/5}B^{2/5} \tag{4.8}$$

ここで、Bは河道幅、Aは通水断面積、i_Bは河床勾配、nはマニングの粗度係数、Qは流量である。

単位河道への入力は、上流側からの流入量と陸面モデルにより計算された単位グリッドからの余剰水となる。陸面モデルにより計算された単位グリッドからの余剰水q_{in}を河道へ入力する際には、図 4-14 に示すように一定割合α_gで遅い流出成分になるものとし、線型貯留関数法を介して遅い流出成分に変換する。線形貯留関数は以下のように表される。

[12]　水路などの平均流速を求めるために最もよく用いられている実験式で、水路の形状・勾配・粗度が既知の場合、水深から平均流速を求めることができる。

$$\frac{dS}{dt}=\alpha_g q_{in}-q' \tag{4.9}$$

$$S=Kq' \tag{4.10}$$

ここで、Sは貯留量、Kは貯留係数、q'は線形貯留関数からの流出量（ここでは遅い流出成分）である。

なお、線形貯留関数の貯留係数は、LL地点の秋季〜冬季の減水部より決定し、配分率α_gは冬季間の低水流量が一致するように試行錯誤的に決定する。このようにして計算された遅い流出成分q'と、余剰水の残りの流出成分$(1-\alpha_g)\,q_{in}$の和が早い流出成分として河道に入力される。

レナ川流域では、冬季間河川は結氷し、春先の解氷とともに大きな洪水を引き起こすため、河川の結氷と解氷時期の推定が必要である。河川の結氷及び解氷は熱的な要因・機械的な要因などが複雑に絡まっているが、これらをすべて考慮して流出モデルに組み込むことは困難である。本モデルでは、結氷と解氷は積算寒度と積算暖度に閾値を与え、これに基づいて推定する。具体的には、観測資料に基づき、結氷は積算寒度がある一定値を超えた場合に生じ、解氷は閾値を最大河氷厚によって定め、積算暖度がこの値を超えた場合に解氷が生じるものとしている。解氷の閾値は次式で計算している。

$$\sqrt{D_{m0}}=\gamma\times id_{max} \tag{4.11}$$

ここで、D_{m0}は解氷日の積算暖度（℃・day）、id_{max}は最大結氷厚（cm）、γは係数で、レナ川流域では観測資料の平均値0.037を採用する。

なお、結氷後の河氷の氷厚は、次式に示すステファンの式に基づいて求めている。

$$id=\kappa\sqrt{D_f} \tag{4.12}$$

ここで、idは河氷厚（cm）、D_fは結氷後の積算寒度（℃・day）、κは係数（cm/(℃・day)$^{1/2}$）である。

係数κは1986〜88年に観測された河氷厚と結氷後の積算寒度の関係から、

1.65 cm/(℃・day)$^{1/2}$ を採用している。

結氷期間中の河道内の流れは、水面にも壁面と同じ粗度を与え、非結氷部の水を流下させる。この際、河氷の厚さも同時に計算し、河氷の厚さが増加すれば、これに見合う水量をその地点に保留し、残りの水量を流下させる。逆に、河氷厚が減少すれば、これに見合う水量を上流からの流入量に加えて下流に流下させるようにしている。

(2) 洪水流出の特徴

降雨と流出水の発生

流域に入力された降水は陸面モデルを経て、土壌からの余剰水量が計算され、この余剰水が河川に流出する水量となる。図 4-15 は 1989 年の A2 流域における流域平均の降水量と陸面モデルによる余剰水量、A2 地点の河川流量を表している。この例では、4 月下旬から 6 月にかけて融雪と降雨による余剰水が 5〜6 月下旬まで融雪洪水を形成し、その後 7 月下旬から 9 月下旬までの降雨によって夏季の洪水が発生することが読み取れる。冬期間の降水量は積雪として流域内に蓄えられ、次の年の融雪期に流出する。降雨と余剰水量の応答に注目すると、5 月初旬の降雨に対しては余剰水量がこれに応答する形で発生しているが、6 月から 7 月中旬にみられる同程度の降雨に対しては余剰水量がほとんど発生していない。6 月から 7 月中旬の余剰水量が小さい理由は、この期間の降水量があまり大きくなかったため、ほぼすべてが蒸発散量となっているためである。無論、この時期に大きな降雨がある場合には融雪による洪水と重なり、大きな洪水を形成することになる。一方、5 月初旬の降水量に対して余剰水がよく応答するのは、この地域を特徴付ける活動層の状態にも関係している。図 4-16 は、陸面モデルで計算された 1989 年 5 月〜10 月の月別余剰水量に占める地表面下 30 cm までの土壌からの余剰水の割合の分布を示したものである (水量そのものではなく構成割合であることに注意されたい)。5 月の余剰水量は流域全体が地表面下 30 cm までの浅い土壌からの流出でほぼ 100％構成される。これは、地表面近くまで土壌が

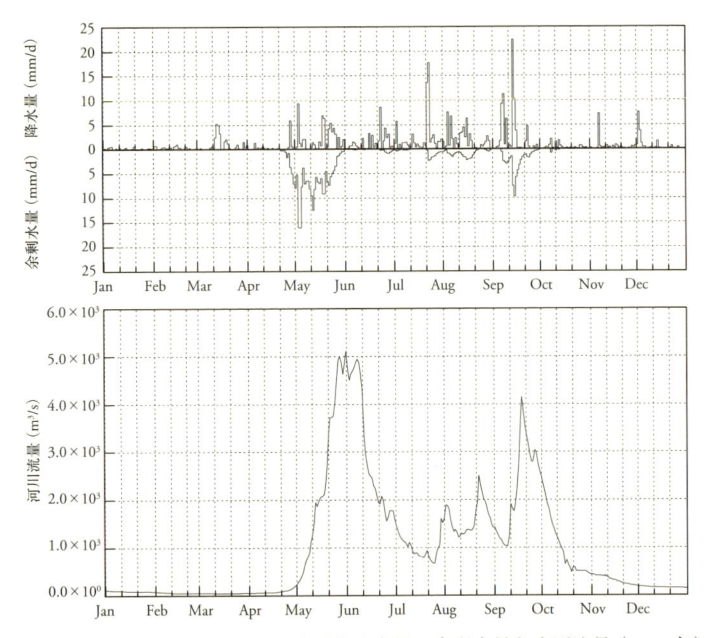

図 4–15　A2 支流域における流域平均降水量・余剰水量と実測流量（1989 年）

凍結しているため、土壌の貯水容量が小さく、少ない水量でも土壌が飽和しやすいためである。この時期、地表面に供給された降雨や融雪水はほとんどの量が短時間に余剰水として発生しやすい状態にある。その後、凍土の融解の進行とともに浅い土壌からの余剰水の割合は低下し、8 月には余剰水の発生する場所のほとんどで浅い土壌からの余剰水は発生しなくなる。気温が低下してくると、融解した土壌は凍結を始めるため、浅い土壌からの余剰水の割合が再度増加するようになり、降雨があった場合には余剰水が発生しやすい状態になる。

洪水の発生と河道の配置

レナ川流域の最大の洪水はいずれの支流域においても、春先の融雪による洪水である。図 4–17 は陸面モデルによって計算された 1986 年から 2003 年

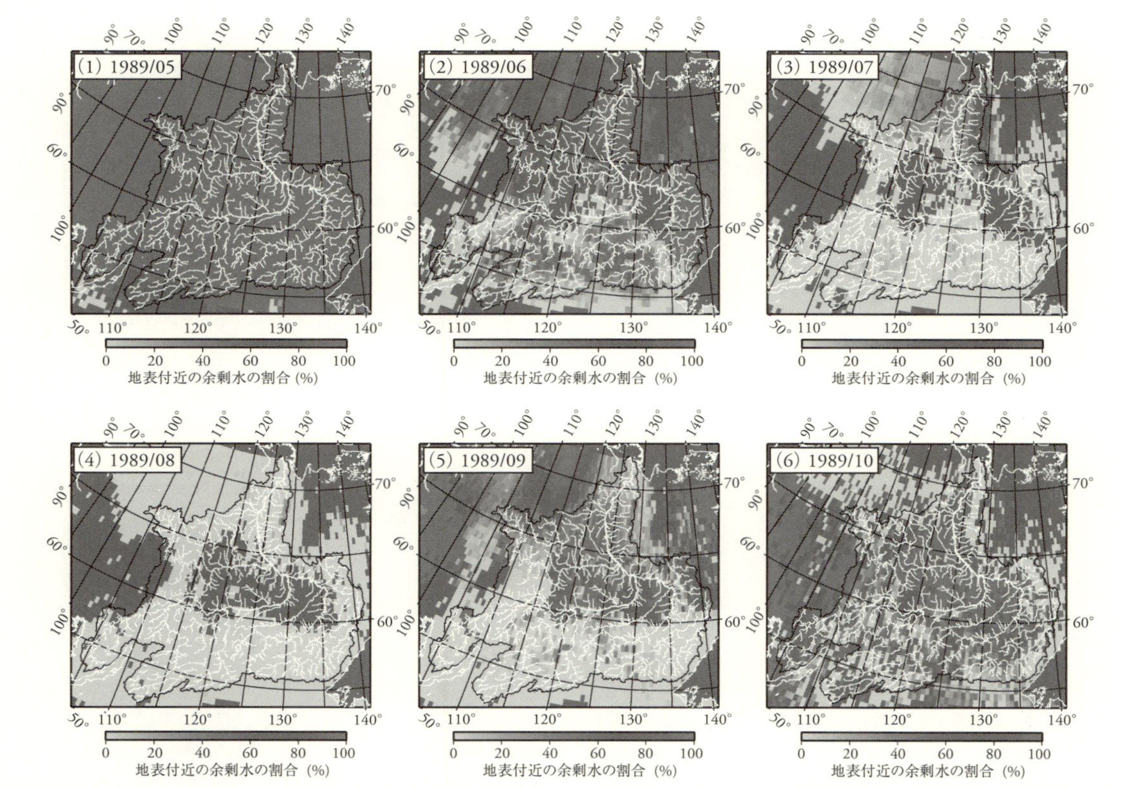

図4-16　陸面モデルで計算された余剰水に占める地表面下 30 cm までの土壌からの余剰水の割合（1989/5～1989/10）（巻末カラー参照）

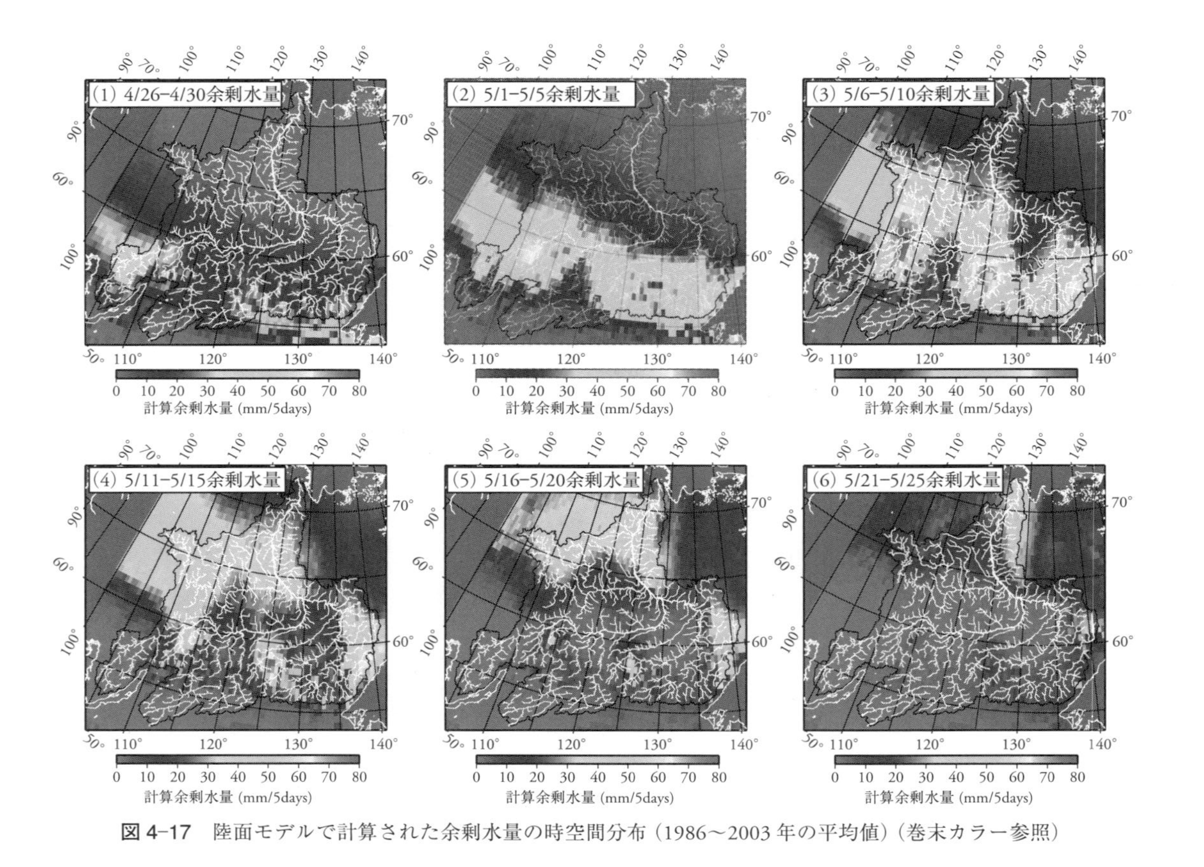

図 4-17　陸面モデルで計算された余剰水量の時空間分布（1986～2003 年の平均値）（巻末カラー参照）

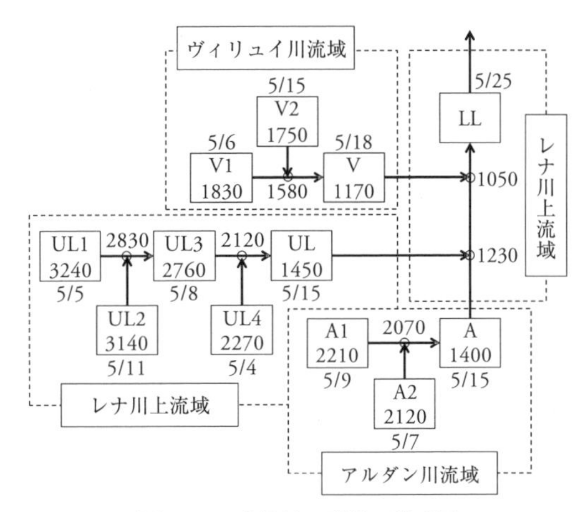

図 4–18　支流域の配置の模式図
（支流域記号・合流点に付した数字は最下流までの距離（km）を、日付は平均的な解氷日を表す）

の各グリッドの余剰水（5日間の積算値）の平均的な時空間分布を表したものである。ここで計算された余剰水の多くは融雪によるものである。融雪による余剰水は、レナ川の最上流域で4月下旬に、そしてレナ川最下流では5月下旬に最盛期を迎える。この約1ヶ月の間、余剰水の発生域は低緯度から高緯度地方に、河道配置で言えば上流から下流に向かって進行していくことがわかる。この余剰水は流域への水供給であり、これらが流域内を移動して河道に集まり、洪水を形成することになる。河道内の氷も融雪と同じように、レナ川上流から下流に向かって解氷が進行していく。図4–18はレナ川支流域の配置を模式的に表したものである。図中の地点記号と白丸で表した合流点に付した数字は当該観測点から最下流のLL地点までの距離（km）を、日付は当該観測点の平均的な解氷日を示している。（なお、ここでいう解氷日は4章2節で述べた解氷直前に生じるハイドログラフの増水部の傾きが急激に大きくなる日を指しており、正確には「解氷の予兆が現れた日」である。実際の解氷日はこれより数日後になると考えられる。）解氷は気温の上昇などの熱的な要因と河川水の増加・河氷の強度の低下など機械的な要因によって発生する。このため、河氷の解氷は、融雪水が河川に流出するまでの時間に解氷に要する時

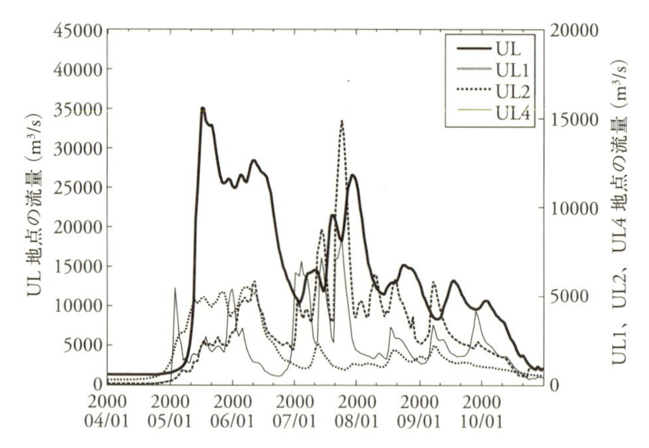

図 4–19　2000 年のレナ川上流域と上流部の各観測点における日平均流量

間遅れが加わり、融雪最盛期よりも 10〜20 日ほど遅れて進行していく。レナ川上流域の UL2 流域を除いて、上流側から下流側に向けて解氷が発生し、解氷後流下した洪水は下流側の河氷に阻まれながら下流へ下流へと進んでいくことになる。ここで注意すべきはアルダン川上流域 A 地点とレナ川上流域 UL 地点の解氷日がほぼ同時期に起きていることである。レナ川本流とアルダン川の合流点は、UL 地点から約 220 km、A 地点から約 170 km ほど下流の位置にあり、その差は 50 km ほどである。UL 地点〜合流点、A 地点〜合流点のそれぞれの区間の解氷の仕方が大きく変わらない限り、レナ川本流の下流域では、上流で解氷とともに発生した洪水が合流点にほぼ同時に到着し、合流点付近の洪水を更に激しいものにしている。解氷後の融雪洪水期はレナ川流域南部の山岳地帯に降雨がもたらされる時期でもある。この時期の融雪洪水の集中と、更に上流からの降雨による洪水の流入によって、レナ川下流域は大きな氾濫域を形成することになる。

このような河道配置の効果は、夏の降雨流出の場合にもみられる。図 4–19 は 2000 年のレナ川上流域の各観測点におけるハイドログラフを示している。上流山岳部を含む UL2、UL4 支流域で 7 月下旬にほぼ同じタイミングで観測された洪水が合成されて、UL 地点では 8 月直前に夏季の洪水のピー

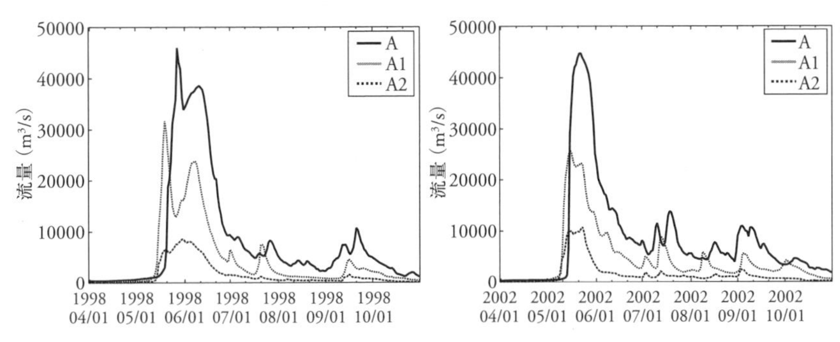

図 4–20　アルダン川流域の 1998 年、2002 年のハイドログラフ

クとして現れている。しかし、この洪水は UL 地点で極端には大きくなっていない。これは UL2〜UL 間の流下距離が UL4〜UL 間の流下距離よりも約 870 km 長いため、UL 地点に 2 つの流域からの洪水が時間差を持って到着するためである。レナ川本流の中流部の流量観測点を用いて夏季の洪水時の平均的な流速を求めると 1.5 m/s 程度である。仮にこの速度で流下するとすれば、UL2 支流域からの洪水がレナ川本流と UL4 支流域の合流点に到達するのは、UL4 支流域の洪水が到達してから約 1 週間後ということになる。レナ川上流域では、UL2 支流域、UL4 支流域では 7 月から 8 月にかけてこのような降雨が度々みられ、UL2 流点と UL4 地点ではほぼ同時期に洪水が観測されるが、河道配置の効果によって下流の UL 地点では大きな洪水になっていない。言い換えれば、UL2 支流域に降雨があった後、UL4 支流域に降雨が生じる場合には、UL 地点で洪水が同時に到着し、上流側での洪水規模以上に大きな洪水が発生する可能性があることを意味している。

融雪の発生のタイミングと降水量

図 4–20 はアルダン川流域の各地点の 1998 年、2002 年のハイドログラフを示している。アルダン川流域の A 地点における 1998 年、2002 年の融雪期の洪水はいずれも近年では最も大きな洪水のひとつである。アルダン川流域では 11〜4 月の冬期間の降水量の長期的な平均は 85 mm 程度である。こ

れに対し、1998年の融雪に対応する冬期間の降水量は94 mm、2002年は113 mmで、この2つの期間の融雪洪水を大きくしている原因のひとつは、冬期間の降水量の多さにある。

1998年、2002年の融雪洪水を詳しく見るため、図4–21にアルダン川上流域のA1、A2支流域における10日間ごとの流域平均降水量、平均気温および陸面モデルで計算された余剰水量を平年値との比較とともに示す。陸面モデルで計算された余剰水量は融雪水と降水に起因している。平年値で見るとA1支流域では、日平均気温が0度近くまでになる4月下旬から余剰水が発生し、5月上旬にピークを迎え、5月下旬までに余剰水の流出はほぼ終わる。A2支流域はA1支流域とほぼ似た形で余剰水が発生しているが、A1支流域に比べ5月中旬以降の余剰水が多くなっている。なお、いずれの支流域でも5月下旬以降は10日間で20 mm程度の降水量がみられるものの、余剰水として流域に供給される量は少ない。

これに対して1998年の融雪期は、A1支流域では平年と同じように4月下旬から融雪が開始して余剰水が発生しているが、A2支流域では、平年より気温が低く、余剰水が例年に比べ10日間ほど遅れて発生し、5月中旬が余剰水のピークとなっている。さらに1998年の融雪洪水では、A1、A2支流域とも解氷後間もない5月下旬の同時期に大きな降雨が発生しており、これによってA1支流域では融雪による洪水ピークに続き6月上旬に降雨による洪水ピークが、A2支流域では融雪による洪水と一体となったハイドログラフが形成される。仮に、A1支流域の融雪が遅れていれば、A2支流域同様の洪水になるため、下流側では更に大きな洪水が発生した可能性もある。

一方、2002年の融雪洪水は、冬期間の降水量そのものが大きいため、流出量全体が大きくなり、その結果としてA地点における河川流量が大きくなっている。この洪水では、A1支流域の気温が高く、例年よりやや早く洪水が開始している。しかし、5月下旬以降の降水がA1、A2両支流域とも例年よりかなり小さく、その結果として余剰水もほとんど発生していない。このため、冬期間の降水量が多かったにもかかわらず、洪水流量が更に大きくなることはなかった。

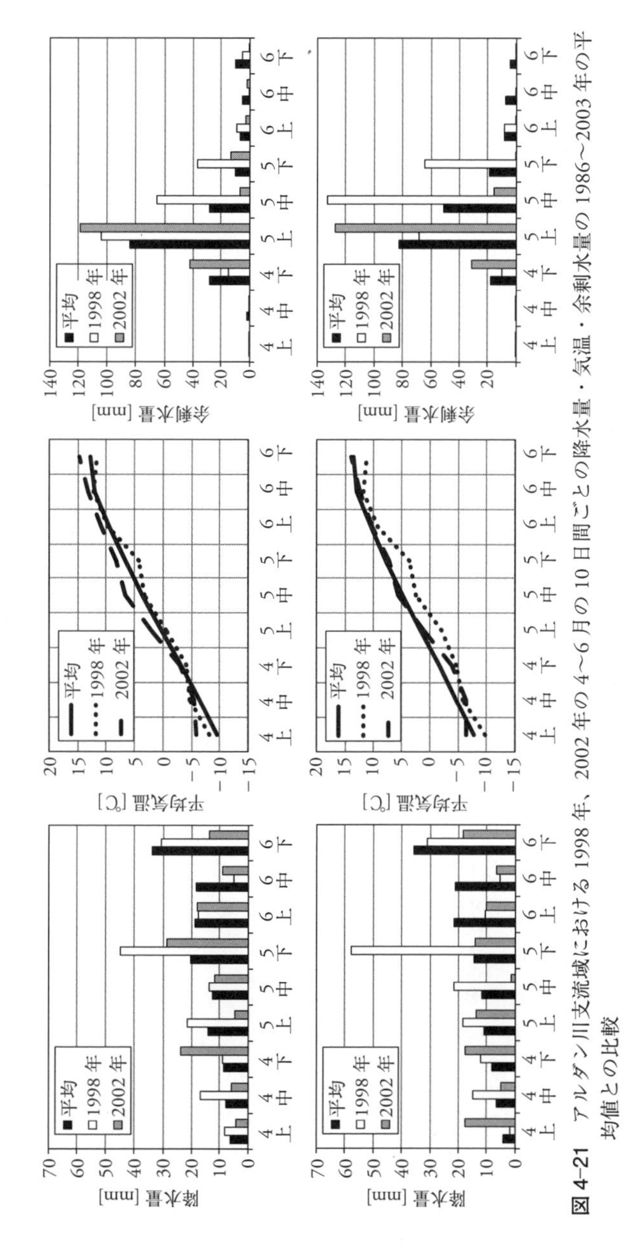

図 4-21　アルダン川支流域における 1998 年、2002 年の 4～6 月の 10 日間ごとの降水量・気温・余剰水量の 1986～2003 年の平均値との比較

（上段：A1 流域、下段：A2 流域）

融雪期の洪水流量を大きくするのは、2002 年の洪水にみられるように、冬季降水量が大きい場合と、1998 年のように、融雪期の洪水に降雨が重なる場合である。レナ川上流域南部やアルダン川流域では 6 月上旬から降水量が多くなる。これらの流域では、融雪開始が早い場合には、融雪と降雨による洪水が別々に発生し、2 つのピークを持つようなハイドログラフが得られ、逆に融雪開始が遅れた場合には融雪と降雨が一体となって 1 つのピークを持つハイドログラフになることが多い。この点で言えば、1998 年、2002 年のハイドログラフは全体の中では特殊な例でもあった。

河氷の影響

レナ川のような北極圏の河川では、河氷が流出に与える影響が大きい。河氷は上流側からの洪水を一旦保留させた後、解氷とともに一気に流出するため、洪水の発生を遅らせるとともに、洪水ピークそのものを大きくする働きがある。河氷がどの程度洪水を遅らせ、ピークを大きくするかを確かめるため、流出モデルによるシミュレーションを行った。図 4–22 は流出モデルを用いて計算したレナ川最下流における 1986 年〜2003 年の平均のハイドログラフを示している。図中の実線は河氷が発生するものとして計算した場合、点線は河氷が発生しないものとして計算した場合を示している。融雪期の洪水のピークについて計算結果を比較すると表 4–3 の様になる。河氷を考慮した場合では実測流量より流量を大きめに評価する傾向がみられるが、ピーク流量生起日はほぼ一致している。これに対し、河氷を無視した場合には、ピーク流量は実測流量に対して 2 週間程度早く現れ、ピーク流量も 10%程度小さくなることがわかる。なお、ここで使用している流出モデルは、複雑な河氷に関わる物理現象を大胆に単純化したもので、ここで示した数値は今後さらなる検討が必要である。計算結果が示した 10%のピーク流量の低下というのは案外小さく感じるかもしれない。しかし、洪水氾濫という観点からすると、河氷の影響は極めて大きい。図 4–4 に示した水位流量曲線のように、同じ流量でも河氷がない状態のほうが水位はかなり低くなる。このため、河氷が存在しなくなれば、春先の洪水被害は小さくなるであろう。春

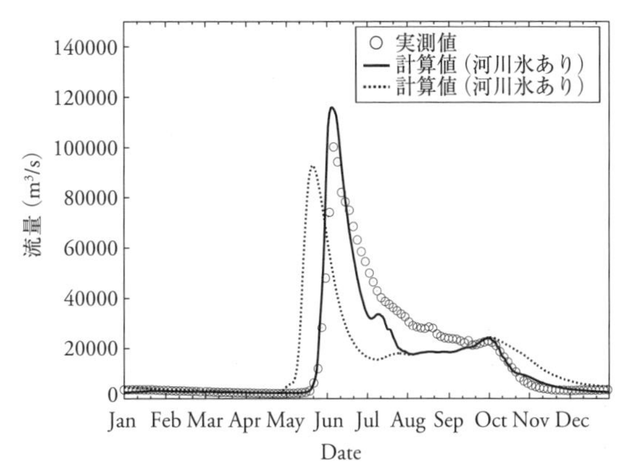

図 4-22　流出モデルで計算したレナ川最下流におけるハイドログラフ（1986〜2003 年の平均値）

表 4-3　河川氷を考慮した場合としない場合の融雪期のピーク流量の比較

	ピーク流量 生起日	ピーク流量 （$\times 10^3 m^3/s$）
実測値	6 月 7 日	102
計算値（河川氷あり）	6 月 5 日	113
計算値（河川氷なし）	5 月21日	93

先、レナ川周辺の人々に脅威を与える洪水は解氷時に破壊された河氷が河道を閉塞することによって発生することが多い。全体の水位が低下すれば、レナ川中下流域の氾濫域も縮小することが容易に想像できる。河氷の洪水に与える最も大きな影響のひとつは、水位を大きく押し上げる点にある。これによる具体的な災害については次章以降に譲る。

参考文献

Beltaos, S. (1984) A conceptual model of river ice break up. *Canadian Journal of Civil Engineering*, 11(3): 516–529.

Beltaos, S. (1995) *River Ice Jams*. Water Resources Publications, Colorado, USA.

Berezovskaya, S., Yang, D. and Kane, D. L. (2004) Compatibility analysis of precipitation and runoff trends over the large Siberian watersheds. *Geophysical Research Letters*, 31: L21502.

Berezovskaya, S., Yang, D. and Hinzman, L. (2005) Long-term annual water balance analysis of the Lena River. *Global and Planetary Change*, 48: 84–95.

藤原潤子（2012）途絶環境化するシベリアの村—ソ連崩壊と温暖化．『極寒のシベリアに生きる：トナカイと氷と先住民』（高倉浩樹編）pp. 194–196．新泉社，東京．

八田茂実・早川博・朴昊澤・山崎剛・山本一清・太田岳史（2009）分布型水文モデルによるレナ川流域の長期流出解析．水文・水資源学会誌，22: 177–187.

平山健一（1985）河川の結氷過程とそのモデル化．土木学会水理講演会論文集，29: 179–184.

Iijima, Y., Fedorov, A. N., Park, H., Suzuki, K., Yabuki, H., Maximov, T. C. and Ohata, T. (2010) Abrupt increases in soil temperatures following increased precipitation in a permafrost region, central Lena River basin, Russia. *Permafrost and Periglacial Processes*, 21(1): 30–41.

Liu, B., Yang, D., Ye, B. and Berezovskaya, S. (2005) Long-term open-water season stream temperature variations and changes over Lena River Basin in Siberia. *Global and Planetary Change*, 48: 96–111.

Ma, X, Fukushima, Y., Hiyama, T., Hashimoto, T. and Ohata, T. (2000) A macro-scale hydrological analysis of the Lena River basin. *Hydrological Processes*, 14: 639–651.

Ma, X., and Fukushima, Y. (2002) A numerical model of the river freezing process and its application to the Lena River. *Hydrological Processes*, 16: 2131–2140.

Matsumoto, K., Ohta, T., Nakai, T., Kuwada, T., Daikoku, K., Iida, S., Yabuki, H., Kononov, A. V., van der Molen, M. K., Kodama, Y., Maximov, T. C., Dolman, A. J. and Hattori, S. (2008) Responses of surface conductance to forest environments in the Far East. *Agricultural and Forest Meteorology*, 148: 1926–1940. doi: 10.1016/j.agrformet.2008.09.009.

Ohta, T., Maximov, T. C., A. Dolman, A. J., Nakai, T., van der Molen, M. K., Kononov, A. V., Maximov, A. P., Hiyama, T., Iijima, Y., Moors, E. J., Tanaka, H., Toba, T. and Yabuki, H. (2008) Interannual variation of water balance and summer evapotranspiration in an eastern Siberian larch forest over a 7-year period (1998–2006). *Agricultural and Forest Meteorology*, 148(12): 1941–1953.

Park, H., Yamazaki, T., Yamamoto, K. and Ohta, T. (2008) Tempo-spatial characteristics of energy budget and evapotranspiration in Eastern Siberia. *Agricultural and Forest Meteorology*, 148(12): 1990–2005.

Peterson, B. J., Holmes, R. M., McClelland, J. W., Vorosmarty, C. J., Lammers, R. B., Shiklomanov, A. I., Shiklomanov, I. A. and Rahmstorf, S. (2002) *Increasing River Discharge to the Arctic Ocean. Science*, 298(5601): 2171–2173.

Prowse, T. D. and Carter, T. (2002) Significance ice-induced storage to spring runoff: a case study of the Mackenzie River. *Hydrological Processes*, 16: 779–788.

Revenga, C., Murray, S., Abramovitz, J. and Hammond, A. (1998) *Watersheds of the World: Ecological Value and Vulnerability*. Worldwatch Institute, Washington, D.C., USA.

Sakai, T., Hatta, S., Okumura, M., Takeuchi, W., Hiyama, T. and Inoue, G. (2010) A time-series analysis of flood disaster around Lena river using Landsat TM/ETM + . European Geosciences Union General Assembly 2010, 2010,05,02–2010,05,07, Vienna, Austria.

Su, F., Adam, J., Bowling, L. and Lettenmaier D. (2005) Streamflow simulations of the terrestrial Arctic domain. *Journal of Geophysical Research*, 110: D08112, doi: 10.1029/2004JD005518.

Suzuki, R., Razuvaev, V. N., Bulygina, O. N. and Ohata T. (2007) Baseline Meteorological Data in Siberia Version 4.1. Institute of Observational Research for Global Change, Japan Agency for Marine-Earth Science and Technology, Yokosuka, Japan.

高倉浩樹（2013）アイスジャム洪水は災害なのか？ ―― レナ川中流域の左派人社会における河川氷に関する在来知と適応の特質．東北アジア研究，17: 109–13.

Yamazaki, T., Yabuki, H,. Ishii, Y., Ohta, T. and Ohata T. (2004) Water and energy exchanges at forests and a grassland in eastern Siberia evaluated using one-dimensional land surface model. *Journal of Hydrometeorology*, 5: 204–515.

Yamazaki, T., Kato, K., Ito, T., Nakai, T., Matsumoto, K., Miki, N., Park, H. and Ohta, T. (2013) A Common Stomatal Parameter Set to Simulate the Energy and Water Balance over Boreal and Temperate Forests. *Journal of Meteorological Society of Japan*, 91: 273–285.

Yang, D., Kane, D. L., Hinzman L. D., Zhang, X., Zhang, T. and Ye, H. (2002) Siberian Lena River hydrologic regime and recent change. *Journal of Geophysical Research*, 107(D23): 4694. doi: 10.1029/2002JD002542.

Ye, B., Yang, D. and Kane, D. L. (2003) Changes in Lena River streamflow hydrology: Human impacts versus natural variations. *Water Resources Research*, 39(7): 1200–1224.

吉川泰弘・渡邊康玄・早川博・平井康幸（2010a）寒地河川における河氷変動が河川水位へ与える影響．土木学会北海道支部論文報告集，66: B–3.

吉川泰弘・渡邊康玄・早川博・平井康幸（2010b）河川結氷時の観測流量影響要因と新たな流量推定手法．土木学会水工学論文集，54: 1075–1080.

Zhang, X., He, J., Zhang, J., Polyakov, I., Gerdes, R., Inoue, J. and Wu, P. (2012) Enhanced poleward moisture transport and amplified northern high-latitude wetting trend. *Nature Climate Change*, doi: 10.1038/NCLIMATE1631.

第5章　氾濫原の農牧地利用と気候変動

酒井　徹

氾濫原で牧草の刈り取りを行っているところ
（サハ共和国ハンガラス郡。2009年8月、藤原潤子撮影）

5-1　温暖化研究における衛星リモートセンシング利用の意義

近年、人的被害を伴う自然災害が世界各地で猛威をふるっている。例外なくシベリアでも、熱波や大雨などの極端な気象現象が人々の生活に影響をおよぼすようになった。こうした異常気象が一時的なものなのか、長期的に続くのか、その影響の範囲や程度についてはまだ不確実なところがあるが、温暖化の寄与が指摘されている。気候変動に関する最先端の研究成果を集約した「**気候変動に関する政府間パネル**（Intergovernmental Panel on Climate Change, **IPCC**）」の第5次報告書（2013）によると、「人間活動に起因する温暖化がすでに発生しているのは疑う余地がなく、今後も極めて高い確信度（90～100%）で温暖化が進む」とある。今や、温暖化の科学的根拠は否定し難い。温暖化を軽減させるために最大限の緩和策をとったとしても、もはや免れ得ない状況にある。そのため、今まで以上の頻度で干ばつ、集中豪雨などの異常気象が出現すると危惧されている。

温暖化によって異常気象が日常化すると、自然生態系や社会・経済を含む人類の生活基盤全体に渡って多大な影響が及ぶ。中でも、日射量や気温、降水量などの気象条件に左右される農業の分野では、他の産業と比べて深刻である（Brown and Funk 2008）。一般的に、中低緯度地域では降水量が、高緯度地域では気温が、植物の生長を制限する。そのため、高緯度にあるシベリアでは、ある程度までの気温の上昇は植物の生長にとって有利に働く。しかし、3℃以上気温が上昇すると、どの緯度においても植物の生長は低下すると言われおり、自生生息した種が絶滅に追いやられる可能性も指摘されている（高橋 2005）。IPCC（2013）による最も激しい温暖化シナリオ（RCP8.5）では、2100年までに2.6～4.8℃の気温の上昇が見込まれている。そのため、不規則で予知できない異常気象などの短期的な影響だけではなく、気温の上昇に伴う長期的な影響にも適応策を講じていかなければならない。農業に携わる人々にとって「気候変動への適応」という概念を受け入れることは容易かもしれない。しかし、これまでの伝統的な方法では、未だかつて経験したことがない気候変動に適応できるとは限らない。気候変動に対して脆弱な地域で大規模な気象災害が発生すれば、回復するのにさらに時間を要する。地域によっては作物の栽培が困難になることもあり得る。少なくとも、農業生産の不確実さは増す。将来の気候変動が食料安全保障に悪影響をおよぼすことは、多くの研究成果が示している (Schmidhuber and Tubiello 2007)。

農業の生産性を確保するために、過去から現在までの気象環境を把握し、将来起こり得る気候変動に備えることは重要である。気候変動の影響は免れ得ないとしても、事前に実施可能な適応策をとることで被害を軽減することができる (Ebi et al. 2004)。先を見越した積極的な適応への取組みが必要である。しかし、気候変動の影響は大気水循環過程を経て直接的あるいは間接的に現れる。そのため、気候変動の結果として起きる現象の種類、原因、規模は一様ではなく、それぞれの地域の地理的条件によって大きく異なる。徐々に現れることもあれば、ある閾値に達した時に突然現れることもある。適応策を考える上で、気候変動の結果として生じる現象のメカニズムを正しく理解し、気候変動の実態を多面的に評価する必要がある。また、同じ現象が発生したとしても、どの水準まで耐えられるかは社会のシステムによって異なる。例え効果的な適応策があったとしても、経済的な理由から実施することが困難な地域もある。気候変動の影響は、気候そのものの変化に加えて、その地域の適応力によって差が生じる。そのため、適応力の小さい貧しい国や地域で気候変動の影響は早期かつ顕著に現れる。

北半球の高緯度に位置するシベリアは気候変動に対して脆弱な地域として知られており、気候変動に伴う洪水や干ばつなどの気象災害によって食糧問題のリスクが顕在化しつつある。その重要性と緊急性は認識されているものの、気候変動に関する知見は他の地域と比べて圧倒的に不足している。その主な理由として、調査環境の厳しさとアクセスの難しさが挙げられる。これまでの知見は、利用可能なデータの制約から限られた地域での報告によるものがほとんどである。本章では、東シベリアのレナ川流域を対象として、気象データと衛星リモートセンシングによって得られたデータをもとに、幅広い時空間スケールで起きている気候変動の実態を明らかにし、その結果生じる極端現象（大雨・洪水など）が農牧地の利用に与える影響についての事例をいくつか紹介する。

5–2　レナ川流域の農牧地の利用

シベリア東部のイルクーツク州とサハ共和国を流れるレナ川は、標高1640 mのバイカル湖付近を源とし、北極海に向かって南北に流れる（図5–1）。全長が4400 kmあり、日本列島よりも長い。また、たくさんの支流が合流するため、流域面積は242万km^2となり、日本の国土の6.4倍もある。この広大な土地に50万人程度の人が生活している。北部は高木の生えないツンドラ地帯で、コケ類、地衣類、草本類、灌木などが生育する。400 kmほど南下すると針葉樹林帯（タイガ）になり、カラマツ、マツ、トウヒ、モミなど針葉樹林のほか、カンバなどの落葉広葉樹林が広がる。これらの地帯はポドゾルと呼ばれる酸性土壌で、農業には不向きとされている。南寄りのごく一部でわずかに強いアルカリ性土壌や褐色土壌が広がる。

レナ川流域は典型的な大陸性気候で、年間の気温差が大きく、降水量が少ない点に特徴がある。図5–2にレナ川中流域の都市ヤクーツク（Yakutsk）の気象データを示す。冬の最低気温は－40℃を下回り、とても寒い。しかし、夏の最高気温は30℃近くまで上昇する。さらに、高緯度のために夏の日照時間は長い。冬に積もった雪が4月から5月にかけて融け、6月には辺り一面緑色に変化する。「極寒のシベリア」というイメージからかけ離れた景色が広がるのに驚かされる。この時期、多くの住民は住居に付属する土地やダーチャ（菜園付きの別荘）でジャガイモなどの野菜の栽培を始める。しかし、夏の期間は短い。10月になると日平均気温は氷点下まで低下し、いつ雪が降ってもおかしくない。そのため、作物の栽培に適した期間は6月から9月までのわずか4ヶ月である。この短い夏の間に春野菜も冬野菜も基本的にすべて収穫する。収穫した野菜は永久凍土を利用した天然の冷凍庫（地下倉庫）に保存したり、塩漬けやマリネ（ピクルス）などの保存食にする。余剰分は、

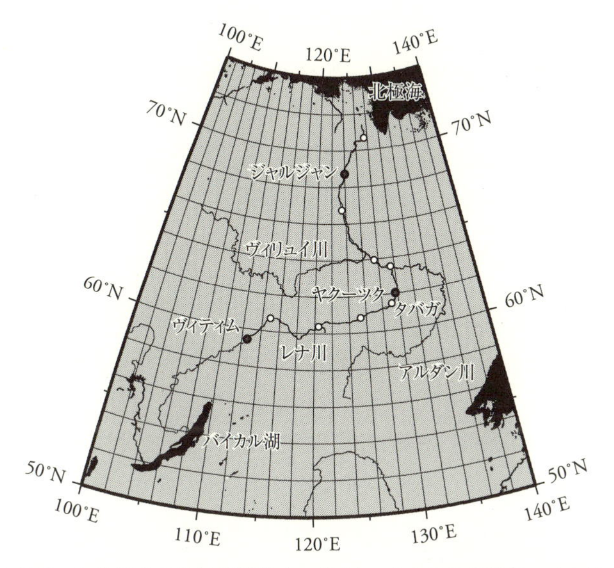

図 5-1　レナ川沿いに位置する気象観測所（11 地点）。主な気象観測所には名前を付した。

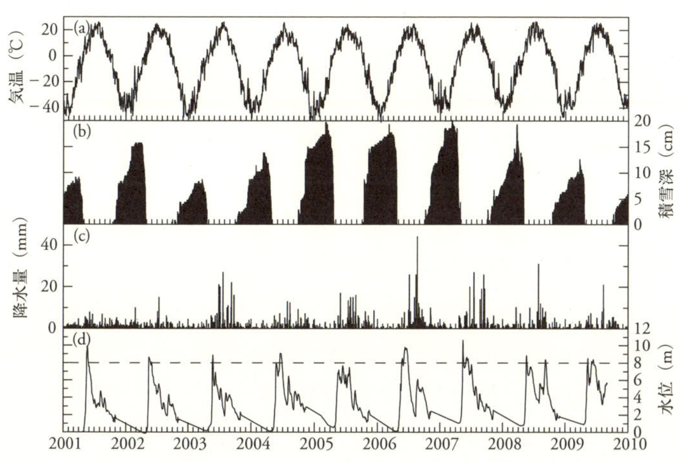

図 5-2　ヤクーツクの気象観測所における（a）気温、（b）積雪深、（c）降水量の変化と、タバガ（レナ川の河川水位観測所）における（d）レナ川の水位の変化。

パンや砂糖などと物々交換し、長い冬を乗り切る。レナ川流域は農業環境に適しているとは言えないが、週末を利用した畑仕事によって自給率は意外にも高い。

この地域の主要な生業は、農業ではなく、牧畜、狩猟、漁労、採集である（第6章、第12章参照）。これらの主要な生業と農業を合わせて生計を立てている人の割合が多い。レナ川流域全体でみると、牛馬飼育が収益の大部分を占める（斎藤 1995）。最も重要なのは牛飼育で、肉生産額の60％程度を占める。かつては馬の保有がこの地域ではステイタス・シンボルであったが、馬肉の原価は牛肉の63％、豚肉の40％程度とされ、経済的有用性から次第に牛の飼育数が増加した。しかし、ヤクート馬と呼ばれる現地産の馬は、粗食に耐え、雪下からひづめで草を掘り出して食べることができるため、収益性は高い。また伝統的な生業として、冬営地と夏営地の間をトナカイとともに移動する半遊牧が行われているが、供給量では及ばない。原価の上では、トナカイ肉は馬肉より若干安いとされている。

家畜の飼料は天然牧草地によって賄われており、飼料の80〜85％が干草である。1頭の雌牛が越冬するのに2トンの干草が必要とされる。牧草の収穫量で越冬できる家畜の頭数が決まるため、人の食料の確保と同様に重要視される。シベリアの年降水量は200〜300 mm程度と極端に少ないため、水の入手が容易である氾濫原やアラースと呼ばれるサーモカルスト過程で生じた草地（第1章参照）を採草地として牧畜が営まれている。一方、ヤクーツクを中心とするレナ川中流域の氾濫原一帯は、豊かな草類と灌木類の茂る地域であって、サハ人の本拠地ともいえるところである。レナ川、ヴィリュイ川、アルダン川などの河谷の森林面積は60〜80％を占めるが、農牧地として開発されたところではこの数値が大幅に減少し、ヤクーツク周辺の森林面積はわずか5％で、草地が45％を占める（斎藤 1995）。多くの村が川沿いに形成され、氾濫原という生態環境を巧みに利用しながら、農業、牧畜、漁労などさまざまな生計活動が複合的に営まれている。

5–3　レナ川流域の気候変動：温暖化と湿潤化

前述のように、人間活動によって放出された二酸化炭素などの温室効果ガスが気候変動を引き起こす原因になっていることは、一般にも広く知られるようになった。しかし、気候変動の影響は、さまざまな要因が複雑に絡み合うため、地域や国によって現れ方に差がある。気候変動によって、自然環境にどのような変化が生じ、それが人々の生活にどのような影響を与えるのか、地域レベルでは十分に知られていない。本章では、レナ川流域における気候変動の実態を明らかにするとともに、気候変動が氾濫原を中心とした生業に与える影響を把握することを試みた。

気候変動の実態を明らかにするには長期にわたる継続的なモニタリングが必要とされる。しかし、研究者が各自でデータを揃えるのには限界がある。近年、地球環境に関するデータセットが、国境を越えた協力体制によって整備されつつある。特に、気象データや人工衛星データは人類全体の共有財産として位置付けられるようになり、いくつかの国や機関が国際協力として無償でデータの収集・配布を行っている。

アメリカ海洋大気庁（NOAA）が配布する全球気象データのうち、レナ川上流（ヴィティム、Vitim）、中流（ヤクーツク）、下流域（ジャルジャン、Dzardzan）（図5–1参照）で計測した過去50年間の年平均気温の変化を図5–3に示す。1950年当時のレナ川上中下流域の年平均気温はそれぞれ−6、−10、−13℃であった。いずれの地点においても年平均気温はマイナスの値を示している。しかし、場所によって温度差があり、低緯度に位置する上流域で年平均気温は高い値を示している。年平均気温は年によって上下の波を繰り返しながら、全体として右肩上がりの傾向を示すことも図5–3から理解できる。この長期的な上昇傾向をもって温暖化が進んでいると言われる。年平均気温の長期変化を一次直線で近似したときの傾きを**温暖化速度**と定義すると、レナ川上中下流域の温暖化速度はそれぞれ0.0579、0.0545、0.0233℃/年である。レナ川本流の全11ヶ所の気象観測所において計測された温暖化

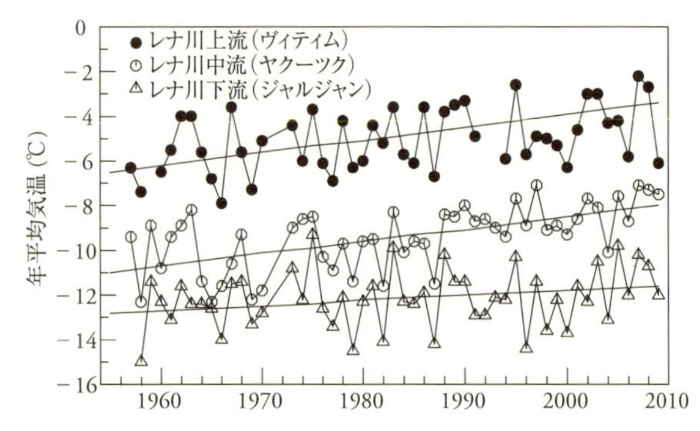

図 5-3　レナ川上流（ヴィティム）、中流（ヤクーツク）、下流（ジャルジャン）における年平均気温の変化。地点については、図 5-1 を参照のこと。

速度の値を図 5-4 に示す。いずれの地点においても温暖化速度はプラスの値となり、レナ川流域全体で温暖化が進行していることがわかる。しかし、レナ川流域内部において温暖化速度は一様でなく、緯度の低い上流域で温暖化速度の値が大きくなる傾向があった。その結果、レナ川上流と下流で気温の差は益々大きくなっている（図 5-3）。また、全 11ヶ所の温暖化速度の平均値は 0.0319℃/年となり、この値に基づけば 50 年間で年平均気温が 1.60℃上昇したことになる。地球全体の年平均気温はこれまでの 100 年間で 0.74℃上昇したと言われているが（地球全体の温暖化速度：0.0074℃/年）、レナ川流域ではそれよりも短い間に、気温の上昇がより大きい。ただし図 5-3 と図 5-4 の作成に当たっては、気象観測所で計測した生データを利用した。そのため、ヒートアイランドなどの都市化の影響も含んでおり、実際の気温上昇よりも過大評価した可能性がある。しかし、レナ川流域最大の都市であるヤクーツクの人口は 28 万人、その他の村の人口は数千～数万人程度であり、都市化の影響は大きくないと判断した。

気温の上昇に伴って、その他の気象環境も変化した。その変化の程度は地形などの要因によってさまざまだが、全体的な傾向として夏の降水量と冬の降雪量が増加傾向にあった。特に、2005～2007 年に顕著な増加を示した（図 5-2b、5-2c）。このように、降雨・積雪・融雪を中心とした水循環の変動パ

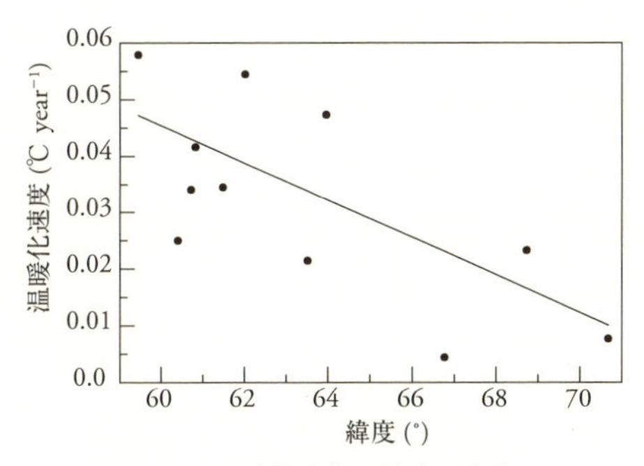

図 5-4　温暖化速度の緯度別変化

ターンが気温の上昇とともに変化した。その主たる原因として、北極海上で多量の海氷が融け、大気中に含まれる水蒸気量が増加したことが挙げられる (Bintanja and Selten 2014)。低緯度の比較的乾燥した地域では気候変動によってさらに乾燥化が進むと言われている一方、高緯度地域での降水量は 21 世紀末までに 50％以上増加し、河川流量と利用可能水量が 10〜40％増加すると予想されている (IPCC 2013)。

5-4　レナ川流域の気象災害：春洪水と夏洪水

それでは、気候変動はレナ川流域に暮らす人々の生活にどのような影響を及ぼしたのだろうか？　寒冷で乾燥した気候に属するシベリアで温暖化・湿潤化すれば、植物の生育環境は良化するように思える。実際、気候変動によってプラスの影響を受ける地域はある。しかし、逆に、気候変動が進行すると災害外力も大きくなるので、マイナスの影響を受ける地域も出ている。レナ川沿岸では、降水量と降雪量の増加によって、洪水のリスクが高まっている。1998 年以降、気候変動に起因すると思われる記録的な大洪水が続発するようになり、経済活動に支障をきたすほどの被害が報告されるようになった (Takakura 2012)。氾濫原がもたらす資源やそこから得られる収益に依存した生活を送っている大多数の人にとっては深刻な問題である。

そもそも、レナ川では毎年春になると必ず洪水が発生する。それはレナ川の上流と下流の気温の差が原因となる（図5–3）。冬の間、レナ川流域の気温は氷点下であるため、川の水は凍る（図5–5）。春になって暖かくなると川の氷は融けるが、先に気温が高くなる上流から順に融け始める。上流の河氷が融けても下流では凍ったままであるので、上流から流れてくる河川水を堰き止めることになり（図5–6）、洪水が発生する（図5–7）。こうして起きる洪水を**アイスジャム洪水**と呼ぶ（第1章参照）。レナ川はもともと洪水の発生しやすい地理的条件下にある。言うまでもなく、氾濫原近くに住む人々は、昔からアイスジャム洪水の影響を強く受けてきた。しかし、洪水が発生したからといって災害という認識を持つ人は少なかった。洪水は上流から栄養塩をもたらし、枯渇した栄養分を補給して川沿いや中州の土壌を肥沃にする。洪水の自由な氾濫に任せ、必要にして十分な範囲で洪水とうまく適応した生活を送ってきたものの、ここ最近、洪水が広域化（冠水面積が拡大する）、常在化（いつでも起こる）、長期化（なかなか復旧できない）するようになって、洪水は災害であると認識が変わりつつある（第6章、第12章参照）。

図2dにヤクーツク南部の村タバガ（Tabaga）で計測したレナ川の水位の変化を示す。レナ川が凍っている冬の間、水位は2 m以下の低い値を示した。この地では毎年5月中旬頃に河氷の融解が始まる。この時、上流から多量の融解水が流れ込んでくるので、水位は急上昇する。そして、危険水位に達したところで洪水が起きる。地形の形状によって危険水位は異なるが、ヤクーツク周辺では水位が8 mを超えると氾濫原が冠水し始める。そして、そこから水位が高くなるに伴って洪水の規模や範囲は拡大する。レナ川沿岸には堤防がほとんど建設されていないため、規模の大きな洪水が発生すれば、経済損失も大きくなる。その補填のために公的な援助が必要になるが、2007年に水位が10 mを超えたときは（図5–2d）、洪水対策費としてサハ共和国の歳出予算の1.6%に当たる10億ルーブルの支出があった（Takakura 2012）。公的援助の必要性が増しているということは、洪水に対して十分に適応できていないことを示す証拠となる。

図 5–5　冬季において凍結したレナ川

図 5–6　アイスジャムによって堰き止められたレナ川

図 5–7　レナ川沿岸の村の洪水被害の様子

タバガでの水位が 8 m を超えた期間を図 5–8 に示す。冠水期間は 3 つに分けられる。第一期間は、5 月中旬から下旬にかけて起きるもので、アイスジャム洪水（春洪水の一種）に当たる。図 5–8 から、アイスジャム洪水はほぼ毎年発生していることがわかる。これはレナ川の地理的特性による。第二期間は、6 月に入ってから起きるもので融雪洪水（春洪水の一種；第 1 章参照）に当たる。融雪洪水は、上流域での降雪量が多い年に発生している。第三期間は、7 月以降、夏の大雨によって発生する洪水（夏洪水、あるいは降雨洪水；第 1 章参照）である。夏の降水量は増加傾向にあるものの、単発的な雨によって洪水が発生することは珍しく、近年では 2008 年にのみ発生している[1]。このように、水位データを解析することで、湿潤化による降雪量・降水量の増加によって、洪水の規模が拡大し、冠水期間が長くなっていることがわかる。これまでレナ川流域では、春先（5 月）に起きるアイスジャム洪水が主であったが、融雪洪水や夏の降雨洪水が増加傾向にあり、これまでと違った対応が求められるようになっている。

［1］　最近では、2012 年にも発生している（第 6 章参照）。

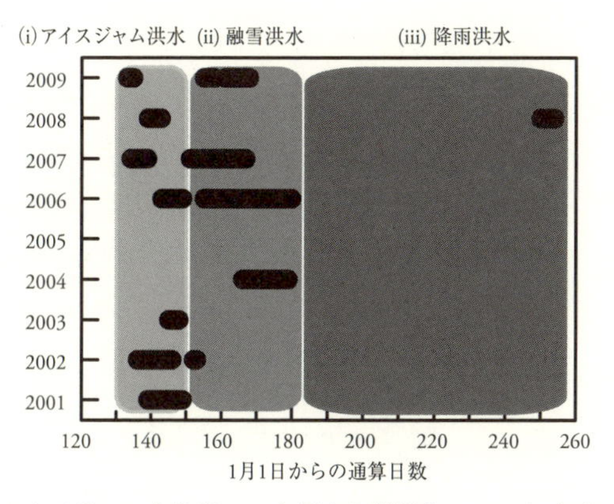

図 5-8　タバガでの水位が８ｍを超えた期間と３つのタイプの洪水

5-5　リモートセンシングによる監視

洪水による被害は時間とともに変化し、各地で広がっている。しかし、その影響評価は難しい。洪水の発生頻度の変遷でさえ、レナ川流域全体では把握できていない。しかし、最近では人工衛星を使って観測した画像を解析することで、現地に行かなくても氾濫原の空間的な広がりを把握できるようになった。人工衛星は地表面の情報を長期に渡って繰り返し観測しており、人為的なバイアスのかからない均質なデータセットとして、気候変動の監視およびその影響把握に優れていると言われる。**リモートセンシング**技術は災害を根本的に解決する手法にはなり得ないが、洪水の発生情報を早期伝達し、警報に役立てられる。また、堤防などのインフラ整備と比較すると、短時間かつ低コストで制度の整備が可能な対策である。日本の宇宙開発研究機構 (JAXA) やアメリカの航空宇宙局 (NASA)、地質調査所 (USGS) などの機関が、一部の衛星画像を無償配布している。

人工衛星 Landsat から見たヤクーツク周辺の氾濫原の様子を図 5-9 に示す。図 5-9a は洪水の影響がない本来のレナ川の河川形状である。そして、図 5-9b は 2007 年５月 14 日にアイスジャム洪水が起きたときの画像である。洪

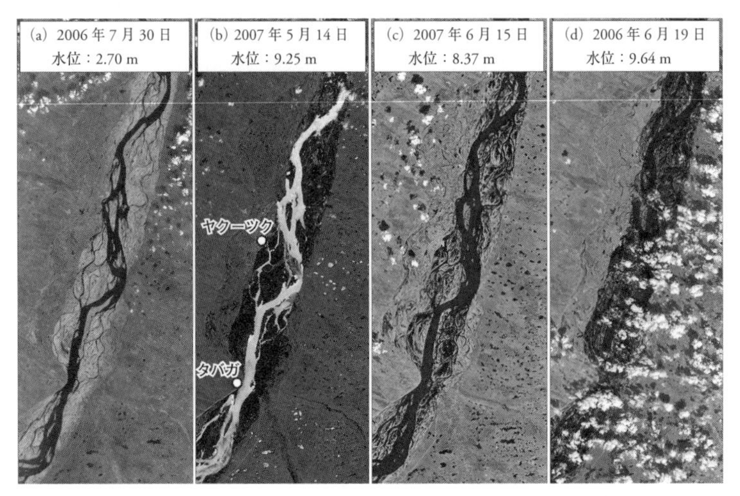

図5-9　人工衛星 Landsat から見たレナ川洪水。(a) 洪水の影響なし、(b) アイスジャム洪水、(c-d) 融雪洪水。(巻末カラー参照)

水発生時には、約1 kmの川幅が10 km以上に拡張していることがわかる。白く見えるのが河氷で、黒く見えるのが河川水である。衛星画像から、氷と水の反射特性の違いから対象物を判別することができたわけである。また、Landsatの空間解像度は30 mであるため、細かく砕けた河氷が流れていく様子まで把握することができた。河氷の有無を時系列に沿ってモニタリングすることによって、解氷洪水が100 km/日のスピードで上流から下流へと進行することがわかった (Sakai et al. 2011)。こうした情報は、氾濫原の外に人を速やかに避難させるための防災情報として役立てられる。

図5-9c、dは、2006年6月19日 (水位：9.64 m) と2007年6月15日 (水位：8.37 m) に起きた融雪洪水の際の画像である。いずれも水位は8 mを超えており、洪水が発生したことが確認できる。しかし、水位の違いによって冠水エリアに違いがみられた。2007年の洪水 (図5-9c、水位：8.37 m) では、氾濫原の中でもまばらに地表が見え隠れする (図5-10)。この程度の洪水ならば、深刻な被害にはならない。家畜を冠水エリアから離れたところへ避難させれば良い (図5-11)。しかし、2006年の洪水 (図5-9d、水位：9.64 m) では、

図 5-10　氾濫原にある家畜小屋まで迫る洪水

図 5-11　氾濫原の冠水エリアから避難する家畜（牛）

河岸段丘の低地がほぼすべて冠水し、氾濫原の水深が2 mを超えるところもあった。人々は河岸段丘の上に避難したが、家畜の避難までは間にあわず、多数の家畜が逃げ遅れて溺死したようだ。

夏の降雨洪水については、Landsatから観測することはできなかった。Landastの観測周期は16日であるため、特定の日のデータが得られる保証はない。また、光学センサーを搭載しているため、雲で覆われていると地表の様子を正しく観測することができない。2014年に打ち上げられた国産衛星「だいち2号（ALOS-2）」は、雲を透過して地表の情報を観測できるマイクロ波センサーを搭載している。天候に左右されず地表面を観測することができるため、今後の降雨洪水の観測に期待される。

衛星画像を使って、気候変動が農牧地に与える影響を評価するのに、**正規化植生指数**（Normalized Difference Vegetation Index, **NDVI**）が重要な指標になる。NDVIは−1〜＋1の値を持ち、植物の量が多く、活性が高いほど大きな値を示す。一般的に、森林のNDVIは0.4〜0.6の値を持ち、農耕地や草地のNDVIはそれよりも小さく0.2〜0.4の値を持つ。しかし、氾濫原におけるNDVIの分布を調べたところ、解氷洪水、融雪洪水、降雨洪水の発生の有無にかかわらず、繁茂期（7〜8月）のNDVIは0.7〜0.8ととても大きな値を示した（図5-12）。氾濫原で栽培する農作物の種類によって洪水の被害パターンは違ってくるが、NDVIから見た氾濫原の生育環境は他の地域と比較して良好といえる。

次に、人工衛星**SPOT-Vegetation**によるNDVIの10日間最大値の季節変化を図5-13に示す。ここでは、アイスジャム洪水と融雪洪水が起きた2006年と、アイスジャム洪水と降雨洪水が起きた2008年におけるNDVIの季節変化パターンを比較してみた。2008年のNDVIはアイスジャム洪水後の5月下旬から急上昇した。しかし、2006年にはその後も融雪洪水が続いたため、水が引く6月下旬まで植物の生長は妨げられた。冠水期間が長引くと、ただでさえ短い生育期間が短くなり、その間に家畜に食べさせる飼料が不足する。しかし、7月中旬のNDVIは共に0.7を超え、融雪洪水によって生長のタイミングが遅れたことによる影響はみられなかった。NDVIの値

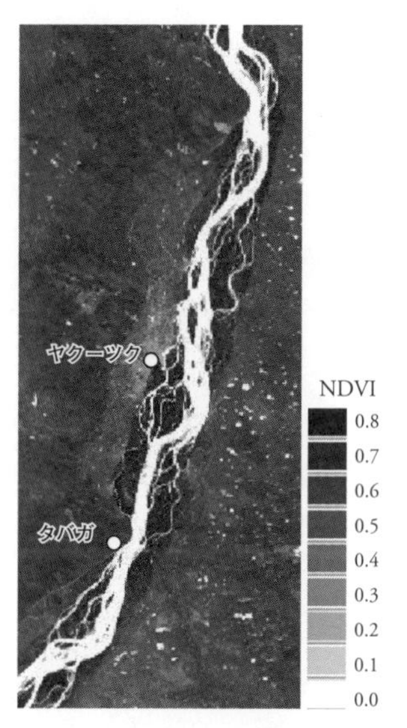

図 5–12　人工衛星 Landsat から求めた正規化植生指数（NDVI）マップ（2007 年 8 月 2 日）

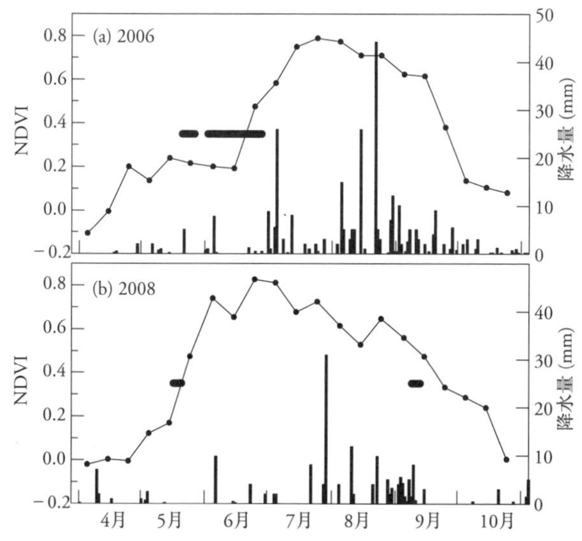

図 5–13　融雪洪水（2006）と降雨洪水（2008）発生年における 10 日間最大正規化植生指数（NDVI）と降水量の季節変化。水平線はタバガでの水位が 8 m を超えた期間を示す。

は7月から8月にピークを迎え、その後減少し、10月には0.2を下回った。2008年の降雨洪水は植物の生長のピークを越えた9月に発生したため、植物の生長に与える影響はそれほど大きくなかった。しかし、栽培していたものが干草の場合、刈り取った後に日光にあてて十分に乾燥させなければならない。不完全に乾燥させた状態だと健全な干草まで腐らしてしまう。収穫直前や天日干し中に水浸しになると、牧草としてはよく育っても、干草として使い物にならなくなる。翌年の春洪水に備えて冠水期間中に与える干草まで確保する必要があるが、干草の収穫量が減ると家畜を賄いきれなくなり、家畜頭数を減らさなければならなくなる（第6章）。そのため、洪水発生のタイミングは、川沿いで牛飼育を行う現地住民にとって、大きな関心事なのである。

レナ川流域では全球平均よりも速いスピードで温暖化が進行しおり、それに伴って洪水の発生メカニズムや規模、期間が変化している。従来の取り組みで対応可能であれば問題はないが、新しいタイプの、もしくは、複合型の被害が起きていることが確認された。そのため、氾濫原が持つ総合的な環境価値を再評価し、安全性を確保した新たな管理体制の構築が求められる。しかし、気候変動が氾濫原の農牧地の利用に与える影響について、現時点では各種統計データが不足しているために不明な点が多い。また、地域によって影響の度合いが異なるため、統一された見解が確立されていない。早急な対応が求められるが、その取り組みは初期段階に留まっている。現状を把握して課題を抽出し、解決策を見出して実行するという一連のサイクルを着実に進めて行くことが重要である。

参考文献

Bintanja, R. and Selten, F. M. (2014) Future increases in Arctic precipitation linked to local evaporation and sea-ice retreat. *Nature*, 509: 479–482.

Brown, E. M. and Funk, C. C. (2008) Food security under climate change. *Science*, 319: 580–581.

Ebi, K. L., Teisberg, T. J., Kalkstein, L. S., Robinson, L. and Weiher, R. F. (2004) Heat watch/warning systems save lives: Estimated costs and benefits for Philadelphia 1995–98. *Bulletin of the American Meteorological Society*, 85: 1067–1073.

IPCC (2013) *The Physical Science Basis: Contribution of Working Group I to the Fifth Assessment Report of the Intergovernmental Panel on Climate Change.* (Stocker, T. F. et al. (eds.)) Cambridge Univ. Press.

斎藤晨二（1955）サハ（ヤクーチヤ）の草原と牛馬飼育．スラヴ研究，42: 135–147.

Sakai, T., Costard, F. and Fedorov, A. (2011) The impact of ice-jam flood of the Lena river. Proceedings of 32nd Asian Conference on Remote Sensing.

Schmidhuber, J. and Tubiello, F. N. (2007) Global food security under climate change. *PANS*, 104: 19703–19708.

高橋潔（2005）温暖化の影響評価 ── 危険な人為的干渉の具体例に関する研究知見．季刊環境研究，138: 59–66.

Takakura, H. (2012) The local conceptualization of river ice thawing and the spring flood of Lena River under the global warming. Proceedings of 1st International Conference Global Warming and the Human-Nature dimention in Siberia, 68–70.

第６章　恵みの洪水が災いの水にかわるとき

高倉浩樹

ヘリコプターから見た採草地としてのレナ川中洲
（2008 年 10 月 8 日）

〈エジプトはナイルの賜〉という諺が知られているように、川は人類の歴史において重要な役割を果たしてきた。雨期における氾濫・洪水による土壌の肥沃化は農業生産の基盤となり、文明発祥の生態学的背景でもあった。自然の攪乱は時に災害にもなるが同時に人類社会に恵みをもたらす。この点において、全長4000 kmを超えるシベリアの大河川レナ川も例外ではない。とはいえ、シベリアに雨期の洪水はなく、あるのは春の洪水である。北海道も含めて北方・極北地帯の河川では、春季に凍結した河氷が融解することで発生する春の**解氷洪水**[1]がおきることで知られている。

レナ川は上流がバイカル湖に、下流は北極海にあることから、上流から融けた水が下流の氷を押し流すという形での解氷洪水が毎年春の恒例事象であった。この流域にロシア人到来以前より定着してきたのはテュルク系言語集団のサハ人社会である。彼らの伝統的な**生業**は狩猟と牛馬牧畜の複合であるが、飲料水や食糧確保生産に関わる生業文化は、まさにこのレナ川の解氷洪水を前提にして構築されてきたものであった（高倉 2012a）。とはいえ恵みだった洪水は、近年、気候変動や社会体制の変化などの複合的要因もあり、災害となりつつある。

本章の目的は、北極河川の洪水という攪乱はいかなる文脈で災害化するのかについて人類学的な観点から解明しようとするものである。これまで北極圏の気候変動は先住民文化の生業と社会という形で議論が蓄積されてきた。特に沿岸部の海氷の動態と狩猟採集・定住性の関係、ツンドラ植生とトナカイ牧畜の関係といった点である（Forbes et al. 2009; Forbes et al. 2010; Forbes and Stammler 2009; Krupnik and Jolly 2002; Laidler and Ikumaq 2008; Stammler-Gossmann 2010; Wenzel 2009）。この点で北極圏の河川流域における自然と社会の相互関係を分析する視座は希薄だった。そこで本章ではまず、地域住民が洪水現象をどのように認識しているのか民族誌的に説明すると共に、彼らにとって災害とはどのような事態を示すのか明示する。その上で極北地域における気候

[1]　本章では、河川の解氷とその後のアイスジャム洪水（第1章参照）による春洪水を、解氷洪水（ice-breakup flood）とし、論を進める。

変動の人間社会の影響について、従来着目されてこなかった河川洪水という観点から解明することを目指す。

筆者の問題関心が気候変動の人類学のなかでどのように位置づけられるのかみていこう。近年この分野は急速な展開が進展しているが（Crate 2011）、本章に関わる領域は、気候変化とそれに基づく自然条件の変化を現地の視点で捉えるいわゆる**在来知**（indigenous knowledge）研究である。これは従来の**認識人類学**[2]的な枠組みとは異なり、理系を含む学際的な協力体制の中で検討されているものだ（Crate 2008）。気候変動の人類学は、文化の持続性に関わる基礎的な調査であると同時に、その知見は気候変動の科学全体像への貢献、さらに政策提言も含めた応用的な文脈も含んでいる。

そこで重要なのは、自然科学者によるモデルやシナリオによって得られる知見を踏まえて、より具体的な人間社会の場面でどのように影響するのかを調べるというアプローチである（Bakes 2008: 175）。人類学の役割は、住民のローカルな認識についての民族誌的知見を、異分野の研究者が受け入れられる形で提示することである。留意すべきは、在来知が必ずしも科学的知識と対立的に捉えられてきたわけではないことである（Marin 2010）。気候変動の人類学における在来知の問いは、単純な文化相対主義に基づき、文化的持続性の力を解明するだけではなかった。むしろ歴史的に形成されてきた文化的持続性は、変化し続ける自然環境との相互作用のなかでどの程度維持され得るのか、という視座をもっていた。

そもそも人類学は既存の生業文化を歴史的な経緯に基づく選択的行動の集合的結果と見なし、これを**文化的適応**と考えてきた（Smit and Wandel 2006; Steward 1955）。しかし気候変動の科学においては、気候変動による影響で発生する災害や障害を減じる行動やその背後の文化が、**適応**なのである（Orlove

［2］　人類の認識の多様性と普遍性を探求する人類学の下位領域。民族集団や地域共同体など個々の集団にみられる語彙や物語、言葉の使われ方等に焦点をあて、所与の集団の分類や意味づけの体系性を探求する文化人類学的アプローチと、認識の生物学的基盤を探求する認知科学的アプローチがある。

2009)。それゆえに、**地球温暖化**のような経験外の気候変動の条件下では、適応には限界があると考えることから出発する (Adger et al. 2007)。この点は、従来の認識人類学や**構造人類学**[3]の枠組みとは異なっている。それは先にも述べたように、人類学者によって解明された知見は、気候変動の科学・温暖化対策にどのように貢献できるかという問題関心が内包されていたことの裏返しなのであった。

ゆえに在来知の万能性を強調するわけではなく (大村 2002)、むしろどの程度在来知が有効なのか、知識という意味での検討と、さらにその知識が所与の社会のなかでどのように保持されているのか、あるいは災害に際してその知識はどのように役立つかということが問題関心となってくる。在来知が一定の有効性をもつ前提では、社会内での知識の分布が問われ、世代間を超えた知識の伝承が政策的に必要であると提言されたりする。あるいは災害に対する在来知が十分だったとしても他の社会的要因との関係でその有効性が評価されたりするのだ (Green and Raygorodetsky 2010; Speranza 2010)。

気候変動の人類学のもうひとつの特徴は、自然変化と社会制度の変化の双方の問題を同程度の要因として考慮しながら、社会の変化を扱うということである。気象条件が変化することで自然資源に依存する人々の食糧確保およびその社会組織も変化するという**環境決定論**的な視点をもちつつ、しかしそれと同時に、植民地主義や国家政策・現在のグローバリゼーションの影響も分析するのである (Gray and Leslie 2002)。

このような研究史を踏まえて、本章が掲げる北極河川の解氷洪水の災害化という問題設定を言い換えてみよう。それはすなわち所与の文化生態はいかに局所的な環境との相互作用によって形成されたのかという視点を踏まえ、これに気候変動はいかに作用しているのかを論じるということである。歴史的に形成されてきた環境への文化的適応がいかなる文脈において対応不能になりつつあるのか、自然と社会双方の影響を考慮する方法でアプローチし、

[3]　親族・神話・宗教などを手がかりに、さまざまに異なると思われる人類の諸文化システムのなかに普遍的な構造を探求する文化人類学の下位分野。

その適応の限界を探求することが、本章の目的となる。自然科学者にも共有できるかたちで、従来十分知られてこなかった極北における気候変動の人間社会への影響のひとつのあり方を明示したい。

6-1 レナ川の解氷洪水

シベリアは気候変動の科学において着目されてきた地域である。地球気候システムを調整する北極海の動態はもちろんのこと、特に永久凍土の融解によるメタン排出や地表面の道路などインフラへの悪影響も指摘されており、シベリアではそれらは化石燃料の埋蔵地と重なることから世界的にも着目されている（Nelson et al. 2002; Sommerkorn and Hassol 2009; Zum Brunnen 2009; 高倉 2012b）。こうした中で従来、見落とされてきたのは、河川および河氷である。シベリアを含む極北圏では長さ数千キロを超える巨大河川が数多く有り、それらのすべては冬に凍結する（第4章参照）。河氷の形成と崩壊＝融解は水の流出エネルギーや流量に影響するが、巨大河川の場合、それは単に局所的な現象にとどまらず、北極海の温度や水文学的条件をも左右する。とりわけシベリアのオビ川、エニセイ川、レナ川、そして北米のマッケンジー川の水量は、北極海に注ぐ陸水の80％にも達すると言われている（Bennett and Prowse 2010; Ma and Fukushima 2002）。この点で、シベリアの巨大河川は地球水循環システムの重要な構成要素である。

本章が焦点をあてるのは、この意味でのレナ川の解氷洪水である。当該現象が温暖化の影響を強く受けることは容易に想像できる。現在の観測からは、北半球全体において長期的には秋と春の気温は2～3℃上昇し、凍結と融解の時期が現在より10～15日ほどずれると予測されている（Prowse 2007）。しかしながら、融解に伴う洪水にいかなる影響が出現するのかは解明されていない。というのも、凍結期の変化、降雪とその融解に伴う流出の変化、氷の状態、冬の期間の融解の突発的発生などが絡み合っているからである。さらに解氷洪水が生態系や社会に及ぼす影響についても十分な調査結果が蓄積されていない。

一般的に解氷洪水は、地形改変と土壌の流動化、水質の活性化を促すため地域の動植物相に影響すると言われている（Prowse and Beltaos 2002; Yoshikawa et al. 2012）。数少ない事例研究のひとつカナダのピース・アサパスカン・デルタ調査からは、温暖化で解氷洪水が減り、その結果地域の生物多様性が減少したことが報告されている（Beltaos et al. 2006）。人間社会への影響についても解氷洪水の減少によって、地域の社会的インフラに好影響を与えることが報告されている（Beltaos 1995; Prowse and Beltaos 2002）。つまり解氷洪水の減少が生態系には否定的影響を、人間社会には肯定的影響を与えていることがわかる。

しかし、解氷洪水は複合的な要因で発生するため、温暖化が解氷洪水の減少をもたらすとは限らない。少なくともレナ川ではむしろその被害が増加している。この意味で気候変動と解氷洪水の事例分析は生態及び人間社会双方の領域で蓄積されなければならないものである。特に気候変動と極北の河川＝人間社会の関係について十分な調査は行われてこなかった。本章が明らかにしようとするのはこの点にある。解氷洪水は地域住民の生活とどのように関係し合っているのか、その自然と社会の相互作用を解明した上で、北極圏における気候変動の人間社会への影響について、従来ほとんど言及されてこなかった事象を発掘したいのである。

一方で、ロシア連邦サハ共和国においては、近年この問題への関心が高まりつつある。例えばレナ川の水系タッタ川流域の地域社会の洪水災害対策への住民参加過程と地域住民がその場になぜ住み続けるのかを記述した報告（Stammler-Gossman 2012）、北部アラゼヤ川下流域の洪水の長期化と地域孤立の問題の報告（藤原 2013）、西部のヴィリュイ川流域における気候変動と水害の増加についての地域住民の証言収集記録（Crate 2012）などが挙げられる。これらはこの地域でみられる湿潤化の傾向（Ijima et al. 2013）と連動する人間社会への影響に関わる情報を含んでいるが、いわば災害事象報告的であり、災害の地域社会・文化的文脈を解明したものではない。

ローカルな環境に歴史的に適応してきた地域社会は、気候変動による河川環境の変化にどう対応しているのかというのが、本章の具体的問題関心である。すでに高倉（2013）で論じたように、現地に暮らしてきたサハ人社会はレナ川の凍結と解氷過程について詳細に弁別する語彙体系をもち、発生時期の予測こそ不可能だが、その発生メカニズムに関わる在来知を保持してきた。彼らは解氷洪水という攪乱作用を前提にして牧畜を中心とする生業体系を形成してきたのである。つまり北極河川の解氷洪水という自然現象をいわば恵みとして利用する形で形成された特徴的な文化生態（Steward 1955）において、気候変動はいかなる災害を出現させているのか、が問われることになる。自然災害は自然の外力（hazard）と人間社会の仕組みの相互作用の中で現実化する（ホフマン 2006）。人間社会一般という形での自然災害を記述するというよりも、特異な局所的環境において、そこに暮らす住民が作り上げた文化生態においていかなるかたちの災害が形成されるのか、これを突き止めることこそが本章の立場である（Huntington and Weller 2004）。

筆者は1999年以来、ヤクーツク市を中心とする中央ヤクーチアのサハ人の農村コミュニティでの人類学調査を続けてきたが、本章に関わる直接の調査データは、2010年と2012年にレナ川中流域のサハ人村落で行った人類学的現地調査に基づいている。調査村は、ロシア連邦サハ共和国ナム郡（Namskii Ulus）カムガッタ村、ヤクーツク市特別行政区（Yakutsk）トラギノ村、カンガラス郡（Khangalasskii Ulus）ニュムグ村である（図6–1）。

元々は洪水被害の頻度が多いトラギノ村と少ないカムガッタ村で行うつもりだったが、後述するように2010年の洪水ではカンガラス郡で大きな被害が出たこともあり、補足的な意味もあって同郡ニュムグ村でも調査を行った。この村は2007年以来サハ人の牛馬牧畜調査で訪ねており、知己があったのである。残りの2つの村でもいずれもサハ人家庭に住み込み**参与観察**を行う一方で、自然な対話を通じて問題点を聞き出していく非構造型の面談調査を行い、民族誌資料を収集した。2010年の場合は5月12日から6月1日にかけて29名と、2012年の場合は9月6日から19日にかけて28名から聞き取りを行った。調査方法は、知己がありすでに十分信頼関係を構築した人からの聞き取りに加えて、洪水被害後に村中を歩きまわりながら、ランダ

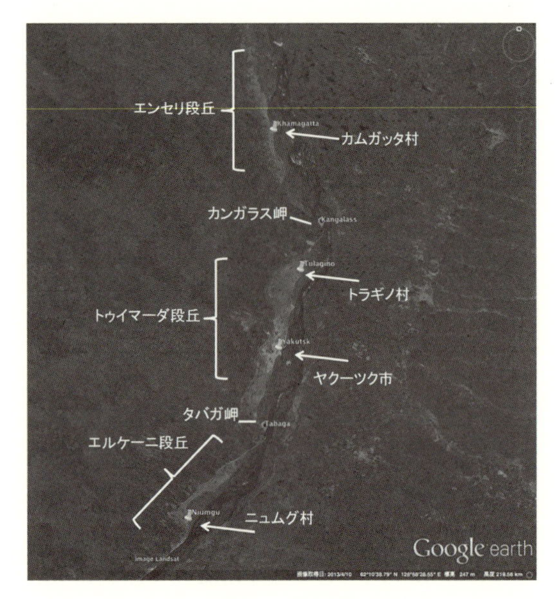

図6-1　調査図

ムに出会った人に面談に応じてくれるように依頼した。いずれの場合も、近年の村の洪水被害の状況と2010年の被害状況・対応について質問し、話者に自由に回答してもらった。なお、面談において筆者から話者に対して気候変動調査であることは直接明示していない。

災害調査において、被調査者一人からの聞き取りでは事態の限られた側面しか知り得ない。それ故に本章では**談話総合化法**（synthesized narratives approach）というべき方法を採用した。それは複数の談話内容を、調査者の属性、調査地、その他の特定の文脈に応じて総合化する方法である。談話内容は本文中では資料として提示した。本文中に埋め込まずに独立させることで、資料間の相互参照性を高め、分析に資する形とした。

なお本文で用いる洪水概念について簡単に整理しておきたい。そもそも河川工学において洪水は平常時の何十倍以上もの水が流れる現象である。あふれるかどうかは関係なく、雨水や融雪水が地表面あるいは地下を流れて川に出てきた自然現象を意味する。この水が河道からあふれ、人家や農地に及ぶ時に水害となる（大熊 2007: 13）。そうした前提でレナ川中流域の洪水をまとめると、そもそも季節によって**春洪水**と**夏洪水**の区分が可能である（第1章参照）。このうち春洪水は、アイスジャム洪水と融雪洪水に分けることができる（第1章参照）。解氷は氷融解による増水・氾濫現象であるため、増水は透明であるが、融雪洪水は土泥を含み黒い水となる。春洪水のなかでも融けた氷が川岸に詰まることで出現する洪水はアイスジャム洪水である。夏洪水は夏の降雨によるものである[4]。

6–2　中洲の生活

(1) 生活空間としての中洲

中央ヤクーチアのサハ人たちにとってその伝統的な生活空間は、レナ川中流域の氾濫原と森林のなかに広がる草地であった。前者は、地理学的には河岸段丘であり、後者はアラースと呼ばれるサーモカルスト地形である（第1章参照）。牛馬牧畜を中核として狩猟と漁労を組み合わせる生業のサハ人にとって、家畜を飼育するための草原が生活の根幹にある。そもそもサハ語において、段丘の子ども（khocho oggoto）とアラースの子ども（alaas oggoto）という表現があり、それらはそれぞれ出身地の説明なのでもある。ちなみに河岸段丘は大小の河川すべてに存在するが、この表現がされるときには、あくまでレナ川中流域にかぎってのことである。というのも、段丘間の比高は10〜30 m、その幅は川岸から30〜40 kmにも及ぶ広大な空間を意味しているからである。段丘には具体的名称がついており、北からナム郡にあるエンセ

[4]　本書の12章で藤原が議論しているようにサハ共和国北部のアラゼヤ川下流では、春に融雪水で氾濫した水がそのまま夏まで引かないという状態も報告されており（藤原 2013）、より広い地理的文脈では夏洪水もさらなる分類が必要となるだろう。

図 6–2　カンガラス岬から見たレナ川と中洲のひろがり（2012 年 9 月 13 日）

リ（Enseli）、ヤクーツク市のトゥイマーダ（Tyimaada）、カンガラス郡のエルケーニ（Elkeeni）とある。ちなみにトゥイマーダ段丘はサハ人の民族起源の神話において、バイカル湖付近から北上してきたサハ人が最初に定着した場所としても知られている（高倉 2012：32–33）。段丘を分かつのは、上からカンガラス岬とタバガ岬となる。

ここで注意したいのは、伝統的生活空間としての段丘は、川の氾濫原だけではなく、川のなかに広がる中洲も含まれていることだ。図 6–2 を見て欲しい。中洲とはいってもその中には森があり、陸が延々と続くのがわかる。南北 10 キロ、東西 5 キロに達するような中洲もある。サハ語では中洲と島は同じ語彙アルィー（aryy）で表現される。レナ川中流域に発達したこの巨大な中洲群は現代サハ人にとって重要な生産領域であり、社会主義革命以前では、人々が暮らす場所でもあった。牛馬飼育を生業とするサハ人は、その伝統においていわゆる遊牧生活を送っていたわけではない。彼らは、**夏営地**と**冬営地**を設け、この 2 点の居住地を移動する**移牧**であった。かつてレナ川段丘では、中洲は冬営地が置かれる場所だったのである。

図 6–3 は、ナム郡カムガッタ村付近で形成された中洲の地名である。このように地域住民は、自分の生活空間付近の中洲を識別し、認識している。

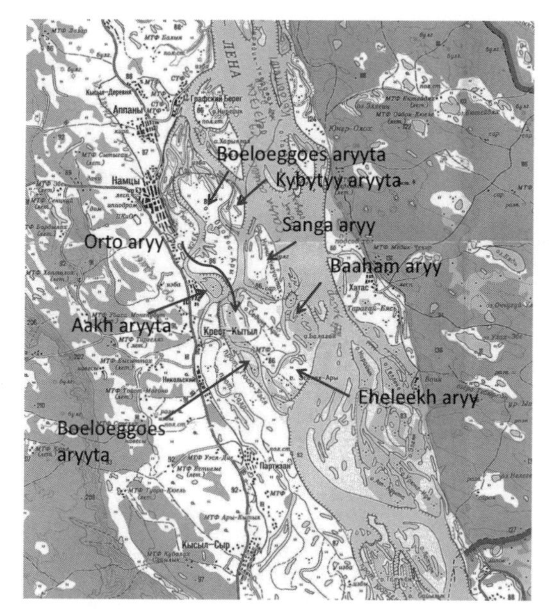

図6-3　地域住民が認識するナム郡カムガッタ村付近の中洲の地名

この地名を教えてくれたのは、元牛飼いで現在、集中暖房施設に勤める50代の男性である。

[資料1] 昔、ナムでは、中洲に冬営地があった。そして春先に凍結した河川にあって川岸が融け始め水が流れる状態をさすウルブー (yrbyy) と呼ばれる現象が出る頃である5月初旬には、夏営地がある川岸に移動するという生活だった。夏の間は中洲の草原で草刈りを行い、草山を作っておく。そして9月半ばになると中洲に戻った。かつては草山を岸側の向こうまでもってくる技術がなかった。そのため草山が置かれる中洲に冬営地を置き、そこで越冬した。このような暮らしは1930年代ぐらいまでは行われていた。春と秋いずれも川をわたる際には、当然深みをさけて移動する。川底は砂地であり、でこぼこしている。川の流れによって生じた深い部分をエゲ (egge) と呼ぶ (2012年9月8日、男性、1965年生)。

図6-4は、2012年9月9日に撮影したもので、村から中洲に渡る箇所で

図6–4　カムガッタ村からレナ川中洲に渡る箇所（2012年9月9日）

ある。川のなかにたっている棒は、いわば渡川の際の道標である。まさに上記のエゲ＝深みを避けるように立てられており、住民が中洲に移動する際にはこのルートが用いられる。現在、中洲に移動するのは夏の間の草刈りのためであり、また秋にカモ猟が解禁となった一時にもまた住民は中洲へと渡っていく。

中洲と川岸をつなぐ支流は単に「通路」として利用されているわけではない。そこは地域住民の生業の場でもある。同じカムガッタ村で馬牧夫を務める男性（1949年生）によれば、10月末には飲料氷採取も行うという。この活動は川面から氷をブロック状で取り出し、自宅屋敷地内の地下天然冷凍庫に保管し利用する。従来、村付近の湖沼でこの活動が行われていたことは知っていたが（高倉2012第四章）、支流でも行われるというのは初めて聞いた。さらにここは漁労の場にもなる。同じ話者によれば、5月初旬にウルブー＝凍結した河川の川岸側で最初に融けた水が流れる現象が発生すると、彼は刺し網を仕掛ける。解氷洪水が発生する前なので、実際に網を仕掛けておく期間は3–4日間でしかない。しかしウルブーで流れるのはきれいな水で、今年の場合は5月14日まで網を仕掛け、カワカマス（shchuka）、カワスズキ（okun'）、コイ科のローチ（soroga）などを大量に取った。解氷洪水が去ったあ

図6-5　ヘリコプターから見た採草地としてのレナ川中洲（2008年10月8日）

とも、支流は刺し網を仕掛ける場所で、川が再び凍結する10月ぐらいまで行われるという。人によっては氷下漁を行う場合もある（2012年9月9日、カムガッタ村）。

現在、中洲は草刈り地として利用されている。図6-5はヘリコプターからの鳥瞰図である。これをみると中洲の草が刈られ、それぞれ山となってまとめられているのがわかる。この利用において土地区画は隣接する村落の住民によって分与されている。それは売買を含む私的所有権ではなく、あくまでも利用についての相続可能な権利である（高倉2012：114）。図6-6（2005年）は、中洲の採草地における個人利用の区画図である。この図をみれば驚くほど明確に利用権が設定されていることがわかる。ちなみにそれぞれの区画の境には柵などがあるわけではなく、一見すると広大な草原にしか見えない。2000年12月7日付けの行政文書によれば、この地図の中洲における草刈り地の合計面積は138ヘクタールに達するという。元々はソフホーズの採草地だったのが、この時期に私的分配の対象となった（2005年10月19日調査）。中洲が草刈り生産のための私的利用の対象となっていることがわか

図6-6　中洲の採草地における個人利用関係区画図

図 6-7　レナ川中洲のなかにあった暮らしの痕跡前にて（2012 年 9 月 9 日）

る[5]。

図 6-7 は、先の馬牧夫の話者と共にカムガッタ村付近の中洲を歩いたときのものである。これをみると一面の草原でしかなく、ここが中洲ということは理解できないほどである。中洲の中には古い建造物がうち捨てられている。これらは、社会主義時代に建てられ、村人が動員されて一斉に草刈りを行うときに、一時的な寝泊まりに使われたものであるという。さらに川岸の氾濫原と同じように刈られた草は山となって集められ、囲いで覆われていることもある。この囲いは人の所有を示すというよりは、むしろ放牧されているウシが草を食べないように防御するものである。集められた草は、トラクターで集められ、渡川され、村の屋敷内に運ばれる。渡川する以外は、段丘においてもさらに、森林の中に広がる草地アラースでもこの光景は変わらない。このようにしてみてくると、社会主義時代以前に中洲を冬営地にしていたという社会の仕組みは現実味をもって理解することができるのである。

[5]　役場の担当者は、村落名も出さないという条件で複写を許可してくれた。村落はこれまで提示した 3 つの調査村でなく、中央ヤクーチアのレナ川流域沿いにある村とだけ記しておこう。

(2) アイスジャム発生についての認識

解氷洪水は広い意味での氷が融解することによる洪水＝川の増水を意味する。このなかにあって、浅瀬や川幅の細い箇所などにおいて、融けた氷塊が詰まってしまった状態になり、さらに上流から氷塊と水が流入することで、それらが岸辺にあふれる洪水は、水文学的に**アイスジャム洪水**と呼ばれている（Beltaos 1995: 75–77）（第1章参照）。氷が渋滞したことによる水量の増加および氾濫をこのような名称で呼ぶ。中洲を生活圏とする中央ヤクーチアのレナ川流域に暮らすサハ人たちは、毎年凍結と融解を繰り返す川において発生する解氷洪水についても経験的知識を保持している（高倉 2013）。先にも登場した話者の馬牧夫によれば、川のどの箇所でアイスジャムが発生するのかは村人によく知られているという。そもそもサハ語では、融けた氷塊が川で詰まった状態＝アイスジャムを「カルィー（karyy）」と呼ぶ。彼によれば、

> ［資料2］川のなかの氷が例えば2 mなど厚くなり、春の気温が低いとアイスジャムは発生する。暖かい冬の場合、氷が厚くならないので、アイスジャムはできない。またもし春に雨が降るとやはり、氷が早く融けるのでアイスジャムはできない。問題は、冬の寒さと春の低温がかみ合った時にこの現象は発生する。ただし実際の予測は不可能だ（2012年9月9日、カムガッタ村、馬牧夫、1949年生）。

図6–8はこの人物によって描かれたアイスジャム発生箇所の地図である。ここで注意したいのは、この場所の特定に、中洲の地名が役割を果たしていることである。川の対岸側にはカタス村が表示されているが、その向かえには、エレヘーフ中洲とバーハム中洲が示され、この2つの間に砂の堆積がある。砂の堆積の浅瀬故に、アイスジャムが発生するというのだ。ここは、水対策の一環として政府が氷を爆破するため、村人は誰でも知っているという。

この話者とともに2012年9月11日に、アイスジャム発生箇所を確認しに出かけた。12時25分から手漕ぎボートでサハ共和国ナム郡パルチザン村沿岸から川に沿って下流に流れ、当該地点に15時50分に着いた。位置情

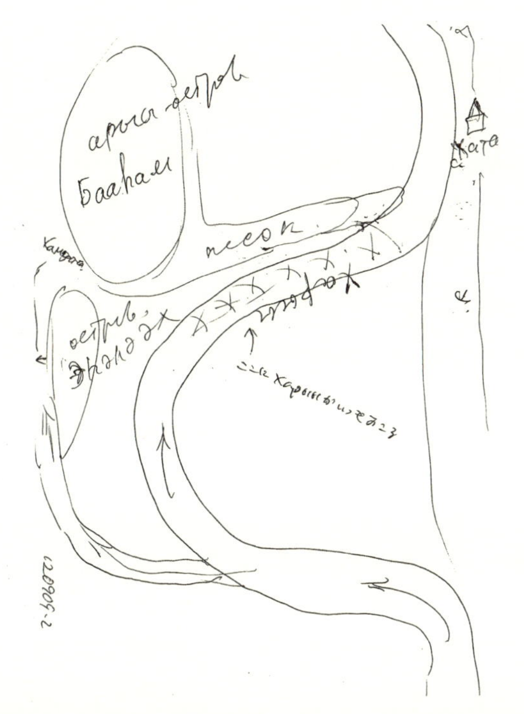

図 6-8　ある個人の認識するアイスジャム洪水の発生箇所

報は緯度：62° 38′ 31.2″N、経度：129° 51′ 14.4″E〜129° 51′ 10.8″E である。筆者のくるぶしほどの深さで大変な浅瀬だった。

この牧夫がこの場所をよく知っているのは、彼の狩猟漁労小屋がこの付近に設置されているからである。その中洲は図 6-3 にあるサンガ（Sanga）（別名ヌーチャ・ウングオフターフ）である。夏の間、彼はこの場所で数日間泊まり込みながら漁労を行う。

このように、中洲はサハ人にとって重要な生活空間であり、生業の場なのである。そして解氷洪水という自然の攪乱が発生する場所を知っているのは、サハ人の伝統的生活にみられる文化生態ゆえなのであった。

6-3　災害としての洪水

(1) 近年の変化

レナ川中流域の岸辺に暮らすサハ人の伝統においては、中洲が重要な生活空間であり、そこもふくめて毎年春に発生する洪水が、人々の生業活動にとって重要な役割を果たしてきたことをみてきた。しかし近年、春洪水による人間生活への影響が顕著に現れている。

レナ川の洪水史の研究によれば構造物に被害がでるような大規模な春の解氷洪水は19世紀に6回であったが、20世紀は8回だという。1930年5月末ではカンガラス郡を中心に、592軒の家屋の浸水、400頭以上家畜に被害が出たという。1998年には20世紀最大の洪水がレナ川上中流域で発生し、被災者が47300人、15000軒の家屋の浸水（746軒は破壊）の被害をもたらした。留意すべきは、1968年代から1997年まで約30年間は大規模洪水が起きていないことである。この理由は各地の気象観測所によるモニタリングと、それに基づくアイスジャムの発生箇所に対する浚渫工事が行われていたからだとされる（Filippova 2010）[6]。後述するが、1998年以降から10年の間に、サハ共和国の歳出の1%以上に達する被害をもたらした洪水は4回も発生している（表6-1）。とりわけ、2001年の洪水は、20世紀最大とよばれた1998年をしのぐ、過去数百年で最大の被害をもたらした。2000～2001年はとりわけ冬期の寒さが厳しく、氷厚が増加した上に、春に急激な温度上昇がありそれに伴って雪解けが発生したことがその原因と考えられている（Sukhoborov 2006）。このことから、近年の洪水の増加は、浚渫工事や観測体制の不備を要因とする人為的な原因によると考える研究者もいる（Kustatov et

[6]　ヤクーツク市を中心として、いわゆるトゥイマーダ段丘にあたるのはヤクーツク市特別行政区内タバガ村からカンガラス岬の間のおおよそ70キロの間に、7ヶ所アイスジャムが発生しやすい箇所がわかっている（Rozhdestvenskii et al 2008）。

表6-1　サハ共和国予算における洪水の経済損失

	1998	1999	2000	2001	2002	2003	2004	2005	2006	2007	2008
歳出（百万ルーブル）		16860	24323	33348	37042	41557	46342	64514	60737	66096	83348
洪水被害額（百万ルーブル）	939.4	0	0	7000	114.6	0	439	97.4	7.7	1088.5	939.1
%		0.0%	0.0%	21.0%	0.3%	0.0%	0.9%	0.2%	0.0%	1.6%	1.1%

Sources: Regiony 2004, Regiony 2010.

al. 2012; Rakkolainen and Tennberg 2012)。

とはいえ気候変動とりわけ近年の温暖化の影響は、レナ川の氷に関わる諸指標に現れているのも事実である。ロシア全体の川の平均で、1950〜79年と1980〜2000年を比べると、ロシアの大河川では、完全凍結期間が3〜7日減少し、凍結した河氷の氷厚の最大値も2〜14 cm減少している。シベリアの大河川のデータによれば、過去20〜25年と比べて、**結氷**（ice-on）が2〜3日遅延し、**解氷**（ice-offあるいはice-breakup）は3〜5日早まっている。レナ川の事例においても、凍結遅延と融解早期化によって氷に覆われる期間は過去20年で3〜7日程度減少した。冬期間の河氷の最大厚はレナ川下流では11〜15センチ減少したことが報告されている（Vuglinskii et al. 2006）。一方で1893〜1985年における河氷の記録を分析からは、ヨーロッパや西シベリアの状況と異なり、東シベリアでは凍結開始期間はむしろ早期化し、融解は遅延しており、全体として凍結期間は長期化しているという報告もある（Prowse and Beltaos 2002）。

温暖化の影響についてのシナリオによれば、水温と気温が秋に上昇すると、最初の氷形成の時期が遅延し、凍結も遅延する。そのことで氷は形成されるものの、十分発達しないということになる。一方融解による洪水の影響についてはまだわかっていない。一般に、気温上昇がなだらかに漸次的な（熱）融解なら、洪水は発生しない。しかし急速な気温上昇による雪解けなどで川に水が流入することによって氷の割裂が促されての（機械的）融解が起こると、アイスジャムは発生し洪水に連なる（Prowse and Beltaos 2002）。ここからは少なくとも、温暖化することでアイスジャム洪水の規模は一般的に小さくなることが想定できる。冒頭で紹介したカナダの事例はその一例である。

こうしてみると、気候変動つまり温暖化は確実にレナ川に影響していることはわかるものの、結果としてはなぜそれが洪水の増加という現象を生じさせているのかは現在の科学的知見では説明がつかないということになる。それ故に、温暖化とレナ川春洪水の増加の因果関係は、現時点では未解明と前置きした上で、その洪水がいかに地域社会に影響を及ぼしているのかみていきたい。

筆者は、この問題について2010年と2012年の現地調査データを使ってその事態の把握と影響について取り組むつもりである。とりわけ、これまで述べてきたいわば解氷洪水に適応して文化システムをつくってきたサハ人社会はこの事態にどのように対応しているのか、そもそも従来の仕組みは十分に適応できているのかどうか、彼らの文化生態におけるレジリエンス＝更新回復性（Bakes 2008: 73）はどのように機能しているのか（していないのか）分析していきたいと思う。

(2) 2010年の解氷洪水災害

解氷洪水が発生するとその破壊力は極めて大きいことは先にも触れたとおりである。それは予測が難しく、巨大な氷が流れることに由来するが、単に水量の観点からみてもそのことは頷ける。ある研究では、ヤクーツク付近の夏季のレナ川の平均水量は1秒間につき7070 m^3である。これが雪解けの洪水期間の最大の水量時には、1秒平均で3万6200 m^3にも達する（Rozhdestvenskii et al 2008）。つまり通常の5倍もの流水量となる。

この解氷洪水の現場において何が発生するのか、そして人々はそれにどのように対応しているのか検討したいと思う。2010年5月から6月の現地調査において、筆者は偶然解氷洪水の現場に遭遇した。調査時点で、筆者はレナ川の凍結と融解およびその解氷洪水に関わる在来知の聞き取り調査を、ナム郡カムガッタ村で行っていた。しかし、解氷洪水がこの村から40 kmほど上流のトラギノ村（ヤクーツク市特別行政区）で起こる可能性があるという連絡を受け、5月20日に急遽移動したのだった。さらに5月25日にはカム

図 6–9　カムガッタ村の住民による洪水被害状況申告のために用意された複数の写真（2010 年 5 月 25 日）

ガッタ村を再訪し、5 月 28 日には 2010 年の解氷洪水で大きな被害を被った村のひとつカンガラス郡ニュムグ村も訪問し、そこで被害状況について調査を行った（図 6–9）。

2010 年の洪水はロシアの全国ニュースでも報道された程で、損害額は 12 億ルーブルにも及んだ。この規模は、20 世紀最大の被害と言われた 1998 年の金額に相当する。特に従来、洪水の被害が及んだことのなかったヤクーツク市のすぐ南のカンガラス郡で被害がでたこと、2300 頭以上の家畜（牛馬）の損失がでたのが特徴であった[7]。

この洪水の発生時の事態については、カムガッタ村長から詳細な状況を聞くことができた。2012 年の調査時に、2010 年の被害状況を再度確認するために聞き取りを行った。彼は私的日誌をつけており、それを確認しながら以下のように語った。

［7］　Russiiskaia gazeta, 3 VI, 2010（http://www.rg.ru/printable/2010/06/03/pavok.html）［最終閲覧日 2013/9/17］

[資料3] カムガッタ村の場合、支流の観測地点で水位が700 cmとなると、水がぱんぱんの状態にあり、これを超えると洪水が始まる。2007、2008、2009年はこの村は水が少なく問題は起きていない。記録も残っていない。2010年の場合、最大水位は780 cmが記録されている。記録は2010年5月20日に始まった。アイスジャムがいつも発生するバーハム中洲とエヘレーフ中洲の近くにできたためこれを非常事態省が爆破した。この日には水位は記録していない。20日の12時45分エヘレーフ中洲の近くで爆破を行った。15時30分水位が1 m上昇と記録がある。ただし全体で何メートルかは記録されていない。この時点では洪水が来るとは思っていなかった。18：50に岸辺の住民から電話が掛かってきた。氷が迫ってきている、150 cmの氷があるという報告だった。19：10に再び同じ住民から連絡が有り、氷はまだ残っているという。このあたりから役場でも緊急体制になった。21日にはいって朝2時45分、村のなかのクレスクティル地区の道路まで水がやってきた。3時にはクレスクティル側で4軒が浸水、アリートティート地区で13軒が浸水という報告を得た。朝10時に水位を確認したところ780 cmに達していた。22日の水位などの記録は残っていない。23日は午後2時の時点で390 cm、24日は午後5時の時点で300 cmという具合だった（2012年9月10日、カムガッタ村村長）。

洪水被害に慣れていない村長が、緊急事態のなかで情報収集をしながら奮闘したことが伝わってくる。特徴的なのは、未明に洪水が発生していることである。残念ながらどれほど急速に水位が上昇したのかはわからないが、危険水位となる7 mを80 cmも超えたことがわかる[8]。洪水回避対策であるはずのアイスジャム爆破後に、巨大な氷塊の存在が岸辺を越えて住宅地まで接近し、その後洪水被害がでてくることがリアルに伝わってくる。さらに中洲の地名が事象発生の理解において極めて重要な役割を果たしていることがわかる（図6-3）。

[8]　ちなみに、水位と被害の相関については、トラギノ村での聞き取りでは場合、2012年5月の最大水位は1092cm、2011年は1258 cm、2010年は1283 cmであった。2012年には浸水被害は出ておらず、11年と10年は30 cmしか違わないが、被害は大きく異なった。2010年は村の70％が浸水するほど大きな被害だったが、2011年は5–8軒の家が浸水だけだった。30 cmの水位の違いは大きな違いとなって現れるという（2012年9月14日、トラギノ村副村長）。

図6-10　カンガラス郡役場から提供された川岸の氷（2010年5月）

さらに1日半近くたって水位が減少したことがうかがえる。この状況はニュムグ村、トラギノ村いずれも同じである。最も上流のニュムグ村では5月18日夕方に突如洪水が発生し、水は1日半村にとどまった（図6-10）。トラギノ村の場合、5月19日に緊急事態が発表され、5月20日朝から村の川筋に近い地区で浸水が始まった。20日夕方5時過ぎには村中の目抜き道路を超えて水が入ってきたが、翌21日の昼過ぎに道路までの水は止まり、緊急事態は解除されたのだった。

(3) 洪水対策行政

この3つの村は、解氷洪水による被災に関しては、何度も経験しているトラギノ村と、これまでほとんどしてこなかったカムガッタ村、ニュムグ村の2つに分けることができる。

トラギノ村の場合、人口1502人・415戸で構成される。この年、村の70%が冠水した。そして中度以上の冠水は102戸、これは全415戸のうち

図 6–11　カンガラス郡役場から提供された家畜被害（2010 年 5 月）

なので、4 分の 1 である。家畜の損失はゼロだった。このトラギノ村はほぼ毎年解氷洪水の被害にあっている。このため役場はもちろんのこと、住民も洪水対応の準備が十分整えられていた。

これに対し、ナム郡カムガッタ村は約 1600 人の村で、400 戸のうち 200 戸が浸水した。家畜被害は 30 頭程と家鶏 21 羽であった。カンガラス郡ニュムグ村は 2500 人。700 戸があり、このうち 209 戸が被災した。深刻な浸水被害だったのは 45 軒だった。それ以外に中洲で狩にでていた 23 人が孤立し、救出された。家畜被害にして、120 頭の牛、110 頭の馬が中洲にいて死んだのである（図 6–11）。

表 6–2 は 2010 年 5 月の洪水被害発生後、3ヶ所の村における世帯毎の洪水対応を一覧化したものである。これらは筆者がそれぞれの村落で出会った人々からの聞き取りをもとに整えたものであり、事例の量やサンプル抽出の観点から量的な分析に耐えうるものではない。しかし、それでも、ここからは一定の傾向が読み取れる。第一に、トラギノ村の住民はほぼすべて解氷洪水による被害経験をもち、それゆえに洪水がくるという警報を得て事前に家

表6-2　洪水後の対応一覧

世帯番号	村名	洪水被害	家屋事前準備	家畜の有無	農業畜産事前準備	被害経験	避難	調査日
1	トラギノ村	なし	した	有り	なし	有り	子どもを村内の避難所へ	100520
2	トラギノ村	なし	した	有り	した	有り	子どもを実家の村へ	100521
3	トラギノ村	なし	した	無し（すでに売却）	—	有り（干し草）	なし	100522
4	トラギノ村	家屋浸水	した	無し（すでに売却）	—	有り	妻子をヤクーツク市へ	100522
5	トラギノ村	なし	した	無し	—	有り	妻子をヤクーツク市へ	100523
6	トラギノ村	なし	なし（五階建てアパート）	無し（菜園放棄）	—	有り	なし	100523
7	トラギノ村	なし	した	無し（すでに売却）	—	有り	子どもを姉の家へ	100523
8	トラギノ村	浸水	した	有り	した	有り	母の実家	100523
9	トラギノ村	なし	した	無し	—	有り	なし	100523
10	カムガッタ村	家屋浸水・家畜	なし	有り	なし	なし	なし	100525
11	カムガッタ村	なし	なし	有り	した	なし	なし	100525
12	カムガッタ村	なし	なし	有り	なし	なし	なし	100525
13	カムガッタ村	なし	なし	無し	—	なし	なし	100525
14	ニュムグ村	なし	なし	有り	なし	なし	なし	100528
15	ニュムグ村	なし	なし	有り	なし	なし	なし	100528
16	ニュムグ村	なし	なし	有り	なし	なし	なし	100529
17	ニュムグ村	家畜	なし	有り	なし	なし	なし	100529

屋の浸水対策をほぼ100％実施していることである。家畜についても事前に避難させる行動を取っている場合がみられる。さらにこれまでの災害の結果、家畜を売却したという場合もあり、これも長期的な意味でも災害適応行動と見なすことができる。さらに重要なのは、妻子らを当該村から別の村や町へ避難させる行動を行っていることである。これに対し、これまで解氷洪水の被害経験をしてこなかったカムガッタ村とニュムグ村の住民は、何の準備もしていなかったことがわかる。この2つの村で被災した人々からはそれぞれ一組ずつ聞き取りを行ったが、彼らは何の準備もしていないところに、川が氾濫し、双方とも自らの家畜を失ったという点で共通している。

こうした状況は、村役場での災害対策行政にも反映している。トラギノ村役場での村長からの聞き取りでは、以下のように念入りの準備がされていた。

[資料4] 洪水に対する役場の役割は、住民が心理的に落ち着くように努めることだ。そして事前に行政命令の準備、堤防の修復、緊急避難所の整備をしておく。さらに、実際に災害が発生したときに備え、被災者の被害証明を発行する事務的手続き、3日間の食料の準備、ガス・電気のチェックなどもある。また牛のための避難所も用意しておいた。墓地付近の高台にあり、そこには獣医サービスや干し草も準備してある。警戒情報は、告知と電話、そしてマイクによる放送で行われる。重要なのは世帯台帳とは別に、**洪水対策委員会**（kommisiia po pogotovki pavodenie）が家族の構成員や数などが書かれた家屋一覧（Spisok domov）をつくることである。洪水対策委員会は5人で構成され、警察署1人、消防署1人、役場から専門家2人、病院から1人で構成される。この体制は4月には整えられ、電話や携帯をつかって被害状況を聞き取る体制を整えたほか、避難用のバスも4台そろえた。そして2010年の場合5月20日には警報をマイクで放送しながら村を回り、その後は電話で連絡した。障害者や高齢者は3〜4日前には避難所に避難させたほか、20日の警戒態勢後はアルコールの販売を禁止した。避難所は村の保育所をあてがい、保育所副所長は自動的に避難所の責任者となり、講習会も受けた。（2010年5月22日、トラギノ村村長）。

トラギノ村の役場による災害準備態勢は大変充実したものである。これと比べると、残り2つの村は対照的であった。カムガッタ村の場合、川の水位の計測は村が独自に行っていた。また村付近の中洲が面する川筋の3ヶ所にアイスジャムが形成されていたこと、これを5月20日に共和国非常事態省が飛行機を使って爆破したことは連絡を受けて知っていた。それ故に氾濫はないと考えていたらしい。その後特に対策を取らずにいたが、20日夜に突然増水がひどくなり、未明の朝3〜4時頃に村の中に車を走らせ警戒放送を行った。その過程は資料3でに説明したとおりである。もう一方のニュムグ村にいたっては、全く何もしていなかった。役場での聞き取りでは、共和国非常事態省から何の連絡もなかったためだという。

こうしてみると、行政観点からは経験が解氷洪水に対する適応行動の形成を促していることがわかる。以下では、この3つの村での洪水被害調査を元にして、地域住民の洪水に対する認識と洪水の際の行動についてみていきたい。

6-4 地域住民の洪水認識と行動

(1) 洪水による家畜災害と水の滞留

2010年5月の洪水被害後、地域住民がどのように解氷洪水現象を認識しているのか聞き取り調査を行った。まず最初に従来洪水被害に不慣れであり、かつ実際に家畜を失ったなどの被害にあったニュムグ村の人からの語りを紹介しよう。

> [資料5] 1986年にここに引っ越してきた。ウスチ・アルダン郡出身。18日昼過ぎ12時頃だったと思う。水が急にやってきたのに気がついた。98年にも水がきていたので、水がくるとわかった。それで牛を岸辺の草原に放していたので、探しに行った。12頭いた。2頭尾雌牛は引き戻せたが、残りの10頭は見つけられず、やられた。若いオスと年老いたオス、5歳雌、3歳雌、1.5歳の雌、7歳の雌、12歳の雌と1頭の当歳牛と2頭の雌である。サースク・ウー（春の水）は5月18〜20日頃くる。その後はカラ・ウー（黒の水）でいつ来るのか知らない。（2010年5月29日、カンガラス郡ニュムグ村、女性、自営畜産業者）

この女性はウスチ・アルダン出身であると述べているが、それはレナ川の右岸の地域で、民俗生態学的にはアラース出身者となる。自分たちの家畜が放牧している氾濫原に水が現れたのは昼過ぎだというのも興味深い。というのも解氷洪水は通常夜発生すると考えられているからだ。また解氷洪水がいつ頃来るのかについても知識はもち、1998年にも洪水がきていたにもかかわらず、洪水対策として家畜避難行動をしなかったという点も注意したい。12頭いた家畜のうち10頭に被害がでたのは相当に深刻な話で、調査をしている際、女性の夫は呆然とした状態だった。

次の事例も家畜被害にあったものである。村はカムガッタ村であり、話者は先ほど紹介した馬牧夫である。

> [資料6] 自分の家は、水が床上50センチぐらいまで浸水した。今回は初めて床上浸水した。そのため二晩屋根裏で寝た。5月20〜22日まで。3人の家族全員で過ごしたが、非常に寒かった。5月21日の午前3〜4時に水が入ってきた。それで気がつき、テレビや書類をもって屋根裏にあがった。水は進入してくるときは早く、出て行くのは非常にゆっくりだ。水は一昼夜床に残った。引いた後、知り合いから馬が死んだのをみたと聞かされた。自分が面倒みている2頭の牝馬と2頭の仔馬だった。(2010年5月25日、男性、1949生)

この男性の場合、この時期に氾濫原を放牧地として利用してきた。馬牧夫である自分自身の馬に加えて他人の馬の委託管理も引き受けており、仕事上も損害だった。彼自身、カムガッタ村では洪水は来ていなかったから甘く考えていたという。もう一点注意したいのは、床上浸水した水が引くのに2日間かかったということである。長時間水が滞留し、ゆっくりと引いていくという現象がここで確認できる。

次の事例は、経験不足故に、洪水に恐怖していた人の話である。

> [資料7] 自分はアラース出身なので、初めての経験でたいへん怖かった。20日のうちにテレビやコンピューターなどは高いところにあげておいた。しかし屋根裏に避難するということはなく、電気も動いていたのでそのまま休むことにしたが、結局怖くて20日の夜は眠れないで過ごした。洪水は21日の朝4時に車での緊急避難の放送で始まった。これを聞いてすぐに兄に電話した。彼は寝ていた。そして水はこないので、おまえのところは高いから心配しないで寝ろと言われた。いったん切ったが、やはり不安になり、また電話した。すると彼は起きて、岸辺近くの堤防に見に行った。そこから携帯で電話があり、水がくる、準備しろと電話があった。それでみんなが来るかもしれないと思い、料理を作り始めた。朝6時になると兄の家には水が入り始めた。それで子供たちや家族が続々とうちに来始めた。我が家はトイレと畑が水につかったが床上までは冠水せず。(2010年5月25日、女性、1970生、カムガッタ村、商業)

ここからはまさに洪水の出現に恐怖し、混乱する心境が現れている。幸いにしてこの女性の場合、被害は及ばなかったが、解氷洪水を知らない人がどのようにそれを認識するのかを示す資料となっている。彼女は、先にも照会した事例と同じウスチ・アルダン郡出身で、アラース出身者だった。彼女がこの村で暮らしはじめたのは、2001年で洪水の後であった。

いずれの事例も解氷洪水になれておらず、また役場による災害事前対策情報も得られない状況のなかで洪水に遭遇し、冠水あるいは家畜の損失という被害を出していることがわかる。

(2) 洪水災害の記憶

次に紹介するのは、トラギノ村の事例でつまり何度も洪水を経験した人々である。彼らの場合、2010年にはそれほど被害がでていないので、むしろ過去の記憶が中心となっている。

> ［資料8］自分の家は2つある。ひとつは今暮らしている5階建てのアパートで、もうひとつは普通の一軒家。後者は、毎回水につかっていて、家の土台がだめになったり、ずれてしまっている。毎回水で流されるので、菜園はやめてしまった。98年の時には屋根まで冠水し、水は1週間残った。畑には全く何も残っていなかった。2001年のときには屋根すらみえず。その後、アイスジャムを爆発させて水が流れるようになったので、水位が下がったがその後も4日間はボートでしか家に近づけなかった。それでペチカ（暖炉）も壊れた。当然畑もなくなった。このときには一夏かけてソファや家具を干したが、完全に乾かなかった。ソファからはキノコが生えてくるほどだった。それで今のアパートで暮らすようになった。一軒家のほうは12月までは別荘のようにして使うが、基本的に家に泊まることはない。今は、最初の頃の半分ぐらいの畑でジャガイモを育てている。（2010年5月23日　女性、1944年生、看護婦、ブリヤート人）

彼女の場合、1998年と2001年の洪水被害が決定的な影響を与えており、家も新たに購入し、菜園活動も大きく変化した。そして重要なのは、洪水による水が長くとどまることを強く記憶していることである。解氷洪水は、従来のカナダの事例からは爆発的な力で水と氷が人の居住空間に入り込むことで大きな被害をもたらす（Beltaos 1995）と考えられてきた。しかし、ここでは水が長い時間にわたってとどまることが問題視されているのである。同じ事は次の2つの事例からも指摘できる。

［資料9］2001年の洪水では窓下20 cmまで（床上40 cmほど）水がきた。水が引いたのは3〜4日経ってからだった。庭の水が完全にひくのに1ヶ月かかった。掃除は夏中かかった。その後も大修理が必要だった。牛と一緒に避難し、避難所に1週間ぐらいいた。このときには家の周りの三方から水が入ってきた。家の基礎も流されたり、曲がったりした。（2010年5月22日、1952年生、男性、技師）

［資料10］1998年の洪水の時には結婚したばかりで1階しかない家だった。それで屋根裏に3〜4日泊まった。2001年には2階をたてたので問題はなかった。洪水のために2階建ての家にした。2007年はいなかった。今年も問題なし。洪水の原因は堤防を作ったためだ。それで川岸が低く、遠くが高いので、水が逆流してきて村が冠水する。（2010年5月23日、男性、1970年生、職不明）

上記2つの事例はいずれも水が数日間家屋のなかにとどまっていること、庭を含めると1ヶ月という長期間水害にさらされていることがわかる。そして注意したいのは、トラギノ村で解氷洪水が頻出するようになったのは、堤防建設という人為的な理由だと認識していることである。

同じように村での洪水頻出化を考えている別の住民は次のように主張した。

［資料11］洪水の備えについては、経験があるのであまり問題ない。例えば雪が少なくなると氷が大きくなり、すると必然的にアイスジャムが発生する。今年はテレビでハンガラス郡のカタシ村などが被害にあったと知ってからはこちらにもくると判断し、準備した。ちなみに牛は3年前に処分した。妻が病気がちで牛の世話をするのがたいへんであり、また水がくると牛を避難させなければいけないからだ。トラギノ村で洪水が起こるようになったのは、明らかに道路が原因だ。支流に沿ってではないナム道路と支流道をむすぶも

う一本の道路が90年頃に造られたが、この道路は支流の道路よりも高い位置にある。だから道路の向こう側に流れずに、村に戻ってくる。むかしはナム道路にそって水が広がり、村は洪水にならなかった。(2010年5月22日、1959生、男性、消防士)

この男性がいう「道路」は先の事例にある「堤防」と同じである。道路は永久凍土の段丘に直接つくるわけではない。氾濫原は平坦ではなく、高低差がランダムにある段丘なのである。そこに盛り土をし、いわば堤防のように高台をつくり、その上でアスファルトを張っている。それゆえに、「道路」が建設される前は、洪水が発生しても水がたまらずに、流れ去ったと考えているのだ。彼の指摘はトラギノ村でなぜ洪水被害が毎年のように発生するのか、直接の理由としては最も説得力があるように思われた。

さらに興味深いのは、洪水が起きるかどうかの判断で、冬の雪の量の多寡が判断材料になっていることである。また単独の理由ではないが、洪水における家畜の避難対策が負担で牛飼いをやめる理由となっていることも重要である。本来、解氷洪水は家畜飼育にとって恵みだったはずである。それが反対に災いとなって住民の生業を変えていることを示しているからである。

トラギノ村の洪水の理由が人為的であるという主張は別の人からもされている。

[資料12] トラギノ村では1964年に最後に大水が出て以来、ソ連時代は洪水が起きなかった。というのは川底の掘削を行っていたからだ。その後1998年に洪水が起き、2001年に最大の洪水を経験した。その後はほぼ毎年水がくるようになってしまった。だいたい5月15〜16日ぐらいに大水がでるので、この村の住民はみんな準備している(2010年5月21日、トラギノ村、男性、1960年生、学校教員)

この事例からは1960年代後半以降のソ連時代では、村に洪水被害がでなかったことがわかる。そして現在の洪水被害の原因は、川の**浚渫**(しゅんせつ)[9]を実施しないことだと指摘している。

[9]　川床に堆積する土砂を取り除くこと。洪水対策の一環で行われることが多い。

(3) 洪水への適応行動

洪水に慣れたトラギノ村の住民は、洪水を前にしてどのような適応行動をとっているのだろうか。すでに第4節で紹介したように、洪水の予測が出された時点で、避難するという行動がある。

> [資料13] ニュルバ郡マーリカイ村出身で、一人息子がトラギノ村の女性と結婚した。それで2004年にトラギノ村に引っ越してきた。2007年に最初に被災した。そのときには自分一人が残ってそれ以外の家族はみな町や他の村の友人親戚に逃げた。このときには窓の下まで水がきた。今年は庭は冠水したが、家までは来なかった。今年の場合、20日に家族全員がヤクーツクに逃げた。22日に戻ってきた。20日の午前中まですべての荷物を屋根裏にあげた。(2010年5月23日、男性、1933年生、元教師・年金生活者)

彼は段丘出身者ではない。しかも年金生活者になってからの引っ越しだった。息子夫婦の家で3世代が暮らしており、その隣には息子の妻の実家がある。彼の場合、トラギノ村で長く暮らすその「実家」と密接な交流があり、洪水に対してどう対応するか連絡を受けていたという。その結果、洪水対策として家財道具を高い場所に置くという措置だけでなく、家畜と妻子を隣接する両親の暮らす村に避難させていることがわかる。そして洪水の危険を認識次第、より具体的な予測とは無関係に準備をすることがわかる。資料8と比べると大きな違いであると同時に、経験によって適応行動ができるようになっていることを示している。

次の事例も避難行動をしているものだが、それには家族だけではなく家畜も含まれている。

> [資料14] 1998年に最初の洪水がきてから今日までに4回の洪水がきている。2回目は2001年で最も大きいものだった。次は2007年、そして今年2010年。1998年の時にはヤクーツクで暮らしていたので洪水は知らない。2001年の時には現在の家屋に暮らしていなかったが、自分の家の屋根ぐらいまで水がきた。このときには夫はヤクーツクで働いており、シルダフ村の義母がこちらに電話してくれて避難した。2006年の時には、窓が見えないぐらいまで水が

きた。今年は小さくてすんだ。子供は3人。牛は2頭の雌牛、2頭の子牛（月齢4〜15ヶ月）、2頭の新生仔（月齢3ヶ月以内）である。19日の水曜日にニュースでハンガラス郡のアクチョム村で水がでたというニュースを聞いて、すぐに避難する体制を整えた。20日には牛6頭を隣の村シルダフ村に連れて行った。そこには自分の実家（母）があり、そこに家畜を置かしてもらい、そして子供たちや自分たちも泊まった。とはいえ、泥棒が心配なので、夜は2時間おきに見に来ていた。自分の家は、庭の大半が冠水したが、家の中までは水が入っていない。ただ、家の中に入るまでは完全に水に浸からなければならない状態だった。妻によれば、シルダフ村は川岸にあるのに洪水はきていないという。この家があるのはノーバヤ通りというが、これは「新しい」地区で、低い場所である。とにかく今は洪水が起きそうだとわかったら水が来るか来ないかにかかわらずにすぐに避難する。家具や荷物を高台にあげ、また家畜をシルダフに避難させる。（2010年5月21日、トラギノ村、42才、自営畜産農家）

この男性の場合、2001年と2006年の洪水の時には自宅が冠水している。その経験を踏まえ、上流部でのニュースが出てからすぐに避難行動を行っている。隣接する村の実家に自分も含めて移動し、その際に家畜も避難させている。先に説明したように、トラギノ村では役場が家畜避難所を設置しているが、彼はそれを利用せずに済ませている。特に留意したいのは、彼の家が川岸からは遠いが低地にあることだ。日本のように急峻な場所での洪水は、川岸から一気に水が流れ込むイメージがある。しかしここでは、（筆者自身の観察によれば）川岸の近くは別にして、水路からあふれた水は高い場所にある家屋には浸水せずいったんは低い部分に流れ込む。これは資料9では家の周囲三方から水がやってきたと表現されている。その状態に水が注ぎ続けられるため、徐々に水かさがあがってくる様相だった。家の周りを水で囲まれてその後庭の低い部分から水が入り込み、徐々に上昇していくのだった（写真6-12）。

最後に、解氷洪水が発生した際に当事者がどのような対応をとるのか行動分析してみよう。トラギノ村で幹線道路が冠水し始めたのは、2010年5月20日の朝からだった。私はこの日昼過ぎにはヤクーツク市から緊迫する雰

図6–12　トラギノ村での浸水の様子（2010年5月20日）

囲気の村に到着した。住民の緊張が最も高まったのは20日の夜だった。翌日の午後には川岸からの水の流入も収まり、村の緊張状態はとけた。そうした中で20日午後から翌日の夜の時間に、下宿した家族の夫婦（50代後半）と息子（20代後半）の行動調査を行った。方法は**スポット・チェック法**[10]に基づくものである。調査時間を5月20日午後3時半から5月21日0時までと、同日の朝8時から23時30分までの合計23.5時間とし、この間30分毎にそれぞれの対象者が何を行っていたかを記録した。行動は「食事」「休憩・就寝」「情報交換」「自宅洪水対策活動」「避難所」「冠水確認」「洪水対策共同作業」「生業」「その他（車修理・遊び）」と範疇化し、それぞれがこの23.5時間をどのように時間配分したのかを百分率で表示した（図6–13）。

---

［10］　生態人類学や人類生態学の調査方法のひとつで、さまざまな属性をもつ個人が平均的にどのような活動にどのくらい時間を費やしたか、時間配分を量的に計る調査法。観察期間のなかで、あらかじめ定めた頻度で個人の行動を観察し、類型化した範疇に分類することで、活動時間配分の割合を把握する（大塚ほか2002：82）。

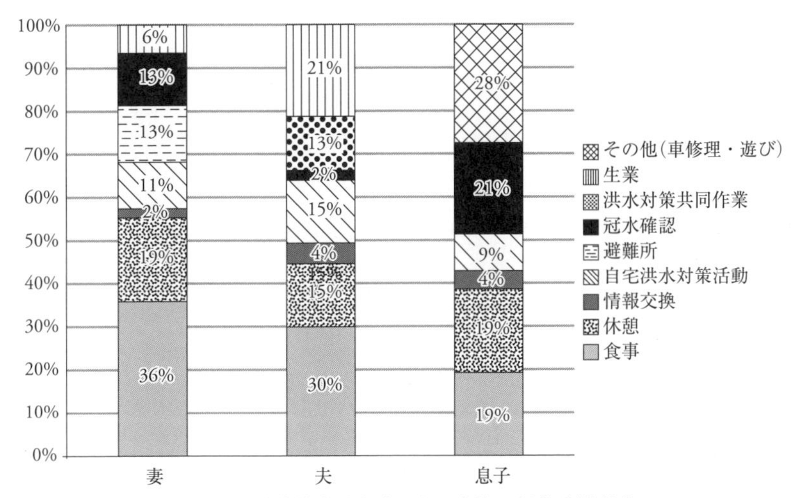

図 6-13　洪水被害発生時のある家族の行動時間配分

最も時間配分が多かったのは、食事である。夫（30％）と妻（36％）は共に準備をしていることから、息子（19％）と比べて長時間従事している。また休憩時間については 3 人ともほぼ同じくらい取っている。この食事と休憩を加えた行動は 38％〜55％となっており、緊急事態のなかで食事の時間と休憩が十分に取られていることがわかる。食事の回数は、この 2 日間とも朝食昼食夕食に加えて就寝直前の夜食（お茶と軽食）の 4 回であった。夜食は特に緊急事態だけでなく、この地域では日常的に行われているものである。

自宅洪水対策は、地下天然冷蔵庫に保管されている肉やジャガイモなどの食料や電化製品を高い場所に移動させ、ベッドなどをテーブルの上に置くなどの活動である。この活動は、20 日の夕方に 3 人で行った。この作業を行っている途中で 16 時に停電となった。情報交換は 2％〜4％と少ないが、携帯電話による事態の情報交換のことである。情報交換はほとんど 20 日夜 9 時台にみられこの時間が最も緊迫した時間だった。緊迫した時間が過ぎ去った後の 20 日の夜食は皆が楽しい雰囲気に変わったことを覚えている。

このように 3 人は共通する活動をしてはいるものの、家族内での役割分担もみられた。夫は牛の避難（21%）村の堤防修理への共同作業参加（13%）、妻は孫を保育園に設置された避難所で待機（13%）、息子は幹線道路の冠水状況を確認することで、自宅に水がくるかどうかについての判断を行ったことである（21%）。冠水状況の確認は5回行われているが、その理由は過去の経験にある。2007年の洪水時には、村の中心道路が冠水して、1時間で彼らの自宅も冠水したという（2010年5月20日、息子より）。ちなみに中心道路と自宅の間は約1キロある。

まとめると、世帯主である夫が生業と社会関係に関わる活動をし、妻は食事の世話や孫の避難などの家庭に関わる行動を、そして息子は事態予測に関わる情報収集を行う一方で、21日午後以降は避難行動とは関係なしに車の修理や友人たちと遊ぶ行動がみられた（28%）。本来、20代の息子は共同作業などの力仕事に従事することが期待されていたが、過去に負ったケガのため十分そうした活動には参加せず、また親が基本的な対策をとっているため、緊急事態がおわると友人たちとの自由な時間を過ごすことが許された[11]。このように家族内ではそれぞれの役割に応じた適応行動が取られていることがうかがえる。なお、この家の場合、翌朝になってみるとは敷地内の庭の低い部分から水が進入して15時20分まで増水が続いた。結果としては自宅内は冠水せずに済んだのだった。

6-5　洪水被害のない水害

(1) 干し草不足

2010年の洪水調査について補足的な情報を収集するために、2012年9月

[11]　特に洪水の際には、ヤクーツク市に暮らし働いている若者もそれぞれ自宅の避難行動のために戻ってきており、久しぶりの再会という事情もあった。

に再び補足調査を行った[12]。調査地は2011年と同様にカムガッタ村、トラギノ村、ニュムグ村である。最初に訪問したカムガッタ村で下宿先の家の近隣に暮らす親戚宅を挨拶に訪れ、再び洪水の補足調査に来たことを伝え、会話をしていたころ、興味深いことを聞いた。それは、この1〜2年でカムガッタ村では急速に牛飼いがいなくなっているということである。彼女は、個人の自宅屋敷地での牛飼いがかなり減ったという印象をもっていた。その理由は草刈地の問題で、春洪水の後、草刈地が水没するようになったという。2012年の場合、村に洪水被害は起きなかった。しかし、草刈地が水に浸かり、その水が長く引かなかったという。草刈ができた場所でもその後夏に洪水が起きて刈り取った草が流された場合もあるという。そのため今年は草の値段があがった。また越冬用の草が足りない個人の場合、屠畜してしまうことが増加するだろうというのが、彼女の予想だった。

春洪水の被害に見舞われなかったのに、家畜飼育に問題が発生する。その原因は「長引く水」だという。このことが2012年の調査のなかで次第に中心的な問題となっていた。以下では、前節との比較も考えて、洪水被害になれたトラギノ村とそれ以外のカムガッタ村とニュムグ村という順番で住民の証言を紹介していきたい。

> ［資料15］今年は3回洪水があった。このうちに2回の洪水は長く留まった。それで草は良い形では育たなかった。水が引かないで長くとどまると、草に土がたくさんついて汚くなる。水が引かなかったこともあり、普通なら8月20日は終わっている草刈を、今年は今もやっている程である。今年の場合、1回目のカルング・ウー（流氷の水）はすぐに去った。それから2週間後ぐらいにきた第二波の水と、8月の初旬から中旬にも水がきた。8月は雨も多かった。それで草の成長が良くない。トラギノ村近くの中洲はクティル中洲で700ヘクタール、オルト中洲で700ヘクタールある。それ以外もある。ソフホーズ時代はこれらの中洲の草刈地から5000トンの干し草が採れた。今年は全然ダメだ。（2012年9月13日、トラギノ村、男性、副村長）

［12］　本来は2011年5月に補足調査を行う予定だったが、筆者自身仙台に暮らしており、2011年3月の東日本大震災で被災したため、この時期となった。

［資料16］今年の春洪水ははっきり覚えていないが5月20〜30日頃だったと思う。今年はサースク・ウー（春の水）は小さく、しかしブオル・ウー（土砂水）が大きかった。それと今年はほぼ夏の間、草刈り地で水が溜まっていたため（草は）汚くなりよくなかった。8月中旬ぐらいまで水があった。そのためレナ川左岸の村落部ではほとんど干し草がない状況になっている（2012年9月8日、カムガッタ村、男性、1965年生、資料1と同一人物）。

［資料17］サースク・ウー（春の水）はアイスジャムがあることで生じる。この水は、良い水で必要なものだ。その後6月にはカラ・ウー（黒い水）がやって来る。今年はこれが長くとどまり、2〜3週間は水がひかなかった。さらにサユング・ウー（夏の水）も2週間続いた。これは、7月13〜15日ぐらいから始まった。ちょうど草刈をはじめた時期だった。だから大変良くなかった。自分たちの草刈地は中洲ではなく、岸辺にある。そこに真っ黒な水がやってきたのだ。草の状態は悪い。しかし量は十分とれた。自分の場合、雌牛2頭、新生仔（月齢3ヶ月迄）2頭、子牛（4〜15月齢）が2頭である。このうち子牛2頭を今年の秋に屠る。草は悪いが特に屠る数を増やすということは考えていない。今回のような洪水は今までなかった。2010年の大洪水の時には干し草作りは大変うまくいった。（2012年9月17日、ニュムグ村、教師の男性）

いずれの村も2012年は春の洪水被害はでていないものの、干し草の準備で問題が生じていることがわかる。それと洪水の呼び名はトラギノ村とそれ以外で若干異なっているが、5月のレナ川の解氷によって生じる洪水からはじまり全部で3回の洪水があることがわかる。ここで述べられている3回の洪水は、この流域に暮らす住民であるなら、おおよそいつ頃発生するかもふくめて知られている現象である。1回目は「カルング・ウー（流氷の水）」ないし「サースク・ウータ（春の水）」、2回目は「第二波」「カラ・ウー（黒い水）」ないし「ブオル・ウー（土砂水）」、3回目「夏の水（サユング・ウー）」あるいは上記には言及がないが、「シルディック・ウータ（明るい水）」とも呼ばれる。それぞれ訳をつけてあるが、これらは洪水の特徴を示している（高倉2013）。1回目の洪水はアイスジャム洪水である。2回目は、雪解け水によって発生する融雪洪水であり、3回目の洪水は雨によって発生する夏洪水となる。これらの差異は地域差というものではなく、個人によって表現の仕方に違いがあるという程度のことである。

注意したいのは、2回目の洪水が長引いたこと、さらに3回目の洪水が8月に来たこと、さらに降水によって干し草生産に悪影響がでたことである。ニュムグ村の事例で言及されているように、1回目の解氷洪水は干し草生産にとっては必要だとされている。ここで改めて春の洪水が、短い期間なら生業には好ましい影響を及ぼしていると住民は認識していることがわかる。さらに2010年の洪水は逆に干し草生育によかったとまでという意見もあるのに注意したい。前節で紹介した解氷洪水は確かに住民生活には否定的影響を及ぼしたが、家畜生産はまた別の文脈にあることを示している。むしろ解氷洪水の被害がでなかった2012年の方が牛飼育には打撃を与えていることが興味深い。その原因は、2回目以降の洪水や夏洪水、特にそれらの水が引かなかったことである。これもまた家畜生産には否定的な影響をもたらしているのがわかる。そして2012年の場合、いずれの村においても同じように発生しており、広範囲にわたっていることが特徴である。

(2) 中洲の分散利用

2012年は解氷洪水による直接的な被害はでなかったもの、その後の洪水と降水によって採草地の水環境が変化し、干し草生産に悪影響がでていることがわかった。これらは先に述べたように、牛生産に否定的な影響を与えるのだろうか？　畜産家からの聞き取りを紹介しよう。

最初の事例は、トラギノ村で農民経営を営む男性（1964生）である。この会社は馬飼育が中心で、私有馬管理分も含めて350頭程いる。干し草は自宅の牛用と出産前後の牝馬用に用意する。彼は中洲にある自らの採草地チャラーン（Charaan）に私を連れて行き、どのような状態になっているのか示した（図6-14）。

[資料18] 8月はじめから1週間か10日ぐらい水が引かなかった。それで草は倒れており、刈っていない。草を触ると汚れが手につく。今年は4回水がき

図 6-14　トラギノ村の中洲の中での草刈作業（2012年9月15日）

> た。4回も水が来るようなことはなかった。短く刈り込まれた場所で若草が生え直しているところは、すでに草刈を終えたところだ。チャラーン（という区画名）内でも高い場所は草刈が可能であり、低い場所は水につかって使えなくなっている。（ちなみにさらにもう少し進んでみせてくれた区画はベケチェフ（boekoechoekh）と名付けられた場所だが、ここは問題なしだった。）（2012年9月15日）

当たり前といえばそうなのだが、採草地は平坦ではなくある程度の高低差がある。したがってある採草地全部の草がダメになっていることはない。加えて、この人物の事業体が所有する採草地は、オルト（orto）、ルースキー（russkii）、クゥトゥル（kytyl）、クルマフターフ（kylymakhtaakh）、ジョンドゴール（d'ondogoor）、マラフイアン（Malakhian）、チェーレ（cheere）などと呼ばれる中洲にそれぞれ分散して所有している。重要なのは、採草地区画が極めてさまざまな形で分散していることである。いうまでもなく、分散することで洪水被害のリスク分散にもなっている。

この状況は、この人物が農民経営という会社経営者だからではない。個人農牧業者でも同様なのである。カムガッタ村のある個人農牧夫は牛飼育とジャガイモ・小麦生産が中心である。12頭の牛（6頭が雌牛、6頭が子牛）をもっている。1990年代にソフホーズが崩壊して、個人農牧業をやるようになった。

> [資料19] 私の草刈地はベレゲス中洲のなかにある。今年のサースク・ウー（春の水）はたいしたことはなかったが、サユング・ウー（夏の水）が来たのは6月26日だった。1週間ぐらい水があった。その後7月にもまた水がでた。それで草は泥だらけになった。それでも草刈は一応したので、干し草はある。20トンほど。しかし質は良くない。自分には中洲以外にもアラースにも草刈地がある。オルト・アラースと呼ばれている場所で、そこのブラーフ・アルーラーフ（Bylaakh alyylaakh）と呼ばれる区画で、30ヘクタールほどある大きな場所。10家族で使っていた。しかし、今はアラース内の湖が大きくなっていて草刈地としては使っていない。（2012年9月9日、カムガッタ村、男性、1959年生、農牧業）

ここでも草刈り地は分散して所有されていることがわかる。とはいえ、その場所は中洲ではなく、森林部に広がるアラースであった。興味深いのは、森林に広がる草地のアラースの湖が拡大し、草刈りができなくなっているとの言及である。アラースの湖の拡大は、降水量の増加と並んで気候変動による影響として報告されている現象である。その結果、本来はよりよい採草地であるアラースが使えなくなっているのだ。

ニュムグ村での男性もまた採草地を分散させていた。

> [資料20] 今年は草の収穫が少ない。草刈地に半分は残してきた状況。8月はじめから洪水があった。草を刈っていたら水がきた。その後しばらく待ったが、水は引かなかった。それで10 cmぐらい水はあったが、そのまま草刈をしたので大変疲れた。こんなことは初めての経験だった。その後雨が降り、また水が出た。自分の草刈地は（中洲ではなく）岸辺にあり、アティール・サーガ（atyyr saagga）という。ここは15ヘクタールあり、4人の親戚で利用している。自分、弟、末弟、そして話者の妹の夫。それ以外にはもうひとつ3~4ヘクタールの区画がある。ここにも水がきた。草は良くない。質は良くないが、量としては十分。ちなみに2012年はおおよそ10トンの草を収穫した。2011年の場合は12トンである。2トン減った。洪水があった2010年はまったく問題なし。重要なことは夏に水が来ないことである。（2012年9月18日、ニュムグ

村、男性、1950年生、年金生活者）

今回の場合、採草地が分散しているにもかかわらず、両方とも水につかる結果となったが、質はともかく量は確保できたという結果となっている。また2010年の洪水は干し草生産に全く影響していないという指摘も重要である。

こうしてみてくると、アラース・岸辺の段丘・中洲も含めてさまざまなタイプの採草地は、地域住民によって小規模な形で分散させて保有されていることがわかる。一世帯が1つの区画だけを利用するのではなく、より小さな区画をさまざまな場所に配置することで、洪水を含めたさまざまなリスクに対応する仕組みをつくっていることが見えてくる。とすれば、2012年の採草地の水環境の悪化に住民は結果として適応することができるのだろうか。

一見、住民の行動はこの問いに対して肯定的であるように思えるが、現地の専門家（ニュムグ村の副村長）はむしろ悲観的である。

［資料21］役場としてもさまざまな対応策を講じている。そもそもこの村の場合、干し草生産は当初予定の80%にとどまった。当然干し草が足りないので、11月には多くが屠畜される。現在村には個人所有で1523頭いるが、その内30%は屠畜される見通しである。老齢・雌牛・子牛いずれも対象となる。通常なら5%程度で老齢個体しか屠らないのが大きく変わってくる。（この村の）住民はみな牛をもっており、牛は重要な生活の手段である。それゆえに役場としても、住民が草を購入しやすくするための財政支援をするつもりでいる。とはいえ、草の質は悪いのでいずれにしても牛はやせるだろうと思う（2012年9月18日、ニュムグ村、男性、副村長）。

ここからは行政的対応が重要であることがわかる。夏洪水はより広範囲に影響し、より被害が拡大する。しかも春洪水と異なり、住民の経験知はほとんどないのだ。その意味では、より政策的な介入が必要となってくるのだ。

6-6 気候変動と社会変化が河川利用の文化生態に与える影響

本章の目的は、気候変動の北極圏人間社会への影響について、従来着目されてこなかった河氷との関わりから明らかにすることであった。とりわけ問題設定において提示したのは、河氷が春に融解することで発生する解氷洪水という撹乱現象を生業生産上の恵みとしてレナ川中流域に歴史的に暮らしてきたサハ人社会における環境利用のあり方を明示した上で、気候変動のなかでいかにその恵みが災害化しているかということであった。

本章によって明らかになった知見のひとつは、中洲という空間が地域社会の生産活動にとって極めて重要な位置づけをもっていたことである。シベリア民族誌において、大河川適応の結果として漁撈と定住化の特質は古くから指摘されてきた。しかし、大河川故に発達する巨大な中洲を住民がどのように利用してきたのか、この点に着目した民族誌的記述は皆無である。中洲は河川氾濫原と同様に地域住民の資源空間であり、これを私的な利用という形で細分して利用する。しかも夏と冬とで移動する伝統的な移牧生活においては、夏には氾濫原で居住地を構え、解氷洪水後に生育する草を確保するために中洲に渡りこれを確保し、秋から冬には中洲に移動し夏に確保した干し草を牛に与えるという仕組みができあがっていた。まさに解氷洪水を生産システムに組み込んだ文化生態が構築されていたこと、これが重要な点である。別稿（高倉 2013）で明らかにした彼らの河川の解氷と凍結過程に関わる詳細な在来知の形成にはこのような生活体系があったと考えてよい。

ソ連時代は、浚渫が行われており、（人為なのか気候の影響なのかは不明であるが）解氷洪水が災害化することはなかった。とはいえ、この時代に従来の移牧が廃止され、定住村落への定着化が進んだことが、近年の災害化の遠因にあることは確かである。近年の気候変動によって解氷洪水は規模・頻度双方の点で増加しており、そのことで従来河川氾濫原や中洲のみにおける洪水だったのが、地域住民の居住地区つまり家屋や家具や電化製品、さらに家畜などの動産などに関わる損害にまで及ぶようになっている。とはいえ、洪水に慣れたトラギノ村から慣れていないカムガッタ村やニュムグ村の住民の対応を見る限り、それらのリスクに対する適応は、住民自身の経験や行政による防災対策によって改善されていくものであることがわかる。現在洪水被害に慣れたトラギノ村であっても、洪水被害が頻繁になっていくのが1990年代以降である。3つの村の比較を行うことで、いずれの村であっても最終的には解氷洪水に対する対応が可能となるということが予期できる。

しかも重要なのは2010年のような大規模解氷洪水が発生した場合であっても、水の滞留時間が短ければ、解氷洪水は草刈り生産そしてこれに連動する牧牛にとって肯定的な影響をもたらすことである。解氷洪水の原因は河川の氷融解であり、この意味で融氷量＝増水量は一定であり洪水が発生してもそれが長期化することは考えにくい。ここから述べることができるのは、解氷洪水は伝統的な夏と冬の家を移動する移牧の生活様式を放棄し、現在のような定住型村落に暮らした条件において災害化するということである。その災害であっても、住民がこれを経験し、地方行政が相互に連携することで防災行政を共有すれば、住民にとっては許容可能な範囲にとどまるということである。解氷洪水は、一定程度の政策が確保されれば、依然として恵みという位置づけをもっている。

この点で2012年の調査で明らかになった夏洪水の家畜生産への影響は異なる文脈にある。この特徴は3つの村にいずれにおいても干し草生産に打撃をあたえていた。解氷洪水災害の外力や頻度は河道やその周囲の地形的な条件によって左右され、村によって被害の度合いは異なっていた。これと比べると、夏洪水はより広域において等しい影響を与えるという点で違いがある。それは採草地の牧草生産へ面的な被害をもたらすものなのである。とはいえ、地域住民の証言からは、中洲の資源利用において分散的保有の仕組みが存在し、その結果2012年の夏洪水による採草地被害においても、リスク分散が効を奏する結果となっていた。筆者の聞き取りでもこれによって破綻にいたった個人はみられていない。この意味では中洲の分散的保有は洪水という災害に対するレジリエンスとして機能していると考えることができる。

ただし、村落の干し草生産全体は減少することは事実であり、そのために資料21でニュムグ村の副村長が指摘したように、村として干し草の（他の郡からの）買い付け措置を取る必要性がでることは事実である。個人の行動レベルはともかくとして、地域社会の生産構造という観点からみると、明らかに行政的な対応がなければ、家畜の再生産ができないという事態が発生した。これは地域の環境資源の循環のなかで生産可能だった牛飼育が外部の干し草や飼料とリンクする可能性を意味している。現時点では2012年のような夏洪水は住民の証言からは初めての事態であり、それが今後どのように継続するのかどうかは不明である。しかし、春の解氷洪水災害が、事前の防災的な対応によって地域社会内での適応が可能であったのと比べると、夏洪水は干し草生産に直接的な影響を与え、地域生態における牛生産収容能力を左右する。その適応には地域社会内だけでなく外部との連携が必須となるという違いがある。

地球温暖化がどのように春のアイスジャム洪水に影響するのか、その自然科学的な評価はまだ十分わかっていない。しかしこの解氷洪水につづく、2回目の融雪洪水や降水にもとづく夏洪水は、これまでの気象観測で確認されている降雪水量の増加に呼応する事象である。最大積雪深の増加は2回目の洪水＝雪解け洪水に直結するものであり、夏洪水はあきらかに夏の降水量に依存する。この点で、2012年の採草地への洪水被害は決して例外的な事象なのではなく、今後も続く可能性がある。水文学的な観点からは、2005年から2008年にかけて、降雪水量が増加したことが確認され、それが永久凍土の融解を促していることが明らかにされている（第1章参照）。従来は気温上昇による氷楔融解がアラース＝草原における湿原化と、森林火災による森林の劣化が指摘されていた。これに対し夏と冬の降雪水量増加も決定的な要因として永久凍土の融解に寄与し、森林の枯死・荒廃とアラースの湿原化に拍車をかけていたことが示されたのである（Iijima et al 2013）。なお地域を特徴付けるカラマツ中心の森林生態系は、気候の寒冷性と乾燥性、永久凍土との組みあわせの下で進化した。モデル予測では2〜4℃の温暖化が生じると、カラマツ林は消滅し別の種に取り替わるという報告すらでている（Zhang et al. 2010）。これらから、少なくとも現在検知されている湿潤化だけであってもその傾向が続く限り、河川の中洲や氾濫原（そしてアラース）における干し草生産は縮小することが予測される。もし降水量の増加が春にもみられれば、解氷洪水の規模は拡大し、これもまた干し草生産を左右することになろう。そのことも含めて現在の変化する気候は、この局所的生態系を利用して形成された文化生態の危機をもたらしている。

6-7　文化生態と適応の限界

レナ川中流域サハ人社会は、乾燥した大陸性の寒冷気候を前提にし、解氷洪水による土壌更新を干し草生産として利用するという形でその生業体系を形成させてきた。気候変動による湿潤化は明らかに従来の文化生態と在来知では対応できない自然現象とそれに連動する社会現象を生み出しつつある。本章は、水文学などの知見も踏まえながら解氷洪水の特徴について説明を行いつつ、これに連動する社会現象について人類学的フィールドワークに基づき洪水災害がどのように発生し、地域行政や住民はどう対応しているのか、その認識や行動を民族誌的に記述し、これに関わる具体的な社会的過程を解明した。その上で住民にとって最も深刻なのは干し草生産への影響であることを突き止めた。以上が参与観察と談話総合化法によって解明することができた当該地域における災害の文脈である。

春洪水の災害化は、行政の防災対策の高度化と住民の経験の蓄積で適応可能なものにとどまるというのが本稿の得た分析結果である。しかし夏の降雨量の増加による夏洪水は採草地に深刻な被害をもたらし、地域の循環的経済システムの持続可能性に構造的な変化をもたらすことが示唆された。確かに輸入飼料などの導入によって牛生産の維持は可能かもしれない。しかしこれは当該地域が歴史的に地域環境に即して形成してきた文化生態の放棄である。また飼料価格との採算性があうかどうかも不明である。この点で湿潤化は、従来の文化生態と在来知による適応の限界をもたらす可能性が高い。

これは段丘側だけの話ではない。森林部のアラース側でも湖が肥大化し、湿原化することで採草地が減少すると報告されている。このことも含め湿潤化は牛飼育というサハ人の文化的伝統＝極北適応の重要な一角を壊す可能性がある。これは単に地域伝統の問題なのではなく、食料生産にかかわってくる地域経済の問題でもある。今後必要なのは、湿潤化が河川流域の草原環境にどのような影響を及ぼすのか、自然科学のさらなる知見を踏まえながら、地域の農業政策にとって有効な政策的提言のための社会科学的知見を構築することであろう。

参考文献

Adger, W., Lorenzoni, I., O'Brien, K. (2007) Adaptation now. pp. 1–22. In Adger, W. et al. (eds.), *Adapting to Climate Change: Thresholds, Values, Governance*. Cambridge University Press, Cambridge.

Bakes, F. (2008) *Scared ecology* (2nd edition). Routledge, New York and London.

Beltaos, S., Prowse, T. and Carter T. (2006) Climatic effects on ice-jam flooding of the Peace-Athabasca Delta. *Hydrological Processes*, 20: 4031–4050.

Beltaos, S. (1995) *River Ice Jams*. Water Resources Publication, Highland Ranch, Colorado.

Bennett, K. and Prowse T. (2010) Northern hemisphere geography of ice-covered river. *Hydrological Processes*, 24: 235–240.

Crate, S. (2012) Water, water everywhere: perceptions of chaotic water regimes in Northeastern Siberia, Russia. pp. 103–106. In the Proceeding of 1st international conference Global warming and the human-nature dimension in Siberia, 7–9 March 2012. Research Institute for Humanity and Nature, Kyoto.

Crate, S. (2011) Climate and culture: anthropology in the era of contemporary Climate Change. *Annual Review of Anthropology*, 40: 175–194.

Crate, S. (2008) Gone the bull of winter: grapping with the cultural implications of and anthropology's role(s) in global Climate Change. *Current Anthropology*, 49–4: 569–595.

Filippova, V. (2010) K voprosu o navodneniiakh na rekakh Iakutii (20v.). In *Gumanitarnye nauki v Iakutii: issledovaniia molodykh uchenykh: Sbor*. statei. Nauka, Novosibirsk.

Forbes, B. C., Stammler, F., Kumpula, T., Meschtyb, N., Pajunen, A. and Kaarlejärvi, E. (2010) High resilience in the Yamal-Nenets social-ecological system, West Siberian Arctic, Russia. *Proceedings of the National Academy of Sciences*, 106: 22041–22048.

Forbes, B. and Stammler, F. (2009) Arctic climate change discourse: the contrasting politics of research agendas in the West and Russia. *Polar Research*, 28: 28–42.

藤原潤子（2013）途絶化するシベリアの村：社会変動と気候変動『途絶する交通，孤立する地域』(奥村誠ほか) pp. 1–30. 東北大学出版会，仙台.

Gray, S., Leslie, P. Akol, H. (2002) Uncertain disaster: environmental instability, colonial policy, and resilience of East African pastoral system. pp. 99–130. In Leonard, W. & Crawford M. (eds.) *Human Biology of Pastoral Populations*. Cambridge University Press, Cambridge.

Green, D. and Raygorodetsky, G. (2010) Indigenous knowledge of a chaning climate. *Climate Change,* 100: 239–242.

ホフマンスザンナほか編 (2006)『災害の人類学：カタスロフィと文化』(若林佳史訳) 明石書店，東京.

Huntington, H and Weller, G. (2005) An introduction to the Arctic climate impact assessment. pp. 1–19. In C. Symon et al (eds.) *Arctic Climate Impact Assessment.* Cambridge University Press, New York.

Iijima, Y., Ohta, T., Kotani, A., Fedorov, A., Kodama, Y., Maximov, T. (2013) Sap flow changes in relation to permafrost degradation under increasing precipitation in an eastern Siberian larch forest. *Ecohydrology*, 7–2: 177–187.

Krupnik, I. and Jolly, D. (eds.) (2002) *The Earth is faster now: indigenous observations of Arctic environmental change*. Arctic Research Consortium of the United States, Fairbanks.

Kusatov, K., Ammosov, A., Kornilova, Z., Shpakova, R. (2012) Anthropogenic factor of ice jamming and spring breakup flooding on the Lena River. *Russian Meteorology and Hydrology,* 37–6: 392–396.

Laidler, G. and Ikummaq, T. (2008) Human geographies of sea ice: freeze/thaw processes around Iglooli, Nunavut, Canada. *Polar Record*, 44 (229): 127–153.

Ma, X. and Fukushima, Y. (2002) A numerical model of the river freezing process and its applications to the Lena River. *Hydrological Processes*, 16, 2131–2140.

Marin, A. (2010) Riders under storms: contributions of nomadic herder's observations to analyzing climate change in Mongolia. *Global Environmental Change,* 20: 162–176.

Nelson, F., Anisimov, O., Shiklomanov, N. (2002) Climate change and hazard zonation in the circum-Arctic Permafrost regions. *Natural Hazards,* 26: 203–225.

大村敬一 (2002)「伝統的な生態学的知識」という名の神話を超えて：交差点としての民族誌の提言. 国立民族学博物館研究報告，26(4): 25–120.

大塚柳太郎，河辺俊雄，高坂宏一，渡辺千保，阿部卓 (2002)『人類生態学』東京大学出版会.

大熊孝 (2007)『(増補) 洪水と治水の河川史：水害の制圧から受容へ』平凡社.

Orlove, B. (2009) The past, the present and some possible futures of adaptation. pp131–163. In Adger, W. et al. *Adapting to Climate Change: Thresholds, Values, Governance*. Cambridge University Press, Cambridge.

Prowse, T. (2007) River and lake ice. In United Nations Environmental Programe (ed.) *Global Outlook for Ice and Snow*. http://www.unep.org/geo/geo_ice/ (2012/8/16).

Prowse, T. (2001a) River-ice ecology. I: Hydrologic, geomorphic and water-quality aspects. *Journal of Cold Regions Engineering*, 15: 1–16.

Prowse, T. and Beltaos, S. (2002) Climatic control of river-ice hydrology: a review. *Hydrological Processes,* 16: 805–822.

Rakkolainen, M. and Tennberg, M. (2012) Adaptation in Russian climate governance. pp. 39–54. In M. Tennberg ed. *Govering the Uncertain: Adaptation and Climate in Russia and Finland.* Springer.

Smit, B. and Wandel, J. (2006) Adaptation, adaptive capacity and vulnerability. *Global Environmental Change*, 16: 282–292.

Rozhdestvenskii, A., Buzin, V., Shalashina, T. (2008) Forming conditions and probable values of maximum water levels of the Lena river near Yakutsk. *Russian Meteorology and Hydrology*, 35–1: 54–61.

Sommerkorn, M. & S. J. Hassol (eds.) (2009) *Arctic climate feedbacks: global implication.* WWF International Arctic Programme.
http://assets.panda.org/downloads/wwf_arctic_feedbacks_report.pdf (2013.7.20).

Speranza, C., Kiteme, B., Ambenje, P., Wiesmann, U., MakaliSperanza, S. (2010) Indigenous knowledge related to climate variability and change: insights from droughts in semi-arid areas of former Makueni District, Kenya. *Climate Change,* 100: 295–315.

Stammler-Gossmann, A. (2012) The big water of a small river: Flood experiences and a community agenda for change. pp. 55–82. In M. Tennberg (ed.), *Governing the uncertain: Adaptation and climate in Russia and Finland.* Springer.

Steward, J. (1955) *Theory of Culture Change: The Methodology of Multilinear Evolution*. University of Iliinois Press.

Smit, B. and Wandel, J. (2006) Adaptation, adaptive capacity and vulnerability. *Global Environmental Change*, 16: 282–292.

Sukhoborov, V. (2006) Problems linked to the prevention of natural disasters in the Sakha Republic (Yakutia). In the conference of "The 3rd northern forum to the prevention of natural disasters in the Sakha Republic (Yakutia) 2006"
http://www.yakutiatoday.com/events/inter_FWG_emercom.shtml (2012/8/23).

高倉浩樹（2013）アイスジャム洪水は災害なのか？：レナ川中流域のサハ人社会における河川氷に関する在来知と適応の特質．東北アジア研究，17: 109–137.

高倉浩樹（2012a）『極北の牧畜民サハ：進化とミクロ適応をめぐるシベリア民族誌』昭和堂，京都.

高倉浩樹（2012b）シベリアの温暖化と文化人類学．『極寒のシベリアに生きる』（高倉浩樹編）pp. 238–247．新泉社，東京.

Yoshikawa, Y., Wanatabe, Y., Hayakawa, H. and Hirai, Y. (2012). Field observation of a 4 river ice jam in the shokotsu river in february 2010. pp. 105–117. *Proceedings of the 21th 5 IAHR*

International Symposium on Ice, June 2012.

Wenzel, G. (2009) Canadian Inuit subsistence and ecological instability: if the climate change, must the Inuit? *Polar Research,* 28: 89–99.

Zhang, N., T. Yasunari, T. Ohta (2011) Dynamics of the larch taiga-permafrost coupled system in Siberia under Climate Change. *Environ. Res. Lett.* 6: 024003 doi: 10.1088/1748-9326/6/2/024003 (2011.5.29).

Zum Brunnen, C. (2009) Climate Changes in the Russian North: threats real and potential. pp. 53–85. In E. W. Rowe (ed.) *Russia and the North*. University of Ottawa Press, Ottawa.

◉ コラム 7 ◉

気温データで予測するレナ川アイスジャム災害

吉川泰弘

寒冷地を流れる河川洪水には、降雨による洪水（**夏洪水**）、融雪による洪水（**融雪洪水**）に加えて、解氷後の**アイスジャム**形成による洪水（**アイスジャム洪水**）が存在する（第1章参照）。アイスジャムは、日本においても発生しているが、アメリカ、カナダ、中国、ロシアなどの気温が零下になる諸外国では、大規模に発生するため、水位の上昇とともに流水および河氷が民地に氾濫し災害となる。

ロシアのレナ川流域に暮らすサハの人々にとって、水が凍る現象は、洪水時には氾濫原となりレナ川の流路となる湖沼において、氷の飲料水利用や氷の下にカゴを仕掛けて小魚を捕捉するカゴ漁の実施、河川、湖沼、湿地に形成される氷の上を道路として利用するなど、生活に密接に関わる現象である。一方で、解氷時に大規模なアイスジャムが発生すると、人々に甚大な被害を与える。2001年5月には、人口2万8000人のレンスク（Lensk）において、大規模なアイスジャムが発生している。水位は12 m上昇し、レンスクは水没し、40億ルーブルの損害額となり、サハ共和国全体では60億ルーブルの損害額となった。

アイスジャム対策として、既往研究では、ヘリコプターによる爆撃が一定の成果があることを示している。また、レナ川のアイスジャムを対象とした水理実験では、アイスジャム災害からレンスクを守るための対策として、以下の3つを挙げている。レンスクより40 km下流の地点での流量制御、河氷の強度を減少させるための河氷の分断、レンスクより20 km上流の地点で人工的にアイスジャムを形成。有効な対策として、人工的にアイスジャムを形成する対策としている。その他の対策として、河床洗掘や河道拡幅などの河道改修による氷の輸送能力の増加やアイスジャムを人工的に破壊するなどの対策も考えられる。

アイスジャムの予測に関する Buzin ら (2008) の既往研究では、レンスクにおけるアイスジャム災害の有無について、レンスクより上流 185 km の地点の2日前の水位を用いて予測している。一方で、予測精度を上げるためには、熱収支、河氷の強度、河川の水理を考慮した手法の開発が必要としている。短期予想のためには衛星データの活用が有効だとしている。

寒冷地の河川管理を行う上で、アイスジャム災害の発生の有無を予測する簡便な手法が求められている。Yoshikawa ら (2012) の既往研究では、アイスジャム発生前の解氷現象は、気温の上昇により引き起こされることを指摘している。一方で、Pavelsky ら (2004) の既往研究では、レナ川などの河川において、解氷時期とアイスジャムによる水位上昇の時期は、時間差がないことが示されている。このため、気温から解氷時期を予測することにより、アイスジャム災害を予測できる可能性がある。

吉川ら (2014) は、より利便性を高めることを念頭に、予測する場所を固定し、気温データのみから氷板厚を計算し、この結果からアイスジャム災害を予測することが可能かどうか、試みた。本検討で用いた氷板厚計算式は、観測値と計算値の比較から、レナ川において適用が可能であることがわかった。レナ川流域のレンスクおよびヤクーツクにおけるアイスジャム災害の有無について、氷板厚計算式を用いて、気温データのみから予測した。アイスジャム災害は、氷板厚が減少する解氷時において、気温が上昇せずに、低い気温が長く続き、河氷が河道内に存在できる条件の場合において、その被害は拡大することが、本計算結果から示唆された。また、最大氷板厚が大きいことも一因として示唆された。

アイスジャム災害の予測手法のひとつとして、リアルタイムで得られる気温データを用いて、氷板厚計算式により氷板厚を計算し、過去にアイスジャムが発生した年の傾向に近づくかをみることにより、災害の可能性を予測することが考えられる。

参考文献

Buzin, V. A., Kopaliani, Z. D. (2008) Ice jam floods on the rivers of Russia: risks of their occurrence and forecasting. *Ecwatech in Moscow*, pp. 582–587.

Pavelsky, T. M., Smith L. C. (2004) Spatial and temporal patterns in Arctic river ice breakup observed with MODIS and AVHRR time series. *Remote Sensing of Environment,* 93, pp. 328–338.

吉川泰弘，高倉浩樹，渡邉学，檜山哲哉，酒井徹（2014）レナ川における気温データに基づく氷板厚変動とアイスジャム災害の予測に関する一検討．土木学会北海道支部，年次技術研究発表会論文報告集，第70号，B–52.

Yoshikawa, Y., Watanabe, Y., Hayakawa, H. and Hirai, Y. (2012) Field observation of a river ice jam in the shokotsu river in february 2010. *Proceedings of The 21th IAHR International Symposium on Ice*, pp. 105–117.

◉ コラム8 ◉

永久凍土は融けているのか？
── 夏の河川流量から見た永久凍土動態 ──

檜山哲哉・W. ブルッツァート

凍土、特に地表面に近い部分（凍土表層）は、日射の大小や気温変化に対応して温度が変化する。日射や気温は日変化もするが季節変化もする。春季から夏季、日射量が大きく気温が0℃以上になる時期には凍土表層も0℃以上になる。凍土が0℃になる深さを「**融解深**」といい、地表面から融解深までの土壌層を「**活動層**」という（第1章参照）。

北半球高緯度域は**地球温暖化**の影響を最も受けやすいと予測されており（例えばIPCC 2013）、全球平均の気温上昇率よりも高い気温上昇率が観測されている（Serreze et al. 2000; Hinzman et al. 2005）。温暖化は永久凍土域の地温上昇にも影響を及ぼし（例えばRomanovsky et al. 2002）、活動層の深さ（厚さ）と**年最大融解深**（annual maximum thawing depth; **AMTD**）を変化させる。本書でも紹介したレナ川中流域・ヤクーツク近郊のフラックスモニタリングサイト（Spasskaya Pad）では、2005年～2008年の降水量増加に起因したAMTDの増加（深化）が観測されている（Ohta et al. 2008; Iijima et al. 2010）。しかしながら、このような観測は「点」で行われ、観測点が不十分であり長期観測が行われてこなかったことなどにより、50年～100年規模でのAMTDの変化傾向を「面」で把握することは大変難しい状況にあった。

我々は、河川流域スケールのAMTDの長期変化傾向を、夏季の（河川表面が凍結していない時期での）**基底流量**変化を、AMTDの時間変化と関係づけ、その経年変化傾向をレナ川の支流域スケールで推定した（Brutsaert and Hiyama 2012）。東シベリア・レナ川上流の4つの支流で得られた1950

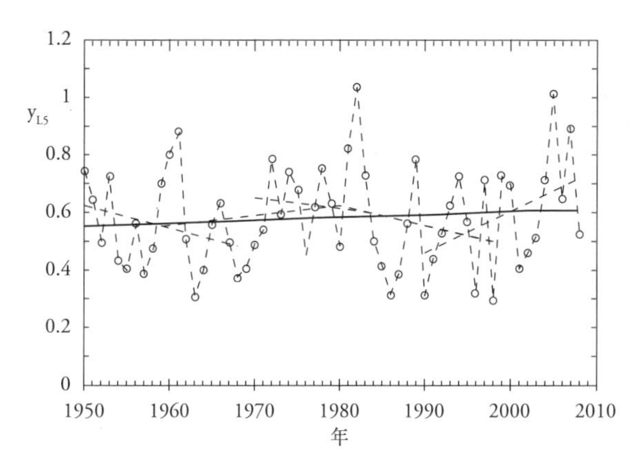

図 1　レナ川の支流・アルダン川における夏季の基底流量（5 日移動平均での日流量 y_{L5}：mm day^{-1}）の経年変動

（Brutsaert and Hiyama, 2012 の Figure 2 を修正）

年から 2008 年までの流量データ（図 1）を用いた結果、対象とした全期間（59 年間）の平均的傾向として、レナ川上流域の不連続永久凍土域で年間 0.3 cm から 1 cm の速さで、アルダン川上流の寒冷な連続永久凍土域ではその半分程度の速さで、それぞれ AMTD が増加（活動層下端の凍土が融解）していた。しかし、解析期間を約 20 年ごとに区切った場合、前半の 1950 年から 1970 年にかけては AMTD が減少し（活動層下端の土壌が凍結傾向にあり）、後半の 1990 年代以降は、年間 2 cm あるいはそれ以上の速さで AMTD が急激に増加していることがわかった。

参考文献

Brutsaert, W. and Hiyama, T. (2012) The determination of permafrost thawing trends from long-term streamflow measurements with an application in eastern Siberia. *Journal of Geophysical Research*, 117: D22110, doi: 10.1029/2012JD018344.

Hinzman, L. D., Bettez, N. D., Bolton, W. R., Chapin, F. S., Dyurgerov, M. B., Fastie, C. L., Griffith, B., Hollister, R.D., Hope, A., Huntington, H. P., Jensen, A. M., Jia, G. J.,

Jorgenson, T., Kane, D. L., Klein, D. R., Kofinas, G., Lynch, A. H., Lloyd, A. H., McGuire, A. D., Nelson, F. E., Oechel, W. C., Osterkamp, T. E., Racine, C. H., Romanovsky, V. E., Stone, R. S., Stow, D. A., Sturm, M., Tweedie, C. E., Vourlitis, G. L., Walker, M. D., Walker, D. A., Webber, P. J., Welker, J. M., Winker, K. S. and Yoshikawa, K. (2005) Evidence and implications of recent climate change in northern Alaska and other arctic regions. *Climatic Change*, 72: 251–298, doi: 10.1007/s10584-005-5352-2.

Iijima, Y., Fedorov, A. N., Park, H., Suzuki, K., Yabuki, H., Maximov, T. C. and Ohata, T. (2010) Abrupt increases in soil temperatures following increased precipitation in a permafrost region, central Lena River Basin, Russia. *Permafrost and Periglacial Processes*, 21: 30–41.

Intergovernmental Panel on Climate Change (2013) *Climate Change 2013: The Physical Science Basis: Contribution of Working Group I to the Fifth Assessment Report of the Intergovernmental Panel on Climate Change*. edited by Stocker, T.F. et al., Cambridge University Press, Cambridge, U. K. and New York, N. Y., U.S.A., 1535pp.

Ohta, T., Maximov, T. C., Dolman, A. J., Nakai, T., van der Molen, M. K., Kononov, A. V., Maximov, A. P., Hiyama, T., Iijima, Y., Moors, E. J., Tanaka, H., Toba, T. and Yabuki, H. (2008) Interannual variation of water balance and summer evapotranspiration in an eastern Siberian larch forest over a 7-year period (1998–2006). *Agricultural and Forest Meteorology*, 148: 1941–1953.

Romanovsky, V. E., Burgess, M., Smith, S., Yoshikawa, K. and Brown, J. (2002) Permafrost temperature records: Indicators of climate change. *Eos Trans.* AGU, 83: 589, doi: 10.1029/2002EO000402.

Serreze, M. C., Walsh, J. E., Chapin, F. S., Osterkamp, T., Dyurgerov, M., Romanovsky, V., Oechel, W. C., Morison, J., Zhang, T. and Barry, R. G. (2000) Observational evidence of recent change in the northern high-latitude environment. *Climatic Change*, 46: 159–207, doi: 10.1023/A: 1005504031923.

第3部

水をめぐる多様なまなざし

── 北方諸民族の文化にみる水 ──

人類世（人新世）の地球環境変化は、それ以前から人類が培ってきた自然観を破壊してしまうのだろうか。北極海をとり囲む陸域（環北極域）やその周辺に住む人びとの自然観は、いったいどのようなものなのだろうか。

第３部では、環北極域やその周辺に住む人々の、水や氷に対する自然観を紹介する。稲作（農耕）によって食料を得てきた我々日本人に対し、北方に住む人々の自然観は、いったいどのようなものなのだろうか。第７章では、北の国々の水に関する神話をもとに、彼らの水に対する観念を詳しく見る。アンダーソンの『北アジアの洪水伝説』（1923年刊）に掲載された数々の伝説とともに、『ドイツ俗信辞典』（1927〜42年刊）から「雪」や「氷」の項目を訳出するなどして紹介する。第８章では、チュクチ・カムチャツカ諸民族のうち、チュクチ、コリヤーク、アリュートルの自然観を紹介する。トナカイの飼育や、漁撈・海獣狩猟を生業とする彼らの自然観と、日本人やサハ人の自然観との違いはどこにあるだろうか。海、湖、川、そして水に対する自然観はどのようなものであろうか。事例を盛り込みながら解説する。第９章では、ロシア連邦・サハ共和国の国民楽器と称される口琴、ホムスを題材に、彼らの自然観、特に、人間は自然の一部であることや、その認識のサイクルを考察する。ホムスの演奏を通し、在来知や大地（自然）を次世代につなげる大切さを再認識する。

第７章　北方諸民族のフォークロアにみる水観念[1]

山田仁史

海岸チュクチの冬の住居と冬服
（出典：R. Karutz, *Die Völker Nord- und Mittelasiens*, Stuttgart, 1925, S. 27）

北方諸民族は、「水」をどのように捉えてきたのだろうか。そしてこのような問いに答えるために、広義の人類学はどのように貢献できるのだろうか。

上記の問いに答えるために、そして人類学の可能性をさぐるために、本章ではまず、人類学とはどのような学問なのか、おさらいしておこう。米国の総合人類学概念によれば（図7-1）、人類学は大きく、生物人類学（自然人類学・形質人類学とも）および文化人類学の2つに分けられる。そして文化人類学の中に、人類学的言語学、考古学、民族学（狭義の文化人類学）が含まれる、という構造だ（Ember et al. 2002）。したがって、フィールドの言語を記述し、その土地独自の物の見方（**認知**・認識）や**フォークロア**（民間伝承・口承文芸）を探究するのも、人類学的研究の立派な一部ということになる。

昨年出た論文「人類学による気候変動研究への貢献」（Barnes et al. 2013）では、3つの柱が立てられている。第一に、民族誌的知見。現地に密着したフィールドワークにより、「変化に関するローカルな観察」が明らかになるという。これは言い換えれば「**民俗知識**」（folk knowledge）ということでもある。第二は、歴史的視野。これはつまり、「共同体が、気象学的諸現象を（過去から伝えられてきた）フォークロアやアートを通じていかに解釈しているか」である。ここに、フォークロア（folklore）やアート（歌や音楽もこれに含まれる）の重要性が指摘されている。最後の第三は、全体的視点。「文化的意味は、（中略）気温のように定量化しえないが、人間の行動に強い影響を与える」という。ここでは、「文化的意味」つまり人間がものごとを「認知」（cognition）し

[1]　本稿の内容は、先に発表した拙稿「水をめぐる神話学」（山田 2010）および『水・雪・氷のフォークロア』に寄せた拙文（山田ら編 2014: 3–8, 248–260）と一部重複することをお断りしておく。また資料Aとして、内部資料として出された報告書に既発表の「北アジアの洪水伝説」邦訳（山田 2012: 166–181）を再掲した。資料B・Cは、それぞれ主としてドイツ語圏の民俗における「雪」「氷」観念に関する辞典項目の拙訳で、いずれも未発表である。なお本稿の枠組みとなった「人類学による気候変動研究への貢献」に関する論文（Barnes et al. 2013）をご教示くださった、石井敦氏にここで謝意を表したい。

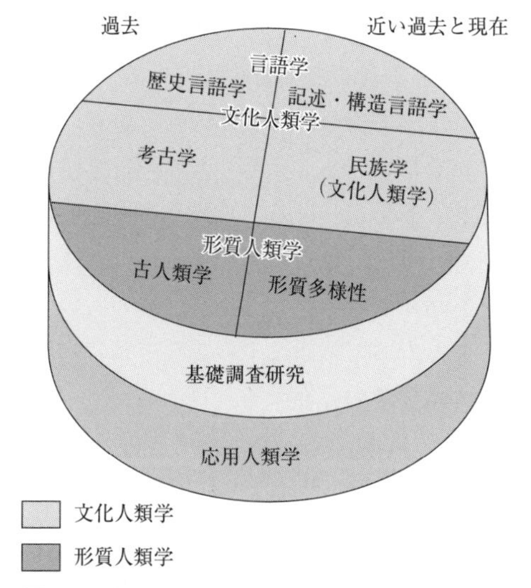

図 7–1　米国の総合人類学における民族学の位置
（出典：Ember, C. R., et al., *Anthropology*, 10th ed., Prentice Hall, 2002）

全体的環境の中に意味づける行為が重視されているのである。

以上、3 つの柱に沿って、気候変動を人類学的に研究しようとする試みも、すでに出されている。例えば、カナダ・バフィンランドのイヌイットにおける地名と氷湖（polynyas）形成地点の関係をさぐった論文では、危険水域が民俗知識として貯えられてきたことが示されている。これは、考古学・古環境科学と民俗知識の接点と言える（Henshaw 2003）。

また北部ゲルマン人、ことにアイスランドなど北の氷海に接してきた人々における、氷や気象とのかかわりの深さは、『アイスランド人のサガ』（12〜13 世紀）における天候描写にも見てとることができる。例えば、厚い海氷であるとか、呪術によって嵐が引き起こるこされる場面などが、そうした例である。もちろんそうした記述には、（1）事実として正確なもの、（2）虚構だが事実の要素を含むもの、（3）文学手法としての虚構、といったさまざまな性質のものが含まれるが、歴史的事実としての気候変動と、サガの記述を対照することの有効性も指摘されているのである（Ogilvie et al. 2003）。

そして、「認知」における言語の重要性は言うまでもない（Bloch 2012）。すなわち、認知は言語によって行われるし、言語と思考の間には密接な関連があり、それが文化の核を形成する。そして人間の行動は、こうして認知・形成された文化に依存し、影響を受ける。天候や自然現象の認知や分類は、諸文化によって異なるが、そこでは自然科学とは違った認知・分類がしばしばなされ、アナロジーも多用される。ここに、広義の人類学の一領域としての言語学の重要性が、したがって言語によってなされる物語行為、その結実としてのフォークロアの重要性が存在する。

このようなことを念頭に置いて、北方諸民族のフォークロアにおいて水（および雪・氷）がどのようなものと見なされてきたか、を考察してゆきたい。その際、本稿に付した3つの資料と、本書の副読本ともいうべき『水・雪・氷のフォークロア』（山田ら編 2014）からの事例を中心にすえることにしよう。

7-1 | 水をめぐる神話と観念

そもそも人間にとって、水というのは両義的存在だ。渇きを癒し命を養う、生物にとって欠かせないものである一方、深淵はすべてを呑み込み、激流はあらゆるものを洗い去る。活かす水と滅ぼす水というこの二面性が、さまざまな神話には表現されている。

(1) 恐ろしい水

水の恐ろしさをよく示しているのは、世界各地から知られる洪水神話である。とは言え、その分布は普遍的ではない。かつてジェイムズ・フレイザーは、東・中央・北アジアとアフリカを、**洪水神話**の空白地帯と考えた（Frazer 1918: 332–333）。その後の研究で、アフリカについて大勢は変わっていない

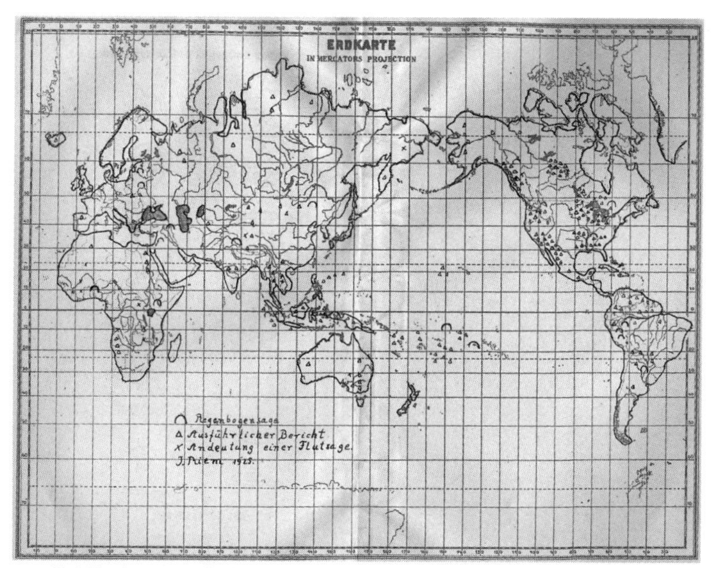

∩　洪水後に虹が現れる伝承
▲　詳細な報告のあるもの
×　洪水神話を暗示する伝承

図 7–2　世界における洪水神話の分布（Riem, J., Die Sintflut in Sage und Wissenschaft, Agentur des Rauhen Hauses, Hamburg, 1925）

が（Dundes ed. 1988: 249）、中央・北アジアには、洪水に関する伝承がかなりあることが明らかになった（図 7–2、7–3）。

民俗学者のアンデルソンがまとめた北ユーラシア諸民族における 21 の洪水伝承から、ひとつ例を挙げてみよう。オビ川の支流・北ソシヴァ川沿いに住むマンシ（ヴォグール）人（図 7–4）のもとで、1885 年にゴンダッチ（Nikolai L. Gondatti）が記録した話である（資料 A.7.）。

かつて英雄たちと巨人たちは天界に住み、神々に仕えていた。やがて彼らは増えて地上に下ろされたが、女たちをめぐって争いが絶えず、天神の息子ヌミは腹を立てて大火を起こした。多くの英雄が死んだが、生き残った者たちはまだ争いを続けたので、ヌミは今度は大洪水を起こし、自分の７人の息子以外すべてを溺死させた。洪水は３日続いたが、その間太陽と月と星も取

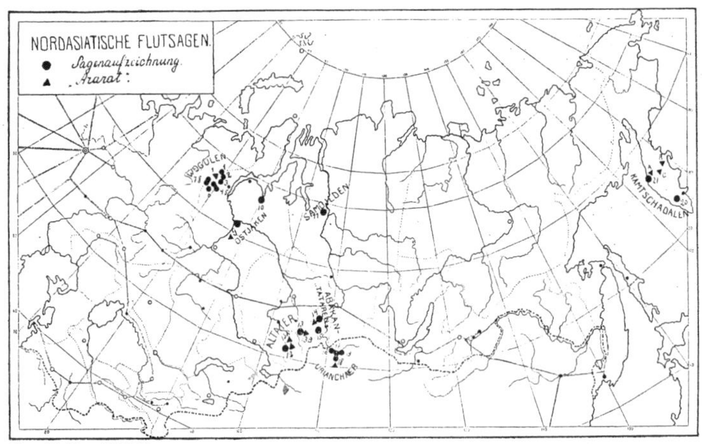

● 神話の記録地
▲ 洪水から逃れたとされる山

図 7-3　北アジアにおける洪水神話の分布（Anderson 1923）

図 7-4　マンシ人が神々・諸霊に供物を捧げた所（Karutz, R., *Die Völker Nord-und Mittelasiens*, Franckh'sche Verlagshandlung, Stuttgart, 1925）

り去られたので、真っ暗闇となった。水が引いてから、ヌミは新たな生物の創造に取りかかった。まだ地上が乾ききらない時、別の天神がうっかりベルトを落としたため、ウラル山脈が生じた。ヌミはまた、大水前は老人で子がいなかったが、洪水中に水浴したため若返り、7人息子の父となったのだという（Anderson 1923）。

はっきり述べられてはいないが、こうして大洪水で古い人類が滅ぼされた後、今に続く人類が新たに創造されたということだろう。天体が取り去られて暗黒になったというのは、日本神話における太陽神アマテラスの岩戸隠れにも似ているし、ウラル山脈の起源が語られている点は、水が引いた後に今の地形ができたという、洪水神話に広く共通する由来譚でもある。

またハルヴァが指摘したように、「世界の土台が崩れるとか、あるいは大地が何か他のやり方で、大洪水に見舞われるかもしれないという怖れは、大地が底なしの、はてしない原初海洋のまっただ中に置かれているという考え方につながっている」（Harva 1938）。つまり、原初に世界を覆う大海が広がっていたという観念、そしてそこに潜った動物が大地を引き上げてくるという潜水・島釣りのモチーフは、洪水神話としばしば結びついている。それは、人間に対し牙をむく敵対的な水の別の顔、全生命の根源たる母なる水というもうひとつの側面とも言えるだろう。

(2) 原初の水、終末の水

ところで面白いことに、先のマンシ人の洪水神話では、まず大火災、次に大洪水というように、地上への大災厄が二段階で試みられていた。実はマンシ人では、この原古の地変に対応するように、未来に火の洪水が訪れて世界を滅ぼしてしまうという恐怖も次のように語られていた（資料 A.8.）。

それによるとこの世界は永続せず、ヌミがまた若返りの水浴をしようとして大洪水を引き起こすと滅びてしまう。水浴後、水は流動する火の塊に変じ、天に達するまでに燃えさかる。この出来事の7年前には、クル（悪魔）とメンクヴ（森の妖怪）全員が下界へ赴き、出会った者すべてをむさぼり食う。

大洪水の7日前には絶えず雷鳴が聞こえ、息の詰まるような嫌な匂いが漂う。ところが洪水自体は、魚のはらこを煮る間、つまり1時間ほども続かない。その短時間にほぼ全人類が死ぬのである。救われるのは、ヤマナラシまたはカラマツで7層の筏を造った者だけだ。6層までは燃えても7層目は残るからである。最後に天からヌミが下りて来て、罪ある者と正しい者とに賞罰を下すというが、その内容ははっきりとは知られていない（Anderson 1923）。

ここにみられるのは、世界の終わりと再生、倫理的賞罰を含む、かなり本格的な**終末神話**である。以前別のところで述べたように（山田 2007）、**起源神話**と終末神話はしばしば対応する内容を持つ。この例で言えば、原初に起きたのと同じ大洪水と大火災が、いつかこの世界に終末をもたらすのである。それにしても、これだけまとまった終末論は、古代文明の薫りを感じさせる。筏で洪水を逃れるモチーフなどに北ユーラシア独自の要素を見ることもできるが、全体としてはキリスト教か、あるいは中央・北アジアに広くみられるイランからの影響下に発達した神話なのかもしれない。

(3) 魔物の住処としての水界

恐ろしい水の一表現として、水界は魔物の住処と見なされることもあった。例えばアイヌからは河童の話が知られている。それによると、「家の戸口は、川の方向へ向くようにはつくらないものだ。もし、川の方向に戸口があると、河童が入ってきて、人間の腸を取り出して食べるということだ」と言われていた。これは、和人文化の影響かもしれないが（高橋 2014）、やはりこうした観念が人々に受け容れられたのは、水に対して共通した心理がはたらくからであろう。

ロシアでもヴォジャノイという水界の精霊が知られている。ただし、こちらの性格はやや両義的で、人間に豊漁をさずける「主」のような側面もある一方、人に悪さをする場合もあるようだ（藤原 2014）。

(4) 生命の水

さてここで、活かす水の方へ目を向けよう。マンシ人の例にも、若返りの水という観念がすでに見えていた。この生命の水という考えもまた、多くの神話に出てくるものである。

また北欧神話において賢者ミーミルが飲み、その知恵の源とされる泉の水なども、水のもつ力を示したものである。すなわち『巫女の予言』28節には、「ただひとり、外に坐っていると、アース神たちの畏怖する老王が来て、わたしの眼の中をのぞきこんだ。何をわたしに尋ねるのか。何ゆえわたしを試すのか。オーディンよ、あなたがどこに眼を隠したか、わたしはすべて知っている。それは、あの名高いミーミルの泉の中だ。ミーミルは毎朝、戦士の父の担保から蜜酒を飲む。そなたら知るか、さらになお」という巫女の語りが収められている。ここで「アース神たちの老王」「戦士の父」などと呼ばれているのは最高神オーディンである。彼はその水をミーミルに所望し、片眼を担保にして一口のませてもらった、というのだ(山田 2014)。

ほかにも、水の霊力は神話によりさまざまな形態をとる。中島悦次(1942: 195)は水の神話の特徴として、(1) 畏敬の対象、(2) 浄化力、(3) 魔法力、を挙げ、(3) をさらに生成力(生殖力)、不滅力(不死力)、智慧力、の3つに分けているのである。

7-2　水の認知・認識・知識

(1) 認知と認識

そもそも、北方諸民族の間で水・雪・氷はどのようなものと「認知」「認識」されてきたのだろうか。これにはいろいろな事例が挙げられる。

例えばアイヌでは、「川の流れに向かって声を立てて上がるもの」というなぞなぞの答えは「氷」である(高橋 2014)。川面に氷が音をたてる、その情景が目に浮かぶようだ。カムチャツカ半島のアリュートルでは、一次語で6種類の氷を区別してきたという。それらは「水面を覆うようにはった薄い氷」、「薄い氷」、「水の表面に浮いている薄い氷」、「海の氷」、「湖の氷」、「北の海、河岸にできる堅氷」である（永山 2014）。氷が身近にある環境、その観察の精密さがうかがわれる。またロシア人のなぞなぞでは、雪のことを白いテーブルクロスになぞらえている（藤原 2014）。これは白銀の世界を見慣れた人々の実感であろう。

同じ対象を見ていても、それをいかに認知・認識し、概念化するかは、民族により、言語によって異なる。そこに、当該民族・言語における独特の思考法が反映されるのである。

(2) 民俗知識

こうした「認知」と「認識」がさらに精緻化され、するどい観察や毎年の気候変動などと結びつけられると、ある種の「民俗知識」が発達してゆく。例えばサハの「天候についての前兆」では、「ツバメが地面から低いところを飛んでいると、もうすぐ雨になる」といった、民間天気予報とでも言うべき知識が開陳されている（江畑 2014）。ロシアにも、「大きな霜、雪の山、深く凍った大地は豊作の予兆」という言い習わしがある（藤原 2014）。これら**在来知**が世代を越えて伝承され、労働や活動の判断基準とされてきたのである。そのことは、ドイツ語圏などヨーロッパ各地においても同様であった（資料 B.3 および C.2 も参照のこと）。

こうした民俗知識は、科学的知識とは性質が異なり、人々の長年の体験にもとづいている。そのため科学的知識からすれば荒唐無稽と感じられる場合もあるが、普遍的に適用可能なことの多い科学的知識とは異なる次元で、その土地ごとの微細な環境に応じた智慧が蓄積されている場合も多いのである。

(3) 水界の「主」

東北アジアの人々の生業活動としては、狩猟や漁撈がたいへん重要であったし、今でも部分的にはそうである。それを反映して、水界に棲み、人間に海獣や魚類を与えてくれる「主」のような存在が語られる場合が少なくない。ニヴフからは、カラフトマスを送り出す水界の女主人や、アゴヒゲアザラシの姿で現れた水界の支配者の話がある（丹菊 2014）。アリュートルでも、海の主人が人間界へアザラシを送るとされ、そのアザラシたちは海の中の村で、人間と同じように暮らしていると言われている（永山 2014）。ウイルタでも、海神（水に棲む者）であるシャチが、畏敬の対象とされている（山田祥子 2014）。

(4) 水の人格化

水そのものが人格化されることもある。サハでは湖を「おばあさん」と呼ぶが、これは敬愛の念をこめてのものである（江畑 2014）。そこまで行かなくとも、ユカギールのように川によってそこに棲む「主」に異なる性別を付す所もある（長崎 2014）。これは、ドイツ語でライン川は男性名詞、ドナウ川は女性名詞であることを想起させる。

7-3 災害の描写とそれへの対応

北方諸民族に伝承されるいくつかの話では、世界を滅ぼすほどの大災厄が水や雪によってもたらされている。ハンティでは、大洪水がやってきて地上の大部分を覆い、船や筏でのがれた者たちはさまざまな場所へ運ばれる（資料 A.10）。これはユカギールの大洪水伝承（長崎 2014）と同じく、キリスト教的色彩が濃いものだが、筏が登場するのは北アジア独自の要素である。また、実際にこの低地では毎春氾濫が起き、何年かごとに非常に大きな規模に

図7–5　輪になって踊るチュクチ人の少女たち（Bernatzik, H. A. Hrsg., *Die Große Völkerkunde*, Bd. 2, Bibliographisches Institut, Leipzig, 1939）

まで達する事実が、このハンティ説話の背景にあるとも語られている。おそらく、大災害の伝承はまったくの絵空事ではなく、災害を現実に体験してきた人々の記憶にもとづく部分が大きいのだろう。

それは、同じ大災害を描くにあたり、チュクチでは大洪水というよりは雪嵐の被害に見舞われやすいことからも想像される。それによれば、原初に最初の男女ペアから人間が増えていったが、人間たちは邪悪になったため、大雪嵐によってほとんどの人々が殺されてしまったというのだ（図7–5）（山田仁史 2014）。

同様に大雪による世界の終末が描かれているのは、北米オジブワの物語である。ある冬、それまでなかったほどの大雪により地上は埋もれ、いちばん高い樅の木の梢だけが見えているような状態に陥った。人々は寒さと飢えで死にそうになった、と語られている（山田仁史 2014）。身近な環境のありようが違えば、フォークロアでの表現も変化するのである。

これらの話では、ある種の気候変動が問題となっている。つまり、例年とは異なる天候上のビッグ・イベントが起き、人々を困窮へ、はては死滅へ追いやるのである。世界滅亡というほどではないが、そうした出来事はイヌイット（グリーンランド・エスキモー）の話にもみられる。つまりある冬のこと、海はとても早く凍り始め、やがて氷の隙間はほとんどなくなり、ついにはすっかり閉ざされてしまった。海全体が氷に覆われ、アザラシ猟ができなくなったのである。人々は大変困って、シャマンに頼み氷塊を割ってもらった、という（山田仁史 2014）。

これほどまでに氷が広く、厚く張るのは大問題だとしても、適度の氷原は交通路として利用可能なものでもあった。コリヤークの話では、創造主であるワタリガラスがチュクチとコリヤークの男たちに追われ、海氷原の上を逃げてゆく（山田仁史 2014）。

また、ロシアのなぞなぞでは、「爺さんが橋をかける、斧もナイフもなしで」あるいは「100歳の年老いた爺さんが、すべての川に橋をかけた」などというのがある。答えはいずれもマロース、つまり厳寒の擬人化された老人である。ここには、冬の寒さで河や湖が凍結することが表現されている。つまり凍った水は橋となり、徒歩や橇・車などで移動可能なため、冬の重要な交通路をなしてきた。同じことはロシアのことわざでも、「秋は川を渡らずに夜を過ごせ、春は時を逃さずに渡れ」と言われている。凍った川は交通路だが、秋は氷が日々厚くなるため翌日渡った方が安全、春はその逆、という見事な在来知である（藤原 2014）。

7-4　水観念の共通点と相異点

諸民族の水観念に共通する特徴については、従来さまざまな考えが出されてきた。例えばダンデスは、新生児はみな羊水から出てくる、いわば最初の洪水を経験しているのであり、**創世神話**つまり世界の起源にかかわる神話がここから発想されたのはごく自然だという（Dundes ed. 1988）。つまり人類に普遍的な誕生の記憶が、洪水神話に究極的な基礎を与えたというわけだ。他方エリアーデのように、大洪水という神話的な水を、洗礼のような現実の儀礼における水のシンボリズムと対応させる、言ってみれば大宇宙と小宇宙を相関させる見方もある。前者では世界が、後者では人間が、それぞれ一度死に、そこから新たに再生するというのである（Eliade 1952）。こうした捉え方も、少なくともキリスト教世界のような高文化については可能であろう。

たしかに水の持つ属性や人類共通の経験が、各地の水神話に通底した性格を与えている面もあるだろう。しかし水が、その地の気候や環境により、異なった現れ方をするのも事実だ。例えば先に掲げた極寒の東シベリアに住むチュクチ人の神話では、原初の大災厄は洪水でも大火でもなく、恐るべき雪嵐によってもたらされた。また雨乞のような儀礼にしても、極北や乾燥地では一般に行われない。「どっちみち降らないことはわかっているので、雨乞いはしないのである」（大林 1999）。こうした生態学的ニッチが水観念・水神話に及ぼす影響についても、今後注意していく必要がある。

このことは、フォークロアというものがそもそも、それらを伝えてきた人々の生活実感に根ざしていることと関係する。例えばイテリメンの雁の子の物語には、「冬になって湖が岸から凍っていき、湖の真ん中に一羽残されて、氷が周りから迫って来る恐怖」が、共感をこめて描かれている（小野 2014）。サハの口琴ホムス（第9章参照）は、自然の豊かさや厳しさを表現しており、演奏者も聴衆たちも、これによって厳冬期、「一足先の春を共感し、ともに長い冬を乗り越えようと」している（荏原 2014）。

このようにして、北方諸民族のフォークロアやアートの中に、人々の自然環境に対する「認知」・「認識」のあり方や、そこにはぐくまれてきた民俗知識を読みとることが可能になるのである。

参考文献

Anderson, W. (1923) *Nordasiatische Flutsagen*. C. Mattiesen, Dorpat, Estonia.

Barnes, J., Dove, M., Lahsen, M., Mathews, A., McElwee, P., McIntosh, R., Moore, F., O'Reilly, J., Orlove, B., Puri, R., Weiss, H. and Yager, K. (2013) Contribution of Anthropology to the Study of Climate Change. *Nature Climate Change*, 3: 541–544.

Bloch, M. (2012) Cognition. pp. 135–138. In Barnard, A. and Spencer, J. (eds.), *The Routledge*

Encyclopedia of Social and Cultural Anthropology, 2nd. ed. Routlegde, London.
Dundes, A. (ed.) (1988) *The Flood Myth*. University of California Press, Berkeley.
江畑冬生（2014）サハ：民話と伝承.『水・雪・氷のフォークロア』（山田ら編）pp. 187–216.
荏原小百合（2014）サハ：歌謡と口琴.『水・雪・氷のフォークロア』（山田ら編）pp. 217–245.
Eliade, M. (1952) *Images et symboles. Essais sur le symbolisme magico-religieux*. Gallimard, Paris.（前田耕作訳『イメージとシンボル』せりか書房，東京，1974）
Ember, C. R., Ember, M. and Peregrine, P. N. (2002) *Anthropology*, 10th ed. Prentice Hall, Upper Saddle River, NJ.
Frazer, J. G. (1918) *Folklore in the Old Testament: Studies in Comparative Religion, Legend and Law*, Vol. 1. Macmillan, London.
藤原潤子（2014）ロシア.『水・雪・氷のフォークロア』（山田ら編）pp. 261–298.
Harva, U. (1938) *Die religiösen Vorstellungen der altaischen Völker*. Academia Scientiarum Fennica, Helsinki.（田中克彦訳『シャマニズム：アルタイ系諸民族の世界像』平凡社，東京，2013）
Henshaw, A. (2003) Climate and Culture in the North: The Interface of Archaeology, Paleoenvironmental Science, and Oral History. pp. 217–231. In Strauss, S. and Orlove, B. (eds.), *Weather, Climate, Culture*. Berg, Oxford.
Hünnerkopf, R. (1930) Eis. Sp. 715–716. In Bächtold-Stäubli, H. und Hoffmann-Krayer, A. (Hrsg.), *Handwörterbuch des deutschen Aberglaubens*, Bd. 2. De Gruyter, Berlin.
長崎郁（2014）ユカギール.『水・雪・氷のフォークロア』（山田ら編）pp. 160–186.
永山ゆかり（2014）アリュートル.『水・雪・氷のフォークロア』（山田ら編）pp. 102–159.
中島悦次（1942）『神話と神話学』大東出版社，東京.
大林太良（1999）人類文化史上の雨乞い.『稲作文化と祭祀』（にひなめ研究会編）pp. 85–107. 第一書房，東京.
Ogilvie, A. E. J. and Pálsson, G. (2003) Mood, Magic, and Metapher: Allusions to Weather and Climate in the Sagas of Icelanders. pp. 251–274. In Strauss, S. and Orlove, B. (eds.) *Weather, Climate, Culture*. Berg, Oxford.
小野智香子（2014）イテリメン.『水・雪・氷のフォークロア』（山田ら編）pp. 70–101.
高橋靖以（2014）アイヌ.『水・雪・氷のフォークロア』（山田ら編）pp. 5–25.
丹菊逸治（2014）ニヴフ.『水・雪・氷のフォークロア』（山田ら編）pp. 44–69.
山田仁史（2007）神話から見たヒトの起源と終末.『ヒトと人のあいだ』（野家啓一編）pp. 35–62. 岩波書店，東京.
山田仁史（2010）水をめぐる神話学：活かす水と滅ぼす水. 人と水：連携研究「人と水」研究連絡誌，8：2–5.
山田仁史（2012）シベリアの洪水伝説：災害体験の継承方法としての神話.『平成 23 年度

FR3研究プロジェクト報告　温暖化するシベリアの自然と人：水環境をはじめとする陸域生態系変化への社会の適応』（藤原潤子・檜山哲哉編）pp. 165–182. 総合地球環境学研究所，京都.
山田仁史（2014）北方の諸民族.『水・雪・氷のフォークロア』（山田ら編）pp. 299–339.
山田仁史・永山ゆかり・藤原潤子編（2014）『水・雪・氷のフォークロア：北の人々の伝承世界』勉誠出版，東京.
山田祥子（2014）ウイルタ.『水・雪・氷のフォークロア』（山田ら編）pp. 26–43.
Zimmermann, W. (1936) Schnee. Sp. 1273–78. In Bächtold-Stäubli, H. und Hoffmann-Krayer, E. (Hrsg.), *Handwörterbuch des deutschen Aberglaubens*, Bd. 7. De Gruyter, Berlin.

資料A

これは、エストニアとドイツで活躍したドイツ系民俗学者ヴァルター・アンデルソンの著した『北アジアの洪水伝説』(Anderson 1923）より、全21話およびそれらへのアンデルソンの注記を訳出したものである。既発表の拙訳ではあるが、掲載されたのが内部の報告書であり（山田 2012)、一般の目にはふれにくいことと、本章ひいては本書全体の内容と大きく関係するものであるため、改めてここに付録として掲げることにした。

A.1. ヴォグール〔マンシ〕人の伝説〔原典ハンガリー語〕

Tobolsk州（Gouvernement）Berjozov郡（Kreis)、Sygva川（Sośva川支流）源流域、1845年頃（ハンガリーの調査旅行者Anton Reguly採録)。Munkácsi Bernát, *Vogul népköltési gyüjtemény I: Regék és énekek a világ teremtéséröl*『ヴォグール人民間文芸集I：世界創始についての諸伝説・諸歌謡』(Budapest 1892–1902) 224頁（1902年印刷）= Herrmann，338頁3[2]。

> 大水の時、Sakw[3]人はŚortäŋ川（Sygva川に注ぐSukėr-jā川の支流）上のNāŋkiś山ないしŃaiś-Ńiltiŋ山に逃れた。そこは沈まず、聳え立っていた。皆そこに集まった。大地、固い土地が、白鳥の頸ほど、ほぼ2指尺[4]ほど突き出していた。当時、Sukėr-jā川およびXaŋlä川・Māń-jā川の諸民族が暮していた。彼らはそこへ命からがら逃げた。河流（Sygva）のそばにはそのころ村はなく、Lopmūsだけがいた。Muuŋ-kēs地方にはMuuŋ-kēsがいた。

[2]　〔Anderson原注〕ヴォグール人の伝説1から6は、非常に入念になされたヘルマン訳を、私がハンガリー語テキストにより修正したものを掲げた。
[3]　〔Anderson原注〕Sygva.
[4]　〔山田訳注〕ドイツ語Spannen：指尺。親指と小指または人差指・中指とを張った長さ、約20 cm。

上のテキストは、A. Regulyによる短い旅行メモだが（一部はドイツ語で、一部はヴォグール語で記されている）、そこからわかるのは、Sygva川源流域においては洪水伝説がNāŋkiś山と結び付いていることであり、この山はアララト山と方舟（交通具については何ら言及がないから）双方の役割を同時に演じている。

A.2. ヴォグール〔マンシ〕人の伝説〔原典ハンガリー語〕

Tobolsk州Berjozov郡、Sygva川上流域、1845年頃（A. Reguly採録）。Munkácsi, I, 69–73頁IVb（1892年印刷）＝Herrmann，337–338頁3番[5]。

1. 7回の冬と夏の間、火が燃える。7回の冬と夏の間、火が大地を呑み込む。7回の冬と夏の間、老婆（大いなる女）、老爺が言う、「我々の世界が、見よ！　覆われて別のものに変じつつある。いかにして我々はこの先、命（魂）を助かることができるだろう？」一人の老人が、また一人の老人が、多少の人々が集会した。彼らはある村に集まり、会議を始めた。一体どうやったら生きのびられるか？

2. 一人の年老いた者、一人の年老いた男が話した。「一体どんな方法で我々は命拾いできるだろうか？！　聞いたところでは、髄のない白樺の木々を割り、筏を造るといいそうだ。それで我々の命が救われるとしたら、それ（しかないの）だ。それ以外、いかなる方法でも我々の命が助かることはないだろう。もし我々の住むこの土地に暮したいのなら、柳の木の根から、長さ500尋の縄をなわねばならぬ。我々のこの縄が完成したら、（その）端を1尋の深さだけ地中に沈ませ、端を我々の白樺筏に結ぶのだ。我々のこの筏に、沢山の娘たちと子供たちを持つ男が乗るとよい。この筏の一端にはきれいな魚油を入れた桶を1つ置き、四端に計4つの桶を置くのだ。それからチョウザメの皮で、子供たちの上に天蓋を縫いなさい。天蓋ができたら、それを子供たちの上に張るのだ。七日七夜の期間（足るだけの）食料と飲料を準備せねばならぬ。チョウザメ皮の天蓋上には、食べ物と飲み物をたっぷり置いてな。もしこのようにして我々の命が助かるとすれば、（このやり方でのみ）助かるだろう」。

3. それから各自、自分の村へ帰った。そして帰ってしまうと、筏造りの男たちは髄のない白樺の木から筏を造り、縄を造る男たちは縄をなった。七日七夜、彼らはこうして精を出した。筏を造れない男がいれば、その者は例の老人に訊いた。老人は教えて、「これはこのように造れ、あれはあのように造れ」と。さて、筏の造り方がわからない者たちは、高い所を探し始めた。いたずらにうろつくばかりで、住める場所は見つからない。そこで彼らは、例の老人に尋ねた、「あんたは俺たちの前に（自分たちよりも早く）大人になった、ひょっとしてどこか（適切な）場所を知らないか

[5]　〔Anderson原注〕Andree〔*Die Flutsagen*, Branschweig, 1891〕45–46頁25番およびFrazer〔*Folk-lore in the Old Testament*〕I〔London, 1919〕178–179頁にあるこの伝承の翻訳（F. Lenormantによる）は、全く信頼できない。

ね？」。老人は答えて、「知っていたところで、そこに全員分の場所なんかあるものか。全員分などあるわけなかろう？！　見なさい、もう聖なる洪水が我々のもとへ来ているぞ。そのやって来る音、轟々たる音が、二日前から聞こえておる。早くどこかへ逃げないと、呑み込まれてしまうぞ！」

4. そこで筏ができていた者は、娘らと息子らを急いで乗せた。しかし筏のない者は、そのまま火の洪水により亡き者にされた。そのまま、焼き殺されたのだ。その筏に（水面の上昇により）縄の端が届いてしまった（つまり縄の長さが十分でなかった）者は、（縄を）半分に切り、沈みそうになった。縄を半分に切ると、彼は（洪水に）運ばれて行ってしまった。縄が長かった者は、そのまま（水の上で）揺られていた。筏の端が（火の洪水で）点火すると、彼はきれいな魚油を注いで（火を）消した。それから七日七夜の間、（この危難を）乗り切ることのできた者には、水が降下（乾燥）した。乗り切ることができず、縄が切れた者は、洪水に運び去られた。乗り切った者は、元来の陸地に到達した。（災厄を）乗り切れなかった者は、娘らと息子らともども、そのまま亡き者とされ、その命は消え失せた（その魂はかくして去った）。それから残った者たち、つまり陸地にとどまった者たちは、そこに住み始めた[6]。

5. それから彼らは家を建てるために樹木を探した。そこには草木はなく、もとあった場所は破壊され、焼失していた。（草木）地は1エレ[7]の深さだけ燃やし尽くされ、（火により）掘り返されていた。そのため木もなく、草もなかった。家を建てる材料は見つからなかった。そこで彼らは地下小屋を掘り始めた。地下小屋ができあがってから、彼らはそこに暮し始めた。（洪水後）生き残って近くの村々に住んでいる民族が、そこに地下小屋を掘ったという話は、そこらじゅうで聞かれる。そして移住した者たちが（洪水後）陸地にたどりついたという話も、あちこちで聞かれる。

6. さてその後、生き残った老人たちは集まって（次のように）Tārėmに祈った[8]。「おお、我々の娘らの飢え（心）、我々の息子たちの飢えは、いかにしたら鎮められるのでしょう？　今や一匹たりと水の魚も、一頭たりと森の獣もいません。ですからどうか、Numi-Tārėmよ、我々の父よ、せめて水の魚を、森の獣を降してください！　我ら、汝の最後に残された人の子らは、我らの娘らの飢えをそれにより鎮めることができましょうし、我らの息子たちの飢えを鎮めるすべを、そこに見出すことができましょう。（汝の人の子）が水中に潜ったら、（その者に）水の魚をお送りください！　水の魚を捕らえる（殺す）者には水の魚の幸をお恵みください、森に行く者には森の獣の幸をお恵み（お告げ）ください！　その者が娘の飢えをそれにより鎮められます

[6]　〔Anderson原注〕以下に続く結末部分は、Herrmannでは省略されている。

[7]　〔山田訳注〕ドイツ語Elle：昔の尺度で、50～80 cm.

[8]　〔Anderson原注〕この祈りについては、K. F. Karjalainen, *Die Religion der Jugra-Völker* (Helsinki 1922, = FF Communications 42, 44) II, 255–256頁参照。ヴォグール人の天神Numi-tārəmについては、同書II, 250–295頁。

ように、その者が息子の飢えをそれにより鎮められますように。この地上に汝の言葉によって、森の木々を、森の草々をお創りください！　地上のいかなる場所に残った者たちも、今後絶えず（さらに）力をつけ、その殖える息子らを汝殖やしたまえ、その殖える娘らを汝殖やしたまえ！」

A.3. ヴォグール〔マンシ〕人の伝説〔原典ハンガリー語〕

Tobolsk 州 Berjozov 郡、Sygva 川河口域の Ńār-paul にて 1889 年 1 月 27 日採録、話者 Lázar Jákovlevič Alkin. Munkácsi, I, 68–69 頁 IVa（1892 年印刷）= Herrmann, 337 頁 2 番。

1. 我々の父たる Numi-Tārėm は、Xul′-ātėr[9] を殺す方法を熟考した。Xul′-ātėr の住む土地に聖なる火の洪水を氾濫させようと彼は企てた。自らの民に彼は鉄の舟を造り、七重のチョウザメ皮から彼は甲板天幕をこしらえた。完成すると、彼は自らの民を鉄の舟に乗せたが、mańśi 種の民[10] は白樺の筏上に建てられた甲板天幕に餇い込んだ。さて Numi-Tārėm は天に昇り、それから聖なる火の洪水を降した。火の洪水と、jur 竜と、生きた sossėl 竜を[11]、彼は上空から降した。いつもそこにあった山の木も森の木も、大地やその他あらゆるものと共に、滅ぼされた。人の乗った筏の 6 層まで火中で炭になり、1 層残った。筏から外へ飛び出した者は死んだ。他の者は無傷のままだった、その命（魂）は救われた。

2. Xul′-ātėr を聖なる火の洪水は殺さなかった。Numi-Tārėm が鉄の舟をこしらえに行っていた時、彼は Numi-Tārėm の妻の所へ来て、「あんたの旦那さんはいつもどこへ行っているのかね？」と言った。妻は「どこへって、知るもんですか！」と言った。Xul′-ātėr は「この樽に入った水を飲ませてごらん、酔っぱらって、どこへ行ってるのか教えてくれるよ」と言った。Numi-Tārėm が帰宅すると、彼女（妻）は件の水を彼に飲ませた。彼は酔っぱらったので、妻が彼に尋ねると、彼は聖なる火の洪水を起こす計画を話した。（妻は）Xul′-ātėr をこっそり裁縫道具箱に隠しておいたが、それを持ち上げて鉄の舟に入れ、聖なる火の洪水の上に持ち上げた。大地は廃墟とされたが、Xul′-ātėr は殺されなかった。こういうやり方で奴は命拾いしたんだ。

上記テキストの後半部分は、キリスト教（ロシア）の典拠に由来している。下記 27 頁注 1[12] を参照。

---

[9]　〔Anderson 原注〕地下界の支配者：Karjalainen, II, 328 頁以下。

[10]　〔Anderson 原注〕ヴォグール人。

[11]　〔Anderson 原注〕これら想像上の各種の竜については、Munkácsi, I, 219–221 頁参照。

[12]　〔Anderson, 27 頁原注 1〕悪魔がノアをその妻により酔わせ、彼女から方舟建設という秘密を聞き、方舟を破壊してその再建後、ノアの妻により忍び込ませてもらう：Dähnhardt〔*Natursagen*〕I〔Leipzig und Berlin, 1907〕258–267 頁。

A.4.　ヴォグール〔マンシ〕人の伝説〔原典ハンガリー語〕

Tobolsk州Berjozov郡、Sośva川上流域のŃaχśėm-Vōl村にて1889年1月19日採録、話者Vasílij Kirílič Nomin. Munkácsi, I, 45–48頁 IIIv. 119–162（1892年印刷）＝Herrmann, 336–337頁1番。

長い創世詩の挿話：

119. もう長いこと彼ら[13]は行った、もしくは短い間彼らは行った、
120. ある所で、彼らが下を眺めると：
彼らの輪のように回る、円い大地が
火の大水に覆われて、
7尋[14]もの高さに
大火の炎（舌）が燃え上がっている。
125. さて彼らはさらに行った、長いこと、短いこと、彼らは行って、
あるとき下を眺めてみると、
彼らの黄金の前肢（手）を持つ、聖なる獣らが
前肢の鉤爪も、後肢の鉤爪も、
聖なる火の洪水にすっかり焼け焦げている。
130. 黄金のḁtėrは帽子を持ち上げ、
その編んだ髪をほどいて広げ、
そうしてさらに進んだ。
あるとき下を眺めてみると：
（起きていたのは何と）森の木が一本も残っておらず、
135. それどころか大地さえ見えない（跡形もなく消えてしまった）。
さて彼らはこのようにして、さらに進んだ。
ある所で黄金のḁtėrは考えた：
「人間がいなくて、大地が存在しえようか？
何とかしてやはり人間を生じさせなければ！」
140. そこで彼は母と父とを、その墓から
泣きながら呼びさまさせた：
「黄金のKworėsよ、我が父よ、黄金のŚiśよ、我が母よ、
人間なしで、どうやって生きたらいいのか？」

---

［13］〔Anderson原注〕Sḁrni-ḁtėr神（黄金のḁtėr）とその姉妹Sḁrni-Kaltėś女神（黄金のKaltėś）で、ともに神々の父Sḁrni-Kworės神（黄金のKworės）と神々の母Sḁrni-Śiś女神（黄金のŚiś）の子。Karjalainen, II, 310頁参照。

［14］〔山田訳注〕ドイツ語 von sieben gestempelten Klaftern. “gestempelten” の意味がよくわからないが、とりあえずこのように訳出しておく。

その姉妹である黄金の Kaltėś は言った：
145.「兄さん、どうしたの、どうして泣いてるの？」
「妹よ、僕が泣いている理由はひとつ：
存在している聖なる大地に、
ほらご覧！　聖なる火の洪水が起こって、
最後の森の木も残っておらず、
150. 人っ子一人残っていない。
人間なしで、どうやって生きたらいいんだ！」
「兄さん、下を見てみて！」
彼が下を眺めると、
七重のポプラ樹舟に
155. 一人の老婆と一人の老爺がいる。
聖なる水上を揺られながら、彼らは（今や）陸地に着いた。
それから彼らは立ち上がり、見よ！　彼らが今や歩み出ると、
Xul′-ātėr が老婆の腹から立ち出でた、
あの、臍の緒を切られた者が、
160. その娘たちと息子たち、
そして我々、ロシア人もマンシも共に
162. みんな今まで暮している。

謎めいた 158 節の説明のためこの話者はさらに散文の伝説を語ったが、それが次の 5 番である。

A.5. ヴォグール〔マンシ〕人の伝説〔原典ハンガリー語〕

同地にて 1889 年 1 月 19 日採録、話者同上。Munkácsi, I, 209–210 頁（1902 年印刷）= Herrmann, 338 頁 5 番。

聖なる火の洪水が起きたその時、Xul′-ātėr はすぐに、Tārėm が自分を殺そうとしていると気づいた。例の老爺（ヴォグール人のノア）には彼が見えなかったが、妻には見えた。老爺は舟に乗ったが、妻は立ったままでいた。しかし聖なる洪水はもう勃発していた。老爺は「乗れ！」と言った。彼女は立っているばかり。もう一度彼は「乗れ！」と言った。彼女は乗らない。3 度目に彼は「乗れ、この悪魔（kul′）め！」と呼びかけた。すると悪魔（Xul′-ātėr または Kul′-ātėr）は老婆の腹に這い上がり、舟に乗った。しかし後に火の大水が引くと、（黄金の ạtėr は）次のさまを見た。老爺とその妻がポプラの舟から跳び降りて、Xul′-ātėr も跳び降りて、生きていたのを。このようにして奴は命を救われたのだ。

上の記録には全くヴォグール的なものはなく、3 番（と 4 番）ですでに知られたロシア＝

キリスト教的伝説しか含まれていない。下記27頁注1〔本訳では上掲〕参照。

A.6. ヴォグール〔マンシ〕人の伝説〔原典ハンガリー語〕

Tobolsk 州 Berjozov 郡、Sośva 川源流域の Jänï-paul にて 1889 年 1 月 11 日採録、話者 Gavríla Fjódorovič Sondin. Munkácsi, I, 73–76 頁 IVc（1892 年印刷）= Herrmann, 338 頁 4 番[15]。

1. 世界の監視者[16]がある時、騎乗中に1人のマンシの男を見つけた。「こっちへ来い！」と彼は言った。マンシの男は行った。世界の監視者が彼を、自分の馬の腰に乗せると、マンシの男は馬の腰部にくっついたままになってしまった。それから男は、父である黄金の Kworės の所へ昇った。到着すると彼はマンシ人に言った、「私のことを知っているか？」男は答えた、「知ってるわけなんかあるか？！」。「よいか、実はお前の目の前にいる私は、世界の監視者なのだぞ！」2人は、父たる黄金の Kworės の住む、銀の柱の柱上家屋〔Stangenhaus〕に入った。世界の監視者はマンシ人に言った、「ドアから入ったら、家の中の1ヶ所に立っていなさい！」2人が家の中に入ると、そこには多くの大衆が集まっていた。世界の監視者は家中の大衆に尋ねた、「こんなたくさんの者どもが、どうして集まって来たのだ？」大衆は答えた、「どうして集まって来たかって？　集まった理由というのはな、我らが父、黄金の Kworės 様が聖なる火の洪水を起こすからさ」。世界の監視者は「その時はまだ来ていない」と言った。大衆は「我らの叔父たる Jeli 市の爺さんはまだ来ていない、訊いてみなきゃならん！」世界の監視者は大衆に「その者を召喚せよ！」と言った。彼らは叔父たる Jeli 市の老爺を呼び出した。突然、雪雲が降りて来て、雪靴を履いた1人の男が、雪靴を着けたまま（家の中へ）入って来た。Jeli 市の老爺は大衆に言った、「どうしてお前らは、わしをそんな強引に呼び出したのだ、もう少しで骨折するところだったわい！　どうして集まっておるんじゃ？」「どうして集まっているかって？　我らが父、黄金の Kworės 様が聖なる火の洪水を起こすからさ」。彼らの叔父たる Jeli 市の老爺は言った、「まだその時ではないぞ。ただ、書き物はどこかな、調べてみようじゃないか！」「書き物は我らが父、黄金の Kworės 様の客間に散らばってるぞ！」Jeli 市の老爺はその客間に入り、探していた書き物を見つけて開き、大衆に言った、「見よ、まだその時ではない！」

2[17]. すると外から1人の男が入って来て、父たる黄金の Kworės に言った、「ご覧ください、温かい入浴の仕度ができました！」父たる黄金の Kworės を、彼は持ち上げ、浴室へ連れて行った。父たる黄金の Kworės を浴室に運んだ後、世界の監視者は（家

[15]〔Anderson 原注〕冒頭部と結末部は、ヘルマンは省略している。

[16]〔Anderson 原注〕Mir-susnė-χum 神：Karjalainen, II, 189–193 頁参照。

[17]〔Anderson 原注〕ヘルマン教授の翻訳はここから始まっている。

から）出た。そしてマンシ人に「来い！」と呼んだ。世界の監視者自身の家に、2人は入った。家の中には3つのヤカンがかかっていた。ヤカンは沸騰すると煮えたぎり、お湯がこぼれ出した。2人が下方にある大地を見ると、そこから相当数の大衆が、流れ出したお湯によって流されていた。世界の監視者がヤカンの腹を布で触れると、沸騰はおさまった。ほんの少し中断したが、ヤカンは再び沸騰し出し、またこぼれ出した。またもや相当数の大衆を（こぼれ出た湯が）運び去った。世界の監視者がヤカンの腹を布で触れると、その沸騰は和らいだ。また中断したが、ヤカンは三たび沸騰を始めた。世界の監視者が再び布で触れたところ、沸騰は和らいで、和らいで、ついにはすっかりおさまって、もはや沸騰しなくなった。世界の監視者はマンシ人に「来い、行ってみよう！」と言った。それから二人は父たる黄金の Kworės の家へ行った。

3. 父たる黄金の Kworės は浴室から出た。彼は息子に言った、「息子よ、お前はどうしてわしの努力を無にする（踏みにじる）のだ？」世界の監視者は「おお父よ、どうして無にせずにおられましょうか。私は我が多くの民たちを残念に思っているのです！」[18]　すると白装束を着た7人の男たちが外から入って来て、父たる黄金の Kworės を7段の梯子の最上段に座らせた。世界の監視者はかのマンシ人とともに（家から）出た。世界の監視者は馬の背に乗り、マンシ人を馬の腰部にくっつけて、駆け去った。そして先にマンシ人を見つけた所で、彼を降ろした。

下記8番の伝説と比較して明らかなように、ここではかつての大洪水ではなく、神々の父たる黄金の Kworės が、洪水中で若返るためにこの大洪水を再発させんと試みて、失敗したことが述べられている。「世界の監視者」にヴォグール人のオリュムポス山へ連行されたヴォグール人は、この試みの目撃者となるのである。

A.7. ヴォグール〔マンシ〕人の伝説〔原典ロシア語〕

Tobolsk 州 Berjozov 郡、Sośva 川[19]と Sygva 川沿いにて（正確な採録地不明）1885年採録。N. L. Gondatti, *Slědy jazyčeskich věrovanij u Mańzov*『ヴォグール人における異教信仰の痕跡』: Izvěstija Imperatorskago Obščestva Ljubitelej Jestestvoznanija, Antropologii i Etnografii, Bd. 48, 2（= Trudy Etnografičeskago Otděla, Bd. 8, Moskva 1858）[20], 49–73 頁。

自身述べているように（50頁）、ゴンダッチは自ら発表した神々の伝承全体を、非常に

[18]　〔Anderson 原注〕以下はヘルマンには出ていない。

[19]　〔Anderson 原注〕ゴンダッチによれば「Sośva 川北部」と言われている。

[20]　〔Anderson 原注〕冊子体で、異なる頁割と異なる書名でも出ている：N. L. Gondatti, *Slědy jazyčestva u inorodcev sěvero-zapadnoj Sibiri*（『シベリア北西部の異民族における異教の痕跡』）Moskva 1888（私は Munkácsi, I, CLXXIV 頁により引用する）。

さまざまな人々から聞いた個々の断片をモザイク状に合成している。洪水伝承に関しては、ゴンダッチは過去の大洪水と未来の大洪水の2つに明確に区別している。後者については下記8番で採り上げるが、前者についてゴンダッチは以下のように述べる。

(63–64頁) 英雄たち ── pochatur または odyr (どちらの語もヴォグール人には自分たちの語と認められている) ── と巨人たちが、かつて天に住み、神々に仕えていた。彼らは長寿だった ── 彼らの寿命は三百年から四百年もあった。彼らがいかに造られたかについては、全く何の言い伝えもない。後に彼らが多数に増えると、地上に降ろされた。ここで彼らは ── 主に女たちのことで ── 互いに争ったり殴ったりし始め、それがあまりにひどくなったので Numi[21] は立腹し、大洪水を起こしたので、その期間に彼らもみな死んだ。しかし大洪水後に (も) 英雄はいた。それは、新たに天から降ろされた者たちである。彼らは個々の家族で、または大きい村落に住んでいたが、その家々は石と土で造られていた……。

(68頁) ……同じころ英雄たちも造られ、すでに述べたように、主に女たちのことで互いに激しく争い、多くの血が流された。

Numi torum は父の言いつけにより、地上で起きていることをすべて観察し、何度も警告したが、いつも無駄であった。それで彼は地上に降り、すべてに火を点けた。こうして多くの英雄たちが死んだが、全員ではなかった。生き残った者たちは、森がなくなったので地下小屋を造り始めたが、その跡は今でも見ることができる (他の者たちの言によれば、これらの地下小屋はヴォグール人自身の住居址だといい、敵の襲来時にその中に逃げたもので、それらからしばしば森の奥深くや河川まで地下通路が通じていたとされる)。そうした地下小屋の名残は、例えば北 Sośva 川左岸、Sartyńja から3ベルスタ[22] 下流および2ベルスタ上流の地に存在する。自分たちを襲った悲運を顧みることなく、英雄たちはまたも互いにひどい戦闘を始めた。そこで Numi は岸から上がりすべてを溺れさせるよう水に命令した。この命令は聞き届けられ、生き物すべてが死んだが、例外は Numi の7人息子たちだけだった。彼はこの時、彼らを天に匿っていたのである。

3日続いた大洪水 (janych vit, jelbyn vit = 聖なる水) の間、Kors torum[23] は太陽と月と星々を取り去って完全な暗闇を生じさせ、そうすることですべてのものから救命の機会を奪った。水が引くと、Numi は新たな生物の創造にとりかかったが、それは生かすべき地上に何ものもいないのを見たからである。大地が少しだけ乾いたと同時に、Kors torum はうっかりベルトを落としてしまったが、これからウラル山脈が生じた。付言せねばならないが、話者たちの幾人かの主張によると洪水前に Numi

[21]〔Anderson 原注〕すなわち Numi-Tārėm.

[22]〔山田訳注〕ベルスタは露里、すなわちロシアの昔の距離単位で、約 1.06 km。

[23]〔Anderson 原注〕すなわち黄金の Kworės.

は老人であり子供もいなかったが、洪水の間に水浴したところ突然若返って、その後7人息子の父になったのだという。

注目に値するのは、ここでも第2番の伝説と同様に、火の大洪水が世界の大火災に先行していることである。

A.8. ヴォグール〔マンシ〕人の伝説〔原典ロシア語〕

同地にて1885年採録。Gondatti，69–70頁。

上記7番の伝説に付した導入部の注釈参照。未来の大洪水について、ゴンダッチは以下のように語る。

創造された世界は永遠ではなく、大洪水により滅びるだろう。それは次のようにして起こる。Numiが自ら若返るため（上記[24]によればかつてすでに成功したことだが）、水浴するのだ。この水浴後、水はどろどろした火の塊に変じ、天まで白鳥の頸ほどの距離しかない所まで燃え上がる。この出来事が起きる7年前には、すべてのkul's[25]とmenkv's[26]が、眼前に控える大仕事のため下界へ赴き、その途中で出会った者たちすべてを貪り喰う。大洪水の7日前には絶えず雷鳴が聞こえ、鼻を刺す嫌な匂いが漂う。しかし大洪水自体は、魚卵を煮るのに必要な時間つまり1時間程度しかかからない。このように速いおかげで、人間はほぼ全員が死に、助かるのは7層のヤマナラシ（カラマツと言う者もいる）製の筏を拵える時間のあった者たちだけだ。そのうち6層は燃えるが、7層目は残るのである。この筏上にはチョウザメと小型チョウザメの皮製のテントが立てられねばならない。さらにそこには、砂柳の枝から綯われ、少なくとも三百尋の長さの縄がないといけない。この時、ブヨや蚊や蟻はクロテンほどの大きさに達し、水上を泳ぎまわって、分厚いテント覆いを拵える配慮を怠った者たちを亡き者にする。大洪水後には、影としての存在（isとしての存在[27]）期間が終了した者たち、例えば30年前に30歳で死んだ者などが蘇生する。こうして全世界は、大洪水から救われた人間たちと、期間満了の者たちから構成される。それからNumiは昇天し、裁きを始める。裁きがいかなるもので、罪人や義人にいかなる賞罰が待っているのかは、正確には知られていない。彼らはそれから、地上で生きた分の長さだけ生き、ただし生き残った者たちは洪水前に生きた分の長さだけ生きて、全員がまずker chomlach[28]に変じ、次いで塵になるが、それは世界

[24]〔Anderson原注〕伝説7番の末尾。

[25]〔Anderson原注〕悪魔：Gondatti, 63, 65–65頁、Karjalainen, II, 343–350頁参照。

[26]〔Anderson原注〕森の妖怪：Gondatti, 63頁、Karjalainen, II, 371–376頁参照。

[27]〔Anderson原注〕Gondatti, 65頁、Karjalainen, I, 195–196頁。

[28]〔Anderson原注〕小甲虫：Gondatti, 65頁、Karjalainen, I, 196頁。

の本当の終末のしるしとなるのだ。

ことに伝説2番および3番と正確に一致する細部が証明するのは、これは通常の終末論的な世界火災伝説ではなく、極めて注目すべき仕方で遠い未来に投影された真の大洪水伝説だということである。

A.9. オスチャク〔ハンティ〕人の伝説〔原典ドイツ語〕

Tobolsk 州 Tobolsk 郡 Temljačev 郷（Wolost）にて採録、1892年以前。S. Patkanov, *Die Irtysch-Ostjaken und ihre Volkspoesie*, I (St. Petersburg 1897), 134–135 頁。

本章の終わりに、もう1つオスチャク人の大洪水についての伝説を掲げよう。これは私が Temljatschev 郷に滞在していた期間に、採録できたものである。その内容は次のとおり。Pairâxt′à[29] が地上に生きていたころ、彼は父の Tûrịm[30] から、間もなく大洪水（jêmịη jink; ヴォグール語 jelpịη vit′ ―「聖なる水」）が起こり、地上の大部分を覆ってしまうと聞いた。自分と家族とその民を救うため、彼は大きな船（karèp, ロシア語 корабль）を造り始め、それでいつも留守になった。その妻は留守の理由を知らなかったので、少なからずそのことを嘆いていた。彼女を慰めようと悪魔（kul′）が現れ、すぐに彼女と親しい関係になった。彼は彼女に、嘆くのではなく、旦那さんにワインと薄ビールをしたたか振舞えば、すぐに秘密を打ち明けてくれるだろうよ、と助言した。彼女はそのようにして、彼がすでに30年もかけて造っていた船がほとんど完成間近であることを知った。ドアの後ろに潜んでいた悪魔はこの話を聞いて、すぐに船の所へ急ぎ、Pairâxt′à の苦心の作品を破壊した。Pairâxt′à が酔いから醒め、船の所に来てみると、粉々になっているのを見て途方に暮れた。とりわけ、もはや大洪水が始まる時が迫っていたからである。彼は父たる神に助力を懇願し、その助けによって船は3日で再び造り上げられ、自分と仲間たちを大水から救うことができた。

その乗物の造られるのを見ていたが自分で造ることができなかった者たちは、樹幹から筏（por）を造り、それに乗って助かろうと試みた。彼らは波によってさまざまな土地に運ばれた。こうして Trenkin のユルタ（Samarovo 近く）住民たちは、自分たちはこの時 Surgut 郡から今の居住地に筏でやって来たと請け負う。この村人たちが部分的に正しいであろうことは、否定できない。それは第一に、彼らの身体特徴が隣住するオスチャク人たちとは異なり、サモイェド〔ネネツ〕人と似たところがあるからで、また第二に、この低地では毎春、氾濫が起き、何年かごとに非常に大き

[29]〔Anderson 原注〕この「オスチャク人のキリスト」については、Karjalainen, II, 296–297 頁参照。

[30]〔Anderson 原注〕オスチャク人の天神：Karjalainen, II, 250–251 頁。

な規模にまで達するからである。

大洪水の証拠として、Demjan 郷、Jurov 郷、および Narym 郷と Denschikov 郷南部のオスチャク人の中に、いやロシア人の中にさえ、Irtysch 川右岸の小高い台地で船の残骸を見たと主張する者がいる。

Patkanov の記述によれば、Temljačev 郷のみならず Samarov 郷やその他4つの隣郷にも、土地と結び付いた大洪水伝承があったことが注目される。

Pairâxt'à 救出の話は、この異教名にもかかわらず、全くロシア＝キリスト教的典拠に由来している：ヴォグールの伝説 3、4、5 および下記 27 頁注 1〔本訳では既出〕を参照。逆に、全く北アジア的なのは、大部分の人々が筏で救出されていること、その故地から遠く漂流していること、またその地の高台に船の残骸があると言われていること（Patkanov の言葉から判断するに、この残骸があるとの信念は、ロシア人にまで広がっていたのであるから、とりわけ強固なものに違いない）である。ヴォグール人と共通しているのは、大洪水が「聖なる水」と称されていることだ。

A.10. オスチャク〔ハンティ〕人の伝説〔原典ロシア語〕

Tobolsk 州 Tobolsk 郡、Nadym 川河口部の Jurten Chorovoj にて採録、1876 年 9 月。話者：Changaj. I. S. Poljakov, *Piśma i otčoty o puteśestvii v dolinu r. Obi*『オビ川渓谷への旅行に関する書簡と報告』、Sanktpeterburg 1877（＝Zapiski Imperatorskoj Akademii Nauk, Bd. 30, Beil. 2）, 147 頁。

……オスチャク人が知っているのは、T'armas-Katon[31] が最初に住んだ場所はオビ川沿いの、Obdorsk の少し下流だということのみである。そこから T'armas-Katon は、水と火 Jemana の洪水の際、その親族らと共に流し去られた。水自体が火のようであった。しかしその際、新来者たちは簡単な舟に乗っていた……。

オスチャク人の族祖伝説中のこの挿話を解説するため補足しよう。ここに述べられている洪水は、人の住む地上全体を覆うものではないが、146 頁によれば「地上の大部分が水に被われた」という。果たしてオスチャク人 T'armas-Katon が親族らと並び、その元いた地域における唯一の生存者であったかは、言われていない。彼が Nadym 川の河口に来た時、彼が第一にしたのはオスチャク人 Jesovaj の殺害であった。Jesovaj は世界創造後すぐにここに居住した者と言われ、その漁場を彼は我がものにしたかったという（Jesovaj は話者 Changaj の祖先である）。

「水と火 Jemana」（вода и огонь Емана）に我々は直ちに、オスチャク人 9 番の jêmįŋ jink すなわちオスチャク人・ヴォグール人の「聖なる水」を認める。さらにずっと重要なのはしかし、大洪水がここではヴォグール人におけると全く同様に（ただしオスチャク人 9 番

[31]〔Anderson 原注〕Tonki 一族出身で、今日の Nadym 川の漁場所有者たちの始祖。

とは違い)、火の洪水と述べられていることである。全体として、ことにオスチャク人9番の結末部を参照せよ。

A.11. サモイェド〔ネネツ〕人の伝説〔原典ロシア語〕

Jenissei州Jenisejsk郡Turuchansker地域(詳しい採録地不明)、1869年以前。P. Tret'jakov, *Turuchanskij kraj*『Turuchansker地域』: Zapiski Imperatorskago Russkago Geografičeskago Obščestva po obščej geografii, Bd. 2 (S.-Peterburg 1869), 215–530頁、引用は415–416頁から。

> 全地を覆った大洪水について、サモイェド人は次の伝説を語っている。大洪水があり、舟で逃げた7人は水によって天のすぐ下まで押し上げられ、天蓋のもと立つことができず、身をかがめていなければならないほどだった。人々はその苦境を見て、土を少し探して来てくれるようアビ(Colymbus)に頼んだ。アビは水面下に潜り、7日後にいくらかの土を、砂および草とともに取って来た。人々はこれらすべての物を水中に投げ、土地を拵えてくれるようNua[32]に祈り始めた。すると水は引き始め、木々が現れて、舟は地上に降りて来た。やがて大地は乾き、水はどこにも残らなくなった。渇きが人々を苦しませ始め、1人の女性は自分の乳を吸い始めたがやがて死んだ。別の者は自分の尿で喉の渇きを鎮めようと決め、生き残った。しまいに人々はよい考えを思いつき、地中に坑を掘ってそこに間もなく水を見つけた。人々は渇きを鎮めた後、飢えに苦しみ始め、生き残ったのは2人の男と1人の少女だけであった。鼠が何匹も現れて、彼らはこれを殺して食べ出したところ、餓死から救われた。一難去ってまた一難、今度はマンモス ── kalaga ── が地上を徘徊し荒し始めた。ある場所には角で土を掘って山々を堆積させ、峡谷を造った。このため今日まで、そうした場所にはマンモスの折れた角がみられるのだ。他の場所では、マンモスはその体重で大地を押しつぶしたため水が噴き出し、河川や湖沼ができた。しまいにマンモスはNuaの怒りを買い、ある湖で溺死させられて今は地下に棲んでいる。その間、人間たちの1人は成長した少女と結婚していたが、あるとき1頭の鹿を見、それを殺す方法を考え始めた。1人の男は木を曲げて弓を作り、もう1人はマンモスの骨から矢を作った。これらの武器で、彼らは鹿も殺した。その皮を剥ぐために、彼らはやはりマンモスの骨から一種のナイフを作った。

上記の物語は、キリスト教大洪水伝説の影響の痕跡を全く示しておらず、非常に古風な印象を与えもする。またここでは注目すべきことに、その他の北アジア大洪水諸伝承との接点も非常に少ない。土を求めて潜った助っ人動物は創世神話に由来するものと思われるが(上記4頁注3[33]を参照)、これは例えば北米の洪水伝説でもお馴染みである

[32]〔Anderson原注〕サモイェド人の主神:Tret'jakov, 414頁。

[33]〔山田訳注〕本訳では省略した部分だが、O. Dähnhardt, *Natursagen*, I (Leipzig und

（WINTERNITZ〔Die Flutsagen des Alterthums und der Naturvölker, *Mittheilungen der Anthropologischen Gesellschaft in Wien*, 31, 1901〕325頁1を参照）。

A.12. アルタイ人の伝説〔原典ロシア語〕

Tomsk州Bijsk郡、Ulala村周辺、1879年以前（宣教師V. Postnikovの採録から）。G. N. POTANIN, *Očerki sěvero-zapadnoj Mongolii*『北西モンゴル誌』、IV（S.-Peterburg 1883）、208頁42d。

アルタイ人は大洪水があったと信じている。今の人類の始祖が乗って救われたsal（筏）は、今も無傷で、Katuń川右岸のAdygan山（Ulala村[34]の南）上にある。この山に登った者は二度とそこから戻って来られず、死んでしまう。

A.13. アルタイ人の伝説〔原典ロシア語〕

Tomsk州Kuzneck郡、Mras川沿い、1882年以前。Protoierei V. VERBICKIJ, *Kak my otyskivali Nojev kovčeg*『我々はいかにしてノアの方舟を探したか』：Vostočnoje Obozrěnije, 21. Okt. 1882, 30番、9–11頁＝V. I. VERBICKIJ, *Altajskije inorodcy*『アルタイの異民族』（Moskva 1893）102–103頁8番[35]。

> アルタイの異民族間では、大洪水について次の伝説が保存されている。大洪水[36]以前には、全地の王はChan Tengis[37]（「海」）であった。その治世には全地上でNamaという名の1人の男が有名であったが、彼はUl′geń（善神）に命じて、adyra[38]-saldan-agaš樹（良質の白檀材）から舟（kerep）を造らせた。Namaはその3人息子Soozun-uul, Sar-uul, Balyksaに命じて、その舟をある山上で造らせた。Namaは視力が弱かったため、舟の建造は長男が指揮した。舟はUl′ geńの命令により内にも外にも白樺の樹皮と瀝青を張りつけた。その角と壁にNamaは80尋ある8本の綱を結び付けさせ、その両端には鋳鉄製の板を取りつけた。Soozun[39]がNamaに「この綱は何にするんだ？」と尋ねると、Namaは「これで、水が80尋の高さになったとき何日過ぎたかがわかるのだ」と答えた。舟が建造されると、Namaは愛する人間たちすべ

Berlin, 1907), 1–89頁が指示されている。

[34]　〔Anderson原注〕Bijskから95ベルスタ。

[35]　〔Anderson原注〕この第2版で変わった箇所には、以下“AI”と示す。

[36]　〔Anderson原注〕AI：“jaïk”.

[37]　〔Anderson原注〕AI：Temys.

[38]　〔Anderson原注〕AI：adira.

[39]　〔Anderson原注〕AI：この箇所および以下の箇所すべて“Soozun-uul”。

てを集めた。それはUl′ geńが彼に「愛する者たちを連れて行きなさい、そして[40]生きて呼吸をする物すべてと、空飛ぶ鳥たちも」と言っていたからである。Namaが家族および友達と舟に乗り込んだ時、大勢の動物たちもやって来た。Namaはやって来た鳥獣たちに、舟に乗り込むよう命じた。Soozun-uulが「ここに1匹の蛇も這って来ているが、これも連れて行っていいか？」と尋ねると、Namaは「どんなのでも間に合った者たちは全部収容せよ、舟におさまる限りは」と言った。それからNamaは舟内にいる者らに「何か見えるか？」と訊いた。「地上どこまでも霧と闇です」という答えだった。そこへ地下水脈から水が噴き出し、小川や河川や海からも溢れ出して、地上を水浸しにした。天からも水が迸り出た。舟が80尋の高さまで昇ったとき水はなおも増したため、綱はつながれていた錘から引きちぎられ、舟は漂い始めた。Namaは「もう7日目だ」と言った。14日が過ぎると、NamaはSoozunにtuunuk[41]（天井にあけた管ないし窓）を開けて見回させた。Soozunはその下命を果たすと、「何もかも水浸しになっており、山頂しか見えません」と言った。しばらくしてNamaはもう一度SoozunにTuunukを開けさせた。Soozunは四方を見渡し「何も見えません、天と水だけです」と言った。とうとう舟は、2つの近接した山、Čomgoodoj[42]山とTulutty山[43]の上に留まった。そこでNamaは自らtuunukを開け、ワタリガラスを飛ばした。ワタリガラスはもう帰って来なかった。翌日Namaはカラスを送り出したが、これも飛び帰って来なかった。3日目に彼はカササギを飛ばしたが、無駄だった。4日目に雄バトを飛ばすと、これは飛び戻り、白樺の枝を持って来た。Namaは雄バトに、先に出してやった鳥たちのことを尋ねた。雄バトが答えるに、「ワタリガラスは岩の割れ目に挟まっているmaral（ヘラジカ）を見つけ、そいつの両目を啄んでいます。カラスは犬を見つけ、その尻[44]を啄んでいます。カササギは馬を見つけ、その背骨を啄んでいます」。そこでNamaはこれらを呪って言った、「奴らは今しているのと同じことを、この世の終わりまでするがいい。ワタリガラスは斃れた獣の目を啄み、カラスは尻を、カササギは背骨を啄むがいい。だがお前は」と彼は雄バトに、「我が忠実なる僕よ、お前を祝福しよう、この世の終わりまで我が子孫らと共に暮らすがよい」と言った[45]。

---

[40]〔Anderson原注〕AI：地上で、と追加。

[41]〔Anderson原注〕AI：tuuńuk.

[42]〔Anderson原注〕AI：Čomgodoj.

[43]〔Anderson原注〕これらの山を、私は同定できなかった。W〔alter〕、A〔nderson〕。

[44]〔Anderson原注〕AI：kodeń.

[45]〔Anderson原注〕AIは原語も載せる：menen kalgan kaldyk byla kalganči čaka etre kožo jurtagyn-dedy. さらにAIの103頁には次の補足が続く。「大洪水の後、人はNamaを感謝と尊敬から、Jajači（「創造主」）と呼び始めた。彼の死後、子孫たちは彼に供犠を捧げるようになった。彼の息子たちはUl′geńに嘉され、Taul′je, Šaul′ja, Tirleとい

アルタイ人たちはNamaをJaïk-chanと称し、これにたいてい春に高山頂で白羊を供犠する。さらにシャマン儀礼のたびに、シャマンがUl'geńのもとへ同行できるよう彼に祈る[46]。人が死ぬとその40日後にJaïk-chanがユルタの浄めのために呼ばれるが、その際には死者のベッドに1羽のオンドリを結わえつける。このオンドリは死を表象し、Kamすなわちシャマンにより追い払われる。そのため住民たち[47]はオンドリを食べない。さらに家畜が殖えない時も常にJaïk-chanが呼びかけられる。住民らは、死んだ親族が家畜を死者の住処へ連れて行ったので、Jaïk-chanに供犠をすればその家畜をそこから大洪水で追い払ってくれると信じているのだ。Kamは、その一家の死せる成員たち（uzutter ierine）の魂が住まう処へ行き、そこで呪術をし、彼らと話し、酒をふるまい酔わせるさまを演じる。彼らの話を、Kamは彼らの声で再現し、彼らの所作すべてを真似する。会話と歌においてKamは、酔った死者が歌をうたうさまや、その際突然、洪水が死者の住処に押し寄せて来るさまを演じる。死者たちが誰彼となく狼狽周章し騒然となるさま、土と灰を撒き散らすことで大洪水が終わるさまが演じられる。Kamは混乱に乗じて家畜を追いやる。死者たちはどうやら後ろから叫び声を上げ、追っ手を派遣したらしい。この物語全体の上演の初めに、シャマンは自分の顔に煤を塗り、死者にそれと気づかれないようにする。しかし、もしも死者たちが自分らのもとに遺族たちから送られて来たのがシャマンだと感づいたなら、彼はそんな者たちは全く知らないと請け合うのである。

ノアの方舟がどこに留まったかという問題に、我らが現地民たちは大いに関心を抱いている[48]。アルタイ＝テレンゲト人（Altaier-Telengeten）は方舟の留まった場所を、Čemal川[49]河口付近の山上に方舟の破片が残っていると言って、自分たちの地域と結び付けている。反対にKuzneck地区のアラダグ＝タタール人（Aladag-Tataren）は、方舟がMras川左岸のUlu-dag（「大いなる山」）山頂で乾いたと主張し、そこには今日まで方舟の巨大な厚板が途方もなく大きい釘とともに保存されていたという[50]。Ulu-dag山は私の宣教地区にある。……我々が地区の新洗礼者たちとさまざまな事柄について話していた時、我々は方舟の残骸にも言及し、若干の疑義があると述べた。住民たちは、我々の疑義のあらゆる影を取り払おうと努め、「誰か我々に方舟の残骸

う異称を与えられた」。

[46]　〔Anderson原注〕AI, 103頁に再掲されたこの箇所には、これはBijsk郡の住民についてであり、年一度の供犠についてでもあると付言されている。以下のシャマン儀礼の記述＝AI, 76–77頁。

[47]　〔Anderson原注〕AI：たいていの、とりわけKuzneck郡の住民たち。

[48]　〔Anderson原注〕以下はAI, 102頁には縮約された形で出ている。

[49]　〔Anderson原注〕Katuń川右側の支流。Čemal川の河口には同名の村がある（Tomsk州Bijsk郡、Bijsk市から76ベルスタ）。

[50]　〔Anderson原注〕以下すべてAIには欠けている。

を見せてくれますか？」という問いには、あたかも欧州モミノキを見せてと言われたかのように、いかにもはっきりと肯定の返事をくれた。これらの会話は、Ulu-dag山麓から遠くないBugunči川[51]沿いの、私が洗礼を授けた男Ončupのユルタで行われた。……（このOnčupの特徴が続く。）……この外ならぬ積極的Ončupが、我々の中で信じない者たちに反論し、ノアの方舟の残骸にじかに触れる案内と仲介の役を買って出た。

6月11日朝お茶を飲んだ後、糧食にビスケットを携えて、我々はOnčupとともに出発した。……我々はまずBugunči川を騎乗遡上し、Ulu-dag山から流れ出る2つの河川、Tarlap-tušken川とŠagyš川を渡った。……我々は狩人径を騎乗にて、時には全く径なき径を、生い茂る杉林を切り開きつつ進み、また軽く土に覆われただけの漂礫上を進んだ。登って行くにつれ、「Krest balaï（我が洗礼せし息子）は、無い物をどうやって見せようというのだろう？」という考えがますます私の頭を捉えた。とうとう我々はUlu-dag山の禿げた頂に近づき始めた。そこは蒼みがかった大きな石塊と、苔とBadan（ユキノシタ、kalčap, kaja šojy）が生えて覆われていた。……これ以上は馬で進めなくなり、我々は下りて馬たちから鞍を外し、蚊に悩まされないよう馬たちを焚火の前につないで、徒歩で岩山を登った。岩山の上を百尋も登ると、切り立って上れない岩山から成るUlu-dag山頂の最高部に至った。Ončupはそこを指さし、厳粛に「あそこだ！」と告げた。

しかし我々にノアの方舟の残骸が見えなかったとは言え、その代わり我々は徒歩で到達しうるUlu-dag山頂から、周囲の大自然の素晴らしい景色を堪能した。……（以下、景観の描写が続く。）

Verbickijにより採録された伝説の大部分は、聖書の物語をいくぶん改変した再話以上のものではない。しかしそれと並んで、このテキストには真に北アジア的な諸要素もみられる。ことに、縄でつながれた筏という意義深いモチーフがある。

A.14. アバカン＝タタール（カチン〔・ハカス〕）人の伝説〔原典ロシア語〕

Jenissei州Minusinsk郡、白Jus川[52]沿い、1882年。N. I. Popov, *Kačinskije tatary Minusinskago okruga*『Minusinsk地域のカチン・タタール人』: Archiv der Russischen Geographischen Gesellschaft (St. Petersburg), 手稿Б IX29, フォリオ21b.

Kudaj（＝神）が、自分を敬うことをやめた人間たちを根絶やしにしようと大洪水を起こした。大洪水の間、一匹の大きな動物が半年間泳ぎまわり、沈むことがなかった。そこでKudajが一羽の巨鳥を送ったところ、この鳥は動物の角の上に止まり、

［51］〔Anderson原注〕Mras川の支流。

［52］〔Anderson原注〕Andreeの地図帳ではIjusで、Radloffの著書にはJüsとある。

溺死させた。大洪水はものすごく、水は天まで斧の柄ほどの所まで迫った。少数の人間たちが避難した乗物は大洪水後、白 Jus 川沿いの Yzyk 山に留まり、タイガの中にある。そこでは最近まで、この乗物のとても長い釘がよく見つかった。

一角獣が沈む話（後述27頁注2[53]を見よ）は、ロシア＝キリスト教の典拠に由来する。アルタイ人の伝説13番ですでに出会った、方舟の長い釘に注目せよ。

A.15. アバカン＝タタール（サガイ〔・ハカス〕）人の伝説〔原典ドイツ語〕

Jenissei 州 Minusinsk 地域、Abakan 渓谷の Ulus Oltokov（Askys 村から6ベルスタ）にて採録、1890年1月16日。話者：Oltōk (Varlaam)、Muklās (Nikolaj)、Čertýkov の息子、22歳、Saghai 人 Turan「骨」出身。W. Radloff, *Proben der Volksliteratur der türkischen Stämme, IX: Mundarten der Urianchaier (Sojonen), Abakan-Tataren und Karagassen*, Texte gesammelt und übersetzt von N. Th. Katanoff (St. Petersburg 1907)、Texte 433–434頁397番＝（ロシア語）訳417頁397番。

むかし1人の老爺と老婆がいた。老爺は神（Kudaj）と会話するのを常としていた。神は彼に言った、「今日から40日後に大洪水が始まる！　筏を造れ！　とりわけ動物や鳥、その他の生き物から何匹かを、その筏に乗せるのだ！」　老爺はそこで筏を造り始め、34日間働いた。34日目、その筏は風に破壊されてしまった。6日後には大洪水が始まる。かの老爺は、6日間で筏を造ろうと出かけた。彼が出かけると、その妻の所へ悪魔（Ajna）がやって来た。妻と悪魔は意気投合した。悪魔はかの女に「酒を造れ」と言った。かの女はその言葉に従い、強い酒を造った。かの悪魔はまた言った、「さて、これから大洪水がやって来る！　お前の夫は今日、筏を完成させて帰って来る。奴が来たら、この酒を飲ませるのだ。そのうち大洪水が始まる。奴は全種類の生き物を筏に乗せるだろう。お前は、水が膝の高さに来るまで乗ってはだめだ。そしたら水が、下履きの上端の高さまで上がってくるだろう。それでも（筏に）乗ってはだめだ。次に水が胸の高さまで来る。そしたらお前の夫は、「乗れよ、この悪魔め！」とお前に言うだろう。こう言ったら、俺を呼んだということだ。そしたら2人揃って筏に乗るのだ！」　かの女は悪魔を、下に広げていた革敷きの下に寝せた。すると夫が帰って来た。彼女は夫に強い酒を飲ませた。すると老爺は「ふうー悪魔め、なんて甘い酒だ！　どうしてもっと早く出してくれなかった？」と言った。初め彼は長いこと抗い、その酒を飲もうとはしなかった。それから彼は、大洪水が始まるのを見た。かの老爺は老婆を筏に呼んだ。すると奴らは一緒にやって来た。奴らが来た時、老爺はもう全員を筏に乗せていた。筏にいなかったのはマンモスとワシだけだった。かの老爺は筏の上に乗った。水は件の老婆の胸の所まで上って来ていた。

[53]〔Anderson，27頁原注2〕Dähnhardt, I, 287–288頁。

> それで老爺は妻に「乗れよ、この悪魔め！」と言った。かの女は（筏に）乗り、一緒に悪魔も乗った。かの老爺はワシとマンモスに「お前らも筏に乗れ」と言った。マンモスは「私は泳いでも大丈夫です」と答えた。そしてワシは「私は飛んでも大丈夫です」と答えた。しばらく経って水が引く3日前、（今）いる鳥、いない鳥すべてが、翼が疲れてそれ以上は飛べなくなり、マンモスの上に止まった。マンモスは水中に没した。ワシとマンモスはどちらも水中に沈み、その魂を明け渡した。それからかの老爺はワタリガラスに、命の水を取りにやった。ワタリガラスは飛んで行き、水を持たずに帰って来た。ワタリガラスは水を運んでいる時、それを松や茨や樅や杉といった木々の梢にかけてしまったのだ。そのためこれらの木の「葉」も、紅葉も落葉もしないのである。

このテキストの主要な話は聖書から取られており、ノアとその妻の話（ヴォグール人の伝説3から5番およびオスチャク人の9番参照）および一角獣の死滅の話（アバカン＝タタール人14番）は、ロシア＝キリスト教の典拠に由来する。よって真に北アジア的と見なせるのは、聖書の方舟を筏で置き換えていることだけだ[54]。大洪水の話が、不死の飲料をかけられた木々の伝説（後述44頁参照）と結びついているのも、非常に注目に値する。

A.16.　ウリヤンハイ〔トゥバ〕人の伝説〔原典ロシア語〕

モンゴル北西部、Uluchem川（Jenissei川上流）沿い、1879年9月採録。話者は1年間Minusinskに住んだことのあるトゥバ＝ウリヤンハイ人男性。Potanin, IV, 207頁42a.

> 大昔、洪水が起きて大地を水浸しにした。1人の老爺と3人息子だけが、sal（筏）に乗って助かった。この息子たちの1人はChamという名で、彼がトゥバ人最初のcham（＝シャマン）であった。

注。この話は、「Ireń[55]って誰？」との問いに対する答えとして語られたもの。しかし話者は「そのkam（＝cham）がIreńだったんだね？」と問われると、「違う、だが彼はIreńに助力を乞い、その力によって働きをなした」と答えた。

Chamないしkamは事実「シャマン」を意味するが、救われた人の3人息子のうちの1人の名としてこの語が出るのは、聖書の影響を示唆している。

---

[54]　〔Anderson原注〕反対に、Katanoffの別のアバカン＝タタール洪水伝説（Radloff, IX, テキスト303–304頁184番＝翻訳274–276頁184番）は、全くキリスト教的諸要素のみから成り、筏ではなくここでは舟がみられる。

[55]　〔Anderson原注〕この神話上の人物について、ポターニンはそれ以上何も説明していない。

A.17. ウリヤンハイ〔トゥバ〕人の伝説〔原典ロシア語〕

モンゴル北西部、Buren-gol 川（Jenissei 川上流左側の支流）沿い、1879 年 10 月採録。話者：トゥバ＝ウリヤンハイ人女性。Potanin，IV，208 頁 42b.

かつて大洪水があり、１人の老爺が鉄の筏に乗って逃れた。

A.18. ウリヤンハイ〔トゥバ〕人の伝説〔原典ロシア語〕

同地、1879 年 10 月採録。話者：Bjurgun, Sal′ džak「骨」出身のトゥバ＝ウリヤンハイ人男性。Potanin，IV，208 頁 42g.

大地は Alap-melekej の上（すなわち蛙 Alap の上）にある。この蛙が身を動かすと、大地は崩れてしまうだろう[56]。かつてこれが動いたことがあり、Ulu-dalaj（大海）は煮え立ったかのように波を寄せ始め、岸から上がってきた。ただ１人の老爺がこの状況を予見して鉄を打った筏 ── temir chadalu sal ── を造り、少数の人間たちおよび食糧と共にこれに乗り、そうして助かった。この筏は今でも、かつて留まった高いタイガ上にある。その他の人間と動物たちはみな死んだ。

それから Kezer Čingis Kajrakan は、今地上にあるものを造り始めた。彼は山を造り、森を造り、火を発見し、人間たちになすべきことすべてを教えた。火酒の燃やし方を教え、chural を建ててその支配者となった。……（以降、この文化英雄のその後の運命が報じられる）。

A.19. ウリヤンハイ〔トゥバ〕人の伝説〔原典ロシア語〕

モンゴル北西部 Sedzen 川（Jenissei 川上流左側の支流）沿い、1879 年 10 月採録。話者：Sal′džak「骨」出身のトゥバ＝ウリヤンハイ人男性。Potanin，IV，208 頁 42v.

むかし水が全地上を覆い、森はなくなった。生えているものすべては、大洪水後に初めて現れたのだ。

最後の言葉がなかったら、記録者により洪水伝説の中に入れられているこのテキストを、ありふれた創世伝説と見なさねばなるまい。いずれにせよ、このテキストは非常にあいまいかつ断片的であり、我々にはほとんど無価値である。とはいえこれにより、ヴォグール人（伝説２番・７番）その他にみられる、大洪水後に植生が新たに造られたという観念が想起される。

[56]〔Anderson 原注〕... пожалуй и земля упадеть.

A.20. カムチャダール（イテリメン）人の伝説〔原典ドイツ語〕

カムチャツカ。採録場所不明[57]、1738–1744年。Georg Wilhelm Steller, *Beschreibung von dem Lande Kamtschatka* (Frankfurt und Leipzig 1774), 273頁。

イテリメン人も、大洪水と全地を覆った大氾濫についての語りを知っている。それはKutka[58]が彼らのもとからいなくなって間もなく起こったと言われ、非常に多くの人々が当時溺死し、何人かは舟で助かろうとしたが、波が強くなりすぎたという。しかし残った者たちは大きな筏を造り、木々を互いに結び合わせて、食料とすべての家財と共にそれに乗って退散した。しかし海へ流されないように、彼らは大きな石を紐に結び、碇の代わりに深みに落とした。水が引いた後、彼らは筏と共に、高い山上に残されたという。

A.21. カムチャダール（イテリメン）人の伝説〔原典ロシア語〕

カムチャツカ半島西岸、泥火山El′velik周辺（およびその他の場所）にて採録、1896年末。V. N. Tjušov, *Po zapadnomu beregu Kamčatki*[59] (Sankt-Peterburg 1906, =Zapiski Imperatorskago Russkago Geografičeskago Obščestva po obščej geografii Bd. 37, Nr. 2), 388–390頁（271頁も参照：下記40頁を見よ〔本訳では省略〕）。

かつて土着民たちが、大洪水からEl′velik山頂に避難したことに言及するのは、興味深いことと私には思われる。このような俗信は土着のカムチャダール人たちの間に保存されている。今では全く大洪水の痕跡などないように思われるのに、何らかの大洪水について知っているのはなぜなのかと私が尋ねたところ、彼らが私に言うには、何人かの者たちが上述した山頂で筏を、より正確にはカラマツ材でできたかつての筏の残骸を見たというのである。これがどれだけ正しいかについて、私は決定を請け負うことはできないが、大洪水の伝説とカラマツ筏があるという伝承は、カムチャツカではほぼ到る所に存在するのであり、これら筏の発見地としてはEl′velik山のほか、Charčin山の尾根（Timáska）および詳細の不明なKozyrev山の尾根が挙げられる。

残念ながら、これらの場所の1ヶ所たりと訪れて、救難筏の存在を実見することは

---

[57]〔Anderson原注〕この本の冒頭に印刷されている伝記（13頁）によれば、カムチャツカにおけるシュテラー（1709年生まれ、1746年没）の居住地は、Bol′šaja Rěka（現在のBol′šerěckaja）であった。よって私は地図に、彼の記録地をこの場所として記入した。

[58]〔Anderson原注〕カムチャダール人の創世神：Steller, 253頁以下。

[59]〔Anderson原注〕フランス語書名もある：W. N. Tuchoff, *Le long de la côte occidentale de Kamtchatka.*

私にはできなかった。けれども、もしも（野外で）カラマツが長くて約200年間はもつと見積もるならば、大洪水伝説の述べる時代は、前（すなわち18）世紀の初めと決定できる……。

（この後、Krašeninnikovによる1737年10月6日・17日の大地震と洪水の記述がなされ、389頁に次のように補足がある：）

もし、これらの筏はまた来るかもしれない大洪水に備えて造られたものにすぎない、という何人かの現地民の報告もここで考慮に入れるなら、筏の残骸が存在するということは全くありうることと考えてよかろう。それは、非常にさまざまな地域の現地民から知られる素朴な諸伝承を不審がったり、彼らがそうしたお伽話を創り出したのだと責めたりする理由は全くないだけに、一層言えることである[60]。

資料B

これは、今日なお基本資料として広く用いられている『ドイツ俗信辞典』全10巻（1927〜42年刊）から、ヴァルター・ツィンマーマン執筆による「雪」の項目（Zimmermann 1936）を訳出したもので、未発表の拙訳である。

B.1. 解釈

雪の発生と由来について、民間信仰にはさまざまな見方があり、たいてい短い言い回しになっている。舞う雪片と鳥の羽毛の類似は、ヘロドトス〔『歴史』〕4巻31節によればすでにスキタイ人においてよく知られた連想であり、ホレおばさん〔ドイツ民間信仰によく登場し天気と関連づけられることの多い女性〕がベッドを払うことで我々の所に雪をもたらす、という有名な観念にもつながった。しばしば、ホレおばさんという神話的人物に代わって天使や聖母マリア、また単に森の女たちWaldweiberが登場する[61]。スイスの一伝説によると、雪は「アリエおばさん」という、ベルン州ジュラ地方における善悪半ばする性格の存在の、ブラウスの切れ端からできている[62]。雪は鵞鳥の羽毛ともされることがある。例えばオルデンブルク〔ドイツ・ニーダーザクセン州の都市〕では雪が降ると、「ズィレンステーデ〔オルデンブルク市の北に位置する地名〕の女たちが皆して鵞鳥の羽をむ

[60]　〔Anderson原注〕このナイーヴな言明に対し、K. Bogdanović（編者）は、「泥火山の頂上には、いかなる筏の残骸もない」と簡潔な脚注で述べている。

[61]　*Zeitschrift des Vereins für Volkskunde*, 9 (1899), S. 234; Brüder Grimm. 1905. *Deutsche Sagen*, 4. Aufl. Besorgt von Reinhold Steig. Berlin: Nicolai, S. 474 Nr. 4; Grimm, Jacob. 1875–78. *Deutsche Mythologie*, 4. Ausg., 3 Bde. Besorgt von Elard Hugo Meyer. Berlin: Ferd. Dümmler, Bd. 1, 222, Bd. 2, S. 911, Bd. 3, S. 314; Sébillot, Paul. 1904–07. *Le Folklore de France*, 4 tomes. Paris: E. Guilmoto, tome 4, p. 469ほか典拠多数。

[62]　*Zeitschrift des Vereins für Volkskunde*, 25 (1915), S. 119.

しってらあ」という[63]。シュヴァーベン〔ドイツ・バーデン＝ヴュルテンベルク州の一行政区画〕では、雪は夏のうちに細かく切り刻まれるのだという[64]。これと関連するのは、雪を羊毛、麻くず、亜麻くずとする見方である[65]。ザウルガウ〔同州の都市名〕では、凍った雪〔霰？雹？〕が降ると、「灰が撒かれている」という[66]。雪片を小麦粉と解釈することを証する言い回しとしては、「粉挽きの小僧が前掛けをはらってる」(エルヴァンゲン〔同州東部の都市〕)、「粉屋とパン屋の小僧同士が殴り合ってる」(メルゲントハイム〔同州東北部の都市〕)[67]、「雪だ、これでバウムクーヘンが焼けるぞ」(シュレージエン〔現在のポーランド南西部からチェコ北東部〕のクロイツブルク)[68]などがある。他にシュヴァーベンにおけるこの種の言い回しとして、「毛糸の帽子がやって来た」、「ハエが飛んでる」、「カゲロウみたいに雪が降る」がある[69]。

ボヘミア西部では大粒の雪が降ると「今日はご主人方のために雪が降っとる」と言い、小粒の雪だと「今日は百姓らのために雪が降っとる」と言う[70]。

雪害をもたらすような降雪は、悪女や魔女のせいにされる[71]。

---

［63］ Strackerjan, Ludwig. 1909. *Aberglaube und Sagen aus dem Herzogtum Oldenburg*, 2. Aufl., 2 Bde. Hrsg. von Karl Willoh. Oldenburg: Stalling, Bd. 2, S. 110, 400; Fogel, Edwin Miller. 1915. *Beliefs and Superstitions of the Pennsylvania Germans*. (Americana Germanica). Philadelphia: American Germanica Press, p. 221 Nr. 1112 も参照。

［64］ Meier, Ernst. 1852. *Deutsche Sagen, Sitten und Gebräuche aus Schwaben*, 2 Bde. Stuttgart: J. B. Metzler, Bd. 1, S. 261; Laistner, Ludwig. 1879. *Nebelsagen*. Stuttgart: W. Spemann, S. 325ff.; Mannhardt, Wilhelm. 1860. *Die Götter der deutschen und nordischen Völker*. Berlin: Heinrich Schindler, S. 94.

［65］ Strackerjan, 注63上掲書, Bd. 2, S. 124 Nr. 359; Montanus [＝von Zuccalmaglio, Vincenz Jacob]. 1854. *Die deutschen Volksfeste und Volksbräuche in Sagen, Märlein und Volksliedern*. Iserlohn: Bädeker, S. 38; Laistner, 注64上掲書, S. 331ff. も参照。

［66］ Birlinger, Anton. 1874. *Aus Schwaben. Sagen, Legenden, Aberglauben usw*. Neue Sammlung, 2 Bde. Wiesbaden: Killinger, Bd. 1, S. 400.

［67］ Birlinger, Anton. 1861–62. *Volksthümliches aus Schwaben*, 2 Bde. Freiburg i. Br.: Herder, Bd. 1, S. 197f.; von Schönwerth, Franz Xavier. 1857–59. *Aus der Oberpfalz. Sitten und Sagen*, 3 Bde. Augsburg: M. Rieger, Bd. 2, S. 135ff.

［68］ Drechsler, Paul. 1903–06. *Sitte, Brauch und Volksglaube in Schlesien*, 2 Bde. Leipzig: Teubner, Bd. 2, S. 150.

［69］ John, Alois. 1905. *Sitte, Brauch und Volksglaube im deutschen Westböhmen*. (Beiträge zur deutsch-böhmischen Volkskunde; IV, 4). Prag: J. G. Calve, S. 237.

［70］ John, 注69上掲書, S. 237.

［71］ Meyer, Elard Hugo. 1900. *Badisches Volksleben im 19. Jahrhundert*. Straßburg: Trübner, S. 552; Sébillot, 注61上掲書, tome 1, p. 98ff.

B.2. 人格化

他の自然諸現象と同様、雪も人格化される。ただしドイツにおいては事例が乏しい。北欧神話では、雪は寒冷なフィンランドの老王スネール Snaer「翁」となった。その父はイェクル Jökull（氷山）ないしフロスティ Frosti（霜）で、3 人の娘はフェーン Fönn（積雪）、ドリファ Drifa（吹雪）、ミェル Mjöll（細かく輝く雪）である。スネール王は 300 歳で、人間が長寿を望む際には彼のように長生きしたいと言う[72]。サンクトガレン〔スイス北東部の州および州都名〕の雪男伝承には、天気を予知しその他の占いもできる雪の精の例がある。同じことは霧の精にも伝わる[73]。また雪娘と呼ばれることも一例ある[74]。

B.3. 天気の俗諺

一連の天気の俗諺やその他の予知が、雪ないし降雪とかかわっている。秋の初雪が屋根から落ちなければ、春が早く訪れるということであり、初雪がすぐ融ければ、新年にも雪が長く残り、春の到来は遅くなるということである（エメンタール〔スイス・ベルン州の一地方〕）[75]。吹雪になると、雪が長く続くことが見込まれる。吹雪は残りやすい雪であり、3 日間積もったら、3 週間は残っている[76]。雪が降ってくる時に家にくっついたら、暖かくなる[77]。陽射しで融けた雪は、また降る。冬には初雪から次の（場合によっては前の）新月までの日数分、雪が降る[78]。枝の主日〔復活祭直前の日曜日。一部教会では棕櫚の葉を聖別し信徒はそれを持ち帰る〕に棕櫚の葉に雪が降れば、穀積 Schöwer（Schober とも言い、収穫した畑に集積した穀物束のこと）にも降る[79]。謝肉祭の最終 2 日間に雪が降れば、果物やキノコがたくさん獲れるとされるが、多くの所では毛虫もたくさん出るとも言われる[80]。新年に雪が降れば蜜蜂の群が多くなる（東プロイセン）[81]。新年の雪が早く融ければ

［72］ Mannhardt, 注 64 上掲書, S. 95.

［73］ Kuoni, Jacob. 1903. *Sagen des Kantons St. Gallen*. St. Gallen: Wieser & Frey, S. 166ff.; Wettstein, Emil. 1902. *Zur Anthropologie und Ethnographie des Kreises Disentis*. Dissertation Zürich, S. 155ff.

［74］ Meyer, Elard Hugo. 1891. *Germanische Mythologie*. (Lehrbücher der germanischen Philologie; 1). Berlin: Mayer & Müller, S. 122.

［75］ *Schweizerisches Archiv für Volkskunde*, 15 (1911), S. 6.

［76］ *Zeitschrift des Vereins für Volkskunde*, 9 (1899), S. 234.

［77］ *Am Ur-Quell. Monatsschrift für Volkskunde*, 4 (1893), S. 89.

［78］ *Zeitschrift des Vereins für Volkskunde*, 23 (1913), S. 61; Fogel, 注 63 上掲書, p. 223 Nr. 1128 も参照。

［79］ *Zeitschrift des Vereins für Volkskunde*, 4 (1894), S. 110.

［80］ 同上書, 4 (1894), S. 322.

［81］ Wuttke, Adolf. 1900. *Der deutsche Volksaberglaube der Gegenwart*, 3. Bearbeitung von Elard Hugo Meyer. Berlin: Wiegandt & Grieben, S. 97 §266.

早播きの生長を、その反対は晩播きの生長を意味する[82]。雪は垣根の杭を埋もれさせるほどでないといけない。でないと干し草はできない[83]。アンネーゼの雪（アンドレアスの雪）〔聖アンドレアスの祝日11月30日に降る雪のこと？〕は種に害を与える[84]。火事の時に雪が降れば、次の日に火事場がまた燃え始める[85]。

花嫁の花冠に雪が降ると吉（ラウエンブルク〔シュレーヴィヒ＝ホルシュタイン州エルベ川沿いの都市〕）[86]。シュレージエンではどんな機会に雪が降っても吉[87]。

しかし雪が凶を発動したり暗示することもある。例えばフォイクトラント〔バイエルン、ザクセン、テューリンゲン、チェコの境界地域名〕ではかつて多くの家畜が死んだのを、その直前に降った血の色の雪のせいだとした[88]。ここで重要なのはもちろん、雪が血の色をしていたことである。血の色の雪という、もとより誤った解釈の原因がどんな現象なのかは定かではない。極めて表面的な象徴としては、次のような観念が含まれる。降誕祭と新年の間に大粒の雪が降れば、翌年には老人がよく死に、小粒の雪であれば主に若者が死ぬ[89]。さらにこの種のオーバープファルツの俗諺では、マリア聖燭祭〔2月2日〕に雪が降れば、産婦がたくさん死ぬという[90]。

同じくこの項に属するのは、広く（ドイツ以外にも）知られる伝説で、それによれば聖母マリアは降雪によって、自ら望み約束された教会の場所、向き、大きさを示すという[91]。この伝説はローマの一教会と結びついている。ローマのミサ書では8月5日に祝われることになっているマリア雪祭は、この伝説に溯る。

こうした、雪が予知手段となっている俗諺や観念のほか、降雪自体が予示されるものもある。麦藁が部屋の中に置いてあったり、冬に燃える木屑がパチパチ大きな音を立てると、

[82]　*Am Ur-Quell. Monatsschrift für Volkskunde*, 4 (1893), S. 90.

[83]　von Schönwerth, 注67上掲書, Bd. 2, S. 135.

[84]　同上書, Bd. 2, S. 135.

[85]　John, Ernst. 1909. *Aberglaube, Sitte und Brauch im sächsischen Erzgebirge*. Annaberg: Graser, S. 251.

[86]　Wuttke, 注81上掲書, S. 97 §266.

[87]　Drechsler, 注68上掲書, Bd. 1, S. 258.

[88]　Eisel, Robert. 1871. *Sagenbuch des Voigtlandes*. Gera: C. B. Griesbach, S. 262 Nr. 660.

[89]　*Zeitschrift des Vereins für Volkskunde*, 9 (1899), S. 234.

[90]　von Schönwerth, 注67上掲書, Bd. 1, S. 207.

[91]　Müllenhoff, Karl. 1845. *Sagen, Märchen und Lieder der Herzogthümer Schleswig-Holstein und Lauenburg*. Kiel: Schwers, S. 113 Nr. 141; Witzschel, August. 1866–78. *Kleine Beiträge zur deutschen Mythologie . . aus Thüringen*, 2 Bde. Wien: Braumüller, Bd. 2, S. 49 Nr. 52; Meiche, Alfred. 1903. *Sagenbuch des Königreiches Sachsen*. (Veröffentlichungen der Vereine für sächsische Volkskunde). Leipzig: Schönfeld, S. 653 Nr. 609; Sébillot, 注61上掲書, tome 4, p. 123.

雪が降る[92]。蟻たちが干し草の高い所に見つかると、早く雪が降り、低い所にいれば降雪は遅くなる[93]。

B.4. 治癒力

民間信仰では、雪は治癒力を持っている。それで霜焼けの時は足を雪中浴するか、冷水中に入れる[94]。眼の痛みにはとりわけ雪融け水がよい[95]。そばかすを除去したり、その他の美容上の欠陥、また美容の目的全般に雪融け水、ことに３月の雪融け水が効く[96]。多くの所で、受難の金曜日〔復活祭直前の金曜日〕に人々は一年間、美しく白い肌でいられるように雪で身を洗う。ただし川の水でも十分なのであり、効力はまずもって日の遵守にかかわる[97]。初雪の雪融け水は、それを注いだ植物を蚤葉虫から守る[98]。メクレンブルク、テューリンゲン、リウジッツなどに広まる観念では、雪が積もっている時に子供を離乳してはいけない。でないとその子は白髪になってしまうという[99]。

B.5. その他

雪の白色の由来について、オーバープファルツには次のような美しい伝説がある。神が万物を創造した時、草や野菜や花にはあざやかな色を与え、独りまだ何の色も持っていなかった雪に対しては、お前は何でも呑み込んでしまうから、どこか別の所で色をさがすように言った。そこで雪は草や薔薇や向日葵や菫の所へ行って少し色をくださいと頼んだが、皆に断られた。そこで雪は復讐しようかと考えた。しかしおしまいに、彼のことを憐れんだ待雪草が自分の外套をくれた。このため雪は待雪草以外、すべての花々の敵なのである[100]。

民間のなぞなぞのいくつかも、雪を対象としている。オルデンブルクのものでは、「空からやって来る奴で、世界中覆ってしまいたがるが、沼だけはできん」というのがあ

---

[92] Grimm, 注 61 上掲書, Bd. 3, S. 474 Nr. 1043, Bd. 3, S. 475 Nr. 1094.

[93] Heyl, Johann Adolf. 1897. *Volkssagen, Bräuche und Meinungen aus Tirol*. Brixen: Buchhandlung des katholisch-politischen Pressvereins, S. 790 Nr. 196.

[94] *Zeitschrift des Vereins für rheinische und westfälische Volkskunde*, 1 (1904), S. 103.

[95] Fogel, 注 63 上掲書, p. 270 Nr. 1401; Sébillot, 注 61 上掲書, tome 1, p. 95ff.

[96] Seyfarth, Carly. 1913. *Aberglaube und Zeuberei in der Volksmedizin Sachsens. Ein Beitrag zur Volkskunde des Königsreichs Sachsen*. Leipzig: Heims, S. 252.

[97] Grohmann, Joseph Virgil. 1864. *Aberglauben und Gebräuche aus Böhmen und Mähren*. Leipzig: Verein für Geschichte der Deutschen in Böhmen, S. 46.

[98] *Zeitschrift für österreichische Volkskunde*, 4 (1898), S. 214.

[99] Andree, Richard. 1901. *Braunschweiger Volkskunde*, 2. Aufl. Braunschweig: Vieweg, S. 293; Wuttke, 注 81 上掲書, S. 392 §601; Fogel, 注 63 上掲書, p. 46f.

[100] von Schönwerth, 注 67 上掲書, Bd. 2, S. 137ff.

る[101]。最も有名なのは雪と太陽のなぞなぞで、早くも古高ドイツ語にあり、最も人口に膾炙した形では、次のようである。

羽根のない鳥がやって来て、
葉の落ちた木にとまったよ。
そこへ来たのは口ない娘ご、
羽根ない鳥を食ってしまい、
葉の落ちた木もたいらげた[102]。

バーデン地方オーデンヴァルトの、次の孤立的な説話では、雪が隠された黄金となっている。ある男が月夜の晩に、ヘッティンゲンとゲッツィンゲンの間の路上、1本の木の周りに1フィートの高さに雪が積もっているのを見た。彼は靴を汚さないように、用心深く避けて通ったが、通り過ぎてようやく、その季節――それは真夏だった――に雪とはめずらしいことだと気がついた。しかし彼が振り向くと、雪は消えていた。もし彼がそのまま突っ切っていたら、雪は黄金に変じていたのである[103]。

シュヴァーベンには、一冬を通して雪の積もらない丘がある。昔そこには城が建っていて、莫大な宝とともに地底深く沈んだのだという[104]。コンスタンツ近郊にある殺人現場は、ずっと雪が積もらないままである[105]。

雪の中に字を書くなという警告は、人文主義者ジラルディ〔Giglio Gregorio Giraldi〕(1479–1552)の著作にもみられる。ピュタゴラス派の象徴論による彼の説明は、一部古代の伝承を含みつつも、大部分はエラスムス編『アダギア』に依拠した模倣だが、そこに「雪に書くべからず in nive non scribendum」という格言がある。しかし古代の伝承にこの格言はなく、その意味は不明である。ことによるとそれは、エラスムス『アダギオールム・キリアーデス Adagiorum Chiliades』1巻4章56節(p. 134)の「水に書くこと」に基づくのかもしれない[106]。

資料C

以下も、資料Bと同じ『ドイツ俗信辞典』の項目である。リヒャルト・ヒュンナーコッ

[101] Strackerjan, 注63上掲書, Bd. 2, S. 110.
[102] *Schweizerisches Archiv für Volkskunde*, 24, S. 109ff.
[103] Schmitt, Emil. 1895. *Sagen, Volksglauben, Sitten und Bräuche aus dem Baulande (Hettingen). Ein Beitrag zur badischen Volkskunde*. Baden-Baden: Kölblin, S. 9, 11.
[104] Meier, 注64上掲書, Bd. 1, S. 5 Nr. 3.
[105] Waibel, Josef & Hermann Flamm. 1899. *Badisches Sagenbuch*, 2 Bde. Freiburg i. Br.: Waibel, Bd. 1, S. 57 ― *Zimmernsche Chronik*, Bd. 1, S. 453による。
[106] *Zeitschrift des Vereins für Volkskunde*, 25, S. 22, 29.

プフ執筆「氷」(Hünnerkopf 1930) を訳出したもので、未発表の拙訳である。

C.1. 神話と伝説 [N51]

北部ゲルマン人、ことにアイスランドで北の氷海に接してきた者たちにおいては、氷が世界の原材料とされた。新エッダによれば溶けた氷滴から原巨人ユミルが生じた[107]。神々の祖は、牝牛アウズフムラによって氷塊から舐め出される[108]。エッダの氷巨人とは、生きたものと考えられた氷山である。この神話的存在は、オーバープファルツ〔ドイツ・バイエルン州レーゲンスブルク市を中心とする地域〕の一伝説中にいまだにみられる。すなわち、氷海中の一島嶼に、太陽の敵たる12人の氷巨人が住んでいる。その仲間たちは太陽との戦闘で斃れた。彼らにより日蝕が起き、また彼らのもとには太陽と月を脅かす氷狼が住んでいるという[109]。氷の危険な性質 (張った氷が割れる、亀裂が入る) は、空想のもとになる。例えば夏に日なたへ氷を持ってゆくと雷が鳴る、割れる、雨が降るなど。このため氷は布きれで覆って運ばねばならない[110]。氷は聖燭祭〔2月2日〕以後は乗ると割れてしまう[111]。澄んで輝く氷柱については、折って持ち帰ると銀に変わったという伝説がある[112]。氷の中に閉じ込められた霊魂については、「氷河 Gletscher」の項目を見よ。

C.2. 豊作との関連

十二夜〔12月25日の降誕祭から1月6日の公現日までの期間〕に氷が張るのは、たくさん果物のとれる豊年の予兆である[113]。2月に木々が厚く氷に覆われていれば、同様のことが起きる[114]。3月に路面が凍結していれば果物が豊作になると言う所が多いが、果物がとれないと言う所もある[115]。氷柱が長くなれば、来たる年には亜麻が長く育つ予兆であ

---

[107] *Sammlung Thule*, Bd. 20, S. 53f. Kap. 5.

[108] 同上書, S. 54 Kap. 6.

[109] von Schönwerth, Franz Xavier. 1857–59. *Aus der Oberpfalz. Sitten und Sagen*, 3 Bde. Augsburg: M. Rieger, Bd. 3, S. 361ff.

[110] *Am Ur-Quell. Monatsschrift für Volkskunde*, 4 (1893), S. 90.

[111] Strackerjan, Ludwig. 1909. *Aberglaube und Sagen aus dem Herzogtum Oldenburg*, 2. Aufl., 2 Bde. Hrsg. von Karl Willoh. Oldenburg: Stalling, Bd. 2, S. 116.

[112] Rochholz, Ernst Ludwig. 1856. *Schweizersagen aus dem Aargau*, 2 Bde. Aarau: H. R. Sauerländer, Bd. 1, S. 278f.

[113] Fogel, Edwin Miller. 1915. *Beliefs and Superstitions of the Pennsylvania Germans*. (Americana Germanica). Philadelphia: American Germanica Press, p. 227 Nr. 1155.

[114] 同上書, p. 215 Nr. 1083f.

[115] 同上書, p. 230 Nr. 1184.

る[116]。決定的なのは、ことに謝肉祭における長さ[117]、または降誕祭と新年の間における長さである[118]。屋根にできた氷柱を折ってはならない、でないと亜麻が育たない[119]。フィヒテル山地民〔同山地はドイツ・バイエルン州北東部に位置〕は、12月に美しく長くまっすぐな氷柱ができたら、新年に亜麻を早播きしたが、そうした氷柱が1月に観察されたら中播きがうまくゆき、もし2月に観察されたなら遅播きが最もよく育つとした。氷柱が途中分かれて叉状に育ったら、亜麻もきれいにならず、叉状になるとされた[120]。

C.3. 占い

ヴァング〔Vang：現デンマーク領ボルンホルム島の村名〕の人々は、新年に河流に従って氷が流れて行ったら、次の冬には氷とともに下流へ旅し、穀物を取って来なければならないと信じていた[121]。十二夜に窓についた氷の花模様は豊年の予兆である[122]。降誕祭に、川や沼の氷の下を見れば、自分の将来の運命がわかる[123]。少女がクリスマスイブに水を張った鍋を外に出しておくか[124]、水を空けるかしておけば[125]、氷の形から未来の夫の職

[116] Grimm, Jacob. 1875–78. *Deutsche Mythologie*, 4. Ausg., 3 Bde. Besorgt von Elard Hugo Meyer. Berlin: Ferd. Dümmler, Bd. 3, S. 474 Nr. 1042; Andree, Richard. 1901. *Braunschweiger Volkskunde*, 2. Aufl. Braunschweig: Vieweg, S. 227; John, Ernst. 1909. *Aberglaube, Sitte und Brauch im sächsischen Erzgebirge*. Annaberg: Graser, S. 150.

[117] John, Alois. 1905. *Sitte, Brauch und Volksglaube im deutschen Westböhmen*. (Beiträge zur deutsch-böhmischen Volkskunde; IV, 4). Prag: J. G. Calve, S. 41, 195; von Schwönwerth, 注109上掲書, Bd. 1, S. 143 Nr. 3.

[118] Fogel, 注113上掲書, p. 227 Nr. 1156f.; Knoop, Otto. 1885. *Volkssagen, Erzählungen, Aberglauben, Gebräuche und Märchen aus dem östlichen Hinterpommern*. Posen: Jolowicz, S. 176.

[119] *Zeitschrift des Vereins für rheinische und westfälische Volkskunde*, 6 (1909), S. 190.

[120] Panzer, Friedrich. 1848–55. *Beitrag zur deutschen Mythologie*, 2 Bde. München: C. Kaiser, Bd. 1, S. 270, Bd. 2, S. 549.

[121] *Zeitschrift des Vereins für Volkskunde*, 8 (1898), S. 143.

[122] John, 注117上掲書, S. 150.

[123] Grohmann, Joseph Virgil. 1864. *Aberglauben und Gebräuche aus Böhmen und Mähren*. Leipzig: Verein für Geschichte der Deutschen in Böhmen, S. 51.

[124] Fogel, 注113上掲書, p. 253 Nr. 1316f.; von Schönwerth, 注109上掲書, Bd. 1, S. 141 Nr. 6; Wuttke, Adolf. 1900. *Der deutsche Volksaberglaube der Gegenwart*, 3. Bearbeitung von Elard Hugo Meyer. Berlin: Wiegandt & Grieben, S. 241 §345; Kapff, Rudolf. 1906. *Festgebräuche*. Mitteilungen über volkstümliche Überlieferungen in Württemberg, Nr. 2. (Sonderdruck aus *Württembergische Jahrbücher für Statistik und Landeskunde*, 1905). Stuttgart, S. 4 Nr. 2.

[125] *Schweizerisches Archiv für Volkskunde*, 21 (1917), S. 46.

業がわかる（「井戸 Brunnen」の項も見よ）。氷結開始の予兆としての井戸の氷については、同項を見よ。

C.4. 治癒力

火傷や熱などの病気においては、3 月 31 日に氷柱を脂に入れたものを塗ると効く[126]。

[126] John, 注 117 上掲書, S. 193.

第 8 章　チュクチ・カムチャツカ諸語のフォークロアにみる自然観

永山ゆかり

フィッシング・キャンプの貯蔵庫
（2000 年 9 月、旧コリヤーク自治管区イリプリ村近郊アナプカ川流域）

本章では、東シベリアのチュクチ半島からカムチャツカ半島北部にかけて居住するチュクチ・カムチャツカ語族に属する諸民族の**自然観**を紹介する。資料としては20世紀初頭以降に出版されたロシア語および英語による民族誌および**フォークロア**に加え、筆者がフィールドワークで採録したアリュートル語によるフォークロアおよび民族誌的情報をもちいる。

チュクチ・カムチャツカ語族は従来の記述ではチュクチ語、コリヤーク語、ケレック語、アリュートル語、イテリメン語の5つの言語からなるとされてきた。ただし近年の研究によると、イテリメン語と他のチュクチ・カムチャツカ諸語との系統的関係には疑いがもたれている。このため本章ではイテリメンのフォークロアは調査対象から除外する。また、ケレック語は現在話されておらず、フォークロアはほとんど記録されていない。現在カムチャツカ地方では、かつてケレック語を話していたと思われる集団はコリヤーク語およびロシア語を話している。したがって、本章ではチュクチ語、コリヤーク語、アリュートル語の資料をもちいて考察を進めることにする。

チュクチ人およびコリヤーク人はそれぞれ大きく2つのグループに分けられ、トナカイ飼育に従事するものと、漁撈および海獣狩猟に従事するものとがある。ロシア語および英語による先行記述では、前者はトナカイ・チュクチ、トナカイ・コリヤークと呼ばれ、後者は海岸チュクチ、海岸コリヤークあるいは定住コリヤークと呼ばれてきた。アリュートル人の伝統的な生業は海岸コリヤークと同じく、漁撈および海獣狩猟である。アリュートル人はアリュートル・コリヤークと呼ばれることもあり、コリヤーク人のうちの一集団とされていた。従来の民族誌記述ではアリュートル人とコリヤーク人を明確に区別していない場合もあるが、アリュートル語の話し手が、自分たちをコリヤーク人とは別の集団として認識していることから、本章では両者を区別する。また、従来の記述でコリヤーク人に関する記述とされているものについても、話し手の出身地や言語の特徴からアリュートル人に関する記述である可能性が高い場合には、注釈をつけて示す。

8-1　火の信仰

チュクチ・カムチャツカ諸民族の**信仰**において重要なのは火である。チュクチ人・コリヤーク人・アリュートル人は共通して死者を火葬にする。チュクチ人の信仰では死者の魂は火葬の煙にのって天にのぼるとされている(Bogoras 1939: 57)。これに対し、コリヤーク人の信仰では、死者は火葬の火を通して陰の世界へ下りていくとされている(Jochelson 1908: 121)。またアリュートル人の最も重要な儀礼であるアザラシ送りでは、猟師がアザラシにみたてたハンノキの枝で作った人形を火にくべることで、アザラシがもとの世界へ帰っていくと考えられている。

さらに、火は浄化の作用を持つと考えられており、遠方から来た親戚や客人を迎えるときには、家に入れる前にマッチや暖炉の燃えさしを屋外に持ち出したり、あるいは屋外で小さなたき火をおこして、迎えられる人の毛髪や衣類の一部(糸くず、毛皮など)を火にくべる。こうすることで、旅人の後をつけてきた魔物を祓うことができるとされている。また、アリュートル人は3月下旬の日が長くなるころ、火をつけたハンノキの枝を持って室内を歩き回り、住居を浄化するという。

ステブニツキーは、**シャーマン**が周囲の人間の前から姿を消すときに、火の中に飛び込んで地下世界に行くというエピソードが、さまざまな伝承にみられることを指摘している(Стебницкий 2000: 217–218)。こうした伝承のひとつとして、アリュートル人の作家イワン・バランニコフのフォークロア集から次のような伝承を紹介している。

[1]「狼の群がツンドラを歩きまわる」より抜粋 / アリュートル

(...) そして狼の群れが帰り道にカラスの集落にやってきて、こう尋ねた。

「カラスよ、私たちがここに帰り道に食べる食料として置いていったゼニガタアザラシはどこだ？」

カラスはいった。

「ウンミ(*原注)のところへ行ってくれ。あの女が持って行ってしまったのだ」
　そこで狼たちはウンミのところへ行った。そしてウンミの家に着いた。
「ウンミ、おまえがカラスのところから持っていってしまった私たちのゼニガタアザラシを返してくれ。」
　ウンミは狼たちの言葉を聞くやいなや、炉の火の中に飛び込み、そのまま姿を消した。(...)
(*原注) ウンミは大ガラス・クトクンニャクの姉妹で、最強のシャーマン。

出典：Стебницкий (2000: 218)。原文はロシア語。1940年の原典では、旧コリヤーク自治管区キチガ村出身のイワン・バランニコフが書いたコリヤーク語にステブニツキーがロシア語訳をつけている。Баранников, Иван (1940) Амамхотлымн'ыло: Сказки об Эмэмкуте. Ленинград. 1940: 54–55, 112.

　また、ヨヘルソンが採録したコリヤークの伝承では、エメムクトが猟に出かけている間に、たき火の火からカラ[1]が出てきてエメムクトの妻をつかむと、火の中に引きずり込んで消えたという場面が描かれている (Jochelson 1908: 140–141)。このように、火は超自然的な力を持つ者たちが出入りする場所であると考えられている。
　さらに、チュクチ・カムチャツカ諸民族の信仰上重要なアイテムとして、人型の火おこし板 (fire-board) がある。これは頭と胴体からなる板で、頭部分には目と口を表すくぼみが、胴体部分には数個から十数個のくぼみがつけられている。このくぼみに動物の脂や苔などをいれて弦のついた棒を回転させることで火をおこす。火おこし板は超自然的な力を持つと考えられており、かつては炉の守り神的な存在として各家庭にあった。ヨヘルソンによれば、この火おこし板は、海岸コリヤークでは半地下住居の主であると同時に海獣狩猟の援助をする存在、トナカイ・コリヤークでは家畜トナカイの群の主というように役割が異なっている (Jochelson 1908: 34)。アリュートル人の作家キリル・キルパリンによるフォークロア集では、ツンドラで行方のわか

[1]　人間に災いをなすとされる想像上の存在。カラはチュクチ語およびコリヤーク語標準方言ではケレ (kele) となる。なお、アリュートル語でカラあるいはケレに対応する存在はニングウィト (niŋvit) と呼ばれる。

図 8–1　円形テントの中央にある炉（2011 年、ペトロパブロフスク・カムチャツキー市近郊で撮影）

らなくなったトナカイの群を、火おこし板が歩き回って探し出し、褒美として動物の脂身を口のまわりにぬってもらうという伝承が紹介されている（Килпалин 1993: 111–114）。

火をおこすのには火おこし板のほかに火打石も使われた。アリュートル人のあいだでは、死者の副葬品として、トナカイの皮で作った小さな袋に入れた火打石は必須である。

またヨヘルソンによれば、コリヤーク人はまじないに際しては、動物の脂身の破片など食物を火にくべるという（Jochelson 1908: 27, 98）。こうすることで、創造主に食物を届けることができると考えられているからである。アリュートル人もまた、さまざまな儀礼や祭で火に食物を捧げるが、水に対して食物を捧げることはまれである。

ステブニツキーの指摘によると、コリヤーク人には火に関して多くの禁忌や言い伝えがある（Стебницкий 2000: 212）。

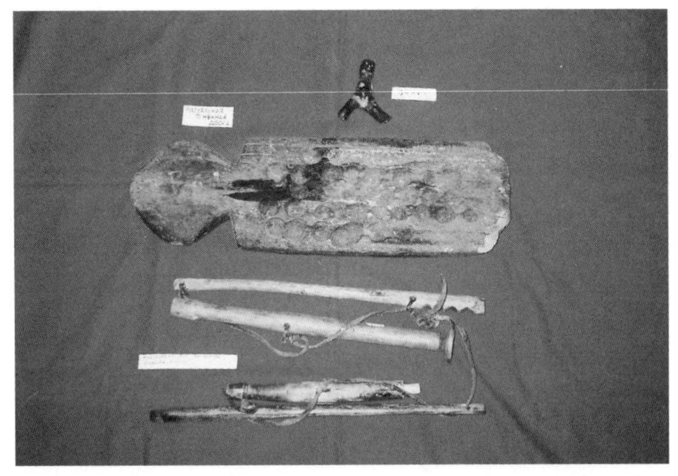

図8-2　トナカイ・コリヤークの火おこし板（2000年、パラナ村で撮影。パラナ小学校博物館所蔵）

・火の中につばを吐いたり、鼻水をかけてはいけない。
・火につばをかけると喉が渇く。
・火に鼻水をかけると鼻が渇く。
・火に蝿を投げ入れると、高熱が出る。
・火に動物の体の一部を投げ入れると、狩猟でその動物を仕留められる。

以上のことから、チュクチ・カムチャツカ諸民族の文化においては火が重要な意味をもつことがわかる。火が特別な力をもつとする考え方は近隣の北方諸民族にも認められる。例えばイテリメン人は火が病気を追い払うと考えており、病人がでた折には火おこし棒でおこした火でストーブの火をつけた（Орлова 1999: 91）[2]。ユカギール語では火おこし用の錐を表す名称が2種類ある（Jochelson 1926: 429）。また「父なる火」という神がいて、空に住むと考えられていたようである（Jochelson 1926: 140–141）[3]。サハ人は食事前に暖炉の

［2］　小野智香子氏（千葉大学）の教示による。
［3］　長崎郁氏（国立国語研究所）の教示による。

火に食物などをくべる（江畑 2014: 29–30）ほか、火の神を「ひげのお爺さん」と呼ぶが、火をおこすのには火打石や火打金を使っていた[4]。エヴェン人もまた火をおこすのに火打石を使っていたが、火打石や火そのものが擬人化されることはないという[5]。エヴェンキ人の信仰では炉にはおばあさんが住み、火への禁忌はこのおばあさんを傷つけないためであると説明される[6]。

これに対し、山田ほか（2014）で示したとおり、チュクチ・カムチャツカ諸民族を含めた北東シベリアの諸民族は、水に関しては極めて無関心である。水を使って清める、水で魔物を祓うといったような水を神聖視する記述は、民族誌資料にもフォークロア資料にもみられない。「末期の水」、「死水」、「清めの水」、「力水」といったように、水を神聖視する日本人の世界観とは対照的である。

8–2　世界観の概要

(1) 世界の構成

チュクチ・コリヤーク・アリュートルの伝承では共通して、世界が層をなすとされている。しかし層の数は一様ではなく、チュクチの伝承では 7 ないし 9 層、コリヤークは 5 ないし 3 層、アリュートルは 3 層とされている。また世界の構成に関する伝承は少なく、同じ民族であっても語り手によっていくつかの説に分かれているようである。

ボゴラズによればチュクチ人は世界が 7 層（Bogoras, 1900: XII）ないしは 9 層からなると考えており、ある層の空は、その上にある別の層の地面となっているという（Bogoras 1902: 590）。

[4]　江畑冬生氏（新潟大学）の教示による。
[5]　鍛治広真氏の教示による。
[6]　松本亮氏の教示による

ヨヘルソンによれば、コリヤーク人は人間が住む世界の上に2つ、下に2つの世界があり、あわせて5層あると考えている (Jochelson 1908: 121)。最上層には神 (Supreme Being) が、2番目の層には雲の人々が住み、中央の層に人間が、人間界の下には魔物カラ (kala)[7] が住み、「向こう側」「反対側」などと呼ばれる最下層には死者が住むという。しかしヨヘルソンはまた別のインフォーマントによる別の説を紹介している。それによると、人間界より上の2つの層と、人間界より下の2つの層はそれぞれ一層にまとめられており、全体で3層をなすという。世界が3層をなすという考えは、アリュートル人のニコライ・カマク氏による説明と一致するが、ヨヘルソンは2番目の世界が人間界としているのに対し、カマク氏は最下層が人間界であるとしている。

世界の構成に関する伝承はこれまで出版されたフォークロア資料中には見あたらない。以下に語りとして記録された唯一のものである、ニコライ・カマク氏より採録した世界の構造に関する伝承を紹介する。

[2] 3つの世界 / アリュートル

さて、聞きなさい。あれは何年のことだったかな。たしか2003年だった。私はちょうど一人だけで部屋にいたんだ。眠ってはいなかった。目をこうやって閉じて、ただじっとしていた。やがて枕元からお婆さんの声がした。

「あっち側の人間がどうやって暮らしているか見てみなさい」

「ああ」

おばあさんはいった。

「ただし、目を開けてはいけないよ」

私はこうやって眠りながら聞いていたんだ。おばあさんはこういった。

「見てごらん。でも目を開けてはいけないよ」

そしてお婆さんは私に3つの世界を見せたのだ。

「いま私たちが住んでいるところは、2つめの世界で、その下に3つめの世界がある。そして一番上にある集落を、ほら見てごらん。人々がどのように

---

[7]　ヨヘルソンの原文ではkalauとなっているが、コリヤーク語で絶対格複数形を表す接尾辞 -wを伴ったkala-wであろう。本章の表記はすべて単数形で統一する。

暮らしているか」

（上の世界では）けっして誰も悪いことをしないのだ。誰も喧嘩をしない、穢れのない人々だ。誰も他人を殴ったりしない。上の世界は良い世界なのだ。上の世界の人々は、歩くのではなく、こうして飛び回っている。そしてみんな白い紙のような、薄くて軽い、スポーツウェアのような服を着ている。地面から少し浮き上がって飛び回っている。上の世界の人々はこのように穢れのない人々なのだ。

おばあさんは次に2番目の世界を見せた。ひどいものだ。みんな言い争いをしたり、喧嘩をしたり互いに意地悪をしたりしている。喧嘩、喧嘩、喧嘩ばかり。そしておばあさんはいった。

「この2番目の世界の人々は、悪いことはそれほどしてはいないのだ」

そして、私たちは、私たち自身がどのように暮らしているのかを見た。最も悪い世界は、ごみ捨て場のようだった。私たちの暮らしはそのように見えたのだ。そこの地面はすべていやなにおいがしていた。人々はみんな罪深く、互いに殺しあったり、ひどく殴りあったりしていた。

私たち流にいえば、そのような（悪いことをした）人々は、後に立ち上がることができず、鍋で茹でられるのだ。ずっと後で、太陽が地面に近づくほど下にさがってくるとき、悪いことをした人々は主に罰せられるのだ。その人々は鍋で茹でられて、大声で泣き叫ぶのだ。

さて、私たちの世界は一番悪い世界だ。ここではすべてが腐っているようだ。

それからおばあさんは私にいった。

「これらのことを知っていたか？」

まるで頭の中に誰かいて、話しかけてくるようだったが、実際は誰もいなかった。おばあさんはいった。

「このことを誰にもいってはいけないよ。そしておまえに命を与えよう」

つまり私にだ。

「ハイリノやアチャイワヤムのおばあさんたちが来たら、この話をしてみようかな」

「いいや、誰にもいってはいけない。いまの言葉はお前にだけ与えたのだ。おまえの命のために」

さあ、どうなるのかな。だって、他人には話すなといわれたのだから[8]。

私達のこの世界はとても悪い世界なのだ。自殺したり、殺しあいをしたり、すべてが腐っている。死人を土に埋めるので、そこからいやな臭いが出てくる。私たちのやり方で火葬にされた者たちは、あの世でも幸せに暮らすことができる。上の世界の人々は飛行機のように飛びまわって、地面に落ちることがない。穢れのない人々だ。けっして他人に悪さをしない。そういう人たちは、ずっと後で、私たちよりも幸せな暮らしをするのだ。

出典：語り手はニコライ・カマク（Камак Николай Иванович, 1943年旧コリヤーク自治管区オリュートルカ村生まれ、アリュートル名はКамак）。2008年3月19日チリチキにて採録。原文はアリュートル語。本章が初出。

(2) 主（ぬし）の概念

チュクチ・コリヤーク・アリュートルに共通して、天には天主が、海には海の主（ぬし）が住むとされている。コリヤーク語では海・川・森の主はすべてetən「主」と呼ばれると指摘されているが（Jochelson 1908: 118）、「川の主」や「森の主」について語られた伝承は記録されていない。また、チュクチ語およびアリュートル語で川および森の主という概念があるかどうかは確認できていない。

主について注意すべきなのは、これらの主は人間と同等の存在であり、人間より上位の存在を表わすわけではないという点である。例えばアリュートル人は、動物や魚などの生き物は人間と同様にそれぞれの集落に暮らし、それぞれの長がいると考えている。それは人間にアリュートル人やロシア人などさまざまな民族があるのと同じようなもので、民族間に優劣はない。同様に、アリュートルの伝承によれば、海には海の人々が住み、人間とは別に集落をなし、その長が海の主であるという。

[8]　採録当時65歳であったカマク氏によれば、自分は十分に年をとったので、他人に話してはいけないと言われた話を研究者が記録に残すことで、将来自分に望ましくないことが起こったとしてもかまわないということである。また自分が体験したことを他の人々にも伝えたいという氏の意向にそうため、氏の好意に感謝しつつここに公開する。

天主の概念はあいまいで、天主の起源や、創世に関する伝承も記録されていない(Jochelson 1908: 24–26)。コリヤークの文化に関する記述中で創造主として紹介されることもあるクイクンニャク[9]は、しばしばカラスとして描かれる。北米インディアン神話との類似からワタリガラス(Big Raven)と訳されることが多いが、コリヤーク語の語源は不明である。チュクチ・カムチャツカ諸語ではカラスとワタリガラスの区別をしないため、本章では両者の区別を明確にせず、単にクイクンニャクとしておく。ただしフォークロアの訳文においては原文の表記に従い、クイクンニャク、クトクンニャクを使い分ける。

チュクチおよびコリヤークのフォークロアを見るとクイクンニャクの出自については諸説あり、天主が作った、自分で自分を作った、幼い頃に両親から捨てられ、ひとりで成長したなどといわれている。

ヨヘルソンによればクイクンニャクの妻ミティの出生についても諸説あり、天主の娘であるとする説、海の主(しばしばカニとして描かれる)の娘で、満ち潮の後に海岸に残されていたとする説、白イルカの穴の中でクイクンニャクに発見されたという説などがある(Jochelson 1908: 19)。また別の説によれば、海の主の妻であったミティをクイクンニャクが盗んで自分の妻にし、ミティの上の娘たち(イニーアナウト[10]とチャナイナウト)はクイクンニャクの子ではなく、カニの子であるという。

動物や無生物が人間のように話をしたり、クイクンニャクをはじめとする超自然的な存在を描いた伝承をコリヤーク語およびアリュートル語でləmŋəlʲ(おとぎばなし)、チュクチ語ではpəŋəlと呼び、実際の体験にもとづく伝承とは区別している。ヨヘルソンは140話のおとぎばなしを採集したが、

---

[9]　コリヤーク語標準方言でqujqənʲnʲaqu、アリュートル語ではクトクンニャクqutqənʲnʲaqu。

[10]　コリヤーク語のイニーアナウトはアリュートル語ではティニーアナウトという。アリュートル語のウニの名称で「ティニーアナウトの針入れ」(学名 *Echinarachnius parma*)というものがあるのは、ティニーアナウトと海の関連を示唆しているものといえよう。

そのうちクイクンニャクやその家族が登場しないのは9話だけであるという(Jochelson 1904: 416)。

(3) 海の主

コリヤークの伝承によれば、海の主は女であるとされることも、カニであるとされることもある(Jochelson 1908: 30)。海への供犠はしばしば行われるが、海に対する供犠なのか、海の主への供犠なのか明確には区別されていないという。アリュートルの伝承によれば、上述のとおり、海には海の人々が住むが、海の人々がどのような姿をしており、何をしているのかは語られず、その全貌はあいまいである。海への供犠は、例えば潮流がぶつかりボートでの航行が困難な場所で行われることがある。しかしこれは単に道中の安全を祈るためで、海や海の主に対する供犠ではなく、火に対する供犠とは意味合いが異なるという[11]。

以下ではチュクチの伝承を示す。沖で嵐に巻き込まれた男が娘を海に与えると約束し、娘を槍で突いて殺すという生贄に関する伝承である。ヨヘルソンの指摘と同様に、海の主と海とは明確に区別されてはおらず、また海の主の姿について何も語られていない。

[3] 海への供犠 / 海岸チュクチ

海岸チュクチの男がいた。男には子供が8人いた。末の子は娘であった。あるとき男はセイウチ猟に出かけた。嵐になり、沖へ流された。

男は荒波にもまれ､溺れ死にしそうだった。そこで男は海に向かっていった。

「海よ、静まってくれ！　海が静まって、おれがまた世界を見ることができるなら、おれの持っている中でいちばんいいものを、おれのいちばん大切なものを与えよう。橇犬の中でいちばんいいぶちの犬を与えよう」

海はそれでも静まらない。

「それではおれのいちばん末の娘をやろう。独身のいい娘で、まだらもよう

[11] リディア・チェチュリナ氏 (Чечулина Лидия Иннокентьевна) の教示による。

のトナカイの服[12]をきている。その娘をおまえにやろう！」

やがて海は静かになった。男は岸へ戻った。それから岸にあがり、家へ帰った。子供たちはみな家にいたが、ただ末の娘だけが、まだ海岸に残っていた。母親が家から出てきていった。

「おやおや、私の子！　ひどい嵐じゃない！」

娘は悲しんでいた。地面を見て、「ええ」といった。

「さあ、入って服を着替えなさい」

娘は中へ入り、ふさぎこんでいた。服を着替えると、父親が入ってきた。父親は娘の手をとり、槍をもって海岸へいった。それから海にむかっていった。

「海よ、怒るな！　約束のものをやろう！」

男は娘を槍で刺し殺し、娘の体を海岸に横たえて立ち去った。おびただしい血が流れ出し、海岸いっぱいにひろがった。

やがて暗くなった。娘は死んだようにぐったりしていた。一人の男が、海に生きる者がやってきて、つま先で娘の体をつついた。

「おい、起きろ！　家に帰ろう！」

しばらくしてもう一度いった。

「おい、起きろ！　家に帰ろう！」

やがて娘は目覚め、起き上がった。

「エゲゲゲゲイ[13]。私はずいぶん長いこと寝ていたみたい」

男は娘を家に連れて帰り、結婚した。2 人は幸せに暮らした。大きなトナカイの群れを持っていた。娘はこうして、もちろん、(両親の) 家には帰らなかった。父親が何もいわなかったので、母親は考えた。

「行って娘を探してこよう。あのこはどこにいるんだろう？」

母親は、(父親が娘を殺した) 場所にいってみた。血の染みが地面に残っていたが、遺体は消えていた。母親は海岸に残された足跡を見つけてたどっていった。やがて崖に出た。足跡は崖のいちばん上まで続いていた。母親は崖をよじのぼり、一番上に集落を見つけた。娘がせっせと毛皮をなめしていた。

「ああ、おまえはここにいたの？」

「ええ」

[12]　白い毛皮にまだらもようのある毛皮は希少で、ここでは娘が美しく上等の服を着ていることを示す。

[13]　間投詞と思われるが、何を示すのかは不明。

母親はしばらく娘といっしょに暮らしていたが、やがて娘はいった。
「お父さんを連れてきて。お父さんにも会いたいの」
父親が連れてこられ、手厚くもてなされた。次の朝、また海が荒れた。娘は父にいった。
「海を見に行きましょう」
父と娘は崖の端までいった。娘は父にいった。
「海を見て！　またこんなに荒れている！」
父親は海を覗き込んだ。娘は後ろから父親を突き飛ばし、父親は崖から落ちて背中を傷め、波にさらわれた。おしまい。

出典：語り手はアイワン（Aiwan）、海岸チュクチの男、1900 年にマリインスキー・ポスト[14]で採録（Bogoras 1910: 171–172）。原文は英語。

(4) 湖の主

湖には主が住むと考えられており、フォークロア中ではしばしば人間の女や、クイクンニャクの娘と結婚する。しかし湖の主の全貌に関して描写されることはなく、「角がある」、「全身に毛が生えている」など、限られた身体的な特徴のみが伝えられる。

永山（2014）で紹介した湖の主に関するアリュートルの伝承 2 編でも、湖に住む主が描かれている。「パタト湖の由来」は、湖に張った氷から角が突き出しており、それを切り倒そうとしたとたんに氷が割れて、氷上にいたものが水に落ちて死んだという湖の名称に関する伝承である。もう一編の、「ティニーアナウトと湖の主」は、湖の主カラに見染められたティニーアナウトが家族を家に残して湖の主の妻となるという伝承である。ティニーアナウトは全身に水草が生えた変わり果てた姿となるが、夫であるアマムクトに助けられて逃げ出し、残されたカラが激しく怒ったために湖の水が沸騰して干上がってしまい、カラは干からびて死ぬ。

以下ではチュクチおよびコリヤークの伝承を紹介する。いずれの伝承でも湖には人外の生き物（ケレ、カラ、カマクなど）が住んでおり、角や陰茎など

［14］ チュクチ自治管区アナディリ村の旧称。

棒状のものが湖面に張った氷から突き出しているという点で共通している。

[4] 女と湖の主 / 海岸チュクチ

ある娘が、父親のいいつけで結婚することを拒んだ。

「おまえは誰と結婚したいというのだ。人間の男と結婚するのがいやなのか。きっとケレとでも結婚したいのだろう」

娘は耳を貸さなかった。そのころ、娘は毎晩テントの外で歌を歌っていた。

「湖から、陰茎よ出てこい！」

それから娘はテントに入った。父親はこれを聞いて妻にいった。

「ああ、なんという娘だろう。結婚させようとしたら、私たちに口ごたえをするのだ。あの娘は誰と結婚したのだろう。湖のケレとでも結婚したに違いない」

両親は娘には何もいわなかった。

夜になり、娘は湖へ出かけていった。そして湖の岸で歌を歌いはじめた。

「湖から、陰茎よ出てこい！」

すると湖から陰茎が一本突き出した。娘はそこに腰をおろし、性交した。夜明け前に娘は家に帰った。

あるとき父親が娘にいった。

「たきぎを集めてこい」

娘は父の言いつけに従って出かけていった。娘の両親はその間に湖に出かけ、(娘のまねをして) 歌を歌った。

「湖から、陰茎よ出てこい！」

すると湖から陰茎が突き出した。両親は陰茎をつかむと切りとった。そしてそれ (＝湖の主) を殺してしまった。

やがてたきぎを集めにいった娘が帰ってきた。娘は急いで夕食の支度をした。夜になり、娘はまた湖へ出かけていった。(両親は) 娘のようすをこっそりうかがっていた。娘はまた歌いはじめた。

「湖から、陰茎よ出てこい！」

何も現れない。娘はもう一度歌った。

「湖から、陰茎よ出てこい！」

やがて娘は泣き出した。

「なんだかおかしいよ！」

もう一度歌った。

「湖から、陰茎よ出てこい！」

何も現れない。娘は泣いていた。陰茎（の死を）を嘆き悲しんだ。娘の家族はひそかに娘を見ていた。しかし陰茎は現れなかった。娘は泣くのをやめて、また歌った。

「湖から、陰茎よ出てこい！」

娘は泣いた。亡くなった夫の死を悼むかのように嘆き悲しんだ。やがて娘は家に帰った。どうすることもできなかった。翌日、娘は（木のない）開けた場所に出かけていき、そこでむき出しのしゃれこうべを見つけた。

出典：語り手はコティルギン（Qotirgin、ミスカン村出身の海岸チュクチの男）、1901年採録（Bogoras 1910: 26–27.）原文はチュクチ語（英語対訳つき）。

[5] ミティの二度目の結婚 / トナカイ・コリヤーク

クイクンニャクは長いあいだミティと一緒に住んでいた。子供たちもいた。あるときクイクンニャクが狩りに出かけ、行方がわからなくなった。ミティはすぐにわかった。クイクンニャクは他の女と結婚したのだと。

ミティは子供たちにいった。

「もうおまえたちに食べさせるものがない。父さんは狩りから帰ってこない。私は父さんを探しに行ってくる」

そして出かけていった。

ミティが湖のほとりに来ると、湖の人ケメケムに出会った。ケメケムはミティを妻にした。

子供たちだけで家に取り残された。翌朝目が覚めると、空腹だった。窓のところに座って蝿を叩き殺した。蝿を叩いて、お互いに食べさせた。

何日も過ぎた。服は破れてぼろぼろになった。毛皮の布団も破れた。妹のイニーアナウトがいった。

「草を編んで布団を作ろうよ」

エメムクトは賛成した。2人で布団を1枚作った。

あるときクイクンニャクがいった。

「さて子供たちの様子を見てこよう」

夜、家に帰ってきた。見ると、子供たちは草の布団をかぶって眠っており、食べ物はまったくなかった。

朝になり、クイクンニャクは子供たちにたずねた。

「母さんはどこだ？」

「母さんは父さんを探しに行って、戻ってこないよ」

「では母さんを探しに行こう」
クイクンニャクは子供たちを湖まで連れて行った。
「泣いて母さんを呼べ。腹が減ってしかたないといえ」
クイクンニャクは柳の茂みに隠れ、イニーアナウトとエメムクトは激しく泣き出した。
「母さん、出てきて、何か食べさせて。誰もご飯を作ってくれないし、服を縫ってくれる人もいない。私たちだけでは暮らせないよ」
子供たちは長いこと母を呼び続けた。やがて湖から女が出てきたが、ミティとは似ても似つかず、全身に草が生えていた。女は子供たちに近づくと、乳を飲ませた。乳を飲むと、子供たちはすぐにそれが母親だと気づいた。
「もうここに来てはいけないよ」と、ミティはいった。
「私はケメケムになってしまうの。人間といっしょに暮らしたり、人間と会ったりすることはできないの」
クイクンニャクは一部始終を見ていた。やがて彼らは家に帰った。クイクンニャクは銛と槍を用意すると、鋭く研いだ。
また別のある日、再び子供たちを母親が住んでいる湖へと連れて行き、こういった。
「また岸で泣いて、母さんを呼び出せ」
自分はまた柳の茂みに隠れた。母親は子供たちのもとへ泳いできた。すっかりケレのようになっていた。
「どうしてまた来たの？」
最後の一回だけ、また乳を飲ませた。
すると突然クイクンニャクが後ろから女ケレの背中を殴りつけた。それから革ひもで引き寄せて、湖から離れたほうへ引きずっていった。ナイフを取り出すと、のど元から一気に腹を切り裂いた。すると、草が全身に生えたケレの毛皮から、元の姿のミティが出てきた。元のような人間の姿で、元のように美しかった。4人は抱き合っていった。
「これからは、みんな一緒に住もう」
そして幸せに暮らした。

出典：語り手はトリフォン・カワウ（Кавав Трифон Якимович、1911年旧コリヤーク自治管区パラナ村生まれ）（Жукова 1988: 17–20）。原文はコリヤーク語（ロシア語対訳つき）。

[6] 白い角：ヌイムランのおとぎばなし / アリュートル

私がまだ小さかったころ、イグムヤウという男がいて白い角[15]でパイプを作り、白い金属で牙にさまざまな動物の姿を描いていた。イグムヤウは腕のいい職人だった。

白い角は非常に高価で、角を売ってトナカイの群を買うことができた。

ひとりのみなしごがいて、いつも角のことを考えていた。あるとき大きな湖のほとりでトナカイの番をしていると、湖のほうから角のあるカマク[16]が呼ぶ声がした。

「みなしご、助けてくれ。(岸に生えた) ハイマツを伐ってくれ」

「いやだよ。ハイマツを伐ったら、俺を食べてしまうつもりだろう」

「いいや。そんなことはしない。私はみなしごは食べないのだ」

「なるほど。では、(ハイマツを伐ったら) おまえの角をくれるか？」

カマクは長い間考えていたが、やがてこういった。

「よし、いいだろう。湖が凍りついたら、角を切るがいい。角をおまえにやろう」

みなしごが斧でハイマツを伐ると、角のあるカマクは湖へ消えた。

みなしごの親戚の金持ちがこれを聞きつけていった。

「カマクがおまえに角をくれるそうだな」

「あんたにはやらないよ」とみなしごはいった。

「おれの娘をやろう。そのかわり角をよこせ」

湖へやってきた。金持ちの親戚のものたちは角のほうへいって切りはじめた。

するとカマクがぶるっと身震いをして氷が割れ、角は後ろのほうへ飛んでみなしごのそばに落ちた。村人はみんな沈んでしまった。角のあるカマクが現れていった。

「角はおまえのものだ。私の命はもう終わりだ。おまえはこの世のありさまを角に刻むがいい。さらばだ」

出典：初出は Килпалин (1993: 122–127)。アリュートル人の作家キルパリン (Килпалин Кирилл Васильевич, 1930 年旧コリヤーク自治管区ウェトウェイ村生まれ、

---

[15] アリュートル語の waŋqət はセイウチの牙、白い骨、角などを表すが、ここではロシア語訳に従い白い角と訳す。

[16] ロシア語訳では龍となっているが、原文のカマク (kamak) は湖などに住むとされる想像上の生き物である。ここでは原文のままカマクとする。

アリュートル名は Кылпылъын）がアリュートルの伝承をもとに創作し、ミハイル・ポポフ（Попов Михаил Иванович、1942 年アナプカ生まれ、アリュートル名は Татӄа）がロシア語訳をつけた。原文はアリュートル語（ロシア語対訳つき）。

(5) 無生物の人格化

チュクチ・カムチャツカの伝承において、動物はいうまでもなく、無生物も人格化される。Jochelson (1908: 116–117) はクイクンニャクの娘イニーアナウトが霧、雲、棒、木などの無生物や鳥、魚、動物と結婚することをあげ、クイクンニャクの時代（＝神話時代）には人と動物や、その他のものとのあいだに明確な区別はなかったことを指摘している。フォークロアの中では人格化された存在は人間と同じように話をしたり、結婚したりすることができる。また、太陽、月、風なども人格化されるほか (Jochelson 1908: 122)、大便が女に姿を変えるという伝承も記録されている (Jochelson 1908: 316–317)。これらの人格化された存在は、すべて人間のように話をし、ときにクイクンニャクの子供たちと結婚する。

なお海や湖については、それ自体が人格化されるというよりは、(3) および (4) でみたように、そこに主が住むと考えられている。

これに対し、川に主が住むという伝承はないようだが、ヨヘルソンが採録したフォークロア中に「川男」が登場するものがある。原文に添えられたコリヤーク語の語形 (wajaməlʔən) を分析すると、川 wajam という名詞語幹に属性[17]を表す接尾辞 -lʔ と絶対格単数を示す接尾辞 -n がついたものである[18]。民話の登場人物で、同じ接尾辞が「小鳥」という名詞についた例として小鳥男 (pəčiqalʔən) があることを考えると、人格化された存在と見ることができるかもしれない。

[17]　この接尾辞が場所を表す名詞語幹についた場合は「～に住むもの」あるいは出身地を表すことが多く、例えば nəməlʔən「村に住むもの（海岸コリヤーク人およびアリュートル人の自称）」、alutalʔən「オリュートルカ村出身の人」などがある。

[18]　語中の ə は挿入母音。

川男に関する伝承はBogorasおよびJochelsonが記録した伝承数編[19]に限られており、これらの伝承中では川男の詳細については語られていない。しかしこれらの伝承を見た限りでは、少なくとも、川男が洪水を引き起こしたり、サケ・マスの漁獲量を管理したりするということはないようである。

8-3　創世伝承と水

ヨヘルソンはコリヤーク人の創世伝承が極めて乏しいことを指摘しているが（Jochelson 1908: 121）、チュクチ人およびアリュートル人の伝承においても創世に関する伝承は極めて少ない。伝承の数は少ないながらも創世の描かれ方は多様で、液状の動物の脂から海を作った（コリヤーク、ОИУУ 1996）、カラスが水の上を飛び回って大便をすると大便が陸になった（チュクチ、Bogoras 1910: 151–154）、ウミウが水に潜って水底から苔をとってきて陸地を作った（コリヤーク、Аятгинина и Курэбито 2006）など陸地の作り方から始まるものがある一方で、はじめに人間がいた、はじめは大地は暗かった（チュクチ、Богораз 1900: 158–175）などのように陸地ができたあとから伝承がはじまっているものもある。チュクチの創世伝承への注釈で、ボゴラズは洪水に関するいくつかの言及がみられることに触れたうえで、おそらくロシア人からの影響であろうと指摘している（Bogoras 1910: 151）。さらに、ボゴラズの採集した創世伝承の中には、創造主が男のあばら骨から女を作った（Богораз 1900: 170）というものがあるが、これもロシア人を介したキリスト教の影響と考えてよいだろう。

[19]　「エメムクトの姉妹をカマクがさらった話」（62. The Abduction of Eme'mqut's Sister by the Kamaks; Jochelson 1908: 220–221）、「小鳥男とカラス男」（82. Little-Bird-Man and Raven-Man; ibid.: 250–）、「川男が女に変身した話」（113. Transformation of River-Man into a Woman; ibid.: 304–305）

(1) 世界の起源

チュクチ人の創世伝承として、ボゴラズはロシア語で12話（Богораз 1900: 158–175）を、英語で4話（Bogoras 1910: 151–158）を記録している。ただし全体に創世伝承は少なく、特に大地や海がどのように創られたかは語られず、クイクンニャクとその家族に関する描写から始まっているものが多いようである。ボゴラズやヨヘルソンが調査した20世紀初頭ですでに創世伝承を語ることのできる語り手は少数であり、少なくともアリュートル語に関しては、現在の語り手に創世伝承は伝わっていない。

本節ではチュクチとコリヤークの創世伝承から3話を紹介する。液状の海獣の脂から海を作った、屎尿から山や川を作ったなどという描写は、一見すると異質な世界観のようにも思えるかもしれない。しかし古事記においても原初の国は脂のようであったと述べられているし、また伊邪那美（いざなみ）の吐瀉物や屎尿から神々が産まれたとされていることを考えると、まったく異質というわけでもない。

なおボゴラズの採録したチュクチの創世伝承では、はじめのうち人間は子供の作り方を知らず、カラスが性交の方法を教えて以降に子孫が増えたという描写が頻出する。

[7] カラスの話（第一のバージョン）/ 海岸チュクチ

カラスのクウルキルと妻がいっしょに住んでいた。クウルキルは誰にも創られていない。自ら創りだされたものだ。2人が住んでいた大地はたいへん小さく、どうにか生活するのがやっとだった。しかも、人間は住んでおらず、生き物がまったくいなかった。トナカイも、セイウチも、クジラも、アザラシも、魚も、1匹の生き物もいなかった。妻はいった。

「クウルキル！」

「なんだ」

「私たち2人だけでは退屈すぎる。こんな暮らしはいや。陸地を作りましょう」

「無理だよ」

「できるってば」

「できるものか」

「まあ、あんたが陸地を作れないなら、せめて私は脾臓の友達を作ってみよう」
「どうなるかな」とクウルキルはいった。
「もう寝る」と妻はいった。
「おれは寝ない」とクウルキルはいった。
「おれはおまえを見張っているよ。おまえがどうやるか見ているよ」
「いいよ」
妻は横になると眠りについた。クウルキルは寝なかった。クウルキルはずっと見張っていた。何も起こらない。妻はさっきと様子が変わらない。妻の体はもちろんクウルキル自身と同じように、カラスであった。反対側を見てみた。やはりさっきと変らない。前から見てみると、妻の足には人間の指が10本生えていて、ゆっくりと動いていた。
「うわあ」
クウルキルは自分の足をのばしてみたが、カラスのかぎ爪があるばかり。
「ああ、おれは自分の体を変えることができない！」
クウルキルがもう一度妻を見てみると、妻の体はすっかり白くなり、羽毛もなくなって、私たちの体のようだった。
「うわあ」
クウルキルは自分の体を変えようとしたが、どうやってそのようにできるのだろうか？　体をこすってみたり、羽毛を抜いてみたりしたが、どうやってそんなことができるだろうか？　相変わらずカラスの体とカラスの羽毛だ。クウルキルはまた妻を見てみた。妻の腹は大きくなった。妻は眠りながら、やすやすとそれらを作りだした。クウルキルは恐ろしくなり、顔をそむけた。それ以上見るのが恐ろしかった。クウルキルはいった。
「もう見ないでおこう」
しばらくたって、こらえきれずにまた見てみたくなった。もう一度見てみた。すると3人になっていた。クウルキルの妻は一瞬のうちに出産していた。双子の男の子を産んだのだ。そこでようやく妻は目をさました。3人とも私たちのような体をしており、クウルキルだけがカラスの体をしていた。子供たちはクウルキルを見て笑い、母親にたずねた。
「母さん、あれは何？」
「おまえたちの父親だよ」
「へえ、父親か！　本当に！　ははは！」

子供たちはクウルキルの近くに来ると、足で押した。
クウルキルは「カア、カア！」と鳴きながら飛んでいった。
子供たちはまた笑った。
「あれは何？」
「父親だよ」
「ははは！　父親だってさ！」
子供たちは笑いっぱなしだった。やがて母親がいった。
「子供たち、おまえたちはまだおばかさんだね。いわれたときだけ話すようにしなさい。ここでは大人が話すほうがいい。おまえたちは、笑ってもいいといわれたときだけ笑うようにしなさい。人の話をよく聞いて、いうとおりにしなさい」
子供たちはいわれたとおり笑うのをやめた。
カラスはいった。
「おまえは人間を作った。おれは陸地を作ってみよう。もしおれが戻らなければ『あの人は水に溺れた。そのままそこにいさせよう』というだろう。おれは試しにやってみるよ」。
クウルキルは飛び去った。はじめに親切な生き物を訪ねて助言を求めたが、助言を与えるものはいなかった。クウルキルは暁に尋ねたが、助言はえられなかった。夕日に、宵に、白日に、天頂に尋ねたが、何の答もなかった。最後に、クウルキルは空と地面がひとつになっているところへやってきた。空と地面があわさったところの窪みに、テントがひとつあった。人間でいっぱいらしい。すざましい騒音をたてていた。クウルキルは火の粉がとんで焦げてできた穴からのぞいてみると、裸の背中がたくさん見えた。
クウルキルはびっくりして飛びのき、ふるえながら立っていた。あまり驚いたので、何をしようとしていたか忘れてしまった。
裸の人間が一人、外に出てきた。
「誰かが通りかかったような音がしたんだが、どこにいるのかな」
「それはおれだよ」と脇のほうから答える声がした。
「こいつは、すてきだ。いったいおまえは誰だ？」
「おれは創造主になろうとしているんだ。おれはクウルキルといって、自ら創られたものだ」
「そうか」
「おまえたちは何者だ」

「おれたちは空と地面がぶつかってできたかけらから創られたのだ。おれたちはどんどん増えて、陸上のすべての民族の最初の種になるものなのだ。しかし陸地がない。だれかおれたちのために大地を作ってくれないものだろうか」

「おお、おれがやってみよう」

クウルキルと男はいっしょに飛び立った。クウルキルは空を飛びながら屎(くそ)をした。屎(くそ)が水に落ちるとあっというまに大きくなって陸になった。屎(くそ)の塊が陸になり、大陸や島ができた。クウルキルはいった。

「どうだ、まだ足りないか？」

「まだまだだ」と男は答えた。

「まだ真水もないし、陸も足りない。山もないではないか」

「そうか。もう一度やってみよう」とクウルキルはいった。

クウルキルは小便をしはじめた。滴がたれたところは湖になり、小便がほとばしり落ちたところは川になった。それからクウルキルはとても大きな屎(くそ)をひりだした。屎(くそ)の大きな塊は山になり、やや小さな塊は丘になった。そしていまあるような大地ができた。

クウルキルはまた尋ねた。

「どうだ？」

男はちらりと見てこういった。

「まだ足りないな。これではいつか水が増えて陸地をおおったとき、山の頂上も見えなくなってしまう」

クウルキルはさらに遠くまで飛んで行った。クウルキルは最大限の力をふりしぼって地面を作り、川や湖を作るために小便をして、すべての力を出しきった。

「さあどうだ。まだ足りないか？」

「もう十分だろう。もし洪水が来ても、山の頂上だけは水の上に出るだろう。ああ。もう十分だ。でもどうやって食料を得たらいいだろう」

クウルキルは飛んでいき、さまざまな木を見つけた。白樺、松、ハンノキ、柳、ハイマツ、樫。クウルキルは手斧で木を切りはじめた。木くずを水に投げ捨てると海に流れていった。松の木を切り倒して木くずを水に投げ捨てると、それはセイウチになった。樫の木くずはアザラシになった。ハイマツの木くずはホッキョクグマになった。ねじまがったダケカンバの木くずはクジラになった。その他の木のくずは魚やカニなどさまざまな海の生き物になった。また野生トナカイやキツネや熊などの陸の動物になった。クウルキルはすべてを創りだすとこういった。

「さあ、どうだ、食べ物があるぞ」

クウルキルの子供たちは人間になり、いろいろな方向に分かれていった。子供たちは家を作り、獲物を狩り、たくさんの食料を作って人間になった。

しかし、子供たちは男ばかりだった。女は一人もおらず、子供を増やすことができなかった。クウルキルは考えはじめた。

「どうすればいいかな」

そこへ小さな蜘蛛女が細い糸を伝って下りてきた。

「誰だ」

「私は蜘蛛女」

「何しにここへ来たんだ」

「男ばかりで女なしで、どうやって人間は生きていくのかと思って。だから私はここへ来たの」

「しかしおまえは小さすぎるじゃないか」

「大丈夫。見てて」

蜘蛛女の腹はみるまに膨らんで妊娠し、4人の娘を産んだ。子供たちはまたたくまに成長し、女になった。

「さあ、見てて」

男が一人やってきた。クウルキルといっしょに空を飛びまわった男だ。女たちを見るといった。

「こいつらはいったい何だろう？　おれ自身に似ているようだが、ぜんぜん違ってもいる。ひとり連れて行こう。ばらばらに分かれて別々に暮らそう。ひとりでいるのには退屈してしまった。こいつらのうちの一人をいっしょに連れて行こう」

「飢えてしまうんじゃないか」

「どうして飢えることがあるものか。おれはたくさん食べ物をもっている。おれたちはみんなハンターなのだ。腹いっぱい食べさせてやるから、飢えることはない」

男は女を一人連れて行った。次の日、クトクンニャクが彼らを訪ねて、テントの覆いの穴からのぞき見した。

「ああ。こいつらは、テントの反対側に別々に寝ている。これはだめだ。これで子孫が増えるわけがない！」

クウルキルはそっと声をかけた。
「おおい！」
「おお！」と男が目覚めて答えた。
「外に出てこいよ。おれは入るぞ」
クウルキルは中に入った。女は裸同然で寝ていた。女を引き寄せた。女の腕のにおいをかいだ（※原注：接吻に相当）。クウルキルの鋭いくちばしが、女の腕をちくりと刺した。
「痛い！」
「静かにしろ！　誰かに聞かれるじゃないか」
クウルキルは女の足を開くと、性交した。それからもう一度繰り返した。もう一人の男は外に立っていた。寒くなり、こういった。
「おれを嘲っているみたいだな」
「さあ、入ってこい。おまえも学べ。こうやって子孫を増やすのだ」
男は中へ入ってきた。女はいった。
「とてもいいことなの。もういちどやってみたい」
男はこたえた。
「でもどうやればいいかわからないよ」
「近くへ引き寄せて」
「ああ、すばらしい！」
「こんなふうにして。それからこうやって、ああやって」
2人は性交した。
こいういうわけで、少女は少年よりも早くに性交する方法を理解するのだ。このように人間は子孫を増やしてきたのだ。

出典：語り手はアットゥンケウ（Attɪnʲqeu、海岸チュクチの男性）、マリインスキー・ポストで1900年に採録（Bogoras 1910: 151–154）。原文は英語。

[8] 大地と生命はどのように作られたか / トナカイ・コリヤーク

生命ができはじめたばかりのころ、太陽の父はイグニャ、母はイガといった。イガはミティ、ティイクナウト（太陽女）、ウルクネイ（夜女）を産んだ。イガは彼女らの母であり、イグニャは父であった。太陽の妻はアノーティイクナウト（春の太陽）といった。クイクネクはミティと結婚し、ミティはミチグネウ（火女）、すなわち太陽男の嫁となる娘を産んだ。クイクネクの子供はミチグネ、エメムクト、イニーアナウト、キチュムナナウト、チャナヨナウト、クリュネウト、そしてイーワンである。ミティは8人の子を産んだ。姉妹たちはそれぞれ結婚した。クイクネクは太陽男の妹ミティと、クイクネクの妹ミチグネウは太陽男と結婚した。みんな幸せに暮らした。

はじめ大地はなかった。液状の動物の脂だけが浮かんでいた。液状の動物の脂から長くて太いハンノキが生えていた。はじめの大地を作ったのはクイクネク、ミティ、そしてヤーエリ[20]であった。ヤーエリというのは森に住む小鳥のことだ。クイクネクははじめにさまざまな獣を作った。鳥、家畜トナカイ、魚、アザラシ、芋虫を作った。液状の動物の脂から海を作った。海からは大きな木が生えて森になっていた。クイクネクたちは木の上に住んでいた。あるときクイクネクはミティにいった。

「これからどうやって暮らしていこうか。子供たちがたくさんいる。いつまでも木の上で暮らしてはいられない」

ミティはクイクネクに兄弟のところへ行くようにいった。

「あんたの相談相手はどこ？　太陽男のところへ行きなさい。あんたの妹のアノーティイクナウト（春の太陽）のところへ行って相談しなさい。あんたたち自身でどうにかしてちょうだい」

クイクネクは太陽男のところへいった。妹のアノーティイクナウトが出迎えた。

「いらっしゃい。どうぞ入って」

クイクネクはいった。

「相談したいことがある。いまの暮らしは大変だ。どうやったら暮らしよくなるだろうか」

太陽男は答えた。

「おまえが自分で創った鳥や魚や家畜トナカイやアザラシや芋虫がいるだろう。それらをみんな集めて相談するがいい。そのうちの誰かが海の底へ行くことを承諾するかもしれない。海の底には土があって、そこから木が生えているのだ」

クイクネクは家に帰った。自分が創りだしたものたちをすべて集めて、人間の言葉でかれらに話した。

---

[20]　コリヤーク語の原文はяельだが、何を指すのかは不明。コリヤーク語ではロシア語のdがjとして借用されることを考えると、ロシア語のдятель「キツツキ」からの借用の可能性もある。

「みんな、ここへ来い。太陽男から助言をもらった。誰か土をとりに行くものはいないか」
　クイクネクのまわりに座っていたものたちは、みんな押し黙っていた。誰もひとことも話さない。
　カラスが口を開いた。
「たぶんクジラが行くんじゃいかな。クジラは大きいから、きっと土を持ってこれるだろう」
　クジラはいった。
「よし、私が土を取りにいってみよう」
　みんな黙っていた。誰もひとことも話さなかった。
　クジラは海に潜るためにぐるぐると円を描いて泳ぎはじめた。しかし体が大きいので、円を描くばかりで潜ることができない。クジラの輝く歯は真珠でできており、とても軽い。歯があまりに軽いのでクジラは潜ることができない。ついにクジラは歯をすべて抜いてしまったが、それでも潜ることができない。
　みんな黙っていた。アビ（海鳥の一種）が中央までやってきて、こういった。
「私が土をとってこよう」
　獣たちはみんな笑いころげ、アビをからかった。人間もこんなふうにお互いをあざけって笑うことがある。
　ふと見ると、（海面には）何もなく、ただ波紋だけがあった。みんな黙った。長いあいだ待っていた。
　やがて（潜ったのと）同じ場所にアビが現れた。目は赤く、息は切れ、疲れきっていた。しかし何も持ってこなかった。みんなまた笑いだした。ふと見ると、またアビの姿が消えている。みんな黙った。アビが再び姿を現わすと、くちばしに小さな土の塊をくわえている。
　こうしてクイクネクとヤーエリとアビは大地を作り始めた。みんな喜んだ。黙って待っていた。3人は働いた。丸い粘土を置くと、丸くてしっかしりた丘になった。大きな塊は山になり、小さな塊は丘になった。さあ、丘を作るための土はもう十分だ。
　風が吹けばこれらの丘がさえぎってくれるだろう。人々は風から身を隠すことができる。旅人は丘の麓で夜を明かすだろう。やがて川ができた。そしてすべてを作り終えた。
　倒れた木は海に捨てた。やがて腐って、後の世代の炭になる。脂の上にキツネが小便をしたところには石油ができた。これも後の世代のためになる。キツネは森にも沼地にも、いたるところに小便をした。だから石油はどこにでもあるのだ。

クイクネクはいった。

「これは後で人々が使うのだ。土中の脂（＝石油）は次の世代のためのものだ」

太陽男は妻とじゃれあって笑い、かれらの涙が地上に落ちた。その涙は金になった。石炭は子供たちが屎（くそ）をしたのだ。

人々はその後も暮らしていたが、火がなかった。

クイクネクはいった。

「ミティ、どうしたら暖かくなるだろう」

ミティはいった。

「まるでどこへ行けばいいかわからないみたいじゃない。もう一度太陽のところへいって、どうすればいいか聞いてきなさいよ」

クイクネクは太陽のところへいった。太陽はいった。

「私の妻が海から遠くの土の中に住んでいる。おまえの娘が火を守っている。娘に火をもらうがいい」

クイクネクはまた人々を集めた。人々はまた黙っていて、誰も何もいわない。なぜなら、大地を作るときに手伝わなかったのを恥じていたからだ。

クイクネクはいった。

「みんな、こっちへ来てくれ」

人々が集まってきた。太陽がまたクイクネクへ難題を与えたとわかっていた。

クイクネクはいった。

「誰か火を取りに行くものはいないか？　太陽は誰でもいいから、すぐに火をとりにいけといった。恐れないものは、ミチグネウ（火の女）のところへ火を取りに行け」

みんな黙っていた。カモの人々も、芋虫の人々も。みんな知っていた。クイクネクが何をしようとしているのかを。

雌蜘蛛が中央へ出てきていった。

「では私が行ってこよう」

「そうか」

「私は長い投げ縄を持っているから」

火山から煙が出ているところが、ミチグネウ（火の女）が息をしているところだ。次の世代のために、よい暮らしを残すのだ。
雌蜘蛛はいった。
「ミチグネウが息をしているところから下に降りていってみよう。私は長い投げ縄を持っている」
雌蜘蛛は火をとりに出かけた。
それから（穴の）外に出てくると、口に火をくわえていた。火のせいで、目は真っ赤になっていた。地面に火をそっと置いた。まばゆい火を見つめていたために目が疲れて、目を閉じて、ぜいぜいと息を切らしていた。そのまま少し休んだ。知らぬ間に蝿が近づいてきて、火をひっつかんで太陽のところへ持って行ってしまった。
蝿はいった。
「ほら、私が火をとってきたんだ」
太陽はいった。
「そうか。おまえが火をとってきたのなら、おまえは人間が食事をするたびに、いっしょに食事をするがいい。家畜トナカイの屠畜が始まったら、分け前にあずかるがいい。これがおまえへの褒美だ」
ヤーエリにはこういった。
「おまえにはすべての湖と小川と川と海を与えよう。これはすべておまえへの褒美だ。おまえは水の上で暮らしなさい」
雌蜘蛛には何も与えなかった。人々は雌蜘蛛にいった。
「どうして太陽はおまえに何もくれなかったの？」
雌蜘蛛はいった。
「私が火をとってきたということはみんなが知っているし、将来もずっと知られるでしょう」
善人は自分のことを常にこのように謙虚に話すものだ。人々は太陽に本当のことを話して聞かせた。それから雌蜘蛛にこういった。
「おまえのことは、これからすべての子供が『おばあちゃん』と呼ぶだろう。おまえはみんなのおばあちゃんだから。おまえの姿を見かけるたびに、みんなこういうだろう。『ほら、あれがおばあちゃんだよ、火を持ってきてくれたんだよ』と」
大地ができたとき、すべてができた。嘘も盗みもできた。すべてが次の世代のためにできた。

やがてクイクネクは雌蜘蛛ばあさんにいった。
「おまえの火が盗まれてしまったな」
村人たちはみな笑った。そしてその笑い声がさまざまな（鳥や動物の）鳴き声になった。それぞれの生き物が出した音が、そのまま鳴き声になったのだ。
太陽はヤーエリにいった。
「おまえは水面で子供たちを育てなさい。大地を持ち上げるために、力いっぱいふんばったので、おまえの足は曲がってしまった。すべての川と河口と海はおまえへの褒美だ」
太陽は蜘蛛を呼び出していった。
「おまえの火を蝿が盗んだのだな。おまえへの褒美が何も残っていない」
蜘蛛はこたえていった。
「なあに、いいのさ」
この答えを蜘蛛のおばあさんは後の人々のためにいったのだ。
やがて人間を創りはじめた。私たちはハイマツからできた。だから死んだとき、ハイマツの薪で燃やす。
海の近くで創られたものはこんなふうだ。あるときクイクンニャクが海岸を歩いていた。粘土の塊をけとばすと、人間になり、人間のことばで話しはじめた。海岸にある流木を蹴とばすと、海に逃げて魚になった。海にいるカワヒメマスからクイクンニャクはカモメを創った。
ミティはクイクンニャクにたずねた。
「こんどは何を創るの？　また何か生き物を創るの？」
「おれたちが遊びにいくための相手を創るのだ」
ミティはまたたずねた。
「（それより）着るものはどうするの？」
「トナカイを殺して、（毛皮の服を作って着よう）。（客人には）肉を食べさせよう。おれたちはときどき魚も食べよう」
それからクイクンニャクはロシア人を創った。
ミティはいった。
「さあ、魚をとりにいこう。（冬に備えて）草を準備しよう」
漁場に着くと、クイクンニャクは白樺から魚干し小屋の建材を用意しはじめた。

出典：ОИУУ (1996) マリヤ・テペノヴナ・エトネウト (Мария Тепеновна Етнеут, 1927年旧コリヤーク自治管区ペンジナ地方ウンメワヤム川流域生まれ) よりガリーナ・アウェウ (Галина Кававона Авев) 採録・翻訳。原文はコリヤーク語、ロシア

語対訳つき。

[9] クイクンニャクはどのように働きはじめたか / トナカイ・コリヤーク

クイクンニャクが大地を作ろうとした。土がどこにもなく、ただ海だけがあった。あるときアビ（海鳥の一種）がやってきて、クイクンニャクはアビにいった。

「何もないので大地を作ることができないのだ」

アビはいった。

「では私が行って、ひとかけらでも土を探そう」

アビはクイクンニャクを置いて出かけていった。やがてアビはミズゴケを見つけて戻ってきた。

「ミズゴケを見つけてきたよ。これで大地が作れるだろうか」

クイクンニャクはいった。

「だが、大地を固めるための石もないのだ。石がなければ大地が浮き上がってしまう」

石を作り、（石で）大地を覆った。クイクンニャクはまたいった。

「木がない。草も茂みも山もない。これらがすべてあれば、人間が住めるのだが」

クイクンニャクとアビがすべてを作ると、大地ができた。トナカイを作り、大地に放った。

クイクンニャクとアビは考えた。海の巻貝をたくさん集めよう。アビは向こう岸から息を吹いて、貝をたくさん集めた。そして巻貝からトナカイができた。トナカイは歩きだし、走り去った。トナカイはたくさんに増えて群になった。やがて本物の家畜トナカイの群ができた。

出典：Аятгинина и Куребито（2006: 140–141）語り手はボリス・タルポワル（Борис Лалохович Талповал、1929年マガダン州ヴェルフ・パレニ村生まれ）、マガダン州エヴェンスク村で採録。原文はコリヤーク語、ロシア語対訳つき。

(2) 川や湖の起源

海の起源に関する伝承は、海獣の脂から海を作ったという前節のトナカイ・コリヤークの伝承しかないが、川や湖の起源に関する伝承は多い。前節で紹介した創世伝承にも川や湖を作ったという描写があったが、創世伝承以外にも川の起源を説明する伝承がある。例えば、永山（2014: 116–117）ではカムチャツカ半島西岸にあった島が、あるとき腹を立てて東岸に移動した際に、その通り道が川になったというアリュートルの伝承を紹介した。ここではコリヤークの伝承を紹介する。あるとき山が腹を立て、別の場所へ移動した際に通った道が川になったという点はアリュートルの伝承と共通している。

[10] ネユユ川とネユユ湖 / トナカイ・コリヤーク

（...）雨がやみはじめると、鋭くそびえたつネユユ山が見えた。その少し手前には大きな湖が広がっており、山と同じくネユユ湖と呼ばれている。おじいさんはコルカにいった。

「さあコルカ、見てごらん。おととしの春先、トナカイ橇で上パレニ村に行ったとき、おまえはこう言っていただろう。『見て、あそこの山はハイリノにあるネユユ山みたいだよ！』と。次のおとぎばなしをよく聞きなさい」

ずっと昔、ふたつの山は近くにあった。双子みたいにそっくりだった。どちらも人々が供え物をする聖地だった。人々は近くを通るとき、トナカイの群があればトナカイを供えた。人間もトナカイも健やかに暮らすように、病気をしないようにだ。必ずそうしていたんだ。おじいちゃんたちも、ビーズ峠を越えるとき、ネユユ山にトナカイを供えた。（内陸部から）海のほうへもどるときにも、やっぱり大きなトナカイを殺して供えた。

あるとき、トナカイの群がひとつネユユ山のほうに近づいた。トナカイの世話をするのにずいぶん時間をとられたし、牧夫たちは怠け者でもあったのかもしれない。荷物を積んだりトナカイを捕まえたりしているうちに、昼になって暑くなった。以前は荷駄用トナカイを使って移動していて、人々はトナカイの背に乗っていたんだ[21]。（目的地に着くと）テントをたてた。一人の老人が年かさのものたちにいった。

「トナカイを殺そう」

[21] コリヤーク人は通常はトナカイの背には乗らない。この著者はツングース系のエヴェン人の血を引くため、エヴェン文化の影響があると考えられる。エヴェン人はトナカイの背に乗って移動する。

若い男が答えた。

「山は逃げはしない。明日トナカイを殺そう」

朝になってみると、近くにあったほうの山がない。そのような言葉を聞いて腹をたて、移動してしまったのだ。

「いったい山はどこへ行ってしまったんだ？」

前日話した男がいった。

小カキナン山は以前は完全な形で、今のような切り離された形ではなかった。切りたった崖のある大カキナン山は離れて立っていた。実は、腹を立てたネユユ山が通るときに、小カキナンを半分に割り、パタト湖のほうへ押しやったのだ。この湖は冬でも熱い湯が沸き立っていたので、このように名づけられた。ネユユ山はパタト湖のほうへやってきて、その途中でティルガ川（指の川）を作った。秋にあの川で魚をとったのを覚えているだろう。指と名づけられたのは、たぶんネユユ山が立ち去った方向を指し示しているからだろう。

腹を立てたネユユ山は湖で火傷をしたので、いっそうひどく腹を立てた。ネユユ山はこういった。

「あの湖は切りたった山に囲まれて、まるで皿の上にあるみたい。水の出口を作って、だんだん湯が冷めるようにしてやろう」

そしてさらに先へ行った。こうしてパハチ川に注ぐティルガ川ができたのだ。

ネユユ山はパハチ川を渡って、そのまま今でもそこにある。もともとネユユ山があった場所には、私たちの祖先がネユユ湖と名づけた湖ができたのだ。

出典：アルカージー・ニナーニ（Нинани Аркадий Павлович、1958年旧コリヤーク自治管区ハイリノ村生まれ）による、伝承を含む創作物語より、伝承に関連する部分のみ抜粋（OIUU 1996）。原文はコリヤーク語、ロシア語訳つき。本章が初出。

なおこれとは別に、クイクンニャクが川を作ったという描写を含む伝承がある。川の起源として語られたものではないが、水に関する興味深い伝承として以下に2つ紹介する。いずれも表題に「クイクンニャクがどのように川を作ったか」とつけられているものの、川を作ること自体が重要視されてはおらず、伝承11では語りの最後に、伝承12では語りの最初に川を作る場面があるものの、それらとは無関係に話が展開しているのは興味深い。

図 8-3　ハイリノ村近郊のネユユ山（2013 年、旧コリヤーク自治管区ハイリノ村で撮影）

[11] クトクンニャクがどのように川を作ったか / トナカイ・コリヤーク

クトクンニャクが海岸を歩いていると、海岸で眠っているカニを見つけた。

「カニよ、起きろ！」

「いいや。潮が満ちて家に帰れるようになるまで眠っているよ」

「起きろ！　おれは腹がへっているのだ」

その間に潮が満ちた。

「背中に乗れ」とカニはいった。

「おれの家へ連れていき、白イルカの干し肉と脂身を食べさせてやろう」

カニはクトクンニャクを村へ連れて行き、村の仲間にいった。

「白イルカの肉をもってきてくれ。お客さんにごちそうしてやろう」

それと同時にこっそりといった

「ただし飲み物は何も与えるな。川を隠して、水がめをすべて空にしておけ」

みんな食事をして寝た。夜中になってクトクンニャクは目を覚ました。

「ああ、のどが渇いたなあ！」

しかし誰も答えない。

「おおい！　のどが渇いたよ！」

静まり返っている。クトクンニャクは飛び上がり、水をいれたバケツにかけよったが、水は入っていない。川に走ったが、干からびた石があるばかり。

「ああ、のどが渇いた！」

クトクンニャクは戻ってきて、また寝床に横になり、歌を歌いはじめた。

「おれの一番上の娘のイニーアナウトは腹いっぱい水を飲んでいる。おれには一滴の水もない。このままでは死んでしまいそうだ。もし誰かが水を飲ませてくれたなら、そいつに娘をやるのだが」

カニはみんなにささやいた。

「そのまま静かにしていろ。クトクンニャクが娘を差し出すというまで黙っていろ」

しばらくして、クトクンニャクはまた歌い出した。

「ああ、本当にのどが渇いた！　もし誰かが水を飲ませてくれたなら、そいつに娘のアニャールクサナウトをやるのだが」

カニはすかさずいった。

「いまだ。水を飲ませてやれ」

クトクンニャクに水を渡すと、一息で桶の水を飲み干してしまった。

「まだ足りない。川に行ってくる」

クトクンニャクはそういって川に行くと、川の水を飲み干した。

「さて、おれの村まで連れて行ってくれ」

クトクンニャクを家まで送り届けると、クトクンニャクは娘たちにいった。

「娘たち、どうか怒らないでくれ。おれはお前たちを嫁にやると約束してしまったのだ」

エメムクトは一方の娘と結婚し、白イルカ男（シシスアン）はもう一方の娘と結婚した。クトクンニャクは水を吐き出して、それで川を作った。おしまい。

出典：語り手不明、旧コリヤーク自治管区ワヤムポルカ村で採録（Jochelson 1908: 311）。原文は英語。

[12] クイクンニャクはどのように川を作ったか / トナカイ・コリヤーク

それはクイクンニャクが生きていたころの話だ。食べ物がなくなったので、クイクンニャクは川をひとつつくり、それを自分の家のほうに流れるようにした。それから長い銛で魚をとりはじめたが、はじめのひと突きは自分の影を刺しただけだった。二度目のひと突きでは自分の右肩の肉を刺し、漁を続けられなくなってしまった。そこへ魚女のヤヨチワナウトがやってきて、手伝った。ヤヨチワナウトはうまく魚をしとめたが、一突きで2匹も3匹もしとめるので、魚は恐れて遠くへ逃げてしまった。
しばらくして、クイクンニャクの具合がよくなった。
「あっちへ行け！」とクイクンニャクはいった。
「おまえがいると魚がとれない。おれは海岸へアザラシを探しに行く」
クイクンニャクはゴマフアザラシを何頭か見つけ、一番小さいのをつかまえた。アザラシを家に持って帰って食べた。やがてすっかり食べてしまうと、こんどはキツネ女がいった。
「こんどは私がいってアザラシをとってみよう」
「いや、おまえにできるものか。猟をだいなしにしてしまうに違いない」
「いいえ、きっとできるはず！」
キツネ女は海岸にいって、アザラシを見つけ、いちばん大きなアザラシを選んだ。しかしキツネ女はアザラシを肩にかつぐことができなかった。アザラシはいった。
「手伝ってやろう」
そういって、キツネ女の背中に乗った。アザラシはとても重かったので、キツネ女は転んで足をすべらせて、川に落ちてしまった。キツネは泳ごうとして、自分自身の足にむかっていった。
「さあ、櫂のように働いてごらん！」
そして尻尾には舵のように動けといいつけた。しかし、キツネ女は岸にむかって舵をとるようにいいつけるのを忘れていたので、尻尾は沖のほうへ進路をとった。
キツネ女は疲れ切ってしまい、もはや漕ぐことができなかった。しかしどうにか尻尾にむかって岸にむかって舵をとるようにいいつけて、やっとのことで岸まで泳ぎ着いた。岸へ泳ぎ着くと、キツネ女は毛皮の外套を脱いで、石の上に広げて乾かした。少し眠りたくなったので、目玉をはずしていいつけた。
「私のことを見張っていてね。もし誰かが近づいてきたら腕かおなかのところをくすぐって起こしてちょうだい」
しばらくすると潮が満ちてきたので、目玉はキツネ女をくすぐった。しかし起こすことができなかった。水がキツネ女のところまできて、またキツネ女を沖まで運んでしまった。キツネ女は毛皮の外套も目玉も置いてきてしまったので、寒さと疲労でぐったりしてしまった。ついに尻尾がキツネ女を岸まで戻した。キツネ女は岸にあがり、目玉を見つけると石でたたきのめした。

「こいつめ！　どうして私をちゃんと見張っていなかったんだ！」

キツネ女はかわりの目玉を探しにいき、クロマメノキの実を2つとってはめてみた。黒すぎた。次にキツネ女は固まった雪のかけらを2つとってはめてみたが、涙が頬をつたってぽたぽた流れた。

「この目は涙が出すぎる。でも涙は目玉を明るくしてくれる」

キツネ女は家に帰った。やがて創造主テナントムワンがトナカイの雄に姿を変えて、トナカイになった自分を殺させるために狼をおびき出した。狼はそのトナカイを食べ、骨だけを残した。キツネ女はその骨を見つけてがりがりかじり、人間の男の姿にした。凍ったオオツノヒツジの胴体を見つけて、家に持って帰った。かれらは食事を作った。クイクンニャクの妻のミティがちょっと外に出ると、キツネ女は素早くやかんを蹴飛ばしてひっくり返した。キツネ女はやかんを壊し、ミティの肉切りナイフも壊して火の中に投げ入れた。肉は生き返り、歩いて家の外へ出て行った。

ミティはそれを見ていった。

「ああ、肉がいっぱい入った鍋が歩いて行く！　あの肉は私の鍋に入っていたやつなのに」

ミティはキツネ女を追い出した。キツネ女はひとりで海岸に行き、カモメが海に浮かんだ流木にとまっているのを見つけた。キツネ女は尋ねた。

「何をしているの？」

「私たちは魚をとっているの」

「そのボートに私も乗せてよ」

「飛び乗りなさい」

キツネ女が流木に飛び乗ると、流木は沖のほうへ流れ出した。カモメたちがさっと空に飛び上がると流木はひっくり返り、キツネ女は海に落ちた。そのまま沖へ流されていき、溺れてしまった。

出典：語り手不明、旧コリヤーク自治管区アプカ村で採録（Jochelson 1908: 320–321）。原文は英語。

(3) 雨の起源

ここでは雨の起源にまつわる伝承を紹介する。永山（2014: 114–116）で紹介した、ステブニツキー採録のアリュートルの伝承によれば、沖の島に住む女が髪をとかしているため雨が降る。クイクンニャクが女をベニテングタケで酩酊させて髪を切ると、雨がやむ。次に示す伝承も、髪の長い娘たちのせいで雨がふり、クイクンニャクが娘たちの髪を切ると雨がやむという点が共通している。

[13] 雨の娘たち：レキンニキの伝承 / 海岸コリヤーク

ある夏のこと、雨がずっと降り続いた。川は氾濫した。水が沸騰したようにごぼごぼと泡立って、岸からあふれた。クトクンニャクは冬にそなえて干し魚を作ることができなかった。川に網をかけても、流木がひっかかり、すぐに網が破れてしまった。

「いまいましい！」

クトクンニャクは腹をたてて毒づいた。少しばかりの魚を干そうと吊るすのだが、まったく乾かずに腐り落ち、魚の皮だけがぶらさがっていた。雨はずっと降りやまない。

さて。クトクンニャクは魚干し棚に薪を運んできたが、どうやっても火がおこせない。食べ物を煮るための焚火をおこすこともできない。クトクンニャクは考え始めた。この先どうしたらいいだろう。

「ちょっと隣のやつが何をしているのか、どうやって暮らしているのか見てこよう。どのみち干し魚は作れないのだ。少し歩き回っているうちに、なぜ天気がよくならないのかわかるかもしれない。隣のうちにしばらく泊めてもらおう」

仕度を整えると、クトクンニャクは隣人の漁場に向かった。クトクンニャクが近づいてくるのに気づいた隣人たちは相談しはじめた。

「なんだか難しい顔をしたじいさんがこっちに来るぞ」

そうしているうちにクトクンニャクはやってきて、声をかけた。

「しばらく泊めてくれないか」

そういいながらもクトクンニャクは、中に入って隣人たちがどうやって暮らしているのか見てやろうと考えていた。

「ああ、いいとも」

隣人たちは答えた。なんだ、うちに泊まりたいだけだったのか。

翌朝早く、クトクンニャクはあわただしく出かける支度をはじめた。

「ちょっと川のほうを見に行ってくるよ」

クトクンニャクは石炭をこっそりと口に含んだまま川のほうへいった。丈高い草の茂みに隠れると、周りを見回した。

すると、川の中で裸の娘たちがはねまわっているのが見えた。ばしゃばしゃと水をはねあげて遊んでいるかと思えば、頭を洗ったり、川の深みに潜って髪をすすいだりしている。風がおさまってきたかと思うと、娘たちはまた水に飛び込み、雨を呼び出していた。すると雨はますます激しくなるのであった。

「なるほど、このいまいましい娘たちが、魔術で雨を呼び出していたのか」とクトクンニャクは気がついた。

「誰のせいで天気がよくならないのか、ようやくわかったぞ。あのいまいましい娘たちが雨を呼び出していたのだ」

クトクンニャクはしばらくのあいだ、じっと娘たちを観察していた。雨を呼び出している娘たちが服を着て、頭を洗うのをやめると、クトクンニャクは安堵のため息をつきながらいった。

「さて、思い知るがいい」

そしてクトクンニャクは家に帰った。雨はなおも降り続いている。やがて娘たちは大急ぎで家に帰ってきた。とたんにあたりは真っ暗になった。クトクンニャクが娘たちに何かして、娘たちはぐっすりと眠り込んだ。クトクンニャクはしばらくのあいだ、娘たちが眠っているのを見つめていたが、やがて一晩中かかって娘たちの髪を切ってしまった。娘たちの長い髪を、一本も残さずに切って丸坊主にしてしまった。全員の髪を切ってしまった。

仕事をやりとげると、クトクンニャクはまた朝早く起きて、急いで自分の家へ帰った。空はすっかり晴れ渡っていた。太陽がまぶしく光り輝いている。人々は魚をたくさんとり、干し魚を作った。水で遊んでいた娘たちは、朝目覚めると丸坊主にされていた。娘たちが寝ていた場所には、髪が散らばっていた。坊主になったお互いの姿を見てふるえあがった。

「私たちの髪の毛はいったいどこへいってしまったの？　いったい誰が何のために私たちの髪を切ったの？　そうだ、これはクトクンニャクの仕業に違いない。こんなことをするのはクトクンニャクしかいない！」

坊主になった娘たちは川へ水浴びにいった。裸になると、走って川に飛び込み、水浴びをはじめた。坊主頭で水にもぐり、いちばん深いところで力いっぱい頭を振りまわしたが、まったく無駄だった。髪がなくなったので、雨を呼び寄せることができなかった。天気はすっかり回復し、長いあいだ晴天が続いた。そしてクトクンニャクは冬にそなえて十分に魚を蓄えた。

さあ、これでお話はおしまい。

出典：語り手はD. K. タクヤウニナ (Д. К. Такъявнина)。アンナ・ネステロワ (Анна

Петровна Нестерова）が採録・翻訳。原文はコリヤーク語レスナヤ方言、ロシア語対訳つき。本章が初出。

次に紹介するのはヨヘルソンが採録したトナカイ・コリヤークの伝承である。天主とその妻が性器を太鼓とばちに見立てて打ち鳴らすと雨が降るという、特異な説明がされている。この伝承でも、クイクンニャクが雨の原因を取り除くことにより雨がやんでいる。

[14] 天主がどのように雨を降らせたか / トナカイ・コリヤーク

クイクンニャクがいたころの話だ。あるとき、雨が降って降りやまなかった。クイクンニャクの持ち物はすべてびしょぬれになってしまった。倉庫にいれておいた衣類も食料も腐りはじめ、半地下住居も水浸しになった。とうとうクイクンニャクは上の息子のエメムクトにいった。

「きっと天主（llaininen）が上のほうで何かしているに違いない。こんなにも雨が降り続くからには何か理由があるはずだ。空を飛んで、雨が降ってくる場所を見にいこう」

2人は外に出るとカラスのコートを着て、飛び立った。天主のところへやってきた。まだ外にいるときに、太鼓の音が聞こえた。2人が中に入ると、天主が太鼓をたたき、そのそばに妻の雨女（I'lenia）が座っていた。雨を創りだすために、天主は妻の陰部を切りとって太鼓に吊るした。そして自分の陰茎を切りとり、それを太鼓のばちのかわりにして太鼓を叩いていた。天主が太鼓をたたくと陰部から水が噴き出し、その水が地上で雨を降らせていた。天主はクイクンニャクと息子が入ってくるのを見ると、太鼓をたたくのをやめて脇へ押しやった。雨はただちに降りやんだ。

クイクンニャクは息子にいった。

「雨がやんだ。行こう」

クイクンニャクは次になにが起こるのか見ようと外へ出た。彼らが外へ出るやいなや、天主は再び太鼓をたたき始め、またもとのように雨が降りだした。

クイクンニャクが中へ入ると、天主は太鼓を脇へ押しやり、雨はやんだ。クイクンニャクは息子へささやいた。

「外へ出るふりをしよう。やつらがおれたちは外へ行ったと考えたら、こっそり隠れて、やつらがどうやって雨を降らせているのか見てやろう」

クイクンニャクは天主にいった。

「さて、おれたちはそろそろ本当に家に帰るよ。しばらく雨は降らなそうだから」

クイクンニャクとエメムクトは立ち去るふりをして、入口を通り抜けるように見せかけた。しかし2人はトナカイの毛に姿を変え、床に横たわった。

天主は妻にいった。

「太鼓をとってくれ。また太鼓をたたこう」

妻は太鼓を渡すと、天主は陰茎で叩きはじめ、また陰部から雨が噴き出して地上へと降り注いだ。クイクンニャクは息子にいった。

「おれがあいつらを眠らせるから、おまえは天主が太鼓とばちをどこへしまうか見張っていろ」

天主と妻は急に眠くなった。天主は太鼓を脇に置くと、2人ともぐっすり眠り込んだ。クイクンニャクが太鼓を手にとると、雨女の陰部がそこにくっついていることに気づいた。ばちを手に取ると、それが天主の陰茎であることに気づいた。クイクンニャクは太鼓とばちを火であぶり、からからに乾かした。それから太鼓とばちをもとの場所に戻すと、天主と妻を起こした。2人はめざめ、天主はまた太鼓をたたき始めた。しかし太鼓をたたけばたたくほど、どんどん天気がよくなった。とうとう雲ひとつなくなり、空はすっかり晴れ上がった。天主と妻はふたたび寝床にいった。

「さあ、今度は本当に家に帰ろう。空はすっかり晴れあがった」

クイクンニャクは息子にいった。2人は空を飛んで家に帰った。晴天がしばらく続いたが、狩りで獲物がまったくとれなかった。海獣もトナカイも何ひとつとれない。天主が眠っているので（獲物がとれず）、彼らは飢えはじめた。とうとうクイクンニャクがいった。

「天主のところへ戻って、何が起きているか見てこよう」

クイクンニャクは天主のとこへ来るとこういった。

「天気はよくなったが、獲物がまったくとれないので飢えているのだ」

「それは私が子供の面倒を見ていないからだ」と天主はいった。

「家へ戻れ。これからは狩りがうまくいくだろう。これからはおまえの面倒を見てやろう」

クイクンニャクは家に帰った。クイクンニャクが戻って以来、息子たちが狩りに行くと、海獣や野生トナカイがとれた。

それからクイクンニャクが地面から犬をつなぐ杭を引きぬくと、その穴からトナカイが出てきた。群がまるごと出てきた。クイクンニャクはたくさんのトナカイを殺して天主のために供えた。それ以降、狩りでいつも獲物がとれるようになった。おしまい。

出典：語り手はクチャンギン（Kučaŋin, トナカイ・コリヤークの女性）、マガダン州チャイブハ川のキャンプで 1901 年に採録（Jochelson 1908: 142–143）。原文は英語。

8–4　川とフォークロア

川はサケ・マス漁を行う生活の場であり、また道路のないツンドラ地帯で村やキャンプ地をつなぐ重要な通路である。夏にはボートで、冬には凍結した川の上をスノーモービルやバスで移動する。アリュートルのある伝承では、ツンドラでわがままを言い続けた少女が狼に連れ去られて川を下って行くという場面が描かれている（永山 2014: 120–122）。川は人間の集落ばかりではなく、異界へつながる通路でもある。

さらに、チュクチ・カムチャツカのフォークロアには、魔物を遠ざけるために川が利用される伝承がいくつかある。例えばアリュートルの伝承では、鬼婆に追われた子犬が、「川の水を飲み干して川を渡った」と嘘を教え、鬼婆が真に受けて川の水を飲むと、上流から流れてきた枝が腹に刺さり破裂する（永山 2014: 117–120）。次に紹介するコリヤークの伝承でも、地下の世界に住むカラが、主人公を追いかけているときに、川を渡るために川の水を飲み干そうとしたが、飲みきれずに破裂してしまうという場面が描かれている。アリュートルやコリヤークの人々が暮らす地域では、特に上流域は川幅が狭く、大きな声を出せば対岸にいるものと話をすることも可能である。しかし小さな川であっても水量は豊かであり、鬼婆や魔物といえども飲み干すことはできないという描写は、そこで生活する人々の実感を反映しているといっていいだろう。なお、同様の話はジュコワの採録したコリヤークのフォークロア集でも紹介されている（Жукова 1988: 90–93[22]）。

[22]　第 25 話「おとぎばなし」（Сказка）（Жукова 1988: 90–93）.

図8-4　グワルワヤム川（2003年、旧コリヤーク自治管区イリプリ村近郊で撮影）

[15] エメムクトの妻がカラに誘拐された話 / トナカイ・コリヤーク

エメムクトが草女と結婚した。草女はシャーマンだった。あるときエメムクトは妻にいった。

「ツンドラに行こう」

妻は答えていった。

「行くのはやめましょう。行けば何かよくないことが起こるから」

「なぜそう思うのだ」とエメムクトは尋ねた。妻はこたえていった。

「裸のカラが地下から出てくるのが見えるの。炉の火を通って私を盗んで妻にするつもりなの」

エメムクトはいった。

「気にするな。行こう」

かれらははツンドラへ行った。しばらく進むと、テントを建てた。エメムクトは狩りに出かけ、草女はテントに残って食事の支度をはじめた。あるとき、草女が息子のヤイレゲトと幼い娘といっしょにテントにいるとき、火にかかっているやかんが動いた。草女は子供たちにいった。

「これはカラが私をつかまえに来たの」

まもなく裸のカラが火の中からあらわれて、草女をつかむと再び火の中へ入って消えた。カラは子供たちの記憶を消して、母親を火の中へ引きずりこんだことを忘れさせた。
エメムクトが狩りから戻って子供たちに尋ねた。
「母さんはどこだ？」
子供たちはこたえた。
「カラが来て母さんを連れていってしまったの。でもどこに連れていったのかわからない」
エメムクトはそこらじゅうくまなく探したが、妻を見つけることができなかった。
あるとき、狩りから戻る途中、エメムクトは丘の上に横になり、休んでいた。突然、土の中から土蜘蛛の娘が母親に話す声が聞こえた。
「ねえ、お話をきかせて」
おばあさんは答えた。
「何を話せっていうの？　だれかが私たちの丘に横になっていて、私達の話を聞いているかもしれないのに」。
「誰が聞いてるっていうの？」と娘はいった。
「それじゃあ、エメムクトの話をしてあげよう」とおばあさんはいった。
「エメムクトの奥さんは行方がわからなくなったの。カラがあっちの世界からやってきて、奥さんを連れて行ってしまったんだけど、エメムクトは奥さんがどこにいるのか知らないの。奥さんはいまカラの家に鎖でつながれていて、きっとカラと同じく裸でいるよ」
そこでエメムクトは土蜘蛛にいった。
「おい、どこであいつを見つけられるんだ？」
土蜘蛛はエメムクトにいった。
「この矢を炉の火に投げ入れると、カラたちのところへ行く道ができるよ。カラは昼間は眠っていて、夜は眠らないの」
エメムクトは家に帰った。矢を取り出して火の中に投げ入れると、目の前に下の世界へつながる道が開けた。着いてみると、カラはみんな眠っていた。エメムクトは草女を連れてまた炉を通ってもとの世界へ戻った。それから矢をどけると道は閉じて、ふたたび火が燃えはじめた。
それからエメムクトは妻と子供たちを、自分の父親のところへ連れていった。家には話をする犬を2匹残し、こう言い聞かせた。
「もしカラが呼びかけてきたら、おれたちは川を渡って行ってしまったといえ。おれたちは川の水を飲み干して、乾いた川床を渡って向こう岸へ渡り、それから水を吐き出したといえ」

エメムクトが川へやってくると、カラスに変身して妻と子供たちを連れて川を渡った。夜になるとカラがエメムクトの家の火を通って草女を探しにきたが、草女はいなかった。そこで2匹の犬に、エメムクトはどこへいったのか訪ねた。犬たちは答えていった。

「川を渡りなよ」

カラは尋ねた。

「やつらはどうやって渡ったのだ？」

犬はこたえた。

「エメムクトは川の水をすべて飲み干して、歩いて向こう岸へ渡ったよ。それから水を戻したんだ」

カラが川へやってきて、水を飲み干しはじめた。水を飲んで飲んで、とうとう破裂してしまった。カラは水をすべて飲み干すことができなかった。

エメムクトは創造主のテナントムワンの家に来て、それ以上どこへも行かなかった。エメムクトは妻に優しくなり、妻を一人きりで家に残すことはしなくなった。エメムクトが草女を下の世界から連れ戻したとき、草女は何かにとり憑かれたようになっており、ツンドラを恋しがった。草女はしだいに正気を取り戻し、健康も回復した。

やがて彼らは一緒に平穏に暮らし始めた。おしまい。

出典：語り手はクチャトニン（Kucatnin、トナカイ・コリヤークの女性）、マガダン州チャイブハ川の宿営地で1901年に採録（Jochelson 1908: 140–142）。原文は英語。

このほかに、クイクンニャクがネズミにいたずらされて顔に入れ墨を入れられ、川の水に映った自分の姿を美女と勘違いして、川に飛び込んで流されるという伝承がある。この伝承はチュクチ[23]、コリヤーク[24]、アリュートルに共通している。以下ではアリュートルの伝承を紹介する。クイクンニャク

[23]　チュクチの伝承「カラスとネズミ」（Ворон и мышка）（Меновщиков 1974）、初出はФ. Тынэтэгын, Г. И. Мельников. Чавчывалымнылтэ（Сказки чаучу）. (1940: 116).

[24]　「カラスとネズミ」（Big-Raven and the Mice）（Bogoras 1917: 23–32）、「おとぎばなし」（Жукова 1988: 164–169), Kurebito and Ermolinskaya (2002) など。

は、美女への贈り物として川に投げ込んだ皮なめし用の石が沈んだのを見て、美女が受け取ったと考えるが、木でできた皮なめしの棒は流れていってしまい、受け取らなかったと考える。沈むものや流れていくものにはいくつかのバリエーションがあるが、沈んだものは美女が受け取ったもの、流れていったものは受け取らなかったものと考えるのは共通している。

[16] クトクンニャクとネズミ / アリュートル

クトクンニャクが海岸を歩いていた。すると小ネズミたちに出会った。小ネズミたちはアザラシを見つけたのだが、家まで持って帰ることができないでいた。

クトクンニャクはネズミたちにいった。

「おれが手伝ってやるよ」

「ありがとう！　手伝って！」

クトクンニャクはアザラシを肩にかつぐと、そのまま自分の家まで持って帰った。ネズミたちはいった。

「おじいさん、そのアザラシは私たちのだよ！　もっていかないで！」

クトクンニャクはアザラシを家に持って帰ると、肉をゆで始めた。大きな鍋を取り出して、肉をゆでた。（ゆであがると）少し冷ますために外に鍋を持ち出した。そこへネズミたちがやってきて、肉をすべて取り出した。かわりに土の塊をいれておいた。やがてクトクンニャクが外に出てきて、鍋を家の中へ持って行った。

「さあ、肉を食べよう」

がぶりとかみついたとたん叫んだ。

「土の味がするぞ！　さては、ネズミどものしわざだな。おれをからかっているのだな。今に見ていろ」

しばらくして、クトクンニャクはネズミたちのところへ出かけた。

ネズミたちは遠くからクトクンニャクがやってくるに気づいていった。

「おじいさん、いらっしゃい！」

「おお」

「おじいさん、ティルクティルをめしあがれ[25]！」

---

[25]　ヤナギランの髄、乾燥させたイクラ、アザラシの脂、ベリーから作るアイスクリームのような食べ物。ヤナギランやイクラをすり潰すのに非常に手間がかかるため、

「うん、いただこう」

クトクンニャクは腹いっぱい食べた。

「おじいさん、ここで少し眠っていったら」

「ああ、少し眠らせてもらおう」

クトクンニャクは眠りこんだ。ネズミたちはクトクンニャクの顔中に模様を描いた[26]。クトクンニャクが目をさますと、ネズミたちはいった。

「おじいさん、家に帰る途中で川で水の中をのぞいてみてね」

クトクンニャクは家に向かった。途中で川があったので、川の水を覗き込んだ。すると、川の水の中に美しい女がいた。

「おまえは誰だ？　結婚しよう！」

クトクンニャクは急いで家に帰ると、皮なめしの石と、皮なめし用の棒を持ち出した。急いで川まで戻った。

「入れ墨をした女、石を受け取ってくれ！」

水に石を投げ込むと、ぶくぶくいって沈んだ。

「よかった、贈り物を受け取ってくれた」

「さあ、棒を受け取ってくれ！」

皮なめし用の棒を投げ込んだが、棒は流れていってしまった。

「受け取らなかったな。さあ、おれがいくぞ」

クトクンニャクはそういうと川に飛び込んだ。そのまま川を下流のほうへ流されていった。少し下ると小さな島があり、その島に打ち上げられた。

クトクンニャクは起き上がるとこういった。

「入れ墨女はおれをもらってくれなかったな」

おしまい。

出典：語り手はエゴール・チェチュリン（Егор Иннокентьевич Чечулин、1960年旧コリヤーク自治管区アナプカ村生まれ）、1997年アリュートル語で採録。本章が初出。

祭など特別な日だけのごちそうとされる。ここではネズミたちがクイクンニャクを手厚くもてなしていることを示す。

[26]　チュクチおよびトナカイ・コリヤークの女性は顔に入れ墨をする習慣があった。ここは顔に模様を描くことで、クイクンニャクが入れ墨をいれた女性のような外観になったことを示す。

8–5　人と自然

チュクチ・カムチャツカ諸民族の世界観に共通しているのは、人間界の幸不幸は超自然的な存在によって起こるものであり、人間の行動とは直接の関連がないという点である。例えば永山が採録したアリュートルの伝承では、天主と魔物の主がトランプをして、天主が負ければベリーや魚がたくさんとれ、魔物の主が負ければ戦争が起こるという。また、ボゴラズが採録したチュクチの伝承では、逃げ出した妻を探している魔物ケレが、妻の行方を教えてもらうために天主と駆け引きをする場面が描かれている（Bogoras 1910: 92–93）。妻の行方を教えてもらうために、ケレは人間を病気にしたり死なせたりする呪文や、鯨がとれる呪文を教えてやろうと提案するが、天主は「人間が死ぬのはおまえのせいなのか」などと答えるばかりで駆け引きには応じない。同様に、コリヤークでもケレの仕業によって人間に厄災がもたらされるという伝承がある（Jochelson 1908: 299–302）。

次に紹介するコリヤークの伝承では、幸せな結婚をした従姉妹を妬んだいじわるな娘が、従姉妹の行為を真似して、同じく幸せな結婚をするというものである。例えば日本昔話では「舌切雀」「花咲じいさん」「こぶとり爺さん」のように、他人の真似をしたいじわるな隣人はひどい目にあうものだが、コリヤークの伝承では、真似をしたいじわるな娘も、はじめの娘と同様に幸せになるという点は興味深い。これは上述の、人間の幸不幸は人間の行為とは関連しないという世界観を裏づけるものであろう。

[17] イニーアナウトとクリュが魚男と結婚した話／海岸コリヤーク

クイクンニャクとその家族が暮らしていた時代のことだ。あるときクリュがイニーアナウトにいった。

「ツンドラに出かけましょう」

2人は魚の頭を弁当に持って家を出た。しばらくして、2人は座って魚の頭を食べ始めた。クリュがふざけて鮭のえら骨で従姉妹のイニーアナウトをぶつと、えら骨はイニーアナウトの顔にくっついた。クリュは恐ろしくなって逃げ出した。イニーアナウトが魔物のカマクになってしまったと思ったのだ。イニーアナウトは骨をはがそうとしたが、どうしてもはがせなかった。クリュは一人で家に帰ってしまい。やがてイニーアナウトは眠ってしまった。家のものたちはクリュに尋ねた。

「イニーはどこだ？」

クリュはこたえていった。

「イニーはカマクになってしまった！」

そのころイニーアナウトが目を覚ますと、長い髪をした魚男[27]がいた。魚男はいった。

「もうじゅうぶん眠っただろう。そろそろ起きてもいいのではないか」

魚男はイニーアナウトを嫁にして、2人はそこで暮らし始めた。川の開けた場所にはおびただしい数の越冬中の魚がいて、2人はそこでたくさん魚をとった。

しばらくして2人はクイクンニャクのところへ行った。

「おまえの娘が帰ってきたぞ」

「いや、おれの娘はカマクになってしまったのだ」

「私だよ！　本当に帰ってきたの！」

クリュは魚と結婚した従姉妹がうらやましくなった。

「イニー、私もあんたにあったこととおんなじようにしてよ。あんたはいい夫と結婚したね」

それからクリュはチャナイナウトにいった。

「チャナイ、ツンドラに行こう！」

「うちでしなければならない仕事がいっぱいあるじゃない」とチャナイはいった。

それでも（クリュは）いった。

「一緒にツンドラに行こう！」

2人は出かけた。お弁当に魚の頭を持って行った。しばらくして、弁当を食べようとして座った。

「チャナイ、私を魚のえら骨でぶってよ」

「そんなことできないよ」

---

[27]　原文に付されたコリヤーク語の語形は Ene'mtila'n は ənnə-mtə-lʔə-n「（人格化された）魚男」（魚—人格化—属性—絶対格単数）と解釈できる。

「ぶつふりでもいいからさ。こうしたらいいことがあるんだから」

チャナイはクリュをえら骨でぶったが、えら骨は顔にくっつかない。クリュがつばをつけると、ようやくえら骨は顔にくっついた。

「さあ、チャナイ、私を置いていってちょうだい」

チャナイは行ってしまった。しばらくしてクリュはいった。

「チャナイ、私はカマクになれないよ。もう一度私を置いていって、ほんとに家に帰ってちょうだい。そしてみんなに、私がカマクになってしまったといって」

チャナイはふたたびクリュを置いていった。そしてクリュはようやく自分が変身したと思った。チャナイは家に帰って従姉妹がどこにいるか問われると、「家に帰ってみんなにクリュがカマクになってしまったというように私にいいつけた」といった。クイクンニャクはいった。

「あいつが決めたことだ。何にでも、あいつがなりたいものにならせておけ」

そのころクリュは泣きまねをして、だんだんと眠りに落ちた。目が覚めてみると、クリュのそばにも魚男がいた。魚男はいった。

「もう十分眠っただろう。おまえのほしいものは何でも手に入る」

魚男はクリュと結婚して、2人はそこで暮らし始めた。魚をたくさんとった。

しばらくして2人はクイクンニャクを訪ねた。人々はいった。

「クリュが帰ってきたぞ！」

「いや、おれの姪はカマクになってしまったのだ」

「私だよ！　帰ってきたよ！　魚男と結婚したの！」

それからかれらは一緒に暮らし、いつも魚がたくさんとれるようになった。イニーアナウトと従姉妹のクリュは子供を産み、ほとんどは男の子だった。おしまい。

出典：旧コリヤーク自治管区カーメンスコエ村で採録、原文は英語（Jochelson 1908: 296–297）。なおBogoras（1917: 94–98）でも同様の伝承が、チュクチ語、コリヤーク語カーメンスコエ方言、コリヤーク語カラガ方言、コリヤーク語レスナヤ方言、イテリメン語の原文（英語対訳つき）で紹介されている。

8–6　自然環境・生業と自然観

自然観と一口にいっても、現れかたは民族によってさまざまである。水が重要な農耕民族にとって、命綱ともいえる水を神聖視するのは当然のことであろうし、また水を司る超自然的な存在を想定する必要もあっただろう。しかし農耕を行わない民族にとって、水の重要性や恐ろしさは農耕民族のそれとは異なったものになる。本章では、死者の魂が火葬の煙にのって昇天するというチュクチ人の信仰や、炉の火から魔物が出てくる、あるいは炉の火を通じて地下の世界に移動することができるというコリヤーク人の信仰を紹介したが、これらの伝承あるいは信仰が示すのは、チュクチ・カムチャツカ諸民族にとって水ではなく火が重要であるということである。

この地域の伝承におけるもうひとつの大きな特徴は、神や主（ぬし）の概念が極めてあいまいであり、因果応報という考え方が希薄であるということである。この地域では人口密度が比較的低く、日常の行動を制約する規則がなくとも、資源が枯渇する心配がないということも関連しているのかもしれない。特に、前節で紹介した善良な娘もいじわる娘もみな幸せになるという伝承は、鮭がいつでも豊富にとれるカムチャツカならではの発想であろう。

このように、チュクチ・カムチャツカ諸民族の自然観を考えるには、自然環境や生業に関わる文化的・民族誌的知識も重要な情報となる。しかし過去100年の間におきたロシア化と近代化の中で人々の生活は大きな変化をとげ、伝統的な生業やそれに関わる知識は失われつつある。チュクチ・カムチャツカ諸民族の民族誌的情報の大部分は20世紀初頭に収集されたもので、それ以降は断片的な情報しか記録されていない。また、フォークロアの収集も不可能になりつつある現在、民族誌的知識とともにフォークロアの記録・保存を進めることが急がれる。

参考文献

Аятгинина, Т. Н., Куребито М. (2006) *Коряки-кочевники: их обычаи, обряды и сказки.* Отделение филологических исследований при аспирантуре университета Хоккайдо.

Богораз, В. Г. (1900) *Материалы по изучению чукотского языка и фольклора, собранные в Колымском округе В. Г. Богоразом. Часть I.* Труды Якутской экспедиции, снаряженной на средства И. М. Сибирякова, Отд. 3, т. XI, ч. III. СПб.: типогр. Импер. Акад. Наук.

Bogoras, W. (1902) The folklore of Northeastern Asia, as compared with that of Northwestern

America. *American Anthropologist*, N. S., 4: 577–683.

Bogoras, W. (1910) *Chukchee Mythology*. Publications of The Jessup North Pacific Expedition, vol. VII. Memoir of the American Museum of Natural History, vol. 11. Leiden: Brill/New York: Stechert.

Bogoras, W. (1917) *Koryak Texts*. Publications of the American Ethnological Society, Vol. 5. AMS Press: New York, 1974, reprint from the edition of Leiden, E. J. Brill ltd.; New York, G. E. Stechert.

Богораз, В. Г. (1939) *Чукчи: Ч2. Религия*. Издательство института народов Севера.

江畑冬生（2014）「コラム：旅と食にまつわるサハ人の祈り」山田仁史・永山ゆかり・藤原潤子編『水・雪・氷のフォークロア：北の人々の伝承世界』勉誠出版，29–30.

Jochelson, W. (1904) The Mythology of the Koryak. *American Anthropologist*, 6(4): 413–425.

Jochelson, W. (1908) *The Koryak*. Publications of the Jesup North Pacific Expedition; v. 6, Memoirs of the American Museum of Natural History; v. 10, pt. 1–2. AMS Press: New York, 1975, reprint from the edition of Leiden, E. J. Brill ltd.; New York, G. E. Stechert, 1905–1908.

Jochelson, W. (1926) *The Yukaghir and the Yukaghirized Tungus*. Leiden: E.J. Brill.

Килпалин, К. В. (1993) *Аня: сказки Севера*. Петропавловск-Камчатский: РИО Камчасткой областной типографии.

Kurebito, M., Ermolinskaya T. (2002) *Koryak Folktale*: *The Raven*. ELPR Publication series A2–018, Osaka Gakuin University.

Меновщиков, Г. А. ред. совет. (1974) *Сказки и мифы народов Чукотки и Камчатки*. Москва: Наука.

永山ゆかり（2014）「アリュートル」山田仁史・永山ゆかり・藤原潤子編『水・雪・氷のフォークロア：北の人々の伝承世界』勉誠出版，102–159.

Окружной институт усовершенствования учителей (ОИУУ) (1996) Корякский фольклор Палана рукопись.

Орлова, Е. П. (1999) *Ительмены: историко-этнографический очерк*. Санкт-Петербург: Наука.

Стебницкии С. Н. (2000) *Очерки этнографии коряков*. Санкт-Петербург: Наука.

山田仁史・永山ゆかり・藤原潤子編（2014）『水・雪・氷のフォークロア：北の人々の伝承世界』勉誠出版，102–159.

Жукова, А. Н. (1988) *Материалы и исследования по корякскому языку*. Ленинград: Наука.

第９章　口琴ホムスを通じてみた サハの自然と人

荏原小百合

サハ共和国国立高等音楽院で開催されたサハ文化週間での
ホムス演奏の様子
（2005 年 2 月、サハ共和国ヤクーツク市）

東シベリアのサハ共和国（以下、サハ）の真冬は外気が－50℃～60℃に達する。雪が降り始める10月から新緑が芽吹く5月頃まで、冬は8ヶ月間にも及ぶ。その間サハの人々にとって春は、とても待ち遠しいものだという。春を迎えることはそれはそれは嬉しいことだ。そして心待ちにして迎える春は、南から戻った鳥類、仔馬の誕生、花々そして新芽の芽吹きとともに訪れ、心から喜びに満ち溢れるという。首都ヤクーツクに住む人々が、この春を迎える時期に出身地との電話連絡をいつもに増して取る姿を良く目にする。

筆者の友人であるスンタール郡ココノ村出身のソフィア・イワノブナ（1954年生まれ）は、姉が暮らすココノ村へ、この頃2、3日おきに電話する。その際、「白樺の葉はもう出たか、その成長の様子は例年通りか、近隣の村との比較、ヴィリュイ川、レナ川の解氷の例年との比較」といった情報がやりとりされる。そしてレナ川が解氷し、各地にその流れが到達するまで緊張感を持ってこの情報交換が繰り返される。このようにサハの人々は、氷から水へという春の変化に深い注意を払っている。そして凍結していたレナ川の流れが各地に到達すると、待望の夏が訪れる。

そのような季節である5月16日～18日頃には、ホムス奏者のスピリドン・シシーギン[1]（以下C．シシーギン）は、職場である小中高校の子供たちの前やコンサートで、「氷が去った」という主題で演奏するのが恒例だ。また即興演奏の名手キム・ボリソフ[2]も、氷が去ったタイミングで「夏がはじまる」という主題でこの時期に演奏を行い、聴衆と季節や自然との一体感を共有する。

このようにサハの人々の暮らしの節目に、ホムスの演奏がある。そこで本

［1］　1950年生まれ、1991年第2回国際口琴大会において、世界のヴィルトゥオーゾ（名手の意味）演奏家9名の1人に選ばれる。現在ポクロフスク第一小中高校校長である。サハ共和国文化功労者。

［2］　1982年生まれ、1995年12歳でサハ共和国初代大統領専属ホムス演奏家。2011年第7回国際口琴大会で、世界のヴィルトゥオーゾ演奏家9名の1人に選ばれる。現在サハ共和国対外関係省勤務。国際口琴協会理事。

章では、サハの人と自然の関わりを、このホムスの演奏や人々の関わりを通して探ってみたい。

9–1 「国民楽器」ホムス

まずホムスについて簡単に紹介しておきたい。**ホムス**（Хомус）は、サハ共和国で製作・**演奏**されている金属製**口琴**である（図9–1）。

瓶の栓抜きほどの掌にのる大きさで、竪琴もしくは蹄鉄の形をした外枠（サハでは両頬という）の間に、薄い「振動弁」（舌という）を取り付けた小さな楽器である。部位の名称は、枠 Иэдэс（頬）、弁 Тыл（舌）、弁の折れ曲がった先端部分は Чычаах（小鳥）と呼ばれる。

ホムス演奏は、「頬」を上下の歯にあて、「舌」部分を手指で弾き、「舌」の振動を口腔内に共鳴させ発音する。弁が1本の一般的な口琴は、物理的には基本音を変えることができないはずだが、口琴演奏音を音響解析すると、基本周波数の基音には複数の倍音が幾重にも重なる（Abe 2010）。その倍音の中から、奏者の舌の位置や口腔内の容量を変化させることによって、その幾重にも重なる倍音の中から特定の倍音をより目立たせることが可能となる。その特定の倍音域の強調から、聴く側が特定の音程に聴こえることを、Abe（2010）は、錯覚音（missing fundamental）と呼んでいる。

同じ構造の楽器は Jew's Harp と呼ばれ、世界各地に存在する。しかし国民楽器と称され、共和国国民（95万人、うちサハ人43万人）に広く知られ、少なくとも7000人もの人々が口琴を演奏しているのはサハだけである（Музей и центр хомуса народов мира 2011）。

9–2 演奏の修得と自然に関する曲目

ホムスは古くは女性が演奏したと言われているが、現在は男性も演奏す

図9–1　ホムス：レヴォーリィ・チェムチョーエフ製作（ヴィリュイスク市）

る。世代によってホムスの修得の仕方が異なる傾向にある。

例えば著名なホムス奏者であるイヴァン・アレクセイエフ[3]（1941年生まれ：図9–2）は、小中高校生当時学校にホムスの先生などいなかったので、隣のおばさんからホムス演奏を聴かせて貰い、彼女から最初のホムスを貰ったという。その後ラジオを通じて、ルカ・トルーニンの演奏を聴き、その真似を繰り返したという。「彼の即興のテンポは、速くて、エネルギーで満たされ、たくましい印象を受け、はまりました。トルーニンのように演奏したかった」という（2014年7月6日インタビューより）。

またアリビナ・ジェグチャリョーヴァ[4]（1964年生まれ）は、出身地のヴィリュイ郡クィルグィダイ村で、母親が縫い仕事の合間に行う演奏を、1歳頃から聴いて、演奏技術を身につけていったという（荏原 2014: 234）。

上記の2人はソビエト連邦時代に初めてホムスに触れた人々だが、ソビエト崩壊後に本格的にホムスに触れることになったピョートル・シシーギン（1989年生まれ、以下П．シシーギン）は、子供時代から自分流でホムスを演奏していた。その後10年生（日本の高校1年生）の時に、国立放課後学校（子供芸術会館）教員である叔母の元に通い始め、基礎から学んだという（2012年5

[3]　国際口琴協会名誉会長、世界民族口琴博物館創設者（1990）、国際口琴センター代表でサハではホムスのイヴァンと呼ばれ尊敬される人物。

[4]　2002年よりエスノグループ「アヤルハーン」結成、世界各地のワールド・ミュージック・フェスティバルに参加。2011年第7回国際口琴大会で世界のヴィルトゥオーゾ演奏家9名の1人に選ばれる。サハ共和国功労芸術家。

図9–2　イヴァン・アレクセイエフ（ビクトル・リーフ撮影）

月31日インタビューより）。

まずサハ語の母音a、э、о、ө、ы、и、у、ү などと、二重母音のыа、иэ、уо、үэ がホムス演奏ではっきり聴こえるように、発音を練習するところから行いました[5]。週に3回、そのうち2回はアンサンブル・グループで、1回は個人レッスンを受けていました。その個人レッスンでは、1つ目はタクト（拍）について、2つ目は歌によるホムス曲を習い始めました。

これはホムスに関連する歌として歌う場合と、この歌を声は出さずに発音

［5］　ホムス演奏では、トーキングホムスといって、演奏者が、声帯ではなくホムスの弁の振動を用いて「喋る」ことで、ホムスが語り、歌うように聞こえる奏法がある。実際にサハの聴衆は、ホムスを通じて語り、歌われる内容をある程度聴き取ることができる。そのためホムス演奏時のサハ語の母音の発音は、音質の変化を付けるためだけでなく、トーキングホムスの際にも、欠くことのできない重要な要素である。

し、ホムスで演奏する場合がある。次にП. シシーギンが学んだという、ホムス演奏とともに歌われる、夏の訪れを告げる曲を紹介しよう。

「フットゥア Һыттыа」(夏が来た)
Һыттыа Һыттыа　フットゥア　フットゥア (蝉などの夏の音)
Итии куйаас　蒸し暑さ
Һыттыа Һыттыа　フットゥア　フットゥア
Куйаас түспүт　蒸し暑さが落ちた (やってきた)
Һыттыа Һыттыа　フットゥア　フットゥア
Илгэ сайын　ずっと待っていた夏
Һыттыа Һыттыа　フットゥア　フットゥア
Сайын кэлбит　夏がきた

またП. シシーギンは次のように語っている。

技術面では息の使い方、吐き方を勉強した。また「キュエレゲイディー Күөрэгэйдии」(ヒバリ) 雲雀の鳴き声の模倣、その際の舌や喉の使用法を学んだり、流行歌謡「オーロラ」をアンサンブルで演奏したこともあります。

「ジュケービル　Дьүкээбил」(オーロラ)　　詩：Л. ポポフ
作曲：И. ブルズガロフ
Дьүкээбилиим умайда　　私のオーロラが
Күлүмнүү сыдьаайда　　光り始めた (サビのみ)

1人はこのメロディーをホムスで演奏し、2人は拍を演奏、1人は自由に加わるという4人のアンサンブルで練習した。

ここでもう一曲、П. シシーギンが叔母から習った自然と関わる演目を紹介する。サハを代表する年中行事に、毎年6月後半の夏至の頃開催される夏至祭がある。サハでは伝統的に夏至が新年と考えられており、**祭り**では大地に馬乳酒を捧げ、人々は輪踊りをし、チョローンと呼ばれる「馬乳酒を入れる馬の脚を模した特別の容器」で馬乳酒を飲む。ここでは、以下の曲が必ずと言っていいほど取り上げられる (図9-3)。

図9-3　「馬乳酒の歌」に合わせた踊り：スンタール郡ブルチェーン村（2006年6月29日夏至祭にて）

長い冬を終え、夏至祭を迎えることを人々は待ち侘び、実際に馬乳酒を酌み交わすだけでなく、ホムス演奏や歌を通じて夏の訪れ、夏至祭の喜びをかみしめるのである。

「クムス　ウルアタ　Кымыс ырыата」馬乳酒の歌

詩：П. トゥラーフナップ

Толору кымыстаах	馬乳酒をいっぱい入れた
Чороону көтөҕөн,	チョローンをかかげて
Дойдубут туһугар,	我々の国のために
Доҕотторум, иһиэҕиҥ!	友たちよ、飲みましょう！

（夏至祭で演奏される他、各地でゲストに向けて演奏される）

П. シシーギンの叔母は、タバガ村に始まり、ソビエト・ピオネール[6]でもずっと子供のホムス指導を続けてきたという。

[6]　ソビエト期の10歳から15歳までの少年少女を対象とする児童組織・少年団のこと。

伝統的には親や身近な人からホムスを習っていたが、現在では学校で教師からホムスを習うことも多くなっている。そして、これまで見たように曲の端々に自然の鳥類の模倣や、春や夏を迎える喜びなどの題材が多く含まれている。

9–3　ホムスの製作と鍛冶師

宮武公夫（2000）は著書『テクノロジーの人類学』で、「科学と文化という排他的な2つのパラダイムをテクノロジーという領域でいかに和解させるか」について述べている。ここでいうテクノロジーとは、「近代科学の成立以降の科学と技術が結びついた科学技術をさす」。テクノロジーは「フランシス・ベーコン以来の新しい経験哲学として発展した自然科学がそれまでの職人の技術と結びついて生まれたもの」と述べている。

ここでホムス製作について考えてみる。ホムスを製作するのは**鍛冶師**（Уус ウース）である。鍛冶師はホムスの他にナイフや馬具なども製作する。スンタール郡出身ヤクーツク市在住のニコライ・ポターポフ（1964年生まれ）によれば、鍛冶師の仕事は「すべての祖先の知恵・習慣に基づいて作られている」という。そして「サハ人がもともと作っていて、使っていた村のオーナメント（文様であり、お守りの役目もある）を作り、そのことを通じて人の心を治すこともできる」と述べている。また「鍛冶師はサハ人の習慣、宗教、オーナメントに関する人々からの質問に、十分な回答を持っている」という。その他サハの勇者の刀、伝統的戦争道具、馬の鞍などもつくるが、あぶみに関しては伝統的なものが残っていない。このように鍛冶師は、実用的な道具製作者であるだけでなく、サハの信仰や伝統文化と強く結びついている。そして、現在使用しないものに関しても技術・資料によって再創造を検討しているという（2013年6月20日インタビューによる）。

ところで鍛冶師は、サハで採掘される鉄を加工する。鍛冶師は鉄の配合率や加工法などの「科学」的な側面における専門家としてのエンジニアであるだけでなく、サハに受け継がれるオーナメント（文様であり、お守りの役目もある）の意味など「文化」的な側面の継承者という科学と文化の双方を統合し受け継ぐ人々だ。

上述のように、宮武公夫（2000）は科学と文化という排他的な２つのパラダイムをテクノロジーという領域で和解させることの重要性を述べているが、サハのホムスを製作する鍛冶師の事例は、まさに科学と文化の混在するハイブリッドな事例といえるだろう。世界民族口琴博物館館長ニコライ・シシーギンは、「ホムスを作る鍛冶師は、一番に自然とつながっています。シャマンや村人も伝統を守っているが、伝統を守る人々の中の１人として、鍛冶師は村の伝統を保持し、ソビエト時代を経た変化の中でも、鍛冶師は村の伝統を残してきた」と述べている（2013年６月19日インタビューより）。

サハの大地から採掘される鉄という自然の素材を、鍛冶師が加工しホムスを製作する。そのホムスを使ってホムス奏者やホムス愛好者がサハの自然が盛り込まれた歌や自然描写を演奏し、聴衆がその演目に接するのである。

ジェグチャリョーヴァの演奏グループ「アヤルハーン」の演目に、「クダイ・バフス」がある。これは鍛冶師の守護神に捧げると訳すことができるが、素晴らしい鍛冶師には守護神がおり、鍛冶師はシャマンと同じ巣から生まれたと考えられていることが紹介されている。具体的な演奏では、鍛冶師がホムスを製作する様子を、ホムスの音だけで表現してゆく。普段ホムスは弁を手で弾いて演奏するが、この演目の際には、弁と枠の間に強い息を通し、鍛冶師が鞴で鉄を熱し、鉄を鍛える様子も、ホムスで独特に発音する（CD『АЙАРХААН』2008）。この演目には、鍛冶師への敬意とともに、聴衆には日ごろ見ることができない、鍛冶師のホムス製作の営みにおける火や鉄、自然との関わりを、音を通じて可聴化・可視化する機能があると捉えることができる。

ホムス奏者の演目によって、鍛冶師の鉄や火という深い自然との関わりと**伝統**との関わりを、聴衆が捉える機会となっている。

9–4 ホムス演目の生成と自然

次の事例では自然認識と関わる演目の生成について述べたい。
サハ在住のロシア人作曲家ニコライ・ベーレストフ（1932–2011）の「ホムスと交響楽団のための即興曲」（1972年）が出来るまでの過程についてである。この曲目は、オーケストラとの掛け合いの中に、ホムスによるサハの伝統的モチーフが多用され、サハの自然観が凝縮された演目といえる。筆者が行う日本の大学での講義でこの曲を紹介すると、学生はこの曲を通じて、ホムスとサハの人々や自然の在り様を強く感じるという。筆者は以前からなぜロシア人作曲家がこの曲においてサハの自然と人の関わりを表現することができたのか疑問に思っていた。そこで、この曲の初演を行い、2011年の第7回国際口琴大会でもオーケストラとソリストとして共演したアレクセイエフへのインタビューを紹介する（2014年7月6日インタビューより）。

少し長いがこのインタビューにおいて、この楽曲生成の過程に、サハのホムスと自然との関わりが内包し、ロシア人作曲家ベーレストフがそのことをアレクセイエフの演奏そしてテキストの双方から学び、感じ、実践（**作曲**）に移していった過程を追うことで、サハのホムスと人と自然の関わりを明らかにしたい。

筆者の質問：ベーレストフがこの曲を作曲する時、あなたにホムスに関する助言を求めたり、あなたが彼にこんな曲にしてほしいとお願いしたりしましたか。

アレクセイエフ：ベーレストフは作曲する直前の1971年に、家と彼のキャビネットに、何回も何回も（時には1分でも）私を誘いました。何回も何回も相談にのっていました。たくさんのメロディーを作っていたので、そこから私が選びました。半年間ずっと一緒に作業をしていました。ベーレストフは私にいろいろなメロディーを聴かせ、私は彼にたくさんのホムスの演奏を聴かせました。ベーレストフは録音機で私の演奏したメロディーを録音し、一番気に入ったものを彼がパート譜に作成し、彼がピアノで演奏してホムスと合せました。これはオーケストラと合せるための下地でした。

そしてオーケストラとのリハーサルが始まりました。それでわかったことは、オーケストラとホムスが一番あっていたのは、アムンニュク・ウース（鍛冶師）＝シミョン・ゴーゴレフ（1913–1989）のホムスを使った時でした。その頃私はアムンニュク・ウースのホムスを演奏していました。今世界民族口琴博物館に展示しているものです。31年間使っていました。そしてベーレストフは、そのホムスのすべての音域を聞いてから72年5月上旬に作曲をしました。5月17日ベーレストフは私をオーケストラのリハーサルに連れて行きました。私はクラシック音楽的には、アマチュアでしたので、拍子とか速度について何度も合奏を繰り返し、この曲が生まれました。良かった点は、サハ共和国（当時ヤクート・ソビエト社会主義自治共和国）の中で、一番の鍛冶師アムンニュク・ウースが作ってくれたホムスの音域のおかげで、この曲が出来たのです。私は最初のリハーサルを覚えています。私たちは苦労していました。14パートあり、その中にホムスのソロのパートがありました。君のパートは1、3、7と言われ、そのパートを主張しなくてはならなかったのです。私は音楽的イメージをつくり、そのおかげでテンポやクラシック専門の用語がわからなくても、うまくオーケストラの流れにホムス演奏を入れることができました。

リハーサルは通常の1、2回だけではなく何回も行った後、5月28日バシキール自治共和国（現在のバシコルトスタン共和国）に、その後モスクワにコンサートに行くことが決まりました。

その年はソ連50周年で、その領内で「サハ文化と芸能の日」フェスティバルが開催されました。バシキールとモスクワに行く前に、5月中旬から下旬にかけてリハーサルを終えた報告コンサートが行われました。コンサート後に音楽学者のガリーナ・アレクセイエヴァは記事に、この曲には2人の作曲者がいると書いていました。

しかし私が思ったことは、私は演奏しただけであって、メロディーを選んだり、ピアノ・パート譜やオーケストラ譜を作ったのはベーレストフなので、彼に作曲者は「一人でどうぞ」と言いました。そこからベーレストフの曲になったのです。そして私は世界初の演奏者になりました。

その後、たくさんのコンサートがありました。プロのオーケストラと民族の演奏をどうやって合わせるか質問が出ました。伝統服を着るかタキシードを着るか、という質問もありました。私はタキシードを着ることを選びました[7]。タキシードでかっこよく、初めてオーケストラとホムスの演奏をさせて貰ったのです。

ヨハン・ゲオルク・アルブレヒツベルガー[8]は4楽章の口琴協奏曲を作曲しましたが、その2世紀後、モスクワではなくヤクーツクでオーケストラと口琴の演目が作られたのです。

バシキールのオペラ劇場での演奏は7番目でした。指揮者はウラジーミル・ボーチャロフというロシア人で、ヤクート・ソビエト社会主義自治共和国シンフォニー・オーケストラと同行し演奏を行いました。

バシキールにも口琴があるが、現地の人々は口琴とオーケストラが共演することを想像だにしていなかったのです。公演は大成功でした。多くの記事が出て満足した、というより幸せでした。あんなに素晴らしい機会を与えてくれたベーレストフとオーケストラに感謝の気持ちで一杯でした。そして私は作曲に参加したことが自慢でした。その頃ホムス奏者が少なかった、C．シシーギンは若かったし、パフォーモフとオゴトーエフはまだ勉強中でした。モスクワのチャイコフスキーの名前を冠したホールでも演奏しました。その様子は1972年に中央放送（テレビ）で、全ソ連に放送されました。撮影の為お化粧までしました。すごく緊張したけれど、うまく演奏できました。その後、カザン、ウランウデ（ブリヤート）、ノボシビルスクで演奏しました。時がたつにつれて、C．シシーギンが上手くなって、彼がハバロフスクで演奏しました。またその後は、パフォーモフがサリハルドで、オゴトーエフがクラスノヤルスクで演奏しました。結局こういう曲（ホムスとオーケストラの共演）が、音楽界の革命的な大ブームとなりました。

曲の構成は、第1テーマは、ホムスではじまり、テキストは「チョチュル・ムランのトナカイたち」とし、静かに優しく流れた。第2テーマは、静かにオーケストラが入ることです。第3テーマは自然の開幕としました。テーマはレ

[7]　「私が一人で選んだのではなく、当時ヤクート・ソビエト社会主義自治共和国の全てを代表するようなコンサートだったため、演目をはじめとして、演奏者のコスチューム等についても、芸術評議会で、文化大臣（当時）、作曲者、俳優、コンサートにかかわる人々によって投票によって決定された。」（2014年11月28日インタビューより）

[8]　Johann Georg Albrechtsberger（1736–1809）ウイーンでベートーヴェンの師の1人で「口琴とマンドーラ、そして管弦楽のための協奏曲」を作曲。

ナ川などです。オーケストラとホムスの掛け合い、自然の入り口にたっています（ここからホムスとオーケストラの演奏によって自然の只中に音楽が導かれてゆく）。第4テーマは谷に立ち、自然の広さを表現しました（ホムス演奏とオーケストラは谷合に日差しが入る様子を表現）。第5テーマは、2つのソロ。一番強い音を入れるのに、オーケストラとホムスの掛け合いを入れています。

第1即興での掛け合いは①「雲雀」、②「フットゥア　フットゥア」などナショナルなメロディを1分から1分半まで行い、第2即興での掛け合いは、③「きつつき」、④「馬の足音」、「小鳥たち」を行い、すべての掛け合いが、いずれも強調され過ぎることなく演奏されます。

最後にクロージングのテーマで、シンバルの大きな音、ホムスソロのバイブレーション（ビブラート）で終わります。

こういう文字テキストを使って、こういうテーマにわけて、オーケストラに合わせ、私が言ったミュージカルイメージを作って、やっとの思いで曲が出来ました。私はクラシック音楽のプロではなかったので、ベーレストフはテキストを作って、テーマは5つでソロが2つ。

その後の演奏では、演奏者によってそれぞれ個性を持っていました。それでC．シシーギン、オゴトーエフは、パート譜の中で変更できない部分の他は、私の演奏と異なるオリジナリティも発揮していました。2011年の第7回国際口琴大会での演奏が私の一番最近のものです。私にとってゴーリキーでの演奏が最高のものでした。いろいろなオーケストラとやってきましたが、オーケストラ自体もこの曲に興味を示しており、この時が最高でした。

私はこの曲とともに精神的な成長を遂げました。この曲とともにクラシック音楽にも近づき、ヤクーツクのオーケストラと11回、他で7回、全部で18回の演奏を行ってきました。その後の演奏者は私の録音を聴いて学びました。

ベーレストフはホムスをとても愛していました。ホムスファンでホムスが大好きだった。よく私は彼の祝いの席で演奏していました。

ベーレストフはある時、ホムスとオーケストラを共演させることを思いついたのです。オーケストラの曲を作って、徹夜でピアノ譜を作りました。小さいアンサンブルの試みはありますが、交響楽団と演奏できる曲は他にはありません。

この曲をオーケストラ化する時、ソビエト時代には、こういう大きな曲を作るには、民族的な色を入れるという発想は、誰も持っていませんでした。「ソ連人、みんなは同じ」、ベーレストフも純粋なソ連人だったので、最初から民族的な色を出したかったわけではありません。しかしベーレストフはだんだん、ホムスが民族的な色と曲（オフオカイ輪踊り、即興、チョチュル・ムランなど）を使わないと歌えないとわかってきたのです。このように最初から民族的な曲を作ろうとしたわけではないのです。サハの即興曲をつかって、オーケストラの部分は、太鼓とかベーレストフは固定的な音色を目指していました。しかし結局生まれたのは、サハ人のみならず、国際的に受け入れられるクラシック曲でした。そしてその曲のおかげでこそ、新しいジャンルが生まれました。この曲はサハだけの曲とは言えない、大規模な曲になりました。ただのサハの曲というには、はるかに領域を越えていたのです。ベーレストフは自分の心の中で、喜んでいました。口琴はサハだけではなく他の民族にもある。17、18世紀のクラシック音楽（古典）に加えて、20世紀の近代に初めてクラシック音楽を作ったことを喜んだのです。カザフスタン、オーストリアには、民俗オーケストラと合せる曲はあったけれど、交響楽団と合せる曲は初めてです。この曲の中には、クラシック音楽のエレメント（要素、成分）が入っています。

このインタビューから見えてくることは、ベーレストフは決して最初から、ホムスの民族的な要素や、伝統的な奏法だけを、この曲に盛り込もうとしたわけではないことである。1971年というソビエト期に、最初はベーレストフはナショナルなテーマを決して最初から扱おうと思っていたわけではなかった。しかしホムスの可能性を最大限に引き出そうとして、アレクセイエフの演奏を録音し、繰り返し聴き、現在も最高の鍛冶師と讃えられるアムンニュク・ウースのホムスの音域を最大限に生かそうと作業を繰り返す中で、サハの自然を描写するようなキツツキ、カッコウの鳴き声、そして夏至祭のオフオカイ輪踊り、レナ川の描写、自然の開幕、谷の描写などがテーマに含まれるようになっていったのだ。まさに音楽学者ガリーナ・アレクセイエヴァが評したように、実はこの曲には2人の作曲家がいたのだ。そしてその2人の上記のような長いやりとりから、サハの自然や人の関わりがホムスを通じて見えるこの曲が生成されたのである。

この間のやりとりが、もう少し違ったものであったなら、出来あがった曲は、全く違う様相を呈していた可能性がある。また楽曲は演奏の度に、特に即興性の強いこの曲においてはソリストによっても変化を生んでゆく。しかし作曲の過程で、どんな音を出し得るか、どんなメロディーや自然描写が可能かなどホムスの表現力を分かち合っていったことが、この曲の要素になっていった点で、ホムスを通じたサハの自然と人の関わりを示す特質となっている。

9-5　ホムスを通じてサハの大地が語る

ホムスは、サハの大地から採掘された鉄を鋳鉄し、サハの鍛冶師によって製作される（Degtyareva and Degtyareva 2008：53–54）。

その鉄をサハのホムス奏者が演奏する。人間の声帯ではなくホムスの弁（舌）が声帯となり調音される。ホムス奏者は「鉄は歌う」、「ホムスは歌う」というが、これはホムスを通じて、サハの大地が語り、サハの聴衆がそれを聴くという、自然のホムスを媒介にした表現と、人々の再認識であると捉えることができる。

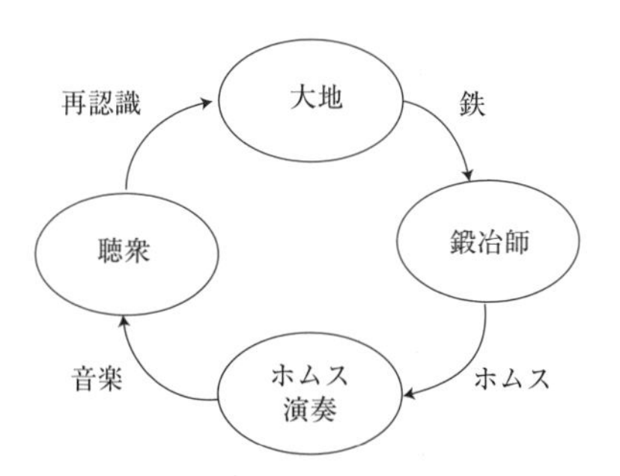

アレクセイエフにホムスと自然の関係を尋ねたところ、
以下のように述べている。

人間も自然の一部ですから、自然の生き物です。サハ人の信仰によると、モノにも自然（神様）の心がある。自然と人間はひとつ。だって宇宙からきた

わけではないでしょ。　　　　　　　　（2013年6月21日インタビューより）

またエデュアルド・マクシモビッチは、ホムス・ケンタウロスということを言っている（アレクセイエフ 2011）。これはギリシャ神話に登場する上半身が人間、下半身が馬の半人半獣に由来する表現だ。ホムスを銜えた人間は、半身半馬のケンタウロスのように、ホムスと人間の境目が不明瞭となり、ホムス人間になるという。アレクセイエフはこのホムス・ケンタウロスについて以下のように語っている。

ホムスは人間からホムス・ケンタウロスを作ります。ホムス・ケンタウロスのおかげで、人間は自然と近くなります。自然における現象、空気の流れ、山の静かさ、川の流れ、すべて人間とひとつになります。人間とはいえ、その思考は、自然とひとつです。そして人間には縦軸と横軸としての２つのタイプの思考様式がある。縦軸は、サハ人の信仰によると、９つの空からなっている。そしてホムスのおかげで人間の思考は９つ目の空まで到達する。９つ目の空に住んでいる神様は、ホムスを通じて人の思考に触れることができます。また横軸系には、湖があり、湖の後ろに森、その後ろにトナカイ、トナカイを食べるオオカミ、その後ろにヒト、その後ろに外国が存在しています。

縦軸で考える人は、私の上に神様、１つ目の空の上に２つ目の空があると考えます。最近の多くのホムス奏者には横軸系に考える人が増えました。しかしC.シシーギンは縦軸系です。彼はホムスを演奏するのではなく、ホムスはシシーギンを通じて、ホムスがいいたいことを伝えます。その一方で横軸系のホムス奏者は、鳥の声、オオカミの遠吠えなどを演奏します。縦軸系の奏者は、第三の空の音をイメージできます。縦軸系のホムス奏者だけが、聴衆に何か影響を与えられます。横軸系の奏者は、聴衆に「キレイ」とかだけ感じさせ、影響は与えません。　　　　（2013年6月21日インタビューより）

またサハの作家クラコフスキーの詩「ホムス」が、『クラコフスキーとホムス』として４か国語に翻訳・出版されたり、夏至祭特別号の新聞に掲載されたりし、メディアを通じても、人と自然の仲介者の役目を果たしていると捉えることができる。

ホムス奏者だけでなく、元副大統領、現北東連邦大学学長のエフゲニヤ・

ミハイロヴァは、次のように述べている。

> ホムスはシンプルな、難しくない楽器だけど、演奏する人が心の中にある気持ちを全部伝えることができる楽器です。人間が嬉しかったり、悲しかったりすることを正確に伝えることができます。人がこの楽器の音を聴いたら、自然をイメージすることができます。自然の音を伝える楽器、自然とのハーモニーがあります。それを聴くことができる、エネルギーを貰ったりすることもできるのです。人がホムスを聴くと、自分の中を浄化できます。
> （2013年6月22日インタビューより）

同時に現代最高峰のホムス奏者の一人と讃えられるＣ．シシーギンは、ホムス・セラピー[9]に関して次のように述べている。

> 熟練した鍛冶師による、ホムス奏者専用のホムスと、素晴らしいホムス奏者がいれば、鍛冶師のエネルギーとホムス奏者のエネルギーがホムス演奏を通じて共振した時、その振動（バイブレーション、ビブラート）は、聴衆の負のエネルギーを取り除きます。（2013年6月23日インタビューより）

筆者がアレクセイエフに「サハ人にとってホムスとは何ですか」と尋ねた際、「ブランドではなくシンボルだ」という答えが返ってきた。「北にいる人間の生命活動の証、シンボル」という。

> なぜなら中央アジアではいろいろな楽器を使って、音楽を使う理由は遊ぶ為だけです。しかし北の人々はホムスを使って遊ぶだけでなく、頭をまわさせる、考えさせる、人間の命を永遠にさせます。私たちは生きています。生き物です。ホムスは生きている証です。私たちはホムスを通じて、歌いながら、この世界を分析しています。ヨーロッパ、アメリカ、どこの大陸にも口琴があり、その音楽が流れています。しかし他の大陸とは違い、私たちの音楽は、大地の底から生まれます。自分だけではなく、次の世代に渡すもので

[9]　サハでは、ごく一部の著名なホムス奏者は、コンサートや個人的に、ホムス演奏を通じたセラピー（治療）を行うことがある。通常のコンサート時とは異なり、聴衆は目を閉じて、ホムスの音とともに伝わる空気振動を、奏者の音の変化と同時に身体的に受け止める。

もあります。自分だけのものではありません。家族が一緒に口琴で演奏する。すべての人のために演奏する。私のアイディアはひとつの国際口琴大会から次の大会へと経るごとに徐々に実現していっています。

（2014年7月6日インタビューより）

まさにアレクセイエフが述べたように、サハの大地の底から生まれる鉄を鍛冶師がホムスにし、ホムス奏者が、人間の舌ではなく、ホムスの弁（舌）で、歌い、話し、奏でる。聴衆はその演奏を通じてサハの自然を再認識するのだ。またアレクセイエフによれば、そもそも人間は自然と分かれているのではなく、その一部、分かちがたく結びついているのである。その自然の歌を歌いながら、その一部として生きている証としてホムスを演奏する。

9-6　ホムスと自然と人

以上みてきたように、サハのホムスと自然と人の関わりは、楽しみとしての音楽だけではない、人が厳しい自然の中で生きる知恵、生きる姿がまるごと自然の一部として内包する、大きな豊かな音楽の総体である。ホムス演目で春や夏に関する自然の描写が多いことは、厳しく長く続く冬を生き抜くサハの人々にとって、冬と表裏一体のものである。冬の間にもボリソフが、「春を迎える歌」を主題として演奏することは大変興味深い。長い冬に、春の様子を伝え、春を待ちわびる心を聴衆とともに共有し、厳しい寒さや雪や氷から解放される時を楽しみにするのである（荏原 2014：239）。

筆者がホムスの研究を始めたのは、アイヌ民族のムックリ奏者とホムス奏者の第2回国際口琴大会（1991年：開催地サハ）での交流を知ったのがきっかけだった。1997年に北海道東部標茶町塘路の塘路口琴研究会「あそう会」が招聘したアレクセイエフとC. シシーギンとの演奏交流に関わり、2002年に「あそう会」に同行する形でサハに赴いたのが最初である。

その際、日本では考えることのできない、ホムスという楽器と人々の結びつきを垣間みた。その主導者であり、深い実践者であるアレクセイエフ、C.

シシーギンとその自然を描写する音を通じて結びつけてくれたのは、他でもないアイヌ民族のムックリ（竹製口琴）奏者であった磯嶋恵美子（2004没）で、「シシーギンのツンドラ」が聴きたい、少しでも多くの人に聴かせたいと繰り返し語った。その意味を、ホムスの音や、サハでのインタビューを中心に紐とこうとしたのが本章の意図するところである。現代のホムス奏者が、過去から受け継いだ音楽伝承をどのように未来につなげようとしているのか、－60℃にもなる極寒の地で、大地から生まれた楽器・音楽が、自然と人々をどのようにつないでいるのかを、インタビューを紡ぐ形でまとめた。本章を通じて、紹介されることの少ないサハの人々と自然に少しでも触れてもらえれば幸いである。

参考文献

Abe, K. (2010) Sound Analysis of Jew's harp sounds. *Newsletter of the international Jew's Harp Society*, 11: 7–8. The international Jew's Harp Society.

АЙАРХААН (2008) АЙАРХААН Книга + CD. Бичик.

Alexeev, I. E. (2011) Wonderful Mystery of Khomus Music, Alexeyev et al. eds. "*Sakha Khomus*": pp. 16–22, Yakutsk, Ситим.

Degtyareva, T. and Degtyareva, N. (2008) Iron Work. (English Version translated Kondratiev, R) Fedotova, M. (ed.) *АЙАРХААН Книга + CD*, pp. 53–54, Якутск, Бичик.

荏原小百合（2014）「サハ―歌謡と口琴」山田仁史・永山ゆかり・藤原潤子 編『水・雪・氷のフォークロア ―― 北の人々の伝承世界』勉誠出版，217–242.

宮武公夫（2000）『テクノロジーの人類学』岩波書店.

Музей и центр хомуса народов мира. (2011) *Музей и центр хомуса народов мира*. Якутск, Музей и центр хомуса народов мира.

Оготоев, П. (2010) Звучи, мой хомус.

◉ コラム9 ◉

水・氷・洪水に関わるサハ語

江畑冬生

ロシア連邦のサハ共和国は約310万km^{2}と広大であり、面積にしてロシア全土の約18%を占める。共和国の人口約95万人の半数弱はサハ人であり、彼らはサハ語を話す。サハの自然環境は厳しい。夏は35℃を超える日もあるが、冬には－50℃を下回ることも珍しくない。サハの冬は長い。このような過酷な環境の中で暮らすサハの人々の基本的な哲学に、自然崇拝がある。彼らの日常の随所に、自然への怖れと感謝が垣間見える。ここではサハ語の概要を述べるとともに、水・氷・洪水など水環境に関するサハ語**語彙**にまつわるいくつかの話題を提供したい。

サハ語の概要

ユーラシア大陸の東西には、文法構造や語彙の良く似た30余りの言語が分布している。これらの諸言語（トルコ語・タタール語・カザフ語・ウイグル語など、そしてサハ語も含まれる）はテュルク諸語（チュルク諸語とも表記される）と呼ばれ、遠い昔には1つの言語であったが徐々に分岐・拡散したものである（江畑 2007）。

サハ民族が現在の位置に暮らすようになったのは、比較的最近のことである。サハ人の祖先は、10〜13世紀頃にはバイカル湖周辺に住んでいたと推定されている。その後、モンゴル帝国の拡大に追われるかのように、彼らは大河レナ川に沿って北上を続け現在のサハ共和国にあたる土地に居住するに至った。サハ民族の到来は、この土地に古くから住んでいたユカギール人・エヴェンキ人・エヴェン人を周辺に追いやる結果となった。一方で、移住の過程における他民族との接触により、サハ語自体はテュルク

表1　テュルク諸語の自然関連語彙

	水	氷	雪	雨	湖
サハ語	uu	muus	qaar	samïïr	küöl
ウイグル語	su	muz	qar	yamğur	köl
トルコ語	su	buz	kar	yağmur	göl

諸語の中でも特にその特異性・独自性を発達させるに至った。ヨーロッパ方面から後に到来した人々の話すロシア語も、サハ語に強い影響を与えた。これらのため、サハ語は他のテュルク諸語との相違点が大きくなっている。それでもやはり、水環境に関する自然関連語彙については、表1に示すように基本的にテュルク諸語との共通語彙が保持されている。

水環境に関する自然関連語彙

表1には「海」にあたる語彙を示していない。「海」を意味するサハ語は他のテュルク諸語と共通ではなく、ロシア語 море からの借用語 *muora* が用いられる（なおトルコ語では *deniz*、ウイグル語では *deŋiz*）。元来バイカル湖近辺という内陸部に居住していたためか、固有のサハ語には「海」にあたる語彙が欠けている。ところでこのバイカルという名称はサハ語として解釈することが可能で、*baay küöl*（バーイ・キュエル）は「豊かな湖」を意味する。なお、こんにち日常的には用いられなくなった古いサハ語に *bayğal*（バイガル）という語彙がある。この *bayğal*（バイガル）は「海・広く深い水」を意味する。サハ民族の祖先にとっては、バイカル湖こそが「うみ」であったのかもしれない。

サハの人々は湖のことを、本来の *küöl* を用いずにしばしば *ebe*「お婆さん」と呼ぶ。サハ人にとっての湖は、漁猟・家畜飼育において極めて重要なものである。それと同時に、湖では水難事故の可能性があるし、あるいは湖が恐怖譚の舞台にもなる。この一種の婉曲語法には、サハ人の湖に対する畏敬の念が現れていると言える（ちなみに *ehe*「お爺さん」は熊に対する婉曲語法で用いられる）。

表2　サハ語の月名

1月	2月	3月	4月
toxsuňňu 「第9」	oluňňu 「第10」	kulun tutar (ïy) 「仔馬をくくる（月）」	muus ustar (ïy) 「氷が漂う（月）」
5月	**6月**	**7月**	**8月**
ïam ïya 「魚の産卵の月」	bes ïya 「松の月」	ot ïya 「草の月」	atïržax ïya 「熊手の月」
9月	**10月**	**11月**	**12月**
balağan ïya 「冬住居の月」	altïňňï 「第6」	setiňňi 「第7」	axsïňňï 「第8」

先に紹介した自然関連語彙は、文字通りの意味の他「良いもの・純粋なもの」あるいは「悪いもの・不要なもの」の比喩表現として用いられることがある。良い方の意味としては、*uu*「水」が「純粋な・混じりけの無い」ことの比喩表現として用いられる。例えば、*čuumpu*「静寂」に対し *uu*「水」を加えた複合語 *uu čuumpu* はとても静かなことを表す（日本語でも「水を打ったような静けさ」という表現があるのは興味深い）。あるいは *uu saxalïï*「きれいなサハ語で」と言えばロシア語を混ぜない「美しい」サハ語のことを指す。一方、*uu*「水」と *xaar*「雪」による複合語 *uu xaar* は「無駄な・無益な」を意味する。

洪水と月名

サハ語で洪水のことを *xalaan* または *xalaan uuta* と言う（後者は *uu*「水」との複合語）。修飾語を加えることでさまざまな洪水が呼び分けられるが（第6章; 高倉 2013 を参照）、サハの人々の生活に最も大きな影響を与えるのは、レナ川の氷が解けることで生じる *saaskï uu*「春の水」である。表2にみるように、サハ語の月名はサハ人たちの生活様式を部分的に反映する。サハ語の4月「氷が漂う」からは、レナ川の**解氷**がサハ人の暮らしと密接に関わっていることが窺える。

参考文献

江畑冬生（2007）「サハ語の世界」中川裕（監修）『ニューエクスプレス・スペシャル 日本語の隣人たち』白水社．86–103.

高倉浩樹（2013）「アイスジャム洪水は災害なのか？ ── レナ川中流域のサハ人社会における在来知と適応の特質」『東北アジア研究』17号，109–137.

◉ コラム10 ◉

トナカイ牧畜民の日常生活における水

大石侑香

文化人類学あるいは社会人類学の主な調査方法は参与観察とインタビューである。対象とする社会・文化を深く理解するために現地の人々の話す言葉を学び、生活の季節的な変化を観察しようと、1年以上の長期にわたって現地の人々とともに暮らしながら調査を行うことが多い。ここでは、筆者が2011年9月から2012年3月にかけて行った西シベリアでの調査について紹介しつつ、本書の第三部（先住民のフォークロアにみられる水に関しての論考）のように観念的なものではなく、人類学の調査手法だからこそ明らかになる、より実体的な日常生活における水について解説したい。

シベリアの**トナカイ牧畜民**を研究するにあたって、都市部から遠く離れたいわゆる辺境へ行くことはそう珍しいものではない。私が調査対象とする西シベリアのタイガ帯北部へは、日本からはモスクワ経由で国内線を数回乗り継ぎ、地方行政で調査許可などを取得した後、ヘリコプターで集落へ向かう。ヘリコプターは2週間に1便程度であるため、ここまでの道のりで2週間以上費やすことになる。しかし、こうしてやっと集落に到着したとしてもすぐに調査を始められるというわけではない。ほとんどの人は集落に常住しておらず、集落から離れた森の中で世帯ごとにトナカイ**飼育**をして暮らしているからである。そのため、集落からさらに何十kmも移動してタイガに暮らす人々を訪ねて回りながらインタビューを行う。詳細な地図はなく人口すら不明なため、どの家族のところへ行くかはその都度知り合いに親戚などを紹介してもらう。次のインフォーマントの家が約80km離れていたこともあった。そのときはトナカイ橇を借りて出発した

図 1　凍った湖の上をトナカイ橇で走る（2011 年 12 月 14 日、筆者撮影）

図 2　飲用の氷を斧で割り、袋に入れて運ぶ筆者（2012 年 1 月 3 日、タチヤーナ・モルダノヴァ氏撮影）

図3　湖上での網漁風景（2011年12月26日、筆者撮影）

が、30 km程度でトナカイが疲れて走れなくなってしまい、その後は私が橇とトナカイを一昼夜曳いて歩いたのである。

移動するのは私のような調査者だけではない。人々は森の中で閉鎖的に過ごすわけではなく、トナカイの放牧以外にも日常的に親戚や隣人を訪問したり集落へ買い物に行ったりして頻繁に移動している。シベリアの冬は長く厳しく、人間は家に籠ってじっとそれに耐えねばならないというのが一般的なイメージかもしれないが、実際には湖や川が凍結する冬季に特に頻繁に互いの親戚や隣人を訪問する。雪と氷のある時期はトナカイ橇やスノーモービルを使用できるが、それらのない時期は徒歩で無数にある湖沼を迂回して移動しなければならない。また、気温が低いほど雪が湿っていないため、橇が滑り易く且つ歩き易い。移動に関しては寒い冬の方がはるかに便利なのである。このように、川・湖沼の状態はトナカイ牧畜民の移動の利便性に影響を与えており、したがって彼らは、その時々の雪や氷の状態をよく観察し、適宜対処して生活を営んでいる。

われわれ人類学者は、現地の人々と一緒に寝て一緒に食事をとり、家族の一員のようにともに生活しながら調査を行う。ただインタビューを行うだけではなく、日常的な生業や儀礼を手伝いつつ、表面的な生活実態だけでなく彼らが生活を通して感じたり考えたりしていることも少しずつつかんでいく。ときに調査者が世帯労働を一時的に担うこともある。私は水汲み、薪作り、漁撈などの仕事をよく引き受けていた。森の中ではインターネットや電気、ガスはもちろん、水道もない。水については、厚さが70 cm 程ある湖の氷に斧などで穴をあけて汲んだり、氷や雪を運んで溶かしたりして補給する。そのため、湖などにアクセスしやすいところに家屋や天幕を設置する。こうしてさまざまな場所と方法で確保した水の味には微妙な違いがあるとされ、頻繁に飲まれる紅茶の味でそれに気づく。新しく積もった雪で入れた紅茶は特別おいしいとされている。また、水汲みひとつとっても、氷の厚さで夜間の寒さを知り、氷の下で虫達の活動が活発化しているのを見て春の訪れを知る。観念的世界だけでなく現実の生活の中でも水はいろいろな環境の変化を教えてくれる。水に限らず、人類学の調査では現地の人々と同じものを見たり触ったり味わったり、労働における身体的な感覚を共有しながら、対象社会全体への理解に努める。

このように、トナカイ牧畜民はその年や季節、日々の水環境のゆるやかで小さな変化に対処して生活を営んでいる。私が調査した地域では洪水のような突発的で大きな自然災害や地下資源開発による大規模な水環境汚染は未だ報告されていない。しかし、ひと度これまでの自然のリズムを壊すようなことが起これば、自然環境を利用した生活を営み、環境を熟知したトナカイ牧畜民であっても、その変化に彼らが対処できるかどうかはわからない。

第4部

気候変化への社会の適応

第１部と第２部で解説したように、シベリアでは地球温暖化（気候変化）の影響が水環境の変化として具現化する。

本書最後のセクションである第４部では、社会の適応や脆弱性を総合的にレビューした上で、シベリアの水環境変化による社会への影響と適応の様相を解説する。そして、資源動物利用や河川利用に立脚したシベリアの地域社会と生業は、今後どのようにあるべきか、適応策を考えていく。第10章では、気候変動研究における適応や脆弱性の概念をレビューし、適応・脆弱性研究の方法論を分類する。理系研究者が得意とする定量的研究と、文系研究者が行う定性的研究は、融合できるのか。その着地点を探る。第11章では、第３章を参照しつつ、シベリアにおける重要な資源動物としてのトナカイと、それを利用して生きる北方少数民族に焦点を当てる。彼らの生業（狩猟・飼育（牧畜））は、近年の気候変動でどのような影響を受けているのか、北方少数民族の環境認識から考察する。第12章では、第１章や第２部（第４章〜第６章）を参照しつつ、サハ共和国での河川洪水を移住の観点で整理する。彼らにとって、移住という適応策は妥当なものなのか、参与観察、インタビュー、文献調査をもとに考察する。そして第13章では、東日本大震災での事例を参照し、シベリアにおける水災害とリスクへの適応戦略について考察する。東日本大震災とシベリアの河川洪水の、それぞれのレジリエンスはいったいどのようなものか、リスクへの対応策の違いは何か、本書を通して見出された概念を整理する。

第10章　適応と脆弱性

石井　敦

レナ川で漁を行う準備をする
（サハ共和国ハンガラス郡。2009年8月、藤原潤子撮影）

本書ではシベリアの環境変化に対し、人々がどのように適応してきたのかを明らかにし、そして近年の気候変化によって人びとがどのような影響を受けているのかを、科学知・伝統知の双方から概観している（本書、はじめに）。しかし、適応の概念や、適応における科学知や伝統知の捉え方は、今までさまざまな学問分野や問題領域で定義されてきており、それらの概念をシベリアの環境変化や関連研究分野における文脈で定位しないことには適応を議論することはできない。そこで本章では気候変動における適応（とその対概念である脆弱性）の概念に関して若干のレビュー、また、適応研究で用いられている方法論に関しても分類を行い、考察を加える。なお、同レビューは包括的なものではない。

10-1 「適応タブー」を超えて

今でこそ**温暖化**への**適応**は温暖化政策の最重要課題のひとつであり、研究蓄積も爆発的に増えてきているが、1980年代から90年代にかけて、温暖化への適応を議論することはある種のタブーであった。当時の温暖化対策の議論は**緩和策**の推進が中心であり、適応は緩和のための人材や資金を奪う競争相手として、あるいは、緩和の必要性を低減させるものとして、周縁化されていたのである（例えば、Kates 1997）。他方で適応の重要性を主張する側も、今までも生態系や人間社会が大きな地球変動に適応できており、さらに、市場原理なども活用すれば、小さな社会的費用で温暖化への適応が達成できるとし、研究が必要なほど適応が難しいものだとは捉えていなかった。むしろ積極的に**適応策**を実施することのほうが無駄であり、そのための社会的費用が高くなってしまうと考えられていたのである（Kates 1997）。

1990年代半ばまで、こうした2つの考え方が支配的だったため、適応に関する議論や研究はあまり進展しなかった（Kates 1997）。そうした中で、IPCC（気候変動に関する政府間パネル）は**気候変動枠組条約**（1992年採択）の「科学および技術の助言に関する補助機関」（*SBSTA*）の要請を受けて作成した「気候変動による地域への影響」(The Regional Impacts of Climate Change) の特別報告書の中で、適応・脆弱性に関する最新知見をまとめた。さらに、1997年に採択された**京都議定書**では、気候変動枠組条約に引き続いて正式に適応策の促進が締約国の義務として規定され、2001年のいわゆるマラケシュ合意では、京都議定書のもとで**適応基金** (Adaptation Fund) が設立された。また、2006年に発表され、非常に強力な気候変動の緩和策実施が大きな経済的便益をもたらすと評価し世界的に注目された、いわゆるスターン報告 (Stern 2007) でも適応政策の重要性が指摘されている。

こうした世界的な流れを受けて、Pielke et al. (2007) は、もうすでに「適応タブー」は過去のものであるとし、その要因として3つ挙げている。第一に、どんなに強力な緩和策を今すぐに実施しても、その効果が現れるにはタイムラグがあり、十分な緩和策が実施されて来なかった現状では人為的気候変動は不可避であり、そのための適応策が必要となること。第二に、人口爆発や水不足によって気候変動関連の悪影響に対する社会の脆弱性は一般的に増大していること。第三に、2002年に採択されたデリー宣言にみられるように、そうした脆弱性にさらされている人々が国際的な対応を迫っていること。しかし、結論としては、「適応タブー」がなくなったとしても現在の緩和策重視の国際体制では十分な適応策が実施されるのは難しいと述べている。

本書のメインテーマ、シベリアの環境変化とそれに対する人々の適応を考えるにあたり、本章では従来の適応・脆弱性研究のレビューを行う。具体的には、当該研究の分析的基礎をなす適応・脆弱性概念の整理を行うと同時に、適応・脆弱性研究が採用している文理融合研究の方法論に着目して、当該研究がどのような方法論を用いて、どのような知見が生み出されているのかを整理することによって、適応・脆弱性研究の方法論的特徴を予備的に考察する。

10-2　適応・脆弱性とは何か

適応・脆弱性概念は気候変動問題に限らず、さまざまな学問分野や問題領域で古くから用いられている。気候変動の研究分野で使われている適応概念の起源は、進化生物学で用いられてきたそれであり、基本的に「生物が生き残れるように、環境変化に対して生物が遺伝子や行動そのものを進化・発達させること」と定義される (Smit and Wandel 2006)。適応の概念を人間社会に初めて適用したのは、生態人類学の基礎となった文化生態学の祖、ジュリアン・スチュワードである。スチュワードは文化の中心である地域社会が生業活動をとおしてどのように自然環境に対して調整を図っていくのかを説明する概念として「**文化的適応**」を定義した。社会科学における適応の主要な問題関心は、人間社会がそれに成功して生き残っていくのかどうかであり、それは、遺伝子や生物の生存競争が研究対象である進化生物学における適応と親和性がある (Smit and Wandel 2006)。気候変動における適応・脆弱性研究も、気候変動という未曾有の環境変化に対して人間社会がどのような適応をすれば生き残ることができるのか、という問題意識の上に成り立っているという意味で、今まで社会科学が採用してきたいわゆる「ダーウィニズム的適応観」が色濃く反映されているといえよう (Smit and Wandel 2006)。

ただし、従来の社会科学との相違点は、適応・脆弱性概念の議論が主に、気候変動枠組条約という国際条約をめぐる国際交渉の文脈に大きく依存しているという点である。その国際交渉において最初に適応・脆弱性概念の定義を与えたのは、気候変動における国際科学アセスメント機関の IPCC である。IPCC では脆弱性概念は次のように定義されている (IPCC 2001)。

> 気候変動や極端な現象を含む気候変化の悪影響によるシステムの影響の受けやすさ、または対処できない度合いのことである。脆弱性はシステムが受ける気候変化の特徴・大きさ・速度と、システムの感受性、適応能力の関数である。

つまり、気候変動による悪影響に適応した後の正味の悪影響が脆弱性となる。これは脆弱性のいわゆる**エンドポイントアプローチ**と呼ばれ、こうした定義となっているのは、研究関心が気候変動の悪影響予測や緩和のコスト計算を行うための脆弱性の定量化を重視しているためである (O'Brien et al. 2004)。したがって、脆弱性は主に、生物物理学的な要素を対象に分析されることになるが、社会的次元を取り込むことも重要視されるようになってきている (Tol and Fankhauser 1998)。この定義は気候変動問題における自然科学的理解の重要性を強調し、その解決のためには気候変動の予測の向上、緩和策の実施や技術開発・導入によって脆弱性を低下させるべきであるとするテクノクラシー的対応策を正当化するという政策的含意を持つ (O'Brien et al. 2004)。

一方で、Adger (1999) は、そうした定義では経済的・制度的な複雑性や、経済・社会・制度的発展と気候変動との相互連関を捉えきれないと批判する。例えば、IPCC (1996) では、脆弱性が 1 人あたり GDP に反比例するとし、総じて途上国は非常に脆弱性が高いというアセスメント結果になっているが、既存研究 (Berkes and Jolly 2001; Mortimore and Adams 2001) はそうした途上国やコミュニティが高い適応能力を有している場合もあることを明らかにしており、両者の知見は明らかに矛盾している。このような矛盾を内包する生物物理学的脆弱性を IPCC が重要視している理由として Kelly and Adger (2000) が挙げているのは、IPCC のアセスメント結果が政策決定者とのコンセンサスを得なければならない、という制度的特徴である。つまり、脆弱性概念の社会的文脈を重要視すれば、否が応でもその政治性を顕在化させ、ひいてはアセスメント結果の採択に必要なコンセンサスを得ることが困難になってしまうため、IPCC はそうした**社会的脆弱性**を温暖化の科学アセスメントの中心に据えることを避けているのではないか、ということである。実際、IPCC の第 3 次評価報告書では生物物理学的脆弱性が主要な脆弱性の定義とされ、社会的脆弱性は同書第 18 章で引用されているのみである (Brooks 2003)。

その社会的脆弱性を気候変動研究の分野で最初に発展させたのが W・N・

アドガー（W. N. Adger）らの研究であり、それは災害研究や食料安全保障における脆弱性研究に淵源を持つ。同研究では、脆弱性は生活や安寧に対する外的ストレス（気候変動の悪影響など）への対処、適応、回復という意味において、個人・社会集団が持つ適応能力によって決まる、と定義される（Kelly and Adger 2000）。このアプローチは、適応能力・脆弱性が気候変動による悪影響の有無や将来予測に左右されず、社会に内在していると捉える点で、エンドポイントアプローチの対極にあり、**スタートポイントアプローチ**と呼ばれている[1]。このアプローチの主な研究テーマは次のとおりである。

- 誰、そして何が脆弱なのか、そしてなぜ脆弱なのか？
- 人間が置かれている状況や社会的プロセスが脆弱性にどのような影響をもたらすのか？
- 脆弱性はどのように差異化していくのか？
- 脆弱性の決定要因はどのようなスケールで発動するのか？
- 脆弱性を減少させるためには何をすればよいのか？（Ford et al. 2010b）

この他の特徴として、第一に、適応能力と脆弱性が対概念として定義されていること、第二に、社会的文脈を非常に強調していること（Adger 1999）、第三に、このアプローチによって適応・脆弱性が発現するプロセスを研究対象として捉えることができるようになること（Adger 1999）、第四に、適応能力の拡充（脆弱性の低減）に関する政策的有用性のある知見を得ることが可能になること（Kelly and Adger 2000）、第五に、外的ストレスと社会における適応能力を統合的に分析しなければならないため、その方法論は必然的に文理融合型研究となること、第六に、気候変動だけではなく、他の喫緊の課題にも対処できるようになるという点で、気候変動に対する予防原則の考え方と

---

[1]　このアプローチの説明によく用いられるのが、「傷ついた兵士」のメタファーである（Kelly and Adger 2000）。傷ついた兵士は、戦争（＝気候変動）が起きているかどうかにかかわらず、あらゆるものに対して脆弱である。言い換えれば、兵士の負傷状態に脆弱性が内在しているといえる。

整合性のとれたアプローチであること（Kelly and Adger 2000）、の 6 点が挙げられる。これらの特徴はエンドポイントアプローチにはみられない。**文理融合型研究**については後述する。

社会的脆弱性といった抽象概念に基づいて研究する時に最も難しいのが、それを研究可能な方法論として具体化することである。その具体的方法論を社会的脆弱性の既存研究でみていく。

Adger and Kelly（1999）は、社会的脆弱性の分析枠組みを、食料安全保障や飢餓に対する脆弱性研究で重要視されているエンタイトルメント[2]をベースに構築した。具体的には、個人に関わる脆弱性と、ある社会集団の脆弱性とを区別し、**エンタイトルメント**を次のように分割している。

- 個人レベルで入手可能な資源
- コミュニティなどにおける、そうした資源の配分
- どのようにエンタイトルメントが実施されるかを決める制度的文脈（時間変化も考慮に入れる）

この区分に基づいて、脆弱性を構成する諸要素を具体化する（表 10-1）。
この枠組みは決して脆弱性の定量化を目指しているのではなく、あくまでもエンタイトルメントの諸要素に着目し、それらがどのように脆弱性を構成するのかを明らかにすることに主眼がある（Kelly and Adger 2000）。つまり、貧困指標やエンタイトルメントが定量化できたとしても、それらは社会的文脈の中で脆弱性を構成するのであり、社会的文脈から離れて定量化された貧困指標などによって脆弱性が定量化できるわけではないのである。この意味において、Kelly and Adger（2000）が提唱する社会的脆弱性の分析枠組みには上述した社会的文脈を非常に重視しているという特徴が如実に表れている。

Kelly and Adger（2000）は、この分析枠組みをベトナムのサイクロン災害の事例に適用している。貧困指標に関しては、貧困基準以下で暮らしている人口の割合と貧困層の平均収入の貧困基準収入に対する割合で推定し、それを

［2］　広い意味での資源が入手可能であり、かつ利用する権利を与えられている状態

表 10-1　脆弱性指標と計測指標

脆弱性指標	代理変数	変数が脆弱性を左右するメカニズム	計測指標
貧困	周縁化	選択できる適応戦略を狭める；多様性の小さい制限されたエンタイトルメント；エンパワーメントの欠如	貧困指標
不平等	集団的責任、公式・非公式の保護手段、社会的厚生	直接的：入手可能な資源が少数派に独占されることによる集団的エンタイトルメントの集中 間接的：不平等が貧困をもたらし、その結果、少数派にエンタイトルメントが集中する	資本やエンタイトルメントの定量的分配
制度的適応	エンタイトルメントの制度的構造が外的ストレスに対する被ばくの度合いを決める；脆弱性に対する集団的認識の一要因としての制度；適応を促進・阻害する余韻としての制度	制度的構造の反応、発展、適応能力	制度における意思決定、社会的学習と慣性を分析する

Adger and Kelly (1999) 259 頁を改変

詳細に、塩生産に主に従事している世帯と沿岸養殖に主に従事している世帯とに分けて適用している。不平等は標準的で主要な不平等指標であるギニ係数で推定している。制度的適応に関しては、ベトナムの市場自由化と地方政府に焦点を当て、前者については、市場の自由化は不平等をもたらし、後者については、脆弱性を小さくする機会やそのための資源配分を怠っている地方政府が脆弱性を増大させていると分析している。また、それぞれの脆弱性要因間の相互連関も指摘している。具体的には例えば、市場自由化によるマングローブの私有化が進んだ結果として 1900 ha のマングローブが失われ、その土地への**移住**が進んだ結果、サイクロンに対する社会的脆弱性が増大した、と分析している。さらに、同研究では政策提言のための分析としてマングローブを増やすことの費用便益分析が行われ、その結果、木材収入が増え海岸線の防御サービスも提供されることにより、マングローブを増殖させる適応戦略が win-win の政策として同定された。

このように多様な要素による多様な定義がなされている適応・脆弱性概念はどのように概念整理ができるだろうか。その答えは適応概念の包括的な整理を行っている Smit et al. (2000) に見出すことができる。具体的にはまず、適応概念を「何に対して適応するのか」、「誰が・何が適応するのか」、「適応はどのようにして起こるのか」の 3 つの諸要素に分けて整理し、それと「適応はどの程度成功しているのか」という評価軸を加えた概念整理を提案している。最後の評価軸は適応それ自体には含まれないが、それが加えられたことは、気候変動の文脈における適応研究が必然的に政策的含意を持つことの反映であり、当然のことといえよう。

「何に対して適応するのか」という要素については、気候変動の文脈では基本的に気候変化に関連して適応を駆動させる現象であるが、さらに、その現象として台風や洪水がもたらす直接的な被害を抑える適応なのか、または、干ばつによる農業被害のような間接的な現象に対する適応なのかといった、直接 / 間接的現象という区別ができる。また、時間的次元でも、人為的気候変動のような非常に長期の気候変化、エルニーニョ現象などのように数年から数十年にわたる気候変化、そして、洪水や干ばつ、台風などの短期間のうちに被害をもたらす自然災害に対する適応、というように大まかに 3 つに区分できる。そして当然ながら、空間的次元によっても適応概念は変わってくる。この空間的次元は特に、自然災害などの気候変化が、人間が構築してきたガバナンスの境界線に沿って起きるわけではないという点で、適応政策について考えるときに非常に重要になってくる。つまり、ガバナンスの境界線と自然災害の被害範囲が一致 ── 例えば、台風が日本のみに被害をもたらした場合 ── していれば基本的に適応しやすいが、そうでない場合は、国際協力などが必要となることや、取得できるデータが均一ではない、などの困難が予想されるからである。そして常に、気候関連以外の要素も適応する主体に影響を与え続ける。

では、その主体は誰、あるいは何だろうか。これは科学的方法論でいうところの分析単位にあたるものであり、前述のベトナムの例で言えば、Xuan Thuyに関わる地方政府や住民が適応主体となる。この定義には、適応主体をなすシステムそれ自体の定義と、適応に関わるそのシステムの性質が含まれる。前者は地方自治体や国などがそれにあたり、後者としては、気候変化の影響をどの程度受けるのかという**感度**（sensitivity）、外的影響に対してどの程度変化せずに済むのかという**安定度**（stability）、外的変化に対してどの程度元の状態に戻ることができるのかを表す**レジリエンス**（resilience）などが含まれる。上述のベトナムの例で言えば、塩生産に従事している世帯はその収入が低く、気候変化に対して非常に感度が高い一方で、比較的収入が高い沿岸養殖業者は塩生産に従事している世帯よりも安定度とレジリエンスにおいて優れている、ということができよう。

それぞれの主体がどのように適応するのかについても、さまざまな分類があり得るが、基本的にプロセスとその結果の次元で分類できる。プロセスについては、まず、自律的か意図的（あるいは計画的）かで区別することができる。生態系システムが適応する場合は自律的であり、社会システムが適応する場合は基本的に自律的適応と計画的適応が混在することになる。また、適応が起きるタイミングが気候変化による影響が顕在化した後なのか、同時並行的なのか、あるいは事前に起きたのかによって、分類することもある。適応研究の大部分は言うまでもなく、気候変動に対して事前にどのように適応するべきなのかという研究課題に注力している。

プロセスや適応した結果を同時に扱う分類は、適応コストや実施可能性といった基準が挙げられる。言うまでもなく、これらの次元はプロセスや適応の結果を同時に扱わなければ評価できない項目であり、適応に対する評価にも直接関わってくる。また、適応が結果として失敗した場合は**不適応**（maladaptation）という。これは適応した結果として、正味で脆弱性を小さくすることが一切できなかった状態を指す。

気候変動の文脈における適応・脆弱性研究は否が応でも政策的含意を内包していると同時に、同概念にかかわる政治を可視化し、その分析に基づいて適応能力を向上させるための研究であるという意味で、本質的に政治性を帯びる。また、同概念は気候変動の自然科学的側面と人間社会との結節点であるという意味で、本質的に包括的な文理融合型研究を行わなければ適応・脆弱性研究の目的である適応能力の向上は果たし得ない。次節では、文理融合型研究の方法論を分類する枠組みを説明し、シベリアを含む極北地域の適応研究のレビューを行うための基礎とする。

10–3　文理融合研究における「複合研究」

文理融合型研究における方法論の分類枠組みはさまざまなものが考えられるが、ここでは**複合研究**（mixed method research）の分類を用いる。それを用いる理由は、同研究が**定性的研究**と**定量的研究**をどのように複合させるのか、という点に着目しており、その着目点がまさに適応・脆弱性研究の非常に重要な特徴になっているためである。

複合研究を端的に言い表せば、定性的研究と定量的研究の双方を組み合わせて行う研究をさす。20 世紀前半から主に文化人類学や社会学のフィールドワークにおいて実践されてきたが、複合研究として定式化されたのは Campbell and Fiske（1959）においてである（Johnson et al. 2007）。その後、多くの研究によってひとつの独立な方法論として確立され、複合研究を専門とするジャーナルが発行されるまでになった。その代表的な雑誌である、Journal of Mixed Methods Research の初期の論文（Johnson et al. 2007）では、複合研究の一般的な定義が述べられている。

> 複合研究とは、定性的分析と定量的分析を 1 つの研究において混合させる研究

しかし、一言で「混合させる」、といっても、その混合の仕方は千差万別である。そこで Creswell（2009）はさらに、「タイミング」、「重み付け」、「混合」、「理論化」の 4 つの次元に沿って複合研究を分類することを提唱している（表 10–2）。下記では、これらの次元について概説したあとで、複合研究の代表

表10-2　複合研究の分類

タイミング	重み付け	混合	理論化
定性的分析と定量的分析を同時並行で行う	定性的分析と定量的分析が等価	統合	明示されている
定性的分析の次に定量的分析を行う	定性的分析を定量的分析よりも重要視する	結合	
定量的分析の次に定性的分析を行う	定量的分析を定性的分析よりも重要視する	埋め込み	明示されていない

Craswell (2009) 207頁を改変

的な6種類の方法論を説明する。

「重み付け」の次元は、定性的分析と定量的分析との重み付けをさしている。この重み付けは基本的に、主たる関心が定性的・定量的分析のどちらにあるのかを区別するものである。

「混合」の次元は、定性的分析と定量的分析の組み合わせ方に関する分類である。統合は、定性的・定量的データの双方を収集したあと、定性的データを何らかの方法で定量的なデータに変換し、収集した定量的データと統合する場合が考えられる。「結合」は例えば、研究で用いる概念の定性的な分析を行ったあと、その概念に基づいた定量的データを収集した場合、定性的な概念分析と定量的データが「結合」している状態ということができる。「埋め込み」は、定性的分析を、それとは独立した定量的データで補完する場合などをさす。このケースの場合、定性的分析に定量的データの「埋め込み」を行った、と言うことができる。

「理論化」は、理論的関心や政策提言などの研究目的が方法論の利用を明示的に規定しているかどうか、ということである。適応・脆弱性研究は基本的に、温暖化への適応をどのようにうまく実施すればよいのか、という政策目的を共有しており、それが明示的であるため、この場合の「理論化」は明示されている、ということになる。

次に、これらの次元に基づいて構築された複合研究に関する6分類を説明する（表10-3）。その6種類とは、① Sequential Explanatory Strategy、② Sequential

表10-3　複合研究の6分類

大分類	定性的分析と定量的分析のタイミング	重み付け	混合	理論化
① Sequential Explanatory Strategy	順番	定量的分析を定性的分析よりも重要視する	結合	—
② Sequential Exploratory Strategy	順番	定性的分析を定量的分析よりも重要視する	結合	—
③ Sequential Transformative Strategy	順番	—	結合	明示されている
④ Concurrent Triangulation Strategy	同時並行	定性的分析と定量的分析が等価	統合 結合	—
⑤ Concurrent Embedded Strategy	同時並行	—	埋め込み	—
⑥ Concurrent Transformative Strategy	同時並行	—	統合 結合 埋め込み	明示されている

Craswell（2009）211-216頁を改変

Exploratory Strategy、③ Sequential Transformative Strategy、④ Concurrent Triangulation Strategy、⑤ Concurrent Embedded Strategy、⑥ Concurrent Transformative Strategyである。

①のSequential Explanatory Strategyは、定量的分析結果の説明や解釈を定性的分析で補完しながら行う場合である。通常、定量的分析に重点が置かれている。短所としては、データ収集に時間がかかることが挙げられる。

②のSequential Exploratory Strategyは、定性的分析の解釈を定量的分析やその結果で補助する場合をさす。典型的な例は、あまりよくわかっていない事象に関する探索的な研究であり、適切な概念枠組みがない場合にも有効である。この場合、定性的分析を行うことで概念枠組みを構築し、その枠組みに基づいて定量的分析を行う、という段階をふむことになる。

③のSequential Transformative Strategyは、ある特定の社会科学的理論やイ

デオロギー、政策目的を持って、複合研究を段階的に行う場合をさす。

④の Concurrent Triangulation Strategy は、定性的・定量的分析を同時並行で行い、その結果について比較することで、どのような類似性、相似性や規則性があるのかを分析するものである。

⑤と⑥は、②と③における定性的分析と定量的分析を同時並行で行うことと同等である。ただし、両分析の混合の仕方としては、⑤が埋め込み、⑥はすべての混合の形があり得る。

10-4　多様なアプローチ

本節では、用いられている方法論に応じて既存の適応・脆弱性研究の分類を行う。用いる分類は定性的研究、定量的研究と、上記で説明した複合研究の6分類である。なお、特に断りがない限り、研究の単位は基本的に査読付き論文一篇や本の一章を指す。

(1) 定性的研究

適応・脆弱性研究の黎明期における多くの研究は定性的研究である（Smith 1997; Basher 1999; Yohe and Dowlatabadi 1999; Smit et al. 1999; Wheaton and Maciver 1999; Handmer et al. 1999）。これは当然のことであり、黎明期には適応・脆弱性概念が未発達であるため、概念の構築や、その構築と研究手法との関係性などの考察が必要となるからである。その後、複合研究が続いたあと、さらなる概念の発展、政策的含意の導出を目指した論文が登場する（Adger 2006; Smit and Wandel 2006; Gallopin 2006）。

一方で、下記の主題を研究する**規範的アプローチ**（Adger et al. 2006; Mearns and Norton 2010）は基本的に定性的研究に分類される。

1. 気候変動の影響について先進国が背負うべき責任は何か？

表 10-4　適応戦略を選択する際の倫理的考慮

倫理的考慮の項目	適応戦略への含意
困難回避・リスク低減	適応戦略実施のタイミング ── 困難回避策にプライオリティをおくべき 対象とするリスク ── 適応と緩和の相乗効果をもたらす戦略を選択するべき
脆弱性低減	困難回避と同時に、脆弱性を高めてしまう社会的プロセスを扱う戦略を優先させるべき
人間らしい生活や人権保護	人権 ── 基本的人権の保護や生活水準の向上に寄与する適応戦略を優先させるべき 自決権 ── 脆弱性や適応戦略のアセスメントに情報を直接提供できるような参加型活動を通じて、自決権を尊重する戦略を優先させるべき

Dow et al. (2006) 95 頁を改変

2. 先進国は途上国に対してどれくらい援助をしなければならないのか、また、その援助負担は先進国間でどのように分担するべきなのか？
3. どの国に援助し、どのような適応策に援助するべきなのか？
4. 適応策に関する意思決定をどのように行うべきなのか？

このアプローチの研究事例としては、Dow et al. (2006) が挙げられる。同論文では、最も脆弱な主体に注視していかなければならないことをさまざまな倫理原則に基づいて理論化した上で、既存の科学アセスメントや脆弱性評価を**ステークホルダー**参加型の研究で補完することによって、実際にどのように適応能力を高めていけばいいのかについての知見を、対象地域の文脈を正確に踏まえながら獲得することが可能となる、と主張する。そして、適応戦略を選択する際の倫理的考慮を整理している（表 10-4）。

後述するカナダの極北地域の適応研究は表 10-4 の自決権の説明にある参加型の手法をフォーカスグループインタビューという形式で取り入れているため、同研究は同表の倫理的考慮のひとつを満たしているということができる。

さらに、適応・脆弱性に関する在来知を分析している論文にも、定性的研究が散見される。**在来知**とは伝統知や地域の文脈に根ざした経験を指し、西洋科学のオルターナティブとして同等の知見として捉えるべきであるという認識が広まってきている（King et al. 2008）。当然ながら在来知は、西洋科学に取って代わるものではないが、西洋科学のみでは得られない情報や理解を提供することができる。適応・脆弱性研究でも Riedlinger and Berkes（2001）は在来知の貢献として次の5つを主張している。

1. 地域スケールの知見を提供できる
2. 気候変化の歴史とベースラインを提供できる。
3. 新たな研究課題や仮説を導くことができるようになる
4. 気候変動の影響や適応に関する知見を提供できる。
5. 地域コミュニティレベルでの長期的モニタリングの手段を提供できる

ここで紹介する（King et al. 2008）はマオリ族の民俗語彙を分析したものであり、主に上記1.、2. と4. に貢献するものとなっている。同研究はニュージーランドのプレンティ湾に面している Te Whānau-ā-Apanui のマオリを対象としており、インタビュー調査と文書における言説データをもとに在来知を分析している。その結果、同在来知は天候と気候現象に関する民俗語彙、過去の気象にかかわる出来事や傾向に関する口述記録、環境示標による天候と気象の予測、の3つに分類することができ、さらに、ニュージーランドで不足している当該地域の気候変化の歴史データの提供、また、環境変化の同定にも貢献できることが明らかとなった。

(2) 定量的研究

純粋に定量的研究と呼べるものはほとんど見当たらなかった。それは、適応・脆弱性の概念が本質的に定量的分析・データのみでは研究できないというコンセンサスがあることの証左であると思われる。

(3) 複合研究

表 10–3 の①に分類される研究はほとんど見当たらなかった。これは適応・脆弱性のほとんどすべての研究が、同概念のレビューを行った上で、当該研究で用いる定義を明らかにしなければならないことから、当然のことといえる。

上記②には、例えば、適応・脆弱性概念を定量化する手法を導出し、それを適用する場合が考えられる (Luers et al. 2003)。同論文は、定量的評価はさまざまな地域間での比較可能性の担保や予測モデルでの利用可能性などの利点をあげているものの、適応・脆弱性を評価するためにはさまざまな指標が必要であると締めくくっている。

Crate (2008) は、サハ共和国中西部の Viliui 地域でのコミュニティ参加型の適応研究の経験をもとに、分野横断的な人類学的アプローチを用いた適応・脆弱性研究の一般化を試みている。まず、そもそもの研究課題をコミュニティ参加型で決めていくことを第一歩として非常に重要視している。これは前記の倫理的考慮に合致しており、さらに、研究に対するコミュニティの信頼性・オーナーシップを獲得し、より地域の文脈に根ざした適応戦略を導出するためにも欠くことのできない非常に重要な第一歩であるといえる。また、最初の段階から注意しなければならないこととして、当該コミュニティが気候変動をどのようにフレーミングしているのか、さらに、研究者がコミュニティとともに気候変動をどのようにフレーミングするのか、の 2 点を挙げており、この如何によっては「気候変動」という語彙を使わない選択肢もあり得るとしている。第二段階として、気候変動によるグローバル、そしてローカルな影響について、コミュニティ構成員の観察、知識、受け取り方の収集と評価を行い、さらに、過去における気候現象への適応方法を調査し、その調査結果の中で現在の気候変動への適応に関連する知見を抽出することで、コミュニティレベルにおける気候変動の受け取り方と認識モデルを構築する。第三段階としては、地域コミュニティをさらに発展させるための、コミュニティレベルにおける気候変動の受け取り方と認識モデルには不足しているグローバルな知見を同定する。そうした知見によって、コミュニティレベルの気候変動への理解が深まり、より適切な適応ができるようになる可能性が大きくなる。第四段階として、そうして明らかになった知見をコミュニティとの双方向のコミュニケーションによって広め、適切な適応戦略を構築していく。その際には、政策的課題との結びつきや、さらに、コミュニティと共に**アドボカシー**[3]に参加することをも視野に入れることを Crate (2008) は提唱している。

この方法論の枠組みはまず、定性的なコミュニティレベルの気候変動の受け取り方や認識モデルを構築したあとで、それを定量的なグローバルなデータで補完することから、③の分類に最も近いが、③の分類と異なっているのは、定量的分析が結合されているのではなく「埋め込み」となっている点である。したがって、Crate (2008) による研究枠組みは、Creswell (2009) の分類に当てはまらない新たな複合研究の方法論を示している可能性がある。また、上記で定性的研究に分類された King et al. (2008) は、Crate (2008) の枠組みの第二段階を詳細に行っているものであることが指摘できる。

上記⑤に関する文理融合型の研究は Marin (2010) が挙げられる。2006 年 7 月～2007 年 4 月に遊牧民家庭、sum governors、land officers を対象に、インタビューを行い、言説分析、標本数 51 の質問票調査をした結果、干ばつが砂嵐を引き起こし、それが植生に覆われた面積を減少させ、さらに干ばつを引き起こすという、負のフィードバックを持つ可能性があることがわかった。これは科学的予測と合致している。降雨量が増えていることは科学的データによる裏づけが得られなかったが、これは言説が間違っているということでは必ずしもなく、その相違はタイムスケールの違いに起因している可能性があることを示唆している。この調査方法は、地域の住民にとって何が重要で、彼らが何を危険な変化とみなすのかがわかるだけでなく、何に脆弱なのか、という答えを提供することができる。

---

[3]　適応研究を行っている研究者がステークホルダーと共に、研究で明らかにされた適切な適応を実現・促進するための活動に従事すること。

さらに、アラスカのスワード半島でトナカイ牧畜を営むジェイムズ・ノヤクック氏に焦点を当てたラッテンベリーらによる研究もここに分類される（Rattenbury et al. 2009）。同論文ではノヤクックに対する聞き取り調査やフィールド動向調査、他のトナカイ牧畜者たちへのグループインタビューなどを行っている。また、トナカイ牧畜を営む場合の天候の状況をノヤクック氏に評価させた上で、それを気象台のデータと対比させている。この対比はどちらかと言えば、ノヤクック氏による天候状況評価が正しいかどうかを評価するためのものではなく、あくまでもノヤクック氏による天候状況評価をよりよく理解するための対比であるため、④（Concurrent Triangulation Strategy）には分類されない。同論文は最後に、さまざまな環境・社会・経済的ストレスが異常気象や気候変化に対する個人の受け取り方や反応を構築している、と結論づけている。つまり、ノヤクック氏の例で言えば、トナカイ牧畜が気候変化の影響を受けることによって生じる環境的ストレス、燃料の高騰などの経済的ストレス、牧畜従事者を雇えないなどの社会的ストレスを個人が感じることによって、異常気象や気候変化に対する個人の受け取り方や反応が構築されていく、ということである。

上記⑥については、上記の「社会的脆弱性」に基づく一連の研究が挙げられる（Adger 1999; Adger and Kelly 1999）。具体的に、一連の研究の中で、貧困指標などを用いた定量的分析と制度的適応などの定性的分析を同時並行で行っており、社会的脆弱性の理論的枠組みの中で統合されている。

さらに、カナダの北極圏における気候変動に対する脆弱性と適応を研究してきているフォードらの研究（Ford et al. 2006; 2007; 2010a; b; Pearce et al. 2009）もここに分類される。彼らの研究の概念枠組み（Ford and Smit 2004）によれば、第一段階では、対象地域の人々にとって関係する**リスク**やそれに関連する状況を明らかにする（被ばく感度を明らかにする）。そしてさらに、被ばくに対処し、適応するために今まで採られてきた戦略を明らかにする。その方法論として用いられるのは、データ源として、地域住民の観察、経験、伝統知、在来知が挙げられる。これらを用いて、コミュニティに対する気候リスクをもたらす現象や条件を同定し、再構築する。このような方法論により、対象とする地域の文脈を反映させた適応研究を行うことが可能となる。第二段階では、将来における脆弱性を評価する。具体的には、被ばく感度の変化の推定を行い、過去の行動や将来における適応コスト、制約、機会をもとに、将来における適応能力を評価する。この枠組みをカナダの北極圏のコミュニティに適用した結果、気候変動に対する脆弱性の決定因子として、土着の知恵の劣化、捕獲枠による資源利用の柔軟性減少、資金が少ないこと、コミュニティの地理的場所が挙げられ、適応能力の源泉としては、社会的ネットワーク、伝統知と文化、救助体制、テクノロジー、資源利用における柔軟性、などがあることを明らかにすることに成功している。

10-5　適応政策に向けて

適応・脆弱性研究は本質的に複合研究である。この理由はここまでみてきたように、適応・脆弱性研究はその目的として、気候変動に対し人間社会がどのように、そしてどの程度脆弱であるのかを明らかにした上で、その脆弱性に対処するためにはどのように適応するべきなのかという、文理融合型研究を必要とする政策課題が共有されているからである。

しかし、適応・脆弱性研究が本質的に複合研究であるとしても、定性的研究にも担うべき役割がある。具体的には、定性的研究である規範的アプローチが、適応・脆弱性研究に上述した規範的・倫理的考慮を組み込むことや、同研究に則って策定された適応政策の規範的・倫理的含意などを監視する役割を担う可能性があるということである。

また、上記では Crate (2008) と Ford and Smit (2004) がそれぞれ分析枠組みを提唱しているが、共通しているのは、最初の段階から地域コミュニティの文脈を反映させるべく、地域住民の観察、経験、伝統知、在来知を用いてコミュニティに対する気候リスクをもたらす現象や条件を同定し再構築する、という作業を非常に重要視しているところである（第６章参照）。一方、両者が対照的なのは、Crate (2008) はあくまでも地域コミュニティに根ざした研究課題、気候変動の受け取り方や認識モデルに立脚した上で、定量的データを用いつつ地域コミュニティのエンパワーメントや社会変革に研究者が参加することを目指している一方で、後者は適応戦略を構築するために同時並行で定性的・定量的データを用いている点である。当然のことながら、後者が地域コミュニティを重視していないわけではないが、あくまでも適応戦略を強化するという意味での地域コミュニティへの貢献、ひいてはグローバルな適応政策に貢献することを目指している。

また、データ源としては在来知が非常に重要視されていることも大きな特徴となっている。その取得方法としては主に、個別インタビュー（**半構造化インタビュー**）や**フォーカスグループインタビュー**、**民俗誌文献調査**などがある。このようにして得られた在来知を基礎として地域コミュニティの気候変動に関する認識が言語化され（第6章や第12章参照）、地域の文脈に根ざした適応戦略を構築することを可能にするだけでなく、在来知やその継承が適応能力を左右するという研究結果も得られている。この際に注意が必要なのは、Crate（2008）が強調しているように、気候変動というフレーミングを用いることが研究にどのような意味を持つのか、ということである。例えば、日本のように気候変動に対して懐疑的な意見も多い中で適応研究を行う場合、「気候変動」というフレーミングを用いることは当該研究に大きな影響を及ぼす可能性がある。つまり、対象コミュニティが気候変動に懐疑的な意見を持っている場合は、そもそも協力すら得られない可能性があるということである。

今後、日本でも適応政策が構築されていくことは間違いない。そのための知的基盤を構築するためには、精緻な適応・脆弱性概念と、それと整合性のとれた文理融合の方法論を用いて、研究者が明確な政策目的を共有しながら研究業績を積み重ねることができるのかにかかっているのである。

参考文献

Adger, W. N. (1999) Social Vulnerability to Climate Change and Extremes in Coastal Vietnam. *World Development*, 27: 249–269.

Adger, W. (2006) Vulnerability. *Global Environmental Change*, 16: 268–281.

Adger, W. N. and Kelly, P. M. (1999) Social vulnerability to climate change and the architecture of entitlements. *Mitigation and Adaptation Strategies for Global Change*, 4: 253–266.

Adger, W. N., Paavola, J., Huq, S. and Mace, M. J. (2006) *Fairness in Adaptation to Climate Change*. MIT Press, Cambridge, USA.

Basher, R. E. (1999) Data requirements for developing adaptations to climate variability and change. *Mitigation and Adaptation Strategies for Global Change*, 4: 227–237.

Berkes, F. and Jolly, D. (2001) Adapting to climate change: social-ecological resilience in a Canadian western Arctic community. *Conservation Ecology*, 5.

Brooks, N. (2003) Vulnerability, risk and adaptation: A conceptual framework. Working Paper 38, Tyndall Centre for Climate Change Research, Norwich, UK.

Campbell, D. T. and Fiske, D. W. (1959) Convergent and discriminant validation by the multitrait-multimethod matrix. *Psychological Bulletin*, 56: 81–105.

Crate, S. (2008) Gone the Bull of Winter: Grappling with the Cultural Implications of and Anthropology's Role(s) in Global Climate Change. *Current Anthropology*, 49: 569–595.

Creswell, J. W. (2009) *Research Design: Qualitative, Quantitative, and Mixed Methods Approaches*. SAGE, Thousand Oaks, USA.

Dow, K., Kasperson, R. E. and Bohn, M. (2006) Exploring the social justice implications of adaptation and vulnerability. In Adger, W. N., Paavola, J., Huq, S. and Mace, M. (eds.), *Fairness in Adaptation to Climate Change*, MIT Press, Cambridge, USA.

Ford, J. D. and Smit, B. (2004) A Framework for Assessing the Vulnerability of Communities in the Canadian Arctic to Risks Associated with Climate Change. *Arctic*, 57: 389–400.

Ford, J. D., Berrang-Ford, L., King, M. and Furgal, C. (2010a) Vulnerability of Aboriginal health systems in Canada to climate change. *Global Environmental Change*, 20: 668–680.

Ford, J. D., Keskitalo, E. C. H., Smith, T., Pearce, T., Berrang-Ford, L., Duerden, F. and Smit, B. (2010b) Case study and analogue methodologies in climate change vulnerability research. *Wiley Interdisciplinary Reviews: Climate Change*, 1: 374–392.

Ford, J. D., Pearce, T., Smit, B., Wandel, J., Allurut, M., Shappa, K., Ittusujurat, H. and Qrunnut, K. (2007) Reducing vulnerability to climate change in the Arctic: the case of Nunavut, Canada. *Arctic*, 60: 150–166.

Ford, J. D., Smit, B and Wandel, J. (2006) Vulnerability to climate change in the Arctic: A case study from Arctic Bay, Canada. *Global Environmental Change*, 16: 145–160.

Gallopin, G. (2006) Linkages between vulnerability, resilience, and adaptive capacity. *Global Environmental Change*, 16: 293–303.

Handmer, J., Dovers, S. and Downing, T. (1999) Societal vulnerability to climate change and variability. *Mitigation and Adaptation Strategies for Global Change*, 4(3), pp. 267–281.

IPCC (1996) Second Asssessment Report, Cambridge University Press, Cambridge, UK.

IPCC (2001) Third Asssessment Report, Cambridge University Press, Cambridge, UK.

Johnson, R. B., Onwuegbuzie, A. J. and Turner, L. A. (2007) Toward a Definition of Mixed Methods Research. *Journal of Mixed Methods Research*, 1: 112–133.

Kates, R. W. (1997) Climate Change 1995: Impacts, Adaptations, and Mitigation. Environment: Science and Policy for Sustainable Development, 39: 29–33.

Kelly, M. and Adger, W. N. (2000) Theory and Practice in Assessing Vulnerability to Climate Change and Facilitating Adaptation. *Climatic Change*, 47: 325–352.

King, D. N. T., Skipper, A. and Tawhai, W. B. (2008) Māori environmental knowledge of local weather and climate change in Aotearoa – New Zealand. *Climatic Change*, 90: 385–409.

Luers, A. L., Lobell, D. B., Sklar, L. S., Addams, C. L. and Matson, P. A. (2003) A method for quantifying vulnerability, applied to the agricultural system of the Yaqui Valley, Mexico. *Global Environmental Change*, 13: 255–267.

Marin, A. (2010). Riders under storms: Contributions of nomadic herders' observations to analysing climate change in Mongolia. *Global Environmental Change*, 20: 162–176.

Mearns, R. and Norton, A. (eds.) (2010) Social Dimensions of Climate Change: Equity and Vulnerability in a Warming World. The World Bank, Washington, DC, USA.

Mortimore, *M., and* Adams, W. (2001) Farmer adaptation, change and 'crisis' in the Sahel. *Global Environmental* Change, 11: 49–57.

O'Brien, K., Eriksen, S., Schjolden, A., Nygaard, L. (2004) What's in a word? Conflicting interpretations of vulnerability in climate change research. CICERO Working Paper 2004: 04, Oslo, Norway.

Pearce, T., Smit, B., Duerdena, F., Ford, J. D., Goosea, A. and Kataoyaka, F. (2009) Inuit vulnerability and adaptive capacity to climate change in Ulukhaktok, Northwest Territories, Canada. *Polar Record*, 46: 157–177.

Pielke, R. A., Prins, G., Rayner, S. and D. Sarewitz (2007) Climate change 2007: Lifting the taboo on adaptation. *Nature*, 445: 597–598.

Rattenbury, K., Kielland, K., Finstad, G. and Schneider, W. (2009) A reindeer herder's perspective on caribou, weather and socio-economic change on the Seward Peninsula, Alaska. *Polar Research*, 28: 71–88.

Riedlinger, D. and Berkes, F. (2001) Contributions of traditional knowledge to understanding climate change in the Canadian Arctic. *Polar Record*, 37: 315–328.

Smit, B., Burton, I., Klein, R. J. T. and Street, R. (1999) The science of adaptation: a framework for assessment. *Mitigation and Adaptation Strategies for Global Change*, 4(3), 199–213.

Smit, B., Burton, I., Klein, R. J. T., and Wandel, J. (2000) An Anatomy of Adaptation to Climate Change and Variability. *Climatic Change*, 45: 223–251.

Smit, B. and Wandel, J. (2006) Adaptation, adaptive capacity and vulnerability. *Global Environmental Change*, 16: 282–292.

Smith, J. (1997) Setting priorities for adapting to climate change. *Global Environmental Change*, 7: 251–264.

Stern, N. (2007) *The Economics of Climate Change: The Stern Review*. Cambridge University Press, Cambridge, UK and New York, USA.

Tol, R. S. J. and Fankhauser, S. (1998) On the representation of impact in integrated assessment models of climate change. *Environmental Modeling and Assessment*, 3: 63–74.

Wheaton, E. and Maciver, D. C. (1999) A framework and key questions for adapting to climate variability and change. *Mitigation and Adaptation Strategies for Global Change*, 4: 215–225.

Yohe, G. and Dowlatabadi, H. (1999) Risk and uncertainties, analysis and evaluation: lessons for adaptation and integration. *Mitigation and Adaptation Strategies for Global Change*, 4: 319–329.

第 11 章　資源動物利用に関わる環境変動と住民の適応

立澤史郎・吉田　睦・中田　篤・池田　透

家畜トナカイを集める
（サハ共和国トンポ郡、2009 年 8 月）

冬が長く、寒さが厳しい北方地域は、植物が生育可能な時期が短いため、そこに暮らす諸民族は、主に**狩猟**、**漁労**、**牧畜**といった動物資源の利用を中心とする生業に依存した生活を営んできた。

北方先住民の狩猟は、食物や衣類などの素材を得るための自給的な生業である一方で、貢納品や交易品とする良質の毛皮を獲得するための活動でもあった。シベリアでは特に 16 世紀以降、ロシア帝国が先住民からクロテンなどの毛皮を貢納させてきた。ソ連成立後、先住民は集団農場の労働者として毛皮獣狩猟によって賃金を得るようになった。こうした体制はソ連崩壊後も引き継がれ、先住民を中心とした狩猟者は、その後も毛皮獣猟で現金収入を得ている（池田 1996）。

北方地域に生息する動物種のなかで、先住民にとって特に重要な位置を占めてきたのが**トナカイ**（*Rangifer tarandus*）である。個体数が多く、広範に分布する野生トナカイは、数万年前から人類にとって重要な狩猟対象となってきた（Grayson and Delpech 2005: 558）。人びとは、谷や崖といった自然の地形や杭などを利用してトナカイの群を囲いや網に追い込み、あるいは群が渡河するところを狙うなどして大量に捕獲してきた（Gordon 2003: 17）。一方、約 3000 年前にユーラシア大陸で始まったとされるトナカイの飼育は、その後各地でさまざまな形態に展開し、ユーラシア大陸北部の先住民文化を特徴づける重要な要素となっている。現在、環北極地域の広大な領域で、20 以上の民族集団によってトナカイ牧畜が営まれている（Oskal et al. eds. 2009）。

本章では、シベリア先住民の生活や伝統文化に重要な役割を果たしてきた毛皮獣やトナカイといった資源動物の利用を取り上げ、環境変動がそれぞれの狩猟や牧畜といった生業活動に及ぼしつつある影響とそれに対する住民側の適応について、現状と今後を議論する。

まず 11–1 でシベリアの狩猟を概観し、11–2 では毛皮獣、11–3 では野生トナカイの狩猟について、それぞれの現状と温暖化など環境変化の影響について報告する。次に 11–4 ではトナカイ牧畜の変遷と西シベリア、東シベリアにおける現状、環境変化の影響について報告する。そして 11–5 では、シベリア先住民（特に北方少数民族）が気候変動の現状や影響をどのように認識し、そしてどのように適応しようとしているか、その一端をみてみたいと思う。

11-1 シベリアの狩猟

(1) 狩猟の低迷化

シベリア地域、特に東シベリアは、野生動物資源が豊富であり、ロシアで最も狩猟活動が盛んに行われてきた地域である。商業狩猟の捕獲数では、トナカイ（野生、23.5％）、**クロテン**（20.5％）、**ヘラジカ**（16.5％）の 3 種で 6 割を占め、ほかに**オコジョ**（7.2％）、**マスクラット**（2.9％）などもよく利用される（Andreeva and Leksin 1999）。また、伝統的に罠猟が盛んなことも特徴として挙げられる。

サハ共和国（Sakha Republic）の場合、かつては成人男子のほぼ全員が狩猟をたしなみ、氏族共同体や地域社会で行う狩猟に参加することに、コミュニティへの加入儀礼的な意味もあった。しかしすでに狩猟者人口は急減しており、今後さらなる衰退と狩猟者の高齢化が予想される。

共和国政府は、伝統的狩猟文化と産業の保持の観点から、国営企業（サハブルト）による狩猟免許制度とも連動した独占的な毛皮買い付けと買い取り価格の下支えを行ってきた（池田 1996）。それでも狩猟活動の低迷は続き、また近年は毛皮獣の生息状況変化（個体数変動など）や管理方策の変化がそれに追い打ちをかけている（池田 2012）。

(2) 狩猟の社会経済

狩猟活動は大きく毛皮獣狩猟（クロテンなど、主に罠猟）と大物猟（トナカイなど、主に銃猟）にわけられ、毛皮猟は極東地域、大物猟はサハ共和国とクラスノヤルスク地方（Krasnojarskii Krai）に多い（Zabrodin et al. 1989）。シベリア全体ではあわせて 2 万人以上が経済活動としての狩猟（商業狩猟）に従事しているが、そのうち専業猟師は 500 人程度で、その多くは現在ではサハブルトなどの企業に雇われている（Andreeva and Leksin 1999）。

残りのいわゆる「兼業」猟師の多くはトナカイ牧畜に携わる牧夫で、彼らは遊牧の合間に比較的近い場所で野生トナカイなどの狩猟を行う。牧夫による野生トナカイ猟は、食料の確保のほか、レジャーの要素もあるが、近年は害獣駆除の意味合いがより強まっている。

ロシア全域で売買される毛皮と野生獣肉の 70% 以上はロシア極北部（主にシベリア）で生産されており、その額は年間 1500 万ルーブルを下らない時期もあった（Zabrodin et al. 1989）。しかし、1950 年代以降、その額も毛皮の取扱量も減少している。

それでは現在、狩猟者にとって狩猟は経済的にどの程度の重要性を持っているだろうか？　筆者（立澤）らは、2013 年に、サハ共和国全域の狩猟組合幹部に対し、文書と電話による狩猟実態調査を行った（9 郡[1] より有効回答あり）。この調査の目的は、通常の統計には出てこない、狩猟者の生計における狩猟活動の意味や、狩猟獣の変動に関する狩猟者の認識を把握することにあった。

まず生業の収入割合をみてみよう（表 11-1）。鉱業に支えられているミールヌィー（Mirninskii）郡は別格としても、他の 8 郡中 4 郡の幹部の総年収はロシアの平均年収（約 25.6 万ルーブル、2011 年の平均レートで約 70 万円；2011 年の平均月収 2 万 1353 ルーブルより計算）を越えている。その主生業はいずれも狩猟ではなく主には漁労（8 郡中 7 郡）であり、マンモス牙収集やダイヤモンド産業、天然ガス産業など、地域性の高い“生業”が目立つ。

トナカイ牧畜を主生業と回答したのはオレニョク（Olenekskii）郡だけであり、また狩猟を主生業と回答した郡はなかった。ただし、オレニョク郡の狩猟による粗収入（12 万ルーブル）は他地域と較べて非常に高く、主生業と答えたトナカイ牧畜による粗収入（7 万 8000 ルーブル）を上回っている。それ

[1]　サハ共和国（ヤクーチア）は中心都市ヤクーツクと 34 の郡（ulus）から構成される。

表 11-1　狩猟者アンケートの結果（2012 年度の収入に関わる項）

郡	総年収*（ルーブル）	主な収入源	その金額（ルーブル）	狩猟による収入（ルーブル）	狩猟のコスト（ルーブル）	トナカイ牧畜による収入（ルーブル）
ブルン（Bulunskii）	400,000	漁労	300,000	15,000	回答なし	86,000
アッライホフ（Allaikhovskii）	400,000	漁労、マンモス牙収集	300,000	20,000	15,000	74,000
ニジネコリマ（Niznekolimskii）	400,000	漁労	300,000	10,000	回答なし	86,400
ジガンスク（Ziganskii）	400,000	漁労	300,000	35,000	40,000	64,000
アナバル（Anabarskii）	240,000	漁労	100,000	20,000	16,000–17,000	78,000
ウスチ・ヤナ（Ust-Yanskii）	200,000	漁労、マンモス牙収集	150,000	10,000	回答なし	86,400
オレニョク（Olenekskii）	200,000	トナカイ牧畜	78,000	120,000	80,000	78,000
アブィー（Abyjskii）	200,000	漁労	100,000	15,000	40,000	86,400
ミールヌィー（Mirninskii）	1,000,000	ダイヤモンド、天然ガス	900,000	100,000	20,000	（禁止）

＊：具体的に回答したアナバル郡以外は 10 万ルーブル単位で回答してもらった。

にもかかわらず狩猟を主生業と回答しなかった理由を補足調査で尋ねると、「近年狩猟にかかるコストが跳ね上がり、収入源とは言えなくなった」とのことであった。

オレニョク郡は、サハ共和国において、かつてトンポ（Tomponskii）郡、コビャイ（Kobyaiskii）郡と並んで集約的なトナカイ牧畜が国策として進められた地域であるが、第 3 章でみたように、近年は野生トナカイが増加しており、郡都であるオレニョク村などには、業者が大量のトナカイ肉を買い付けに来ている。この数字は、そのような状況を反映したものだと考えられる。

次に、彼らの狩猟内容をみてみよう（表 11-2）。やはり目立つのはオレニョク郡とミールヌィー郡の野生トナカイ捕獲数であり、狩猟による粗収入のほとんどを占める。この表からは、彼らが実際に手にできる代価が以下のように読み取れる。

- 野生トナカイ　　：5000 ルーブル/頭
- アカギツネ　　：1500 ルーブル/頭

表 11-2　狩猟者アンケートの結果（2012 年度の狩猟内容に関わる項）

郡	狩猟したトナカイ頭数（年間）	その収入（ルーブル）	その他に狩猟した毛皮獣頭数（年間）	その収入（ルーブル）
ブルン（Bulunskii）	0	—	アカギツネ 6、クロテン 2 ほか	14,000
アッライホフ（Allaikhovskii）	4	20,000	アカギツネ 4	6,000
ニジネコリマ（Niznekolimskii）	0	—	アカギツネ 10	15,000
ジガンスク（Ziganskii）	7	35,000	クロテン 1	1,000
アナバル（Anabarskii）	10	50,000	アカギツネ 8	12,000
ウスチ・ヤナ（Ust-Yanskii）	0	—	アカギツネ 7、クロテン 1 ほか	14,000
オレニョク（Olenekskii）	24	120,000	クロテン 2	2,000
アブィー（Abyjskii）	1	5,000	マスクラット 10、クロテン 2	9,000
ミールヌィー（Mirninskii）	20	100,000	—	—

注：野生トナカイの毛皮はほとんど値がつかないが、肉は 150 ルーブル／kg で売れる。クロテンは逆に毛皮だけが売れる。

- クロテン　　：1000 ルーブル/頭
- マスクラット　：700 ルーブル/頭

このうち、野生トナカイは肉（約 150 ルーブル／kg）として、他の 3 種は毛皮（剝皮）として買い取られる。これらは 2012 年のデータ（サハ共和国内共通）であり、買い取り価格は毎年変動するが、この年は特に、かつて高値安定していたクロテンの買い取り価格が底値をつけた（その後、2014 年 4000 ルーブル、2015 年 2000 ルーブルと上下している）。その理由は、極寒でこそ真価を発揮する毛皮の需要の伸び悩みに加え、野生クロテンの毛質や毛色が落ちている（“南方系” が増えた）ためだそうだ。

このような、動物側 / 人間側双方の要因による価格の不安定化もあり、たとえ狩猟組合の幹部であっても、狩猟を収入源とは呼べない状況が加速されているようである。

11-2　毛皮獣利用と環境変化

(1) シベリアにおける毛皮獣狩猟の変遷

シベリアにおいて毛皮獣狩猟はかつての主要産業であり、現在でも極寒の地の生活において毛皮が生活必需品であることには変わりはない。しかし、シベリアにおける毛皮獣狩猟は社会変動という荒波を受けて、その内容は大きく変化してきている。

帝政ロシア時代には、シベリアの良質な毛皮はヨーロッパにおいて高値で取引されていた。毛皮は「柔らかい金」と称され、帝政ロシアは良質な毛皮、特にクロテンの毛皮を求めて東征を進め、わずか 60 年程度の短期間でオホーツク海までの広大な土地を制覇することとなる（池田 2012）。

こうして毛皮獣狩猟はシベリアにおける重要産業となったが、その流れはソ連時代にも受け継がれ、コルホーズ・ソフホーズによる集団狩猟体制がとられることとなった。ヤクーツクは東シベリアにおける毛皮の主要産地であり、その集積地となった。

ところが、ソ連崩壊という政治経済システムにおける社会変動が、シベリアの毛皮獣狩猟にも多大な影響を与えることとなった。組織的にはコルホーズ・ソフホーズによる狩猟体制は崩壊し、経済的にもイタリアやギリシャ、中国などから格安の養殖ミンク毛皮が流入し、かつフェイク・ファーなどの台頭もあって、野生毛皮獣の需要が低下して価格は暴落した。インフレで銃・銃弾といった狩猟用具価格も急騰し、産業としての毛皮獣狩猟は成り立たない状況にまで追い込まれた（Ikeda 2003）。

図 11-1 は、1970 年から 2009 年までのサハ共和国における毛皮獣捕獲数の変動を表したものであるが、こうした社会変動の影響は 1990 年代で顕著に表れている。シベリアのクロテン毛皮は世界最高の品質を誇っており、対外的な需要に変化はないために国家としても貴重な資源として手厚く保護されており、ソ連崩壊によって一旦は捕獲数も低下したが、現在では順調に回

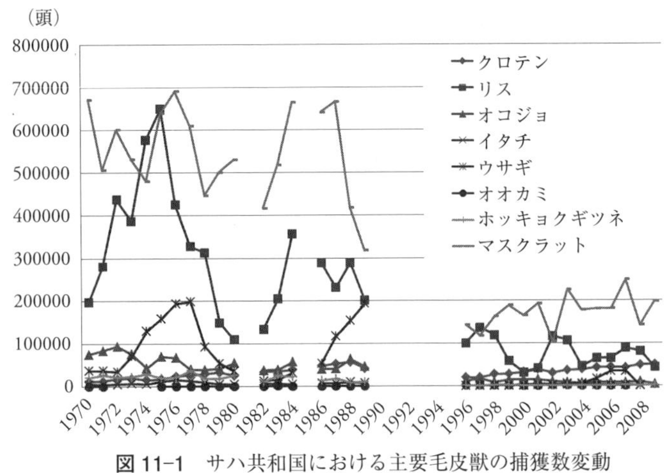

図 11–1　サハ共和国における主要毛皮獣の捕獲数変動

復を見せている。また、オオカミは近年家畜を襲う害獣としての生息数コントロールの必要性が生じてきて、捕獲数は以前より多くなっているが、この 2 種を除く毛皮獣はソ連崩壊以後、軒並み捕獲数が減少している。

(2) マイナーサブシステンスとしての狩猟

ソ連崩壊後は産業としての毛皮獣狩猟はもはや成立しない状況にまで追い込まれたが、伝統的産業である狩猟活動が完全に失われたわけではない。マイナーサブシステンスとしての伝統的狩猟は一部の人間によって脈々と受け継がれてきている。それは、肉の入手を目的とした大型獣狩猟ではなく、毛皮採取を目的とした中・小型哺乳類狩猟に顕著で、かつて毛皮産業に従事していた年金生活者や狩猟愛好家によって、伝統的な罠猟具や単純だが高度な捕獲技術、自然との密接な関係が保ち続けられている。一部の狩猟者は、動物の生態・習性を熟知しており、倒木や氷を用いて作成した罠（図 11–2）には卓越した技術と環境に合わせた工夫がみられ、また狩猟行為や動物への崇拝行動も受け継がれている。サハ共和国では動物の死体は地面に置いてはい

図 11-2　狩猟者がヤナギの木で手作りした伝統的イタチ罠

けないという風習があり、森の中でも木の枝に乗せられたキツネなどの白骨を見ることができる。生産性は低いが、シベリアにおける伝統的狩猟は一部の狩猟者によって連綿と受け継がれてきている。

(3) 生産重視から生態系管理へ ―― マスクラット問題と管理

1990 年代以降、捕獲数は減少したものの、サハ共和国における毛皮獣狩猟にはいくつかの傾向を読み取ることができる。

クロテン狩猟は国家によって手厚く保護され、近年では捕獲数の順調な回復がみられていることは先述したが、同じく捕獲数が近年増加している動物にウサギがある。ウサギはソ連崩壊以降、劇的な捕獲数の減少がみられた動物であるが、ごく最近になって急に捕獲数が増加している (図 11-3)。昔は子どもたちの遊びとしてよく捕獲され、狩猟の入門コースであったため、狩猟回復の兆しとも考えられたが、実際にはウサギの高密度状況における感染

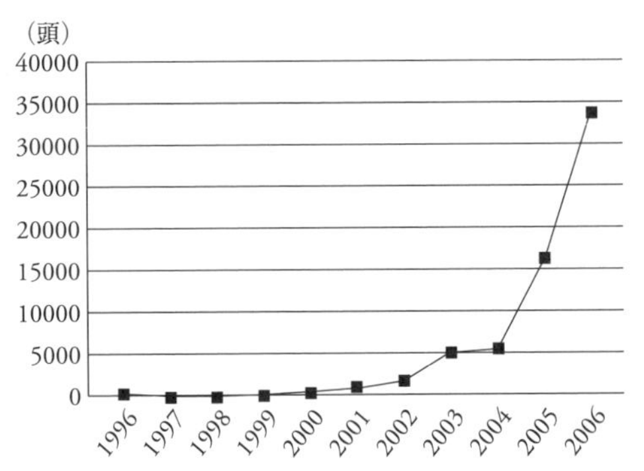

図 11–3　サハ共和国における近年のウサギ捕獲数変動

症蔓延阻止のための個体数コントロールであり、野生鳥獣保護管理（wildlife management）の一環としての捕獲であった。1990 年代後半のサハ共和国における生態学研究はソ連時代の流れを汲むものであり、生態系管理という概念は共有されておらず、あくまでも生産重視の姿勢が頑なに見てとれたが、現在は研究においても西洋の影響を受けて生態系管理の概念が浸透してきている。

また、現在サハ共和国で最も多く捕獲されているマスクラット（*Ondatra zibethicus*）においても過去から現在にかけて管理意識に変容がみられている。マスクラットはソ連崩壊以後、捕獲数こそ減少しているものの、他の毛皮獣を大きく引き離して捕獲されている毛皮獣である。マスクラットは、ネズミ科マスクラット属の哺乳類で、体長は 25〜35 cm、尾長は 18〜28 cm、体は暗褐色で後ろ足に水かきをもち、肛門近くに麝香臭を放つ腺がある。岸辺にすみ、巣穴の出入り口は水中に作る。北アメリカ原産であるが、世界的には侵略的外来種として有名である。1905 年にチェコスロバキアの皇太子が 5 頭（♂ 2・♀ 3）のマスクラットをアラスカから持ち帰り、城の庭に放逐した（Elton 1958）。この 5 頭に端を発する個体群はわずか 50 年で全ヨーロッパに拡大し、オランダでは土手に穴を掘り堤防が決壊するなど、洪水を助長することで害獣扱いされている。また、イネ科草本や貝類の摂食による生態系への影響も大きい。

シベリアにおけるマスクラットの導入は以下のような経緯による。導入目的は毛皮利用であり、東シベリアと極東には 1932 年から 1970 年にかけて 3 万 1132 頭が放逐された (Long 2003)。サハ共和国でも 1930〜31 年の導入以来、広範囲に定着し (Long 2003)、北部のエヴェノ・ブィタンタイ (Eveno-Bytantaiskii) 郡でも数回にわたる放逐が実施されたが、北部の寒さの厳しい地域では結果はすべて定着失敗に終わったようである。サハ共和国北部では低温によって湖沼が結氷するが、底まで完全結氷すると、マスクラットは水中移動できずに生息は不可能となる。そのために北部では定着できなかったと推定されるが、逆に温暖化 (湿潤化) による氷厚変化やアラースの増加がマスクラットの生存に有利に働くことも想定できる。現在のところ、北部にまで生息域が拡大している様子はうかがえないが、今後温暖化が進む場合は動向を注視する必要がある。分布拡大に伴って狩猟の機会は増加するであろうが、同時に洪水を助長することも想定される。ヤクーツク周辺では春季の洪水被害が大きな問題となっているが、マスクラットは狩猟獣として益獣と捉えられる一方で、こうした洪水を助長する害獣という側面も併せ持つ。ソ連時代は毛皮のために個体数調整がされてきたが、現在は研究者にも住民にも環境問題としての管理が必要という認識が拡大してきている。その結果、サハ政府は毛皮獣としての保護政策から生態系保全のための管理政策への転換を決定し、外来種問題としてのマスクラット対策を現在検討中である。

外来種問題は、今や人間活動による生息地破壊に次ぐ生物多様性保全上の世界的重要課題となっている。以前のシベリアでは外来種問題に対する意識は希薄であったが、マスクラットをきっかけに、生態系保全に関する大きな意識の変容が見てとれる。

(4) 狩猟者及び地域住民における気候変動への認識

筆者 (池田) は、ヤクーツク周辺での毛皮獣狩猟に同行した際に、狩猟者の気候変動に対する認識について聞き取りを行った。インフォーマントは 8 名と多くはないが、彼らが気候変動をどのように認識しているか、その一端には触れられたように思う。

彼らの多くは、狩猟活動に関して「温暖化の影響はほとんどない」、あるいは「わからない」と答える。気候変動については、狩猟への影響よりも社会的影響が大きいと感じているようであり、かつ気候変動というものに対して頭では理解しているが、体感はしていない様子である。現地のマスクラット研究者は温暖化によってマスクラットが増加するという仮説に賛同するが、狩猟者はマスクラットが温暖化で増えた様子はうかがえないという。

近年の年間平均気温の変動幅（約2℃）は、地球規模では大きな問題となるが、シベリアのように年較差・日較差の幅が非常に大きい地域では、そこで暮らす住民が気候変動を実際に体感することは難しいのであろう。しかし、一方で社会的事象としての温暖化現象はマスコミ報道などを通して認識されている。

先ほどのマスクラット問題における意識の変容も、実際にマスクラットが増加して洪水が増えたからではなく、今後洪水被害を増大させる可能性があるために、マスクラットへの認識に変化がみられたものと解釈できる。

彼らの気候変動に対する適応パターンは、一般に想定される「温暖化の体感→経験の蓄積→認識の変容→適応（対応）戦略」というボトムアップパターンではなくて、「温暖化の知識先行→社会変化あるいは関連するコストの増大といったモデルによる認識の促進→社会的な対応強化（個人的適応はみられない）」というトップダウンのパターンを示しているようである。

(5) 毛皮獣利用の今後の課題

以上のような変遷を経てきたシベリアの毛皮獣狩猟であるが、今後も伝統的狩猟を継続するにあたって課題も多く残されている。

まず狩猟による安定した収入の確保は生活のためには最も重要な問題であり、高級毛皮として世界的に需要があって比較的安定して単価の高いクロテンの個体数の安定維持をはじめとして、生息数変動のデータに基づいて適正管理を行うことが重要となる。また、伝統的狩猟技術と知識の伝承については、文化としての狩猟活動の保護も必要であろう。

また、シベリアの狩猟獣として、マスクラットの他にもアメリカミンクなどの外来種も少なからず導入されてきた。従来の経済効果のみを重視した狩猟ではなく、外来種による影響などにも配慮した生態系管理概念に基づいた管理戦略の適用も今以上に進めていく必要がある。

11–3　野生トナカイ利用と環境変化

(1) トナカイ猟

シベリアで狩猟が実際にどのように行われるか、サハ共和国の夏のトナカイ猟の事例をみてみよう。

早朝、船着き場に数台の車が集合する。すべて日本製中古車で、中には食糧、燃料、親戚や知人へのみやげや頼まれた買い物などが満載されている。もちろん、山の神、川の神に捧げるウォッカとオラジイ（パンケーキ）も忘れない。車は途中、知人の家に立ち寄って土産と交換に野生トナカイなど狩猟対象動物の生息状況や、気象や地形の最新情報を仕入れながら、支流沿いの小さな集落をめざす。

そこでメンバーが1人加わり、彼が所有するボート（これはエンジンのみ日本製）に、沈むのではないかと思うほど荷物を積み上げ、最後に銘々の銃を丁寧に載せて、川の遡上を開始する。途中、点々と川岸にボートが着けられており、よく見るとその奥で待ち伏せ猟の支度をしている男たちや駆け回る猟犬が見える。

7～8月は、野生トナカイが越夏地から越冬地へ向けて長旅を始める時期である。この時期、野生トナカイの移動速度が最も落ちる渡河時を狙い、多くのハンターが川岸に集まってくる。野生トナカイの群れがわたってくる時期と場所を予測し、そこに先回りして、気の置けない仲間とあれこれと話をしながら「当たり」を待つ時間を、彼らは非常に大切にする。

もっとも、野生トナカイの中でも、賢く大きな個体はそういう大集団から離れて用心深く移動すると考えられており、動物との知恵比べに自信のある猟師たちは、川を離れて森やトナカイゴケの野に入り、“大物狙い”をする。ヘラジカ猟も基本的にはこの方法をとる。

大抵は明け方が勝負だ。前夜に“先発”の数個体が渡った日の翌朝は、森の中で逡巡していた“本隊”が一斉に渡りを始める。一斉と言っても、テレビで見るような一糸乱れぬ隊列ではなく、森のあちこちから飛び出た個体が川に飛び込み、向こう岸をめざす。サハ共和国の場合、ややこしいことに、川が網の目のように流れており、個体のとるルートによっては、同じ渡河ポイントを逆向きに渡ろうとする個体もいる。

発砲音がほぼ同時に鳴り響く。旧式から新式まで銃がさまざまなので、発砲音もさまざまだ。トナカイも必死で渡りきろうとするが、渡る場所が狭く、しかも傾斜があって岸に上がりにくい場所だとまず逃れられない。イヌがトナカイを止めたり、川に追い落とすこともある。血を抜き、皮を剥ぎ、内蔵を出してから肉を切り分ける。作業は無言で進む。

肉の量はざっと 60 kg 以上ある。二月ほどの短い夏の間に食べられるだけの餌を食べ、移動のための体力を蓄えているが、意外に脂肪は少ない。そんな感想も束の間、解体が終わる。取り分けた肉は袋に入れて水につけたり、船底に入れていたみを抑え、帰路順々に知人に配られる。それでも町の家族や知り合いに配る分は十分残る。

皮は、値がつかないことが多いが、ウンティ（毛皮ブーツ）用の“脛”部分をサハブルト（先述）に売って“弾代”が出ることもある。トナカイの場合、皮の自家利用も認められており、かつては鞣して服やブーツに仕立てるまでを家族や共同体で行っていた。しかし、現在はそこまですることが減り、野生トナカイ猟だけで生計を立てる人もほとんどいないという。

(2) 野生トナカイの生態変化とその社会的影響

第 3 章で見たように、東シベリアには、ユーラシア大陸の野生トナカイの実に 7 割が生息する。その生息域はおおよそ 5 つの個体群に区分されるが、少なくとも 4 つは分布域・個体数ともに大きく縮小している（場所によっては地域的絶滅）。そしてこの個体群の縮小は、人間による生息地の攪乱・開発や密猟といった人為的要因と、温暖化に伴う環境変化の両方により引き起こされているようだ。

ではこのような野生トナカイの変化は、狩猟や北方少数民族の生活にどのような影響をもたらしているだろうか。まず、先に紹介した狩猟コストの増加ということに注目したい。実際にはどういうコストが上がっているのだろうか。先の質問紙調査（自由回答部分）やハンティングに同行した際のインタビューで目立つのが、「昔はすぐにトナカイが見つかった」、「昔はトナカイの方からやってきた」、という話である。

先に紹介したように、野生トナカイ猟は、基本的に季節移動の際に、トナカイが毎年のように利用している渡河ポイントで待ち伏せして行う。このポイントや移動ルートの見つけ方、移動のタイミングの判断の仕方などに関する知識は、代々伝えられ蓄積されてきた伝統知である。ところが移動のルートやタイミングが不安定になり、トナカイを効率よく発見・捕獲できなくなり、探索に要する距離や時間が増えているのである。これは、単なる個体数の減少よりも厄介だ。

このトナカイ探索コストの増加は、時間や労力だけでなく、ただでさえ高騰している燃料の消費量の増加をも意味する。これでは毛皮や肉の買い取り価格が多少上がっても、カバーできない。実はこのような探索コストの増加が、多くの狩猟獣・毛皮獣で起こっている。ツンドラでかけた罠に（森林を好むはずの）クロテンがかかった！という（猟師にとっての）ラッキーもたまにはあるが、基本的には“いるはずの場所にいない”という事態が頻発しているそうである。

思わぬ影響もある。伝統知が使えず、昔から代々使ってきた猟場を出て、無線や衛星電話、インターネットも駆使し、最新の日本製四輪駆動車やスノーモービル、日本製エンジンを積んだモーターボートなどで機動的な探索を行う。このような方向に狩猟の形態が変化すると、伝統知を受け継いできた高齢者や、金や最新機器を持たぬ者が、狩猟に参加しにくくなる。その結果、狩猟を行うグループの構成が、以前とは変わってきている。

狩猟のコスト増で危惧されるのが、ブラックマーケットの成長である。都市から離れて暮らす北方少数民族にとって、正規のマーケットへの参入には様々なコストがかかる。その一方で、物価の上昇は、ブラックマーケットでの買い取り価格を上昇させる。もともと経済活動の最後のオプションとして存在した野生トナカイの密猟が、狩猟コストの増加とブラックマーケットでの買い取り価格の上昇により助長されることは想像に難くない。Andreeva and Leksin (1999) は、国家による猟場や狩猟免許、そして買い付けシステムの一括的管理が、北方少数民族による伝統的狩猟の存続を阻害し、ブラックマーケットの成長を促していると指摘する。生態系が不安定化することで、この現象は今後さらに強化されてゆくと考えられる。

以上、野生トナカイ猟のようす、温暖化環境における野生トナカイの変動が狩猟に及ぼす影響、そこから波及する社会的な危惧について述べた。トナカイ猟に代表される野生動物の狩猟は、人為・非人為の要因による環境変化の元で、自然要因（動物の生態特性）と社会要因（経済や文化）が相互作用する複雑な系である。その動態を理解し予測することは極めて難しいが、それは、北方少数民族が温暖化に適応する際の鍵であり、今後、シベリアにおける狩猟の将来像を議論してゆく必要があるだろう。

11–4 トナカイ牧畜と環境変化

(1) シベリアにおけるトナカイ牧畜

ここではトナカイ牧畜の現状について、その主要な展開地であるシベリアを中心に概説する。全世界の家畜トナカイは、推計で 220 万頭前後とみら

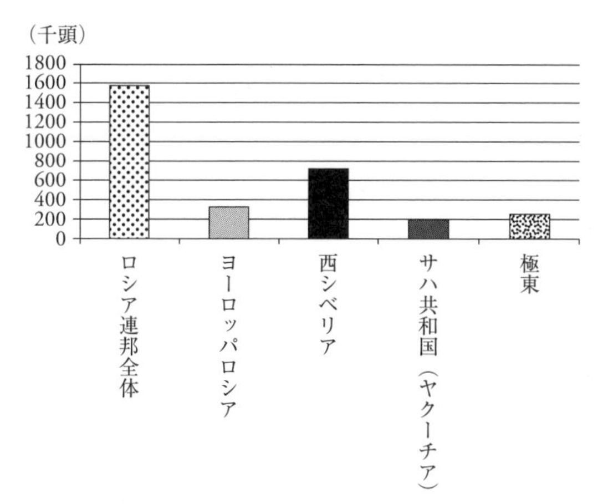

図 11-4　ロシア連邦内の家畜トナカイの地域別分布（2012年1月1日現在）

れる[2]。少数飼育されている北米を除くと、専らユーラシア大陸で展開してきた生業様式で、現在ロシアで70%（158万頭）、スカンジナヴィア3国で27%程度が飼育されている。さらにロシアの家畜トナカイの約8割がウラル山脈以東のシベリアに集中している（図11-4[3]）。

ロシアのトナカイ飼育は、北方少数民族と呼ばれるネネツ人、エヴェン人、エヴェンキ人、チュクチ人他により従事・維持されてきた。家畜トナカイには野生トナカイと対応してシンリントナカイとツンドラトナカイの差異があり、利用法・飼育法もそれぞれに応じて異なる側面がある。騎乗/搾乳がみられる前者（エヴェン人、エヴェンキ人）と、橇牽引/搾乳なしの多い後者（ネネツ人、チュクチ人）、という類型が基本であるが、形質や利用法には確固たる境界はない。

[2]　全世界の頭数は、ロシア（158万頭；ロシア連邦農業省部門別プログラム『2013-2015年に向けたロシア連邦におけるトナカイ牧畜の発展』附属統計資料）とそれ以外の諸地域合計（64万4000頭；Humphries (2007) Reindeer Markets in the Circumpolar North: All Economic Outlook. University of Alaska, Anchorage. Institute for Social and Economic Research）の合計。

[3]　上掲注2掲載のロシア連邦農業省資料による。

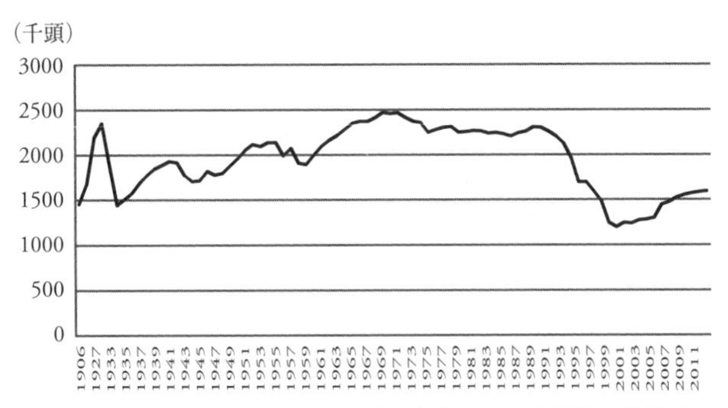

図 11-5　20世紀を通じてのロシア／ソ連における家畜トナカイ頭数の推移（1906〜2012年）

20世紀を通じてのロシア/ソ連邦における家畜トナカイ頭数の推移は図11-5[4]の通りである。農業集団化初期（1930年代後半）とソ連崩壊時以降の頭数激減がみられ、後者では最盛期（1960〜80年代）の半数前後にまで落ち込んだ。21世紀になり地方及び中央の政府機関の支援などもあり、頭数回復の傾向が見てとれる。

現在、ロシア全体の頭数の半数以上はネネツ人の飼育下にあり、西シベリアのヤマル・ネネツ自治管区（Yamalo-Nenetskii avtonomnyi okrug）だけでロシア全体の43%の頭数を占める。他方、ソ連期に40万頭近くの頭数を保有していたサハ共和国は、現在半数の20万頭程度（全体の12%）となっている。

(2) トナカイ牧畜に対する地球温暖化の影響

地球温暖化に伴う気候変化は、気温や降水量、動植物相の変化、そして人間の開発行為の変化などを通じ、野生トナカイの健康状態や個体群動態に影響を及ぼすとされている。これらの影響には正と負の側面があるが、氷河時代として知られる更新世晩期にはトナカイがより南の地域にまで分布してい

[4]　1906–1989, 1991–1994, 1996–1998: Yuzhakov A. A. et al. 2001, 1995, 1999–2012: ロシア連邦農業省統計（上掲脚注2に同じ）

たことから (Grayson and Delpech 2005)、地球温暖化は総合的にはトナカイ個体群に悪影響を及ぼすと予測される。

家畜トナカイと野生トナカイは生物学的に同種であり、またトナカイ牧畜の場所と餌は主に天然の放牧地に依存するため、野生トナカイ個体数の制限因は、基本的には家畜トナカイにも同質の影響を及ぼすと考えられる。ただし、野生トナカイと家畜トナカイでは、地球温暖化の影響に対する感受性が異なる可能性がある。

人為的選択の結果、家畜トナカイは野生種とは異なる遺伝的形質を持つと考えられる。例えば野生トナカイは一定の毛色をしているが、家畜トナカイには多様な毛色がみられる。明るい毛色のトナカイは、より多くのウシバエ (*Hypoderma tarandi* L. Oestridae) に寄生されるとされている[5]が (Rødven *et al.* 2009)、このことは昆虫の寄生が野生トナカイの毛色を制限していることを示唆している。地球温暖化によって夏季の気温が上昇し、昆虫の活性が高まれば、明るい毛色の家畜トナカイに対する寄生が激化する可能性がある。

また、現代トナカイ牧畜の多くでは、定期的に一定数のトナカイが食肉用に屠畜されている。その際、例えば未成獣個体、特にオスと軽量のメスの屠畜が推奨されるなど (Weladji and Holand 2003)、管理者の意図によって特定の齢・性の個体が選択的に屠畜される可能性がある。また、成獣オスの多くが去勢される場合、家畜トナカイ群の性・齢構成は野生群とは異なったものになる (吉田 2006)。こうした個体群特性の差異の影響は明示されていないが、性別や齢によって環境変化に対する感受性が異なる場合、家畜群と野生群で地球温暖化に対する脆弱性が異なることも考えられる (Weladji and Holand 2003)。

さらに家畜トナカイの行動は、人為的に管理されている。一般にトナカイ牧畜では複数の放牧地を季節的に移動するが、放牧地の位置や移動時期・ルートなどは周囲のトナカイ群や他の産業などとの関係で制限されている。

---

[5]　要因は不明だが、明るい毛色がウシバエに発見されやすいこと、毛色が幼虫に対する耐性と関連していることが指摘されている。

そのため、気候変動や開発による地形や植生の変化、放牧地の質の低下や縮小は、野生トナカイよりも家畜トナカイに対してより深刻な影響を及ぼす可能性がある。

一方、開発によってトナカイ牧畜が振興されるとする意見もある。ヤマル・ネネツ自治管区では、開発関係者によって安定したトナカイ肉市場が形成されるとともに、開発企業の支援によって、家畜トナカイ頭数が増加しているとする見解が示されている（Baskin 2005; Klokov 2012）。ただし、放牧地が制限されたり、縮小・荒廃している状況下では、土地の環境収容力に対してトナカイが多すぎるために過放牧状態になり、トナカイの採餌や踏みつけにより放牧地がさらに荒廃するという事例も報告されている（Baskin 2005; Forbes 2006; Klokov 2012; 吉田 2012）。

(3) 西シベリアの状況

上述の通り、現在西シベリアにはロシアの家畜トナカイの半数近くが集中し、そのほとんどがネネツ人の飼育下にある。ウラル山脈の東西に広がるネネツ人（2010年に全ロシアで4万4640人）のうち、ヤマル・ネネツ自治管区には2万6435人が居住する。西シベリアの家畜トナカイ頭数の95%を占めるヤマル・ネネツ自治管区では、その半数以上がソ連時代より継続してきた事実上家族単位の経営体である個人経営者の下にある。ソ連崩壊前後に軒並み頭数を減らした他地域と比べ、ヤマル・ネネツ自治管区の家畜トナカイ頭数が減少しなかったばかりか、2005年頃までは50万頭台、2006年以降は60万頭台というように微増しつつ推移してきたことは、ここでのトナカイ牧畜が個人経営主体であったことと無縁ではない。

同管区の自然条件をみると、北からツンドラ、森林ツンドラ、タイガという植生帯が緯度に沿って分布する（第2章参照）。ツンドラの多くは低湿地で夏季は多数の湖沼が出現するが、冬季には河川とともに凍結する。陸域には野生トナカイ（東部）、ユキウサギ、ホッキョクギツネ、ガン・カモ類やライチョウ類といった野鳥などの野生動物が棲息し、狩猟対象（自家消費及び一

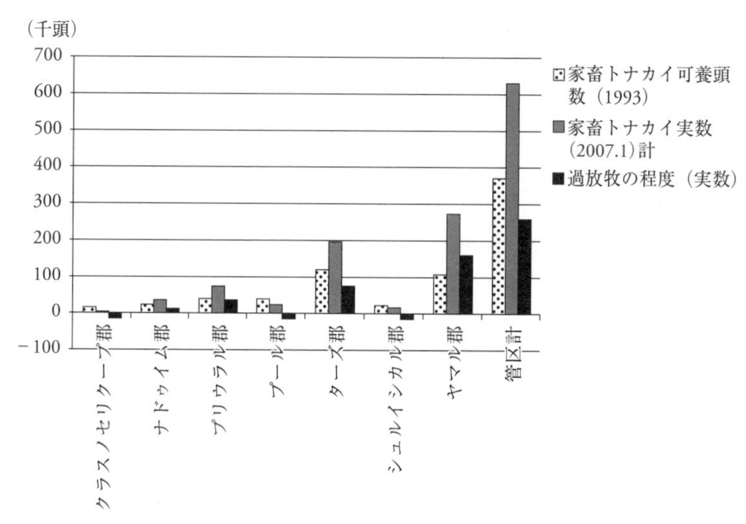

図 11-6　ヤマル・ネネツ自治管区における家畜トナカイ可養頭数と実頭数（過放牧状況）

部売却）となっている。また内水面では、降海性魚種であるシロマス（*Coregonus*）属などを中心とした各種の魚が漁獲対象（主に自家消費用）となっている。このような極北型の生態環境は脆弱な環境バランスの上に成り立っていると言われ、気候変化や人為的活動による変化を容易に蒙る可能性が高い。

図 11-6[6] は、ヤマル・ネネツ自治管区の家畜トナカイ可養頭数と実頭数との関係を示したグラフである。可養頭数は農業当局が算出したものであるが、近年は調査がされていないため、ここでは古いデータ（1993 年）を使用している。このグラフからわかることは、ツンドラ・ネネツ人によるツンドラ型のトナカイ牧畜の展開する 2 郡（ヤマル郡とターズ郡）で過放牧（一定地域における可養頭数を上回る家畜を放牧している）状態となっており、しかもその程度が高いということである。

[6]　可養頭数（1993 年）は F. M. Podkorytov, Olenevodstvo Yamala. Sosnovy Bor, 1995., 実頭数（2007 年）は、ヤマル・ネネツ自治管区行政府統計による。

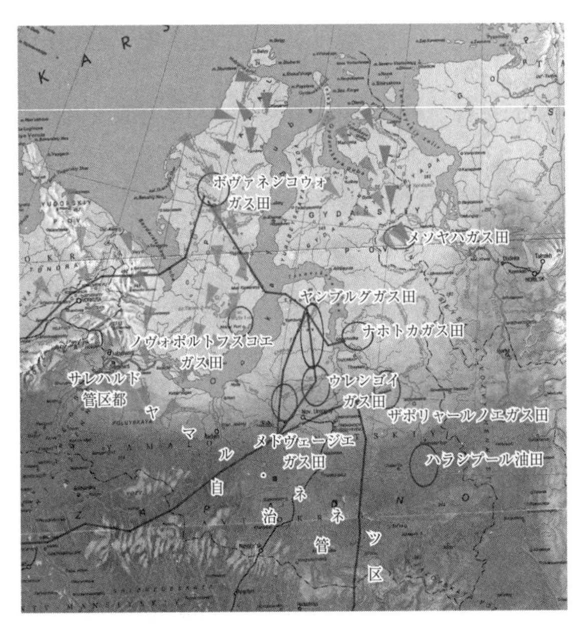

図 11–7　ヤマル・ネネツ自治管区の遊牧ルート（北部）と主な石油・天然ガス開発地
（遊牧ルート：楔型ライン、円・楕円：主要油田・ガス田、黒線：主要パイプライン）

トナカイ飼育 / 牧畜と環境変化との関係については、ヤマル・ネネツ自治管区内のターズ郡（Tazovskii raion）の例を述べることにしたい。ヤマル・ネネツ自治管区は、天然ガスや石油の産地として 1970 年代より開発行為が行われてきた。これらの地下資源開発は南部地域より北上したが、北部北極海沿岸部はまだ放牧地として利用可能な場所が残されている。しかし、西方のヤマル半島にはすでに大規模開発が進展しており、トナカイ放牧地の急速な減少や汚染が現実的な問題となっている（図 11–7）。

ターズ郡は自治管区の北東方、ギダン半島という北極海に突き出た半島とその南部に位置し、多くの地域が家畜トナカイの放牧地となっている。ターズ郡は自治管区の家畜トナカイの 28%（17 万 8000 頭）を擁し、その 84%（15

万頭余）が個人経営下にある（頭数は 2008 年現在[7]）。天然ガス採掘に関しては、半島南部のナホトカではすでに採掘が開始され、ターズ湾には海底パイプラインが敷設された。半島中部にも東 / 西メソヤハ・ガス田が開発中である（報道によれば、ガスプロム社によるギダン半島における 2015 年から 35 年間の採掘が予定されている[8]））。

ヤマル・ネネツ自治管区のツンドラ地帯について気候変化に関した現象について述べれば、いくつかの報告や筆者（吉田）の聞き取りなどを含め、以下のような状況である。

- 年平均気温のわずかな上昇傾向（アメリカ海洋大気庁（National Oceanic and Atmospheric Administration, NOAA）などの気象統計資料による）
- 春の融雪が早い。以前は 5 月中下旬までツンドラには積雪があったが、このところ融雪時期が早い（2005 年ギダン半島北部）。
- 冬季の積雪量が多い。（2007 年サレハルド（Salekhard）市内）
- 灌木類（ヤナギ、矮性シラカンバ、ハンノキなど）の北上（Goetz et al. 2011）やイネ科草本類への置換（Forbes et al. 2009; Walker et al.2011）。

このような変化がトナカイ牧畜や家畜トナカイにどのような影響を与えているか、未だ検証途上にある。最近のスカンジナヴィアにおける調査報告に、夏季のツンドラにおける家畜トナカイによる噛草や踏みつけによる植生量の減少が春の融雪を遅らせる、それによりアルベドが大きい時期が続く、という仮説を提示したものがある。一定条件下でトナカイ牧畜が地球温暖化を抑止する効果をもつ、という趣旨の論考である（Cohen et al. 2013）。これはトナカイを含む牧畜全般、特にその過放牧が地表の植生破壊の原因であり、植生の減少が温暖化を加速させる一因になるとの言説への反論かもしれない。

---

［7］　Martynova E. P., Novikova N. I. *Tazovsky Nentsy v usloviyakh nefchegazovogo osvoeniya*. Moscow, 2012 による。

［8］　“Neftegaz. ru” 2013 年 1 月 16 日記事（http://neftegaz.ru/news/view/106806）

(4) 東シベリア (サハ共和国) の状況

東シベリアに位置するサハ共和国 (ヤクーチア) は、日本の約8倍 (310万km^2) の面積を持つロシア連邦最大の連邦構成体である。2012年現在、共和国内の22郡で約20万頭のトナカイが飼育されている。このうち、筆者ら (吉田・中田) は、コビャイ、オレニョク、トンポ、オイミャコン (Oimiakonskii) の4郡でトナカイ牧畜と環境変化に関する調査を行った。オレニョク郡はサハ共和国北西部の山岳ツンドラ地帯から山岳タイガ地帯にかけて、コビャイ郡、トンポ郡はヴェルホヤンスク (Verkhojanskii) 山脈の西側、南側の山岳中部タイガ林帯に、オイミャコン郡は東部のツンドラ性疎林帯に位置している (図11-8[9])。

サハ共和国における家畜トナカイ頭数は、ロシアの他地域同様、ソ連崩壊後の1990〜2000年代に激減したものの、近年は漸増傾向にある。調査対象の4郡でも1990年代前半の減少傾向はサハ全体の動向と一致している。その後オレニョク郡では頭数が回復していないのに対し、その他の郡では一定の回復がみられ、特にトンポ郡とオイミャコン郡では2000年代に順調に飼育頭数が増加している。飼育頭数の推移からみる限り、社会変化の影響が大きいこと、地域差があることが指摘できる (図11-9[10])。

各郡で主にトナカイ牧畜従事者を対象に行った調査では、全体的に環境変化やその影響に関して一定の認識はあったものの、それらを深刻には捉えていない傾向がみられた。

例えばオレニョク郡では夏の寒冷化と冬の温暖化、オイミャコン郡では夏の温暖化と冬の寒冷化、コビャイ郡では春の寒冷化とそれに伴うこの時期の融雪・氷結のくり返し発生がそれぞれ認識されていた。融雪と再凍結のくり返しによる積雪表面の硬化はトナカイの採餌を妨げるが、こうした状況の発

[9]　サハ共和国政府・サハ共和国科学アカデミー人文科学研究所編、*Yakutia: Istoriko-kul'turnyi atlas.* 2007による。

[10]　サハ共和国農業省編、*Domaschnee olenevodstvo Respubliki Sakha (Yakutia),* 2010. より。

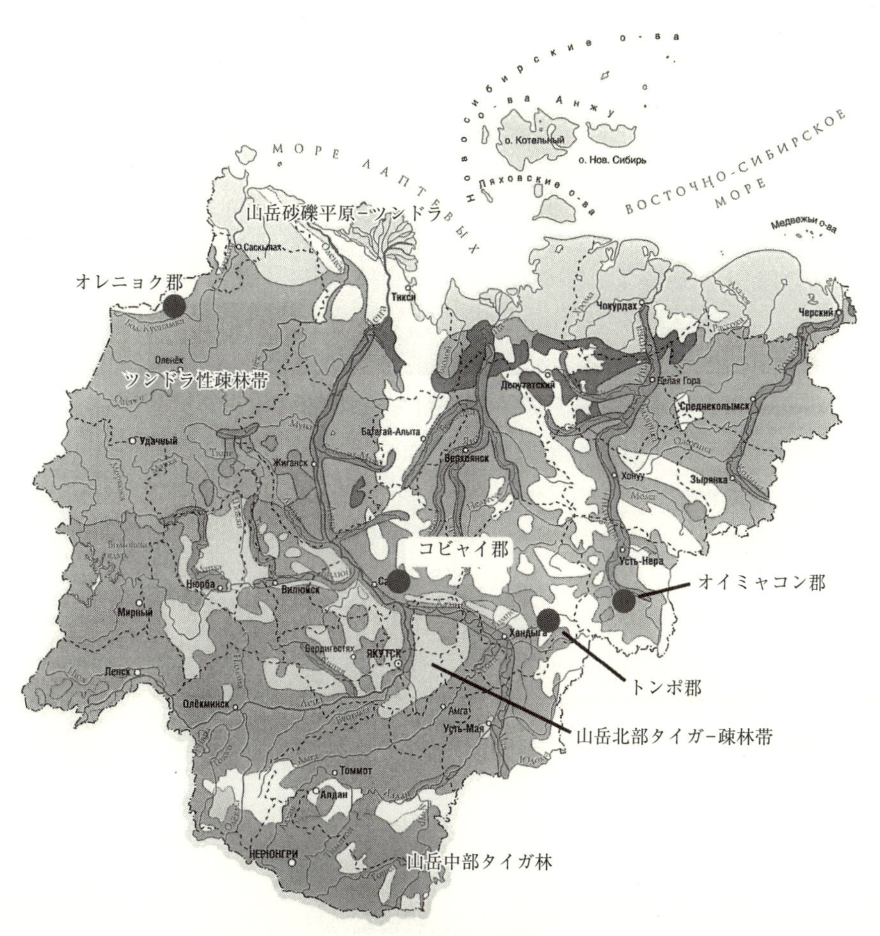

図 11-8　サハ共和国の植生

生によって幼獣の生存率が低下したとする指摘もあった。

一方、トンポ郡を除く各郡で降水量・降水頻度の増加傾向と河川の流路変更や氾濫・洪水の増加が認識されていた。地形の変化によって放牧地や移動ルートを変更するなど、実際にトナカイ牧畜が影響を受けている事例もみら

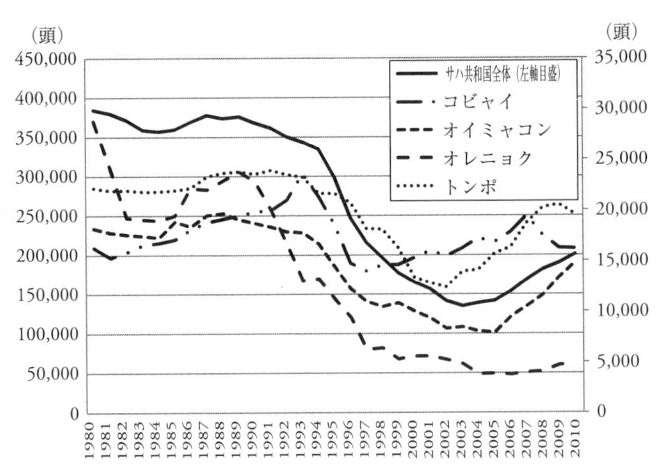

図 11-9　サハ共和国全体および調査地域における飼育トナカイ数の推移（1980～2010 年）

れ、将来的な放牧地の縮小や過放牧も危惧されている。

植物相の変化としては、オレニョク郡でこの 20～30 年間の森林限界の北上が指摘された。ツンドラに森林が進出すれば、植物相全体が変化し、トナカイの餌となる植物も影響を被る可能性がある。また、樹木の生育によって見通しが悪くなり、放牧や狩猟が妨げられることも考えられる。

動物相の変化について、オレニョク郡では 1976 年以降夏季放牧地が野生トナカイの遊動ルートとなっていることが報告されている。トンポ郡では、野生動物や魚類が減少しているとする指摘があった。狩猟・漁労の対象となる動物や魚が豊富なら家畜トナカイを自家用に屠畜する必要がないため、十分な獲物が存在する状況はトナカイ牧畜にとっても望ましい。ただし野生トナカイに関しては、家畜トナカイの連れ去りなどの被害をもたらす存在にもなる。さらに、コビャイ郡、オイミャコン郡では、オオカミやヒグマなどの害獣が増加し、それによって家畜トナカイが捕食される事例が頻発しているといった指摘がみられた。

(5) トナカイ牧畜のまとめ

このように、トナカイを飼育するトナカイ牧畜は、シベリアにおいて、形式としては北方型農業部門のひとつとして、実質的には先住民族の生活・生業様式として維持され展開してきたともいえる。その経営形態は、20 世紀におけるソ連時代の農業集団化政策を通じて国営化・大規模化が図られたが、それも徹底されたとはいえない。トナカイ牧畜という生業形態の性格や特質、また高緯度地方の自然環境や経済性ゆえに、今日まで存続してきたといえる。ソ連崩壊以降、中央及び地方政府機関はトナカイ牧畜の維持に積極的とはいえない状況が続いたが、21 世紀に入り、その維持・復興のための支援策が打ち出されるようになってきたことは上述の通りである。

他方でトナカイ牧畜の展開してきたツンドラやタイガ地帯では、石油・天然ガス開発をはじめとする地下資源開発、森林開発、都市化によるインフラ整備などにより、トナカイの餌となってきた植生の劣化や汚染を含む生態環境の悪化が顕著である。同時に、温暖化を中心とする気候変動の影響も無視できなくなってきている。上述のように、すでに放牧地の植生や地理的環境が改変され劣化してきている、という報告もある。しかし多くの場合、トナカイ牧畜に従事する人々は、多少の気候や植生変化に気づいてはいても、それが家畜トナカイの生育に影響しそうな要因と認識するに至っていないことが多い。トナカイ牧畜従事者は、開発による放牧地の破壊的な環境劣化や家畜群に直接影響を与える害獣（オオカミ、ヒグマ、クズリなど）の増加と近接、家畜群を連れ去ってしまう野生トナカイ群の動向などには大いに警戒している。しかし微細な気象現象や植生状況の変化については、気付かないか、気付いていても気にとめない、というのが現実であるように思える。

このように、環境変化については、開発行為によるそれと気候変動による微小だが継続的かつ広範な変化とは性格が異なり、その影響の調査分析には異なるアプローチや視点が必要である。

11-5　北方少数民族の環境変化に対する認識と適応[11]

(1) トナカイ牧夫会議での聞き取りから

サハ共和国では、年1回、3月末または4月はじめ、つまり雪や氷がとけて本格的な春になる前に、共和国内各地からトナカイ牧夫の代表者を集めて「トナカイ牧夫の日」という祭典を政府が催す。トナカイ牧夫はまた優れた狩猟者であることが多く、トナカイや狩猟獣を中心とした動物に関する情報を集めるのに、これほどよい機会はない。

2008年、筆者（立澤）は初めてこの「トナカイ牧夫の日」に参加した。場所はヴェルホヤンスク山脈の南側に位置するトンポ郡のトンポ村で、3日間の会期中、北方の14郡（主にエヴェン人が多い郡）から参加した牧夫とその家族たちにインタビューを行った。

トンポ郡には多くのエヴェン人が居住し、長くトナカイ遊牧が営まれてきた。ソ連時代、連邦政府は周辺に点在してトナカイ遊牧を行ってきたエヴェン人をトンポ郡に定住させ、定着的なトナカイ飼育事業を行わせた。同様にして各地に設立されたソフホーズやコルホーズは、ソ連崩壊後ほとんどが解散し、トナカイの飼育数も激減した。しかしトンポ村では、少数民族の経済的自立と産業育成のモデルとしてサハ共和国政府が国営企業を設立し、大規模にトナカイ飼育事業が行われている。

インタビューの中で、「自然環境について近年心配なこと」を複数回答で尋ねた。14郡中12郡の代表者が、天候変化をあげ、具体的には、融雪・解氷の早まりと結氷の遅れ（どちらかまたは両方）を指摘した。また、それがなぜ心配かと問うと、「トナカイの移動を妨げる」、「人や物資が移動できなくなる」、との答えがすぐに返ってきた。

[11]　本節は立澤（2009）「温暖化で急変するシベリアの自然と社会」1・2、*Hoppoken* 146, 148を改稿したものである。

オイミャコンから来た夫婦は、河川が凍結した冬道路を通行できる期間が短くなり、販売物の輸送コストや所要時間が増え、そのため肉製品などがいたみやすくなって、トナカイ組合の運送を担当している夫の年間収入が半額近くに落ち込んだと嘆いていた。また彼は、今回は帰りが心配だと繰り返し言った。聞くと、3 月なのにすでに氷が融けはじめた場所があるのだそうだ。「トナカイが渡れなければ、自分がトナカイを抱えて渡るしかない」と、彼は半ばやけくそ気味に笑っていた。実のところ、筆者らの帰路も過去にない暖かさで川の氷が融け、危うく助けを呼ぶ寸前の事態もあった。

(2) 温暖化がトナカイ牧畜に及ぼす影響 ── インタビューから

さらに、「餌や植生の変化」「再凍結による採食の阻害」など、トナカイの食物環境の変化を危惧する声も複数あった。ツンドラの植生は脆弱で、特にトナカイが好むトナカイゴケ（ハナゴケ科の地衣類）は、生育場所が限られる上に、年に数ミリメートルしか成長しない。ところがトナカイが採食した後、トナカイゴケ以外の植物、特に低木類が侵入する場所が増えているという。また、遊牧の場合、例えば凍結した川の氷が予想より早く融けて従来のルートが通れなくなると、迂回して移動コストが増したり、結局十分な餌が確保できなくなったりすることがある。

そして、初冬（10 月）や晩冬（4 月）に積もった雪の上に雨が降り、氷板を形成してトナカイや馬が餌をとれず斃死するという話もこの時初めて聞いた。この現象（ROS; rain-on-snow event）は毎年各地で起こっており、時に家畜の大量死も招いている。温暖化が資源動物に及ぼしている直接的で明らかな悪影響としては、現時点ではこの氷板形成による大量死が最も大規模な例といえよう。

一方、特に変化なしと回答した郡（2 つ）や、夏が涼しくなったと回答した郡もあった。さらに、地球温暖化による植物の増殖に期待している、心配なことはなしとの声もあった。これらの回答については、さまざまな理解や認識があって当然である。ただし、代表者が「夏が涼しくなった」と述べた 2

つの郡では、実は本当に気温が下がっていたのだ。過去30年間の7月下旬の平均気温を見ると、ヴェルホヤンスク山脈など東シベリアの東側（トンポ郡やオイミャコン郡など）では温暖化が進んでいるのに対し、シベリア高地の東端に位置する西側（オレニョク郡など）は夏に限っては寒冷化していたのである。

彼・彼女らは、気候の変化にはある程度気付いているが、それが問題かと尋ねても問題だとは言わない。しかし、何が心配かと聞くと、上記のような具体例が出てくる。もちろん、こちらが誘導した側面もあろうが、彼・彼女らが気付いている変化と「心配ごと」の間をつなぐ作業が、今後は必要だと思われる。

(3) 岐路に立つ遊動文化

ロシアの経済状況が好転してからは、少数民族支援政策が復活したこともあって、伝統的な遊動猟や遊牧の暮らしを北方少数民族のアイデンティティーとして見直し、そこに戻ろうとする動きが盛んである。

この祭典もまさしくこの、「トナカイの民」の伝統的生活様式を奨励し、課題を共有するためにサハ共和国政府が開催しているものだ。そこで最もよく話題となっていた「課題」が経済的利益と伝統的生活（遊動）の両立である。

スノーモービルに象徴される近代の技術革新（バイクや車、無線や携帯電話、ライフル銃など）は、北方少数民族の生活を、物質面だけでなく、精神面まで大きく変えた。遊動の効率を高め、町に住みながら必要なときだけ出動するという「半定住半遊動」の生活をしやすくした反面、現金支出も格段に増え、狩猟の獲物や家畜トナカイがいなければ都市へ出稼ぎに行かざるを得ないという不安定な状態も普通になってしまった。

このような状況に拍車をかけているのが、野生トナカイの移動ルートや行動圏の変化である。前節でも見たように、野生トナカイの生息状況が変化すると、探索や移動・運搬に日数やガソリン代がかかり、出猟しても赤字にな

図 11–10　北方少数民族の子弟を対象とした「移動学校」のようす（サハ共和国政府提供）

ることも多い。特にソ連崩壊後は、新たに組合や会社を設立して狩猟や遊牧を「運営」することが増えた結果、経済効率で作業内容を決める傾向が強まり、リスクの高い遊動猟より遊牧、遊牧より半定住半遊動を選択しがちだそうだ。

技術革新による生活変化を経て伝統的生業を復興させるには、上述のように困難も多く、そこに温暖化など環境変動のリスクが加わる。コストとリスクが高まる遊牧や遊動猟では家族が養えず、都市生活ではアイデンティティーを見失う。「半定住半遊動がプライドと現金収入による現代的生活を両立させる最良の方法だが、失敗すれば酒かトナカイ密猟しか残らない」。祭典で出会ったエヴェン人の青年の言葉である。

(4) 動き出す少数民族 ── 2 つのワークショップ

2008 年の祭典では、北方少数民族が経済的利益と伝統的生活の両立を摸索する上で直面する課題を扱った２つのワークショップが開催された。ひとつは「北方民族の家庭・社会教育」、もうひとつが「地球温暖化への対処」である。

かつてソ連では、北方少数民族、特にエヴェン人など遊動する「トナカイの民」に対しては、遊動する家族から子供たちを引き離して寄宿・通学させる政策が進められた。しかしこの政策は、民族文化や固有言語の消失にもつながるため反発が強まり、現在サハ共和国では、少数民族省を中心に学校（教師）が家族を追って移動する「移動学校」が各地で実践されている（図11-10）。

この移動学校は、民族文化の後継者育成と近代化につながるため、国内外で評価が高まっている。しかし、その実施における思わぬ障害が、トナカイの移動ルートの不安定化である。移動ルートが予測できなくなると、遊牧や遊動猟が従来のように同じルートを辿れなくなり、移動学校も成立しにくくなるからだ。2008年３月にはUNESCO（国連教育科学文化機関）から、これらの気候変動によるコストを踏まえた移動学校推進の勧告も出されている。北方少数民族が伝統的な文化や社会体制を維持するため、温暖化対応がすでに普通に政策課題となっているのだ。

他方、「地球温暖化への対処」は、世界トナカイ牧畜者連盟（the Association of World Reindeer Herders）のプロジェクトEALATのワークショップとして行われ、西（北欧）と東（シベリア）を代表する「トナカイの民」、サーミ人とエヴェン人が、互いの体験やノウハウを交換し、政策提言まで検討する場となった。

そこでは、北極圏の温暖化の概況、それがサーミ人のトナカイ遊牧に与えている影響、サーミ人自身の手による現状調査や対策のようすなどが、エヴェン人を中心とするシベリアのトナカイの民の代表者たちに次々に紹介された。エヴェン人の参加者も口々に自分たちの経験を語り、問題意識の共有が進んだようだった。

実はこの２つの民族の交流はソ連崩壊直後から続いており、今回は共和国政府がそれを支援した上で、地球温暖化問題を北方少数民族自立の最大課題として公式に位置付ける場となったのである。

この 2 つのワークショップの議論は多岐にわたったが、ともに最終的な議論は、すでに起こっている温暖化の影響の軽減技術をいかに導入するか、いかに少数民族が不利にならない政策を提言・要求するか、という 2 点に集約され、民族自立・伝統文化復興のエネルギーが気候変動への社会適応を推し進めるという今後の展開を予見させるものであった。

11–6　北方少数民族の社会適応の今後

以上、シベリアにおける狩猟（毛皮獣猟、および野生トナカイ猟）とトナカイ牧畜の現状と課題について整理し、それらを担ってきた北方少数民族の人々が温暖化環境においてどのような「影響」を認識し、どのように社会的に適応しようとしているかを見た。

野生動物はもちろん、自然生態系のなかで暮らす家畜トナカイも野生トナカイと同様に地球温暖化の影響を受ける。それゆえ狩猟者も牧夫も、その経路の違いや自覚の有無はあれども、地球温暖化の影響を受けつつあると考えられる。もちろん、一方では植物の生産量が増えるなど正の効果もあるだろう。しかしいずれにせよそれらは、変動幅が大きく、しかも予測困難な環境変化をもたらすと予想される。それは、動物に対しても、人に対しても、これまでとは異なる「適応」を求めることになろう。その結果、資源動物と人の関係、その関係を支える社会も、姿を変えてゆくと思われる。

また、大きな社会変動を経験したロシア連邦に属するシベリア地域（特にサハ共和国）を共通の調査地として見えてきたのは、社会変動の影響も十分に大きく、時に温暖化の影響など無視できるほどであることだ。もちろん実際には、これらの影響は、経路もスケールも、そして当事者の関心度合いも異なり、単純に大小で比較できるものではない。また、これらの影響は、個別に作用するのではなく複合的に働き、いくつかの事例が示したように、より悪い状況を生み出すこともあるだろう。問題は、どちらの影響が大きいかではなく、どのように複合し、悪化するのかであり、今後はその具体的なプロセスを、自然科学と社会科学の両面から追跡する必要があるだろう。

興味深いのは、狩猟者や牧夫の中でも、温暖化の状況やその影響に対して正反対の意見や認識をもつ人々がいることだ。11–2節、11–4節で調査対象とした人々（特に現象や影響を意識していない）と、11–5節でインタビューした人々（各郡の代表；かなり明瞭な温暖化認識を示した）がそうであり、両者には同じ場所（トンポ郡）の、しかも同じ氏族共同体のメンバーも含まれている。

しかし、これは考えてみれば当たり前のことで、人や立場や状況によって認識や意見は異なって当然である。重要なのは、それらの多様性をすくい上げつつ、適応策の多様化と連携をすすめることだろう。その意味では、北方少数民族の隣人たる日本の研究者や先住民族がどう関るのかも、また問われている。

参考文献

Andreeva, E. and Leksin, V. (1999) Traditional land use: from state planning to a self-sufficient market. pp. 89–108, In Pika, A. (ed.) *Neotraditionalism in the Russian North*. University of Washington Press, Edmonton, Canada.

Baskin, Leonid M. (2005) Number of wild and domestic reindeer in Russia in the late 20th century. *Rangifer*, 25(1): 51–57.

Cohen J., Pulliainen J., Menard C. B., Johansen B., Oksanen L., Luojus K., and Ikonen J. (2013) Effect of reindeer grazing on snowmelt, albedo and energy balance based on satellite data analyses. *Remote Sensing of Environment*, 135: 107–117.

Elton, C. S. (1958) The Ecology of Invasions by Animals and Plants. London, UK.（邦訳：エルトン，C. S.『侵略の生態学』川那部浩哉他訳，思索社，東京）

Forbes, B. C. (2006) The challenges of modernity for reindeer management in northernmost Europe. pp. 11–25. In: Forbes, B. C., Bolter, M., Muller-Wille, L., Hukkinen, J., Muller, F., Gunslay, N. and Konstatinov, Y. (eds.) *Reindeer Management in Northernmost Europe*. Ecological Studies 184, Springer-Verlag, Berlin Heidelberg, Germany.

Forbes B. C., Stammler F., Kumpula T., Meschtyb N., Pjunen A. and Kaarlejarvi E. (2009) High Resilience in the Yamal-nenets social-ecological system, West Siberian Arctic, Russia. *Proceedings of the National Academy of Sciences of the United States of America*, 106(52) 22041–22048.

Goetz S. J., Epstein, H. E., Bhatt, U. S., et al. (2011) Recent changes in Arctic vegetation: satellite observations and simulation model predictions. pp. 9–36. In Gutman G. and Reissell A. (eds.) *Eurasian Arctic Land Cover and Land Use in a Changing Climate*. Springer, Dordrecht, Netherlands, Heidelberg, Germany, London, UK, New York, USA.

Gordon, B. (2003) Rangifer and man: an ancient relationship. *Rangifer, Special Issue*, 14: 15–28.

Grayson, D. K. and Delpech, F. (2005) Pleistocene Reindeer and Global Warming. *Conservation Biology*, 19(2): 557–562.

Humphries, J. E. (2007) *Reindeer Markets in the Circumpolar North: All Economic Outlook. University of Alaska, Anchorage. Institute for Social and Economic Research.*

池田透（1996）サハ共和国エヴェノ・ブイタンタイスキー地区における毛皮獣狩猟と猟獣管理.『シベリアへのまなざし ― シベリア牧畜民の民族学的研究』（齋藤晨二編）pp. 127–136 文部省科学研究費補助金研究成果報告書，名古屋市立大学，名古屋.

Ikeda, T. (2003) Present situation of furbearer hunting in northern Yakutia: turning point of traditional hunting activities. pp. 77–88. In Takakura, H. (ed.) *Indigenous Ecological Practices and Cultural Traditions in Yakutia*. Northern Asian Studies Series 6, Center for Northeast Asian Studies, Tohoku University, Sendai, Japan.

池田透（2012）毛皮獣の利用をめぐる生態系保全と外来生物問題.『極寒のシベリアに生きる―トナカイと氷と先住民』（高倉浩樹編）pp. 157–172 新泉社，東京.

Klokov, K. B. (2012) Changes in reindeer population numbers in Russia: an effect of the political context or of climate? *Rangifer*, 32(1): 19–33.

Long, J. L. (2003) *Introduced mammals of the World: Their History, Distribution and Influence*. CSIRO Publishing, Collingwood, Australia.

Martynova E. P., and Novikova N. I. (2012) *Tazovskie Nentsy v usloviyakh nefchegazovogo osvoeniya*. Etnokonsalting, Moscow, Russia.

Ministerstvo sel'skogo khozyaistva Respubliki Sakha (Yakutia) Departament traditsionnykh otraslei Severa i rybokhozjaistvennoi dejatel'nosti (2010): *Domaschnee olenevodstvo Respubliki Sakha (Yakutia)*. Ministerstvo sel'skogo khozjaistva Respubliki Sakha (Yakutia) Departament traditsionnykh otraslei Severa i rybokhozjaistvennoi dejatel'nosti, Yakutsk, Russia.

Ministerstvo sel'skogo khozyaistva Rossiiskoi Federatsii (2013) *Otraslevaya programma "Razvitie severnogo olenevodstva v rossiiskoi federatsii na 2013–2015 gody*.

Oskal, A., Turi, J. M., Mathiesen, S. D. and Burgess P. eds. (2009) *Ealat Reindeer Herders' Voice: Reindeer herding, Traditional Knowledge and Adaptation to Climate Change and Loss of Grazing Land*. International Centre for Reindeer Husbandry.

Podkorytov, F. M. (1995) Olenevodstvo Yamala. Tip. Leningr. atom. stantsii., Sosnovy Bor, Russia.

Pravitel'stvo Respubliki Sakha (Yakutia) i Institut gumanitarnykh issledovanii AN Respubliki Sakha (Yakutia) (2007) *Yakutia: Istoriko-kul'turnyi atlas*. Izdatel'stvo Feoriia, Moscow, Russia.

Rødven, R., Mannikko, I., Ims, R. A., Yoccoz, N. G. and Folstad, I. (2009) Parasite intensity and fur coloration in reindeer calves — contrasting artificial and natural selection. *Journal of*

Animal Ecology 78: 600–607.

Weladji, R. B. and Holand, O. (2003) Global climate change and reindeer: effects of winter weather on the autumn weight and growth of calves. *Oecologia*, 136: 317–323.

Walker D. A., Forbes, B. C., Leibman, M. O., et al. (2011) Cumulative effects of rapid land-cover and land-use changes on the Yamal peninsula, Russia. pp. 207–236. In Gutman G. and Reissell A. (eds.) *Eurasian Arctic Land Cover and Land Use in a Changing Climate.* Springer, Dordrecht, Netherlands, Heidelberg, Germany, London, UK, New York, USA.

吉田睦（2006）ツンドラ・ネネツのトナカイ牧畜：群管理の構造と実態（2005 年ギダン・ネネツ春季キャンプ調査報告）.『千葉大学ユーラシア言語文化論集』9: 31–56.

吉田睦（2012）シベリアのトナカイ牧畜・飼育と開発・環境問題.『極寒のシベリアに生きる―トナカイと氷と先住民』（高倉浩樹編）pp. 137–156 新泉社，東京.

Yuzhakov, A. A. and Mukhachev, A. D. (2001) Etnicheskoe olenevodstvo Zapadnoi Sibiri: nenetskii tip. Yamal’ skaya SKhOS, Novosibirsk.

Zabrodin, V. A., Karelov, A. M. and Dragan, A. V. (1989) Okhotnich’e khoziaistvo Severa. Agropromizdat, Moscow, Russia, 203pp.

第 12 章　洪水リスクへの適応
── サハ共和国の移住政策

藤原潤子

レナ川は水の増減が激しい。この日は水が減って現れた川底に
美しい模様ができていた。
（サハ共和国ハンガラス郡、2009 年 8 月）

極寒のシベリアの地では、河川は冬に凍結し、春になると融け出す。東シベリアのサハ共和国の人々によると、川に張った分厚い氷が融け、流れて行く現象は、春の訪れを告げるものであり、かつてそれを眺めることはお祭りのようなものであったという。しかし 1990 年代末以降、この解氷に対するまなざしが大きく変化する。1998 年春に大洪水が起きて共和国各地で大きな被害が出たこと、その後、毎年のように大きな洪水被害が出るようになったことにより、お祭りから**リスク**へと認識が大きく変わったのである。解氷期の洪水増加の原因は**温暖化**によるものとされ、今後も増加が予想されている（Госгидромет 2005）。このような状況に対して、サハの地域住民はどのように**適応**しようとしているのだろうか。本章では洪水への適応策として、**移住**政策がどのように進められていったのかを示したい。

サハ共和国における洪水被害の現状と対処の方策については、2010 年 5 月 27 日付でサハ共和国政府によって承認された文書「サハ（ヤクーチア）共和国の居住地及び経済施設を洪水及び水によるその他の被害から守るためのコンセプト」（Концепция 2010）の中に詳しく記されている。本章ではこの文書の知見を踏まえつつ、政府から提示された移住案が実際にどのように進んでいったのかを明らかにする。複数のステークホルダーの間で調整が行われ、皆が納得できる適応策が見出されていったプロセスを示すものである。資料とするのは、2008 年〜2011 年に自身が行ったサハの村でフィールド調査、政府関係者へのインタビュー、新聞記事などである。

12-1　川辺の村でのくらし

調査地である**ロシア**連邦**サハ**共和国は国土の 40％が北極圏に属し、その気候は極寒である。共和国の北部はツンドラ地帯、南部はタイガ地帯となっている。1 年のうち最も寒い 1 月の平均気温は、共和国内のほとんどの場所で −30〜−40℃、記録上の最も低い気温は −71℃、最も暖かい 7 月の平均気温は共和国中央部で 15〜19℃である。共和国の地下には全域にわたって永久凍土層が広がっている（Правительство Республики Саха (Якутия) и др. 2007）。

サハ共和国はロシア連邦の国土の 5 分の 1 を占めるが、人口は 95 万人程度にすぎない。そのうち 64.5%が都市に、35.5%が農村部に居住する（2007 年現在）（Федоренко и др. 2009）。人口を構成する主な民族は、先住民族であるサハ人（49.9%）と 17 世紀以降サハに進出してきたロシア人（37.8%）である。それ以外に**ドルガン**（0.2%）、**エヴェンキ**（2.2%）、**エヴェン**（1.6%）、**ユカギール**（0.1%）、**チュクチ**（0.1%）などの北方少数民族もいる[1]。

共和国における公用語は、ロシア語とサハ語である。共和国内ではそれ以外にも、エヴェン語、エヴェンキ語、ユカギール語なども話されている。北方少数民族が多数を占める村でもロシア語が日常語となっていることが少なくないため、北方少数民族の言語は存続の危機にあると言われる。特に若い世代は自らの民族語を知らない者も多く、言語や文化の保護運動が行われている。

サハ共和国の村々で行われている生業は、サハ人の場合は牛馬飼育、漁労、狩猟、ジャガイモ栽培、野菜栽培、ベリー類の採集などである。エヴェン人、エヴェンキ人、ユカギール人の村の場合、牛馬飼育に代えて（あるいは牛馬飼育に加えて）トナカイ飼育が行われている。

村に一般にある施設は役場、公民館、郵便局、学校（日本の小中高にあたる）、幼稚園、病院、発電所、暖房供給施設、商店などである。ソ連崩壊に伴うソフホーズの解体により、村にはさしたる雇用先がなく、学校が現在の村における最大の雇用先であることが多い。

サハ共和国は非常に水資源が豊かな地域で、長さ 10 キロ以上の川が 70 万以上もある（Концепция 2010）。村は通常、川辺に位置するため、共和国内のほとんどすべての村が洪水リスクをかかえる（Концепция 2010）。川沿いが好まれる理由としては、第一に漁労に便利だからである。魚は地域住民の貴重なタンパク源であり、夏のみならず、冬の氷下漁もさかんである。また中洲

［1］　2010年現在。http://www.gks.ru/free_doc/new_site/perepis2010/perepis_itogi1612.htm（2014 年 6 月 23 日参照）

図 12-1　川でとった魚をさばき、切れ目を入れて干して保存する

や氾濫原など川沿いには豊かな牧草地が広がっており、牛馬飼育に適しているのも大きな理由である。（図 12-1、12-2）

サハの村には一般に水道施設がないことも、川沿いが好まれる理由のひとつである。飲み水は給水車によって川から家の前のタンクまで運ばれる。その他の生活用水や栽培のための水は、雨水を利用するか、各家庭でバケツやポンプで川の水を汲むという方法を取る。そのため、川から離れるとたちまち生活に不自由することになる。（図 12-3）

川辺に住む理由としてはさらに、川が重要な交通路だからである。サハは湿地が多く、夏には通行困難な場所が多いが、川辺に住めば船で移動することができる。加えて冬は凍結した川を道路として使うことができるのである。（図 12-4、13 章参照）

図 12–2　豊かな牧草地が広がるレナ川中洲での干草作り風景

図 12–3　川から生活用水を運ぶ人。川沿いに家が並んでいるのが見える。

図 12-4　凍結したレナ川の冬道路をトラックが走る。

12-2　春の解氷のリスク化

次に、春の解氷による増水がどのように起こるのかを簡単に説明しておきたい。サハ共和国の川は基本的に南から北に向かって流れており、上流と下流との間に温度差がある。春には暖かい南側（上流）から融け始め、水の流れに乗って巨大な氷が大量に流れていくことになるが、その時、より北に位置する下流では気温が低いため、まだ表面には硬い氷が張っている。そのため、上流から流れてきた巨大な氷のブロックがどこかで堰き止められたり、川の急カーブで氷が詰まってしまったりする現象が起こる。こうして詰まった氷により一時的にダムが形成され、増水・氾濫する（詳しくは本書の第１章や第５章を参照）。

河氷の解氷期に各地で起こるこうした増水・氾濫は、適度なレベルならば生業によい影響をもたらす。河川の中州の牧草地を肥沃にしたり（第６章）、川から周辺の湖に魚を運び込むことで、豊かな漁場をもたらしたりする。牛馬飼育や漁労に従事する現地の人々は、この春の氾濫を生業に組み込んで生

表 12-1　サハ共和国における近年の洪水被害額（Концепция 2010）

年	単位：ルーブル
1998	939,400,000
2001	7,000,000,000
2002	114,600,000
2004	439,000,000
2005	97,400,000
2006	7,700,000
2007	1,088,500,000
2008	939,100,000

活してきた（高倉 2013）。しかし、家にまでせまる洪水は脅威である。近年の状況は、こうした恵みの増水が脅威に変わっていったことに問題がある。

春の解氷に対する認識がお祭りからリスクへと変化するターニングポイントとなったのは、1998 年の春の大洪水である。これは近年最初の大洪水であり、205 の居住地で被害が出た。5 人が死亡し、被災者は計 4 万 7000 人、1 万 5000 以上の家屋で浸水した（うち全壊746軒）。近年で二度目の大洪水となった 2001 年は、サハ共和国内の 35 の郡のうち、首都ヤクーツクとその周辺を含む 10 郡で被害があり、死者も出た。レンスクの町や一部の居住地は完全に水に浸かり、3489 の家屋、704 の農業関係施設、数十の橋、4000 以上の温熱・水・電気・石油・ガス供給ラインが破壊され、2184 頭の家畜が死亡、30 トン近くの植え付け用作物が水没する被害が出た（Концепция 2010）。以後、毎年のように洪水被害が出るようになった。表 12-1 は近年の洪水による被害額である。

非常事態省での聞き取り調査によると、1998 年以前に関しては、20 世紀中には、洪水はあるにしても 10 年か数十年に一度程度にすぎなかった。しかし先に紹介した政府の文書によると、現在ではほとんどすべての居住地（村及び町）が洪水リスクをかかえている。リスクが特に大きい居住地は 92 あり、その人口は 13 万 6400 人である（Концепция 2010）。サハの人口の約 14% が高リスクにさらされている計算になる。

1998 年に大きな被害が出たこと、そしてそれ以降、洪水被害が頻繁化したことにより、対策の必要性が訴えられるようになった。洪水の生起率はほぼ毎年、被害も甚大で予算を大きく圧迫していることから、春洪水はサハ共和国における最大の問題となった。

これに対する共和国レベルの洪水対策であるが、トップはサハ共和国政府で、洪水に関わる案件の議決、及び政令発布を行っている。共和国政府の直轄で実質的な業務を行っているのが、サハ共和国洪水被害撲滅・復興執行部である。この機関は近年2回目の大洪水の年にあたる2001年に創設され、被害状況調査、復興資金支出、予防のための施策を行っている。サハ共和国非常事態省では、レーダーで雪と氷の厚さを計測して被害の予想を行い、氷に黒炭を撒いたり（太陽熱の吸収を促して氷を溶かすため）氷を爆破したりして、洪水の予防、またはすでに起こっている洪水の解消を行っている。洪水で孤立した人々の救出作業に関しては、非常事態省に加え、サハ共和国自然保護省も行っている。さらに、膨大な家屋及び公共インフラが破壊されるため、サハ共和国住宅サービス・エネルギー省、サハ共和国建設・建設資材産業省も洪水対策に関わっている。また洪水によって膨大な経済的損失が生じるため、サハ共和国財務省、サハ共和国経済発展省も**政策**決定に関わっている。

洪水対策においては、河川流量や気象のモニタリングを行う機関も重要な役割を負っている。共和国レベルのモニタリングは、連邦水資源局レナ川水域管理部が行っている。またロシア各地のモニタリング情報をもとに、ロシア連邦水文気象観測所が環境変動の予測やそれに伴う経済被害の予測などを行っている。洪水対策においてはさらに、政府の依頼による調査研究プロジェクトも組織されており、研究者から政策立案者への提言が行われている。

洪水を災害として問題化するかどうかは、洪水の頻繁化に加えて、居住形態ともかかわっていると思われる。サハ共和国の先住民族は、ソビエト政権によって定住化が進められる以前、すなわち20世紀前半までは、現在よりも遊動性の高い生活をしていた。そのため、災害によって移動をせまられる事態になっても、定住生活者ほどには大きな出来事として捉えなかったようである。

例えばトナカイ遊牧を生業とするエヴェン人の住むベリョーゾフカ村住民によると、1980年代頃までは洪水は異常なことではなく、普通のこととして受け止められていたという。当時、村では定住化政策が始まって数十年が経っていたものの、家が全く足りない状態で、多くの人がトナカイと共に遊動する際に使うテントを村の中に立てて暮らしていた。そんな彼らにとって、水がくればテントを別の場所に立てれば良いだけのことであり、誰も騒ぐことなく、黙ってテントを移したらしい。しかし現在ではロシア人と同じく、固定された丸太作りの家が主流になっており、家ごと速やかに移動するのは不可能である。毎年のように洪水に見舞われて家が泥だらけになったり、家具がすっかりダメになってしまったりすることにうんざりして、移住計画が持ち上がった。定住化という近代化政策によって洪水が災害化し、より大きなリスクとして認識されるようになったのである。

春洪水がリスクとみられるようになって以来、人々は自衛するようになった。個人レベルでは、春の解氷時期に小高い場所にテントを立てて一時的に避難したり、別の安全な村に避難する、重要書類、家電、家具、家畜などを屋根裏や屋根に上げる、家畜を小高い場所に誘導しておくなどの対策が毎年とられている。また村単位では、当番を決めて川の水位を日に数度測る、避難の手段として使えるモーターボートをリストアップしておく、寝たきりの患者をあらかじめ安全な場所に移送しておくというようなことが行われている。

幸い洪水による死亡者は比較的少なく、ほとんどの年でゼロである。どこかで解氷が始まったという情報はリアルタイムで報道されており、いつごろ自分の住む場所に洪水が押し寄せるのか、ある程度予測して避難することができるからである。しかし、家畜の避難までは間に合わないことが多々ある。また、洪水防止策として護岸工事などが行われてはいるものの、家の浸水や、家が丸ごと流されるといった被害も防ぐことはできていない。

洪水被害が起きた場合、その復興計画や復興状況に関して頻繁に報道がなされるが、その際、被害者や共和国政府が最も懸念するのは、「冬までに復興が間に合うかどうか」という点である。北極圏の夏は短く、7月のピークを過ぎると8月はもう肌寒い。雪が降れば建設作業はできないため、それまでに住居を用意しなければ、家を失った人は凍えてしまう。また仮に床下浸水であっても、浸水した家は暖房の効かない「寒い家」になってしまうので、土台の土を乾いた土に入れ替えなければならない。冬の暖房には薪が使われることが多いが、これが洪水で流された場合には新しく用意しなおさなければならない。5月頃に起こる春洪水の後、半年弱でこれらの仕事を終えなければ、厳寒のこの地では命にかかわることになる。そのため、夏の間、人々は必死に復興作業に打ち込む。すでに述べたように、洪水の原因は温暖化とみられている。温暖化によって、結果的に凍えるリスクにさらされるという皮肉な状況が生じているのである。

12-3 移住までの道のり

洪水により頻繁に被害を受ける村の住民には、政府から移住の提案がなされる。サハ共和国洪水被害撲滅・復興執行部によると、3回以上に渡って村の60%以上が被害を受けた場合に危険と判断される。しかし大きな被害を受けてもなお、人々は今住んでいる場所からなかなか動きたがらないものである。

さてここで、日本で現在問題になっている移住政策に目を向けたい。日本では2011年3月の東日本大震災での大津波の被害を受けて、高台移転が進められている。しかし交通工学者の元田良孝によると、日本では津波のたびに高台移転が提唱され、実施されてきた歴史があるが、結局は低地に戻り失敗している例がほとんどで、その原因は安全性と利便性のバランスを欠いていることにある。誰でも津波には遭いたくないが、人は安全を至上目的にして生きているわけではない。高台居住は当地で最も盛んな産業である漁業の実態になじまず、移転させても人びとは海に近い低地に戻ってきてしまう（元田 2011）。

サハ共和国でも移住に際して、生活の利便性と両立しないことが最大の問題となった。しかし、政府と住民の間でコミュニケーションを重ね、サハにおける洪水リスクの特性に注目しつつ文化的伝統を生かしたことにより、この問題は見事にクリアされることとなった。本節では洪水に苦しむ14の村の例から、リスクと利便性のバランスがどう見いだされたのかを示したい。

(1) 考察対象

考察対象とする14の村のうち10は、2002年に政府によって村ごと高台に集団移転することが決定された村である。これらの村に加え、村が消滅させられた例（2例）、移住案が出ながら移住に至っていない例（2例）も参照する（表12-2，図12-5）。

調査方法は、14の村のうち、ハティスティル村、アルガフタフ村では現地を訪れてフィールドワークを行った。またクタナ村、キッラフ村、ベリョーゾフカ村、アンドリューシキノ村に関しては、現地を訪れることはできなかったが、関係者にインタビューを行った。これに加えてすべての村に関して、新聞、共和国オフィシャルサイト、およびインターネットで情報集めた。さらにサハ共和国洪水被害撲滅・復興執行部、サハ共和国の非常事態省でもインタビューを行った。

サハで現在最も大きな問題となっている洪水は春のアイスジャム洪水（第1章や第5章参照）だが、ここでは移住をめぐる住民感情に焦点を当てるために、別のタイプの洪水に悩まされている村もふたつ含めている。これは温暖化による永久凍土の融解が一因とみられる洪水で、降水量の増加をきっかけに、コリマ低地に多数存在する湖沼の水が川に流れ込むことによって起こる[2]。

ここで取り上げる14の村はいずれも川沿いにある。3つの主な川の基本情報を挙げておきたい。レナ川（Lena）はバイカル山脈を水源とし、北極海に注ぐ東シベリア最大の川で、総延長は4400 km、流域面積は249万 km^{2}である。

［2］　凍土融解洪水については、Готовцев et al. (2009) を参照した。

表12-2　考察対象とする村

村名	流域	人口（2008年現在）	洪水のタイプ	移住方法
①クタナ Kutana	アルダン川	600	春洪水	集団（2002年のサハ共和国政府の決定による）
②ハティスティル Khatystyr	アルダン川	1,500		
③チェリクチェイ Cheriktei	アルダン川	500		
④キティル・デュラ Kytyl-Diura	レナ川	500		
⑤カルヴィツァ Kal'vitsa	ベルゲ・チュヴュエネ川（レナ川支流）	200		
⑥ハプチャガイ Khapchagai	レナ川	100		
⑦キッラフ Kyllakh	レナ川	1,100		
⑧ベリョーゾフカ Berezovka	ベリョーゾフカ川（コリマ川支流）	400		
⑨フタロイ・ホムスタフ 2-i Khomstakh	レナ川	600		
⑩アルビンツィ Arbyntsy	レナ川とアルダン川の合流地点	300		
⑪ボルドイ Bordoi	アルダン川	—		個別
⑫サルディケリ Saldykel'	レナ川	—		
⑬アルガフタフ Argakhtakh	アラゼヤ川	600	永久凍土の融解が一因の洪水	決定に至らず
⑭アンドリューシキノ Andriushkino	アラゼヤ川	800		

図12-5　考察対象とする村の位置

アルダン川（Aldan）はスタノヴォイ山脈を水源とし、レナ川に合流する川で、総延長は2273 km、流域面積は72万9000 km^2 である。アラゼヤ川（Alazeia）はコリマ低地を流れて北極海に注ぐ川で、総延長は1590 km、流域面積は6万4700 km^2 である。

(2) どのように移住するか？

移住といっても、その方法はいろいろあり得る。ここでは2つの村の事例から、移住の形態がどのような論理で選ばれているのかを考える。

事例1：アルガフタフ村[3]

スレドネコリマ郡アルガフタフ村はアラゼヤ川沿いに位置する。人口は約600人で、主な民族はサハ人である。この村では1997年以降、永久凍土の融解が一因とみられる洪水に頻繁に見舞われるようになった。アラゼヤ川流域で生じているこの種の洪水は、一気に川が増水して決壊するような洪水とはかなり異なる。春の雪解け以降、水位が徐々に上がっていき、夏中高い水位を保ち、そのまま冬に凍るという特殊な洪水である。周囲が水に浸かり、村はまるで海の中に浮かぶ小島のようになる。水に浸かっている期間があまりに長く、それが頻繁に起こるため、村人は「我々は10年も水の中にいた」というような言葉で近年の状況を説明する。

特に被害が大きかった2007～2008年の洪水の際、29世帯が長期に渡って浸水し続け、人々は村内の親戚・知人の家に移り住むことを余儀なくされた。また村の滑走路が水没したため、郡中心の町スレドネコリムスクとの間を結ぶ飛行機が2年間まったく飛ばなかった。牛馬の放牧地、冬の干し草のための草刈り場も水没し、生業に大きな影響が出た。交通の便の悪い当地では、冷蔵・冷凍保存が可能な地下貯蔵庫が生活には不

[3]　アルガフタフ村の被害について、より詳しくは藤原（2013）を参照のこと。

可欠だが、大多数の家でこれが融ける、水没する、あるいは夏期に低い温度を保てないという事態も生じ、生産物の貯蔵が困難になった。さらに洪水が頻繁化するようになって以降、川の流れが変わったことにより、川岸の浸食も深刻な問題となった。水没する恐れのある施設は岸から離れた場所に移されたが、これ以上浸食が進むと住む場所がなくなることも予想されている。

2007〜2008 年の大洪水を受けて移住問題が浮上した際、スレドネコリムスクの町への移住に同意したのはたったの 27 人だった。町に移住したくない理由としては、町ではすべてお金で買わなければならず、生活していけないことが挙げられた。町とは違い、村でなら川に行けば魚が捕れる、森に行けばベリーがある、畑を耕せばジャガイモや野菜を収穫することができる。働きさえすれば飢え死にすることがないという理由で、村に残ることを多くの人が希望したのである。

もし移住しなければならないとすれば、村ごと別の場所に移設し、集団移住するという案に賛成する者が多数を占めた。集団移住のための場所探しが行われたが、良い条件の場所が見つからなかったこと、2009 年以降水位が低下していることにより、アルガフタフ村の移住案は当面立ち消えとなっている。

事例 2：アンドリューシキノ村

ニジネコリマ郡アンドリューシキノ村はアラゼヤ川沿いに位置する。人口は約 800 人で、北方少数民族であるユカギール人の民族村に指定されている。この村は事例 1 のアルガフタフ村の隣村で、やはり 1997 年以降、永久凍土の融解が一因とみられる洪水により被害が出ている。川の沖積層の上に作られた村であるがゆえに地盤がもろく、状況はアルガフタフ村より深刻である。2007〜2008 年の大洪水の際には、村ごと流されてもおかしくないような事態に陥った。

この大洪水に際して、いくつかの移住案が浮上した。そのひとつが郡の中心の町チェルスキー（人口約 3200 人、村からの距離は 450 km）に集合住宅を建てて、そこに集団移住させるという案である。しかしチェルスキーの住民は主にロシア人であり、そこにユカギール人が移住すると、ユカギールの民族文化が消滅してしまうことが危惧された。また、これまで行ってきたトナカイ牧畜などの生業ができなくなり、かといって新たな仕事にも就けず、酒を飲む生活になるだろうという意見が出されている。

別の村を拡張し、そこに集団移住させるという案も出た。しかしその場合、学校や幼稚園、役場などの村の公共機関で働いていた者は仕事を失うことになる。また生業の場が遠くなるため、これまで通りに行うことが難しくなる。そのため、この案は村会で却下された。

現在の村の近くに新しい村を作るのが良いと思われるが、適当な場所がないこと、洪水が当面おさまっていることにより、移住案は頓挫している。

上記の2つの村の事例からは、近い場所に村を移設して集団移住するという方法が、移住が必要になった場合の最大公約数であることがわかる。この方法のメリットは以下のとおりである。第一に、個別でなく集団の移住なら、これまでに培われてきたコミュニティを解体することなく維持することができる。サハの村の多くは、血縁あるいは婚姻関係にある人びとからなっており、一定の相互扶助関係ができている。それを存続することが人々の安心につながる。第二に、移住先が町でなく村ならば、半自給自足的生活が可能なので、現金収入が少なくとも食べていくことができる。第3に、移住先が元の村と近ければ、これまで使用してきた村周辺の生産地（家畜の放牧地・草刈地、漁労の場、狩猟の場）をそのまま使用することができ、生業への影響が少ない。第4に、移住先が既存の村でなく新規の村ならば、役場や学校などで働いている人の職場が移住先でも確保できる。第5に、この方法ならば北方少数民族の民族文化を守ることができる。アンドリューシキノ村に限らず、北方少数民族の村の移住問題に関しては、民族文化の消滅を防ぐことが常に配慮される。コミュニティの崩壊を避け、生業が続けられるようにすることはそのための必要条件であり、近場へ集団移住という方法は文化保存の観点からも評価できるのである。

移住が決定している10の村はすべて、近場への集団移住という方針で進められているが、それはこれらのメリットを考慮した結果であろうと思われる。

(3) 移住の最終決定者は誰か？

本節で検討している10の村の移設が決定されたのは、2002年1月15日のサハ共和国政府の政令[4]においてである。この政令では、1998年と2001年に最も大きな被害を受けた10の村を高台に移すとされている。ここでいう高台とは、水没する確率が100年に1回以下の場所と定義されている。次いで2003年3月7日、サハ共和国政府は洪水撲滅委員会をはじめとする諸機関に村移設の実行を命じた[5]。しかし、この決定は最終決定と呼べるようなものではなく、その後、それぞれの村においては紆余曲折があった。移住が進められている3つの村の例を紹介したい。

事例3：キティル・デュラ村[6]

ハンガラス郡キティル・デュラ村はレナ川中流域に位置する。人口は約500人で、主な民族はサハ人である。1997年5月4日、川があふれて村に水が押し寄せ、10日間とどまり、74軒の家に浸水被害が出た。

[4] Постановление от 15 января 2002 г. No. 22 «О переносе наиболее пострадавших в результате наводнений 1998 и 2001 годов населенных пунктов Республики Саха (Якутия)».

[5] Распоряжение Правительства Республики Саха (Якутия) от 7 марта 2007 г. No. 211-п «Об организации работ по переносу населенных пунктов, наиболее пострадавших от весенних паводков 1998 и 2001 гг.»

[6] この事例については、以下の報道を参照した：2002年9月24日付 Якутия、2009年7月9日 付 ЯСИА、2009年7月6日 付 Sakha life (http://sakhalife.ru/node/15950 2013年9月8日参照)。

これらの家に住む計 296 人の被災者は、親戚・知り合いの家に避難することを余儀なくされた。さらにディーゼル発電所、幼稚園、ベーカリー、4 つのボイラー施設も浸水した。その後、毎年のように春に洪水被害が出るようになった。

1997 年、1998 年の大きな洪水被害を受けて、共和国政府は当初、村に近いニウルグヌと呼ばれる場所に村を移すと決定した。しかし人々はこれに反対した。浸水被害を頻繁に受ける一部の家のみを村により近い小高い場所に移し、あとの者は移動しないという案が 2001 年の村民投票で通ったため、郡政府がそこでの建設準備を開始した。

しかし 2002 年 4 月、63 人の村人が上記に反対して、共和国大統領らに嘆願書を提出した。反対の理由は、この場所には地下に氷があって建設に適していないこと、小高い場所に一部の家を移すという案は一見節約に見えるが、洪水のせいで結局は数年後にニウルグヌに村を移設せざるを得なくなる可能性が否定できないことなどである。

その後、2009 年夏に再び村民投票が行われ、村をニウルグヌに移設することが決定した。その際、村人の 75.1%が投票し、83%が村の移設に賛成票を投じた。

事例 4：カルヴィツァ村[7]

コビャイ郡カルヴィツァ村はレナ川中流域に位置する。人口は約 200 人で、主な民族はサハ人である。1998 年以降 10 年にわたって毎年のように、春に村の一部または全部が浸水する被害を受けてきた。例えば 2008 年は 5 月 21 から 22 日にかけて、86 軒の家が浸水被害を受けた。

カルヴィツァ村の住民は政府による移住案に強固に反対してきたが、

[7]　この事例に関しては以下の報道を参照した：2008 年 6 月 10 日付サハ共和国オフィシャルサイト（Республика Саха (Якутия) —официальный сервер http://sakha.gov.ru/ 2013 年 7 月参照）、2008 年 5 月 26 日付 ИА REGNUM、2011 年 2 月 22 日付 Якутск Online（http://www.ya-online.ru/news.php?id=297379&page=94　2013 年 10 月 3 日参照）。

10 年に渡る被害の末、2008 年に村民投票で 90%以上の賛成を得て、別の場所への村の移設が決定した。予算がついて実際に新村建設が着工されたのは 2011 年であった。

以上の 2 つの事例から、政府が村民の意思をできるだけ尊重しようとしていることがわかる。事例 3 では、共和国政府、郡政府、村会など、複数のステークホルダーが移住に関して相容れない方針を持っているが、村会の合意があって初めて最終決定となっている。また事例 4 でも共和国政府は村民の反対意見を尊重し、2002 年の政府決定から 2008 年の村民の合意まで、6 年もの間待っている。

これらの事例以外の村においても、共和国政府による移住の決定と新村建設着工にはかなりのタイムラグがあるが、その背景には村民の意思を尊重しようとする共和国政府の姿勢があると推測できる。村民の意思決定があった上で、実際に予算がつくのがさらに先なので、移住までに非常に長い時間がかかる。2002 年に政府が移住を決定したものの、2013 年になっても新村の建設が始まっていない村さえあるのである。

(4) 村存亡の閾値はどこか？

ただし、村民の意思がどれほど尊重されるかは、災害の規模にもよると思われる。先の 2 つの村の例は、浸水被害が毎年のようにあるとはいえ、家自体は概ね残っている。一方、次に紹介する 2 つの事例では、村のほぼすべての家や施設が流されてしまっており、被害はより深刻である。

事例 5：サルディケリ村[8]

レナ郡サルディケリ村はかつてレナ川沿いにあったが、今はもうな

[8]　この事例については以下の報道を参照した：2001 年 6 月 28 日付 Якутия、2001 年 7 月 3 日付 Якутия、2001 年 8 月 3 日付 Якутия、2001 年 9 月 21 日付 Якутия、2001

い。2001年の春洪水で村は完全に破壊された。どうにか住める状態の家は、174軒中17軒しか残らなかった。電気も電話も止まり、通行も不可能になった。冬までにどうやって被災者全員に住居を用意するのかが問題となり、住民の大部分は郡中心の町であるレンスクに移住させられることとなった。2001年10月26日、サハ共和国政府の決定によりサルディケリ村は抹消された。元住民は、ひとつの大家族のように暮らしていたのに、と離散を嘆いている。

事例6：ボルドイ村[9]

トンポ郡ボルドイ村はかつてアルダン川中流域の中洲にあったが、今はもうない。2001年の春洪水で村は完全に破壊された。残ったのは、壊れかけた2階建ての家2軒のみで、冬までにどうやって被災者全員に住居を用意するのかが問題となった。あまりにひどい破壊であるため、村は復興せず、住民は郡中心の町ハンディガや別の村々に移されることになった。

事例1〜4と事例5、6を比較すると、移住に関して村人の意思が尊重されるかどうかは被害の大きさによること、その閾値は冬までに全員に住居を確保できるか否かにあることがわかる。被害があまりに壊滅的な場合、村をひと夏で立て直すことは望めず、政府は村人を離散させて住居をあてがわざるを得ない。人々は凍え死なないために、仕方なくそれに従うことになる。一旦離散すると、村会で意思統一して政府と交渉することは不可能になり、村は消滅してしまう。ただしこの点に関しては、以下のような例外もある。

年9月22日付 Якутия、2001年10月26日付のサハ共和国政府政令 No. 558 «Об искулючении сельского населенного пункта Салдыкель Ленского улуса из учетных данных административно-территориального деления Республики Саха (Якутия)»。

[9]　ボルドイ村に関しては以下の報道を参照した：1998年5月30日付 Якутия、2001年6月5日付 Якутия、2001年7月3日付 Якутия、2001年7月4日付 Якутия、2001年8月3日付 Якутия。

事例7：クタナ村[10]

アルダン郡クタナ村はアルダン川沿いに位置する。人口は約600人で、北方少数民族であるエヴェンキ人の民族村である。クタナ村は1998年に壊滅的な被害を受けた。実質的に地上から消滅してしまったと報道されるほどの破壊で、100軒近くの家が流された。民族文化を守らなければならないとする共和国政府の特別の配慮により、村に隣接した小高い場所に新しい村が作られることになった。ただし冬までにすべての家を建てることは無理なため、同年夏の間にまず4つの寮を建設することが決まった。これらの寮は、家々が建てられた後には学校や幼稚園、病院などに転用される予定である。新村建設と移住は年内に始まり、後付で2002年の移住に関する政府決定にこの村も加えられた。

事例7の被害も、事例5、6同様の壊滅的な被害であり、冬までに復興は不可能と考えられた。しかし事例7では、それが北方少数民族の村であるという理由により、村を維持する努力がなされたのである。北方少数民族への配慮については事例2でも見たが、この事例7と合わせて考えると、共和国政府にとって民族文化の保存はかなりの重要性を持っていることがうかがわれる。

(5) 最終的にいかに移住を説得したか？

事例7のクタナ村のように、旧村で家が押し流されて、その代わりに新村で新しい家が建てられた場合、人々の移動は速やかに行われた。新村の家以外に住む場所はないからである。しかし、何度も浸水を経験した上で話し合いによって移動が決定した村では、村人の合意の上で移住が決定し、新村が建設されたあとでもなお、移動は簡単ではないようである。以下の事例から

[10]　クタナ村に関しては以下の報道を参照した：1998年6月6日付 Якутия、1998年7月8日付 Якутия、1998年8月26日付 Якутия、1998年9月25日付 Якутия。

このことがわかる。

事例8：キッラフ村[11]

オリョクマ郡キッラフ村はレナ川中流の中洲に位置する村である。人口は約1100人で、主な民族はサハ人である。キッラフ村は1990年代末以降、春に毎年のように洪水被害に見舞われるようになった。住民は当初、移住に強く反対していた。村は美しく、土地は豊かで、牧草地がすばらしかったからである。しかし、毎年の浸水によって家々の土台は腐り、学校、幼稚園、病院などの建物も傷んでしまった。春にすべてが浸水するならば、補修にお金をかけることは無意味である。村人はこのような状況に疲れ果て、2002年の村会で全会一致で村の移設案を可決した。その後、2006年に村から3 km離れたダッパライと呼ばれる場所に新村建設がはじまった。しかし、完成後に実際に新村が使われるかどうかについては、悲観的な報道が行われていた。以下はサハ共和国広報紙であるヤクーチア紙に2007年9月21日付で出た記事である。

> 大多数のキッラフ村住民は、ダッパライへの移住に懐疑的である。第一に、ダッパライには放牧地や干し草づくりのための土地が少ない。また土壌が農業に適していない。そのため、ダッパライに建設された住居は〔春洪水の際の〕避難所にしかならないだろう。

政府関係者に行ったインタビューによると、いざ新村に入居可能な時になっても、住民は動こうとしなかったという。やはり旧村の方が水辺に近く、漁労やその他の生活に便利であり、ジャガイモや野菜を栽培するのに土地も豊かで、牧草地も良いからである。しかし多額の予算をはたいて作った新村が使われないと、政府としては非常に困る。そこで政府は村民に必死の説得を行ったが、その時の論法がこうだった。「旧村

[11]　キッラフ村に関しては以下の報道を参照した：2002年4月18日付 Якутия、2007年9月21日付 Якутия、2008年9月23日付 Якутия。

に住みたければ夏の間住めばいい、とにかく新村に移ってくれ！」。これを聞いてやっと村人は納得して動きだした。

政府側の説得の論法がどういう意味を持つのかについて解説したい。政府の提案は、季節によって住居を変えればよいということである。つまり、冬から春洪水の終了までは新村に住み、夏の間は希望する者は旧村に住む。ではこの方法のメリットは何だろうか？

第一に、洪水の際の安全が確保できることである。この村で問題となっているのは春洪水であり、少なくともその時期だけは高台の新村に住むことにより、人々は安全に洪水をやり過ごすことができる。

第二に、予算の削減である。共和国政府は、洪水が起こるたびに支出をせまられる救出費・復興費・見舞金・補償金を減らしていきたいと考えている。共和国政府が被害補償の対象としているのは主たる居住家屋のみであるため、新村に人々を移して、そこを主たる居住家屋として登録させてしまえば、仮に旧村で洪水被害が出続けようとも補償の必要はない。こうして支出を大幅に減らすことができる。村人が夏の間どこにいるかは、政府にとってはどうでも良いことである。

第三に、生業がこれまで通り行えることである。北国の人びとにとって、短い夏は冬に備えて食料を蓄えるのに重要な時期である。畑でのジャガイモや野菜の植え付けと収穫、ベリー類の採集、冬に牛馬に食べさせるための干し草刈り、保存食作りなど、人々は非常に忙しい。この時期に生業に都合の良い旧村にいることで、食糧生産はこれまで通りに行い、冬に備えることができる。

第四に、暖かな冬の生活が保障されることである。季節的に居住地を変えたところで、旧村の住居が流さたり浸水したりするリスクは消えない。しかし夏だけ住む家ならば、断熱を考える必要はない。流されたとしても、簡易的な家ならひと夏で建てることができる。また浸水して土台が濡れて寒い家になったとしても、たいして問題にならない。洪水の有無にかかわらず、冬の暖かい暮らしは新村で保障されているのである。

図 12-6　新村建設が進むハティスティル村。

季節によって住処を変えるという生活形態は、実は新しいものではなく、サハの先住民族の伝統に古くからあったものである（Правительство Республики Саха (Якутия) и др. 2007）。ソ連時代初期に定住化政策が行われたが、それ以前はサハ人もその他の先住民族も、季節によって生業に都合の良い場所に家族で移動して生活するのが普通であった。またソ連時代にも、ソフホーズの作業班が季節的に村から離れた場所に住むことはあった。そして現在でもトナカイ牧民や漁師・猟師は複数の家を持っていて、移動生活を行う。このような文化的背景があったおかげで、夏は旧村、冬は新村に住めばいいという政府提案は、人々にはわかりやすく、受け入れやすかった。こうした説得が功を奏し、キッラフ村住民の移住が実現した。

季節によって居住地を変えるというキッラフ村の例は、キティル・デュラ村で移住反対派を説得する際にも使われた。その結果、2009 年の村民投票ではキティル・デュラの村人たちは賛成票を投じ、村の移設が決定した[12]。新

［12］ 2009 年 7 月 9 日付 ЯСИА。

表 12–3：新村における学校の稼働開始時期

村名	新村での学校の稼働開始年
クタナ	2005
ハティスティル	2007
カルヴィツァ	未完了（2013 年現在）
キッラフ	2010
ベリョーゾフカ	2010
フタロイ・ホムスタフ	2012

村、旧村の間を季節的に、あるいは場合によってはより頻繁に行き来する生活スタイルは、新村建設と移住が進んでいるハティスティル村でも観察された（図 12–6）。

(6) 長期に渡る移住プロセス

サハ共和国における移住の大きな特徴は、非常に長期間かけて移住が行われていることである。住居のほかに学校、幼稚園、役場、発電所、ボイラー施設、家畜小屋など、村民の生活に必要な施設が徐々に新村に移されていく。村の移設には莫大な費用がかかるが、共和国にはそのための十分な予算がない。全額を一度に用意することはできないため、徐々に施設を移していくという方法を取らざるを得ない。新村と旧村の距離が数キロと比較的近いことは、このような事情において非常に良いことであった。学校は新村、幼稚園と役場はまだ旧村というように、公共施設が 2 つの村にまたがっている状態は不便ではあっても、大きな問題にならないからである。また、昼間は新村で新たな家の建築作業を行い、夜は旧村に戻って眠るという人もいる。

旧村から新村に主要な施設が移っていくにつれ、人々の移動の動機は高まる。特に大きな動機となるのが学校の移動である。移設途中の村々では、旧村と新村の間に通学バス（キッラフ村では夏は船）が走っており、旧村からの通学も可能となるよう配慮されるが、やはり不便なので、子どもを持つ若い世帯が移動する。また、教師その他学校で働く人たちも積極的に動き出す。

2002年に共和国政府によって村の移設が決定された10の村のうち、新村建設の着工が確認できた村における学校の移設年は表12-3のとおりである。

12-4　在来知を生かした適応

以上、サハ共和国における移住の概況をみてきた。温暖化によって頻繁化・大規模化する洪水に対し、なるべく多くの人々にとって受け入れ可能な移住形態が見出されていったプロセスが明らかになった。この内容をまとめてしめくくりとしたい。

移住が不可欠となった場合には集団移住が好まれ、政府側もそのために可能な限りの努力をしている。ただし、村が存続するかどうかの閾値は、すべての被災者に冬までに住居を準備できるか否かという点にある。被害があまりにも大きい場合、政府は村を復興しないという決定を行う。被災者側は冬に凍死することを避けるために、この決定に従わざるを得ない。

サハ共和国における移住に関する議論は、当初、村に残るか、村を捨てて新しい村に移るかの二者択一だった。しかし春洪水の被害は地震や津波とは異なり、リスクが生じる時期が解氷時期のみとはっきりしていることに着目し、リスク期にその場にいないことが重要であるという認識に変わった。その結果、旧村か新村かでなく、両方に住むという居住形態が見出された。複数の村の間を移動して暮らすというあり方は、サハの先住民族の革命前の伝統、あるいは今も遊動生活を続ける一部の人々のライフスタイルと合致しており、人々にとってわかりやすく、受け入れられやすかった。在来知をうまく生かして、洪水に適応したといえる。

移住が進んでいる村は、いずれも村近くの小高い場所に新村を建設し、徐々に集団移住という形をとっている。この形態は、以下のように多くのステークホルダーの欲求を満たしている。生業に最も重要な夏季は旧村を使えるので、これまでの利便性は失われなかった。主要な住居として高台の新村の住居が新たに登録されたので、政府は旧村での洪水被害の補償をする必要がなくなった。予算の都合から徐々にしか進まない移転だが、新村と旧村が近くてともに生活圏内なので、その遅さにも耐えることができている。完全に故郷を捨てたわけではないので、故郷への愛着は犠牲にはならなかった。集団でのごく近隣への移動なので、先住少数民族の人々が文化消滅の危機にさらされることもなかった。現地では「移住」、「村の移設」という言葉が使われているが、実質的には村の拡大であるともいえる。村が中心を移しつつ拡大することで、洪水リスクに適応したのである。

1990 年代後半以降、温暖化によって洪水が頻繁化・大規模化し、その結果、人々は住居などに被害を受け、冬に凍えるかもしれないというリスクにさらされるようになった。しかし上記のような方法によって、暖かい場所でたくさんの食糧備蓄を持って冬を迎えるという、北国必須の欲求は満たされた。今後、移住する必要が生じた場合も、可能な限りこのスタイルが継承されていくことであろう。ただし、この適応策がすべての村に適用できるわけではない。例えば近隣に適した土地がない場合は不可能である。また、アラゼヤ川流域の洪水のように、洪水が春の一時ではなく長期に渡る場合には適用できない。これらについては、今後いかなる適応が可能か、さらに検討する必要があろう。

参考文献

Федренко, Н. Н. и др. (ред.) (2009) Республика Саха (Якутия): Комплексный атлас. ФГУП «Якутское аэрогеодезическое предприятие».

藤原潤子（2013）「途絶化するシベリアの村：社会変動と気候変動」（奥村誠・藤原潤子・植田今日子・神谷大介 著）『途絶する交通，孤立する地域』東北大学出版会.

Госгидромет (2005) Федеральная служба по гидротеорологии и мониторинг окружающей среды (Госгидромет). Стратегический прогноз изменений климата Российской федерации на период до 2010–2015 гг. и их влияния на отросли экономики России. Москва. http://geo.tsu.ru/content/faculty/structure/chair/meteorology/library/pdf/StrProg.pdf（2010 年 10 月参照）

Готовцев С.П. et al. (2009) Алазея–2008: Разработка научно-обоснованных рекомендаций по защите населенных пунктов в бассейне р. Алазеи от негативного воздействия вод (Госконтракт No. 017–2009). Якутск.

Правительство Республики Саха (Якутия) и др. (2007) Якутия: Историко-культурный атлас.

Москва: Ферия.

Концепция (2010) Концепция защиты населенных пунктов и объектов экономики Республики Саха (Якутия) от наводнений и других видов негативного воздействия вод. http://www.sakha.gov.ru/docs/253.pdf (2010 年 06 月参照).

元田良孝 (2011)「強制すべきでない高台移転：現地復旧の道を残すべし」『交通工学』46-5, 5-6 頁.

高倉浩樹 (2013)「アイスジャム洪水は災害なのか？：レナ川中流域のサハ人社会における河川氷に関する在来知と適応の特質」『東北アジア研究』17, 東北アジア研究センター, 109-137 頁.

第13章　シベリアの水環境変動と社会適応
── 東日本大震災との対比からみたリスクへの対応

奥村　誠

レナ川横断冬道路
（サハ共和国ベスチャフ、2010年3月）

13-1 水環境とその恩恵

本書を通じて、シベリアの水環境がどのような特徴をもち、それが地域に暮らす人々にどのような制約と恩恵を与えてきたのか、そして1990年代のソビエト連邦崩壊と近年の気候変動を受け、どのような問題が発生し、人々や社会がその問題に対してどのような対応を取ろうとしてきたのかが理解できたと思われる。本章ではこれらの知見を総括し、さらに2011年3月11日に日本を襲った東北地方太平洋沖地震と津波、原発事故を含めた東日本大震災との対比を通して、社会のリスクへの適応のあり方を考察、整理していきたい。

(1) シベリアの水環境とその恩恵

まず、シベリアの第一の特徴は分厚い永久凍土層とその上に広がる広大なタイガの森林である。実はこの2つは密接な関係を持っている。というのも、降雨や降雪の源となる大気中の水蒸気は海洋での蒸発によるものが多いために、氷に閉ざされる北極海以外の海洋から遠く離れたシベリアでは降水量が砂漠並みに少ない。しかしこの地域の分厚い永久凍土層では、その上層が夏季の気温上昇時のみ融解し、活動層が形成されてその内に降水や地下氷の融解水を保持する。このことによって植物の生育に十分な水が保たれ、タイガが存在できるのである（第1章や第2章参照）。それは量的には熱帯雨林には及ばないものの、地球上で第二の巨大な森林地域を形成しており、地球温暖化の抑制に有効な二酸化炭素の吸収という「地球の肺」としての機能を果たしている。つまり温暖化抑制という地球規模の恩恵が期待できる点から、この永久凍土層とタイガ林の存在という特徴がクローズアップされているのである。

シベリアの2つ目の特徴は、冬季における河川や湖沼の氷結である。人々はそこで作られる氷をうまく利用して生活を行っている。第一は飲料氷の利用である。氷という固体の形で扱うことにより、飲料水や生活用水をより簡単に取得、運搬、貯蔵することができる。第二の氷の利用は氷下漁である。凍結した表層の氷とその上の積雪は、冬季のマイナスの温度に冷やされた大気に河川水の熱が奪われることを防ぐ。また液体の河川水の一部が晶氷と呼ばれるシャーベット状の氷に変化するときに放出される潜熱の影響で河川水の温度は常にプラスに保たれ、魚が生育できる環境が作り出される。氷に穴をあけるとその部分に明るい光が入り、多くの種類の魚はその光に吸い寄せられて穴の直下に集まる。それを釣りだすことにより、容易に魚を捕獲することが可能であり、人々の重要な蛋白源となっている。一旦釣り上げた魚は氷上に放り出しておくだけで－30～40℃という気温によって瞬時に凍結乾燥状態となり、保存や加工が行いやすい形になる。また十分な厚さの氷は、漁場までの移動と氷上漁小屋の設置を安全に行うことを可能にしている。氷の第3の利用形態は、氷が作る水平な平滑面を冬季の交通路として使用することである。一般的に、交通・運搬を行うためには、多くの重量の荷物を載せた船や自動車などの乗り物を、少ないエネルギーで移動させることが望ましい。そのためには摩擦が少なく、凹凸のない平滑な交通路を確保することが重要となる。通常、起伏のある地面の上に交通路を設定しようとすれば、岩盤を削り、土砂を移動して低い場所を埋めて締め固めるという土木工事が必要となる。シベリアでは、河川や湖沼上の水が凍結することで、ほぼ水平な面が自然に形成されるため、土木工事は不要である。もちろん、流れのない状態で凍る湖沼の氷に比べれば、河川の氷は比較的小さな塊が流され、それが流れにくい場所に留まって冷やされ、周りの氷との間が埋まっていくというプロセスを経るため、表面には凹凸が残る。その場合にも氷の表面に木材や雪の「うね」を作り、その中に穴から汲み上げた水を流し込んで再凍結させることにより、容易に平滑な面を作ることができる。これを利用したのが冬道路と呼ばれるものであり、東シベリアのサハ共和国の道路延長の約3分の2を占めている。気温が上昇する夏季に永久凍土の一部が融けて地下水位が上昇し、支持力が失われてでこぼこになってしまう通常の道路に比べて、より平滑性が高い道路となっている。

シベリアの水環境の第3の特徴は、春から夏にかけての雪融け時期の洪水である。冬の降雪はそのまま寝雪となり、降水が積雪の形で河川の上流部に蓄積される。春になり気温が0℃より高くなるとこの積雪が融けて流出するが、特にシベリア地域では大河川は北流しているため、中下流部の河道には氷が残って閉塞している場所もあり、上流からの流水が流氷とともに氷に乗り上げてアイスジャムと呼ばれる自然のダムを形作る。この上流側には河川水がたまり、河岸域に氾濫する。その後、上流側の水量が増えてくると氷のダムが耐えきれなくなって一気に崩壊し、その下流に一気に流氷と水が洪水となって流れることとなる。この一連の洪水をアイスジャム洪水という（第1章ほか参照）。アイスジャム洪水は途中の河床や側面の土砂などを巻き込んで流下して、さまざまな養分を氾濫原に供給するという役割を果たしている。つまりこの洪水は家屋や人命、あるいは家畜の命を失わせる悪影響を持つものの、その一方で氾濫原に豊かな牧草を育てる条件を作り出している恵みの洪水でもある。

(2) 三陸地方の水環境とその恩恵

以上のようにシベリアには特徴的な水環境が存在しており、人々はその恩恵を受けながら生活を展開していることがわかる。これらと対応させるために、東日本大震災で被災した三陸地方の漁村集落における環境条件とその恩恵を整理すると以下のようになるだろう。

第一に海域において黒潮と親潮が混ざり合い植物性のプランクトンを生み出す湧昇流が発生する場所があり、そこに動物性プランクトンも発生して、海洋性の回遊魚などが多く生息するため、価値の高い漁業資源に恵まれている。第二に豊かな森林から流れ出る河川が養分を供給し、リアス式の入江を中心にワカメ、カキなどの養殖や、ウニ、アワビなどの貝類の採集に適した海域が近い。第三に水深の深い入り江が港湾に適しており、数多くの漁港が存在することなどである。

これらの条件を活かして、小規模な漁業を営みながら豊かに暮らすことが可能な地域となっていた。多くの人々が、漁業から収入を得ながら、険しい山と深い入り江に挟まれた狭小な平地に集中して居住してきた。一定以上の数の人々が集まることで、各集落には小中学校やその分校、小規模な診療所などの医療施設が成立していた。日常的な食品の多くは流通に乗らない魚介類の残りや、集落内の農地で栽培される自家用の農作物によってまかなわれ、それらの多くは物々交換に近い形で金銭の支払いなしに入手することができた。そして日常的には集落内での移動のみでほぼ用事が事足りるという、コンパクトな生活を享受していた。

13–2　水環境変動がもたらす問題

(1) シベリアの気候変動に伴う水環境変動

シベリアに独特の水環境は、近年地球温暖化などを起因とする気候変動の影響を受けている。

第一に永久凍土層上部にある活動層の深さが増加し、その中の土壌水分が大きく増加しており、その湿潤化がタイガ林を形成するカラマツなどの枯死を招いていることが、本プロジェクトによって確かめられている。この事象は単純に温暖化により平均気温が上がったというよりは、むしろ秋口に従来よりも多くの雪が降り、それが寝雪となってより冬季の零下の気温による冷却を妨げることになり、活動層の水分が冬季に再凍結しにくくなったことに起因しているようである（第 1 章参照）。またこの湿潤化は、夏洪水の原因のひとつにもなっている（第 6 章参照）。第二の冬季における河川や湖沼の凍結への影響としては、凍結が起こらなくなるほどの大きな温暖化や気候変動は起こらないと考えられる。しかし気候変動は凍結や融解のプロセスを不安定化させ、時期を変化させる危険性がある。そうなると飲料氷の採集などの人々の生活暦も不安定化し、従来のものからの変更を余儀なくされることになる。冬道路の利用可能時期はまだ大きく変化していないようであるが、ヒアリングによれば、必要な氷厚が確保できず使用開始時期が遅れるという例や、水を撒いて厚さを増す作業が以前よりも増えており、設置作業の経費が増大しているという例があった。また、春には氷厚観測と短期の氷厚予測を行い、それに基づく通行規制を実施しているものの、今なお通行中に氷が割れて車両が落ち、人的損失にもつながる事故が頻発していると聞く。第三の雪融け時期の洪水（融雪洪水）については規模が増加しているわけではないが、その発生時期が不安定となり予測が困難になっているという問題がある（第５章参照）。

このような気候変動がもたらす影響は、自然災害と比較してより緩やかで連続的であると思われる。すなわち気候変動によってこれまでに全く起らなかったような事象が起こることは考えにくい。むしろ、気象の変動幅が大きくなることによって、これまでは低頻度でしか発生しなかったような極端な気象現象がより長期化したり、頻発化することが考えられる。特に世界の中では例外的に低温の環境を有するシベリアにおいては、温暖化の影響の多くは、より「当たり前」な環境に近づくことに過ぎず、すでに世界の他の多くの地域で起こっている現象を通じて理解できる可能性が大きい。気候変動の結果として何が起こるのか、それに対してどのように備えれば良いのかということはすでに明白であることも多いが、いつ、どこで、どのぐらいの規模で起こるのかには不確実性がある。

(2) 急激な水環境の変動としての津波

日本の三陸地方では、気候変動の影響は特に意識されていた訳ではない。一般には、地球温暖化による海面上昇の影響で海岸の防波堤の有効な高さが減少し、台風や高潮の大型化や頻発化に伴って越波による浸水の危険性が高まると言われているが、海岸線が入り組み内湾の規模が小さい三陸地方では、これらの影響はそれほど大きくないと考えられてきた。また海水温の上昇は海流を変化させ、現在は豊かな水産資源に対して何らかの悪影響を与える可能性もあるが、その影響についてはほとんどわかっていない。

むしろ三陸地方では、太平洋プレートの沈み込み部分で起こる海溝型地震とそれによる津波が、最も重大な自然災害のリスクとして想定されてきた。チリやペルーでの地震から到達する遠地地震津波を含めると、およそ 30 年に 1 回程度の頻度で大きな被害をもたらす可能性のある津波が襲来してきていた。津波の特徴は、平常には水が流れ去る海の方から大量の海水が壁となって複数回にわたり襲来し、本来水のこないはずの土地を水没させ、淡水のみが入るはずの農地に海水の塩分を残してしまうところにある。海に向かって水みちを設けて通常時に水はけをよくしている場所に、逆に海水が浸入しやすくなる。水産業の仕事に便利なように、海が直接見える海岸に近い場所に建てた建物ほど津波の力で破壊されやすい、というように、日頃の工夫が裏目に出るという危険性を持っている。このように津波は、我々が直面している水環境が短時間に急激に変化することによって起こる災害であると考えることができる。

現在の科学技術では、津波の原因となる地震の予知は不可能であり、地震が発生してから地震動を観測し、そこから震源と地震の規模、津波の規模を推定して警報を出し、避難を促すことが行われている。東日本大震災の経験から、この方法では過去の観測記録を上回るような地震の規模をうまく推定できず、津波の予想高さが過小になってしまうという問題があることがわかった。そのため、沖合で観測される実際の津波高を使って、津波の予測値を修正する手法の研究も行われるようになった。いずれにせよ、三陸地方において、津波は無視できない頻度で起こる災害であるが、具体的にどこにいつどのような規模の津波が来るかはよくわからず、その発生は突然であり、発生から襲来までの時間も 20〜40 分と短く、その間にできる対応は限られる。そのため、津波がいつ来ても大丈夫なように準備をしておく必要がある。

13-3　社会変動がもたらす問題

世界の他の地域から見れば特殊なシベリアの「寒冷環境」が、温暖化の影響でより普通の環境に近づくことの影響に比べれば、1991 年末のソビエト連邦の崩壊を出発点とする社会変動の方が、シベリアに対してより激的で不連続な影響をもたらした可能性がある。

(1) ソビエト連邦崩壊に起因する社会変動

ソビエト連邦の時代には、資本主義下における民間投資や財政の規模では無理と思われるような限度まで、強い政策的意図によって資源開発や軍事的な活動が進められた結果、シベリアの中でも気候条件がより厳しい地域にまで人々が居住し、活動が行われていた。その一方で、社会主義体制のもとでは、効率性を若干犠牲にしてでも平等な政治参加や最低限度の生活条件の保証政策が行われやすかった。また農業や牧畜などの製品の流通への支援や価格の下支えも実施されていた。例えば僻地への交通サービスについては、冬道路が使えない夏期の間、村落と郡の中心都市を結ぶ航空機による定期輸送サービスが連邦政府の財政支援のもとで実施されていた。さらに社会における各種の活動は、この定期的な交通サービスの存在を前提に構築されるようになっていた。社会主義国の教育システムとしては、どのような村落でも同等の初等教育を受けることができ、郡の主要な都市の高校から全国的な試験に合格すれば、モスクワなどの大都市の国立大学に進学できるという制度が必要である。この教育制度を実際に運用するためには全国一斉の日程で入学試験などを行う必要があり、それに合わせて各地から受験生が試験会場に移動することができる交通サービスが用意されていることが不可欠である。

ソビエト連邦の崩壊による資本主義国家への移行によって、このような条件の厳しい場所への定期交通サービスの維持が不可能になったが、その影響によってそれまで当たり前とされてきた各種の社会的な活動が不可能となり、社会システムのあり方を大きく転換させることになった。この社会変動の影響は、都市から遠く離れ、寒冷気候のより厳しい地域において強く現れているものと想像できる。

(2) 三陸地方が直面する社会変動

比較のために、日本の三陸地方の漁村集落における社会変動とその影響を考察しておこう。確かに日本では、ソビエト連邦の崩壊による社会主義から資本主義体制への移行というような劇的な変化は起こっていないが、冷凍トラックによる輸送が可能となり、鮮魚などの水産物の多くが東京などの大都市に運ばれるようになる中で、大手スーパーなどが有利な立場で取引の条件を支配するようになった。そのためにかつては金銭の取引なしで入手できていた水産物などの食料も、金銭を介して購入する必要が生じ、地域の経済的な自立性が失われてきた。経済的な支配力の差異は、やがて集落の子供の進路選択に影響を与えた。それまで集落の中で当たり前であった漁師や水産業の仕事に就くよりは、より高度な教育を受けて大企業や一流企業に就職することが目指されるようになるとともに、少子化の中で家計での教育投資を 1 人の子供に集中させることが容易になった。

このように、急激ではないものの、地方部から大都市に経済力を吸い取るような方向での社会の変化が進み、東日本大震災の直前には、学校教育や医療、福祉、あるいは十分な商業活動を、集落単位で維持することが困難になっていたのである。

13-4 リスクに対する適応と脆弱性の概念

(1) リスクマネジメントの脆弱性概念

気候変動や社会変化がもたらすリスクが地域社会に与える影響を考える上で、自然災害リスクの影響と適応に関して整理されてきたリスクマネジメントの概念を用いることが有効である。まず、人里離れた無人の山の中で崖が崩れても自然災害とは呼ばないことからもわかるように、自然災害は自然と人間社会の相互の連関の中で発生する複合的な事象であることに注意する必要がある。

自然災害リスクにおいて、その原因となる地震、津波、大雨、暴風、高潮などの自然現象を外力、英語ではhazardと呼ぶ。人間社会の中で、このハザードにさらされる人間や財、経済活動の量を暴露と呼び英語ではexposureという。人間社会への影響力は、ハザードの大きさ、暴露、そして脆弱性の積として理解でき、その大きさが直接的な被害の大きさを決める。ここで脆弱性とは、一定のハザードが及んだ場合に人間社会がどのぐらい大きな影響を受けるのかを意味し、英語ではvulnerabilityと呼ばれている。自然の動きであるハザードは、人間の力でコントロールすることは基本的には不可能である。社会への影響力を減らすために人間にできることは、ハザードが及ぶ場所に住まない、行かない、使わないことによって暴露を小さくすること（**リスク回避**）、もしくは建物を強くするなどの方法で脆弱性を小さくして災害に対する抵抗力を高めること（**リスク軽減**）である。従来の防災対策は、主としてこのリスク軽減の対策を意味している。

本書の第10章では、国際政治学の分野における適応と脆弱性概念の解説がなされている。それによれば、リスクに対してその影響を減じるための適応行動を社会が行い、それでも残ってしまう影響力を脆弱性と考えている。それに対応付ければ、脆弱性を低めるような従来の防災対策が「適応」に相当すると考えられる。

(2) レジリエンスの三角形と減災

巨大災害では、災害の発生時に受ける影響の大きさに加えて、その影響が長引いて災害前の状況になかなか回復しないという問題が発生する。例えば、震災による直接的な死者と比べて、いわゆる震災関連死も無視できない数となっている。また風評被害の影響が地域の経済に大きな打撃をもたらすということもある。つまり災害の社会に与える大きさを、災害からの直接的な被害額だけでなく、その後地域が従来の状況に回復するまでに失われた社会の活動量、すなわち間接被害を加えた損失額を用いて把握するという考え方が

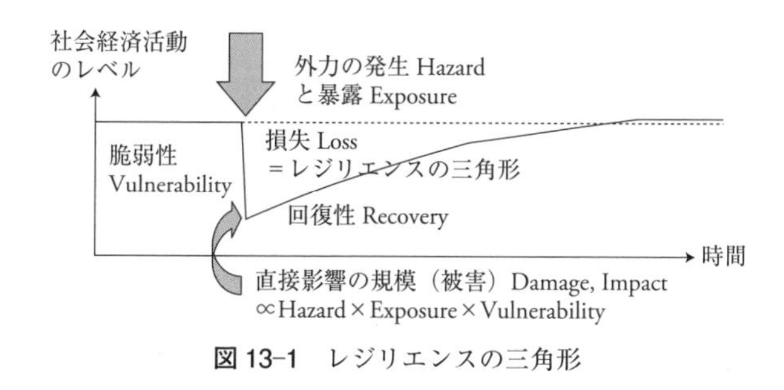

図 13–1　レジリエンスの三角形

提案されてきた。図 13–1 は、災害前後の社会の活動水準の変化を示したものである。災害の直接被害はハザードと暴露と脆弱性の積であり、直後の落ち込みの程度を決定づける。同じ大きさの被害を受けても、すぐに回復すれば図中の三角形で表される損失は小さくなる。Tierney and Bruneau (2007) は、この三角形を**レジリエンスの三角形**とよび、回復力を高める必要性を主張した。

回復力を高める方法としては、社会や組織の機能を空間的に分散したり予備の施設を用意することで被害が組織全体に及ぶことを防ぐ**リスク分散**のほか、保険などで立ち直りのための金銭を確保するという**リスクファイナンス**がある。保険の購入は、災害リスクの損失を他の経済主体に転嫁するという機能を持つため、**リスク転嫁**と呼ばれることもある。社会におけるすべての災害リスクについて保険が存在しているわけではないので、リスクの発生に起因するリスクを自ら覚悟して引き受けなければならない部分が残る。これを**リスク受容**または**リスク保有**と呼ぶ。この保有することになったリスクに対しても、被害が出ても大きくせずに素早く修復するためさまざまな準備を行って回復力を高めることが望まれる。例えば災害の発生をいち早く感知して避難し 2 次被害を防ぐことや、生命や活動の存続に役立つ物品や情報などを備蓄しておくこと、あるいは災害時の対応をスムーズにできるように想定して訓練を行っておくことなどが考えられる。これらの回復力の向上策は、最近では**減災**と呼ばれることも多い。

図 13–2 には、脆弱性を低める**防災対策**と、回復力を高める**減災対策**がレ

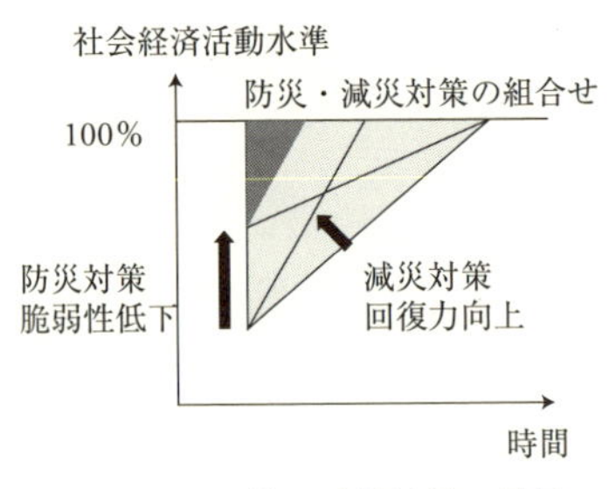

図 13-2　防災・減災対策の効果

ジリエンスの三角形に与える効果を説明している。前者は三角形の落ち込み（深さ）を小さくする効果を、後者は三角形の幅を小さくする効果を持っている。もちろん両者を組み合わせればレジリエンスの三角形はさらに小さくなり災害による損失を小さくすることができる。このように、防災対策による災害への**抵抗力**と減災対策による災害からの**回復力**を兼ね備えて、災害に負けないしなやかさを獲得すべきであるという考え方から、これを**レジリエンス**と呼び、災害マネジメントの分野における最近のキーワードとなっている。

(3) シベリアと三陸地方におけるリスクと適応戦略

シベリアと三陸地方のそれぞれが直面するリスクを表 13-1 に列挙した。自然変動と社会変動のリスクのそれぞれについて、現象の進展が急激なものと、変化が徐々に進行するものにわけて表示したが、両地域で現在問題となっているリスクの種類が異なるように思われる。すなわち自然変動によるリスクとしては、三陸地方では急速に進展する事象である津波が問題である一方で、シベリアでは徐々に進行する気候変動や湿潤化の問題がクローズアップされている。一方社会変動に伴うリスクでは、シベリアでは急激な変化であるソ連邦の崩壊による僻地への手厚い公共サービスの廃止が問題となっている一方で、三陸地域では徐々に進行する人口流失や地域産業の衰退、大都市

表 13–1　両地域が直面するリスク

地域	自然変動リスク		社会変動リスク	
	急速	ゆっくり	急速	ゆっくり
シベリア	春洪水　冬道路の事故	気候変動　湿潤化	ソ連邦崩壊	市場経済下の衰退
三陸地方	地震　津波	海流の変化		人口減少　衰退

圏への依存体制の進行が大きな問題となっている。

シベリアにおけるリスクのうち、春洪水の中で最も規模の大きいアイスジャム洪水や、冬道路における春秋の車両転落事故、ソ連邦崩壊に伴う航空サービスなどの公共サービスの廃止という 3 つのリスクについて、考えられる戦略を表 13–2 にまとめた。

春洪水というハザードについては、そのハザードを人為的にコントロールする戦略が存在する。先述したように、この洪水は上流部から流れてきた流氷が河道に詰まり、アイスジャムという自然のダムができた後に、その水位が上昇してダムが耐えきれなくなって一気に流氷と河川水（融水）が流下することによって発生する。そこで多くの水が貯まらないうちにアイスジャムを壊してしまえば洪水の発生を防ぐことが可能である。実際シベリアでは、軍の航空機を用いてアイスジャムの氷を爆撃するという対策が行われる。さらにアイスジャムの予防策として、冬期の氷が厚い時期に表面に人工的に割れ目を入れ、その割れ目に太陽熱を吸収しやすい黒色の石炭ガラを散布するなどして、春先の早い時期に氷が壊れやすくするという対策[1]が行われている。典型的な洪水に対する防災対策として、河川堤防により洪水が河道の外

[1]　サハ共和国危機管理省人命救助サービス局では、過去のアイスジャムの際の氷が詰まった状況を参考にして、詰まりの原因となる場所の氷の表面から人為的に 3 分の 2 の深さまで割れ目を入れ、石炭ガラをまいて早めに氷が流下するように誘導する作業を 4 月に行うための計画を立てている。この計画は毎年 7 月頃からサハ共和国を 4 つのゾーン（ヤクーツク、レナ川南部、レナ川北部、支流）に分けて設置した科学検討委員会によって計画が作られ、検討を行い、9 月頃に関連機関の承認を受ける。

表 13-2　シベリアにおけるリスクへの対応戦略

		ハザード	春洪水	冬道路事故	ソ連邦崩壊
		リスク	流氷と融水の洪水	薄い氷の破壊、車両転落	航空サービスなどの廃止
	戦略	考え方			
	ハザードの縮小化	ハザードを人工的に小さくする	残る氷の爆撃	車両重量・間隔・期間制限	
抑止力の向上（防災戦略）	リスク回避	暴露を低める	高台移転 牧草地変更	橋・トンネルの整備	僻地からの撤退
	リスク軽減	脆弱性を小さくする	河川堤防	氷厚の増強	独自の代替 サービス実施
回復力の向上（減災戦略）	リスク転嫁	回復財源確保	保険	保険	
	リスク分散	社会的影響の軽減	春夏の2重居住	2台で走行 物資の備蓄	物資の備蓄
	リスク保有	2次被害抑止、回復力向上	事前避難	救命ボート	僻地と都市部の2重居住

に出ることを防ぐことが考えられる。しかしこのような防災対策は、莫大な費用がかかるだけでなく、洪水の水が氾濫原に養分をもたらし、牧草を育てるという恵みの側面も失わせてしまう。

氷厚が薄い場所で冬道路が破壊し、走行中の車両が転落する事故については、薄い氷の存在をハザードと考えることもできるし、氷の支持力を上回る車両の存在をハザードと考えることもできる。ここでは後者の考え方で整理すると、車両の重量や走行間隔、あるいは使用期間を制限することによってハザードの量をコントロールできる可能性がある。他方、夜間の気温が氷点下であれば、散水して氷厚を増し、支持力を高めることでより重い車両の通行が可能になるので、氷の破壊のリスクを軽減することもできる。シベリアでは冬期に人家のない長距離の区間を自動車で走行する際には複数の車両で移動する。これはもし人家のない区間で自動車が故障した場合に、運転者や乗員が凍死する危険性があるからである。冬道路上も同様に2台以上で走行することにより、転落事故の際の損失を小さくするというリスク分散をはかることができる。

表 13-3　三陸地方におけるリスクへの対応戦略

戦略		考え方 ＼ ハザード	地震	津波	地域の衰退
		リスク	地震動	津波による破壊と浸水	人口流出生活施設の撤退
	ハザードの縮小化	ハザードを人工的に小さくする			移住人口、産業立地の受け入れ
抑止力の向上（防災戦略）	リスク回避	暴露を低める	活断層周辺の立地規制	高台移転	地方からの撤退
	リスク軽減	脆弱性を小さくする	建物の耐震化	防潮堤・堅牢建物の整備	農林水産業の高付加価値化 施設運営の合理化、低コスト化
回復力の向上（減災戦略）	リスク転嫁	回復財源確保	地震保険	地震保険共済・講	地方への財政移転の強化
	リスク分散	社会的影響の軽減		高台・海岸の 2 重居住、職住分離	都市圏と地方部との 2 重居住
	リスク保有	2 次被害抑止、回復力向上	火災対策避難、コミュニティーの強化、ボランティア受入体制の整備、災害医療の強化、備蓄	避難・救命胴衣・船舶の沖出し、コミュニティーの強化、ボランティア受入体制の整備、災害医療の強化、備蓄	備蓄、自給自足の推進

ソ連邦崩壊に伴う僻地での公共サービスの廃止というリスクに対するリスク回避策としては、僻地に居住して生活すること自体をあきらめるという戦略が考えられるが、例えばその場所が鉱物資源などに恵まれている場合には、同時にその恩恵を手放すことを意味する。他方でリスク転嫁、分散、保有という戦略は限定されている。

同様に三陸地方について、地震、津波、および地域の衰退というリスクを取り上げて、対策を表 13-3 に整理した。地震、津波という自然のハザードは人工的にコントロールすることはできない。リスク回避策として危険が予想される場所は使わないという土地利用政策が考えられる。防災対策は予想される地震や津波のハザードに対しても壊れないような堅牢な建物や構造物を作るという対策で、整備場所や整備費用が莫大になる恐れがある。リスク転嫁策は保険であり、漁業共済や地域に存在する講[2]という共同体組織もリスク転嫁の機能を有している。リスク保有策としては避難体制の充実、災害医療体制の強化のほか、コミュニティー機能の強化やボランティア受け入れ態勢の整備など、復旧・復興を円滑にするためのソフトな取り組みが含まれる。

地域の人口減少、経済の衰退のリスクに対しては、他地域からの移住や産業の誘致などによりリスクの顕在化を防ぐことが重要であるが、人口減少下でも地域サービスや生活支援施設が成立するように、地域産業の高度化、高付加価値化を図るとともに、IT技術の活用も含め施設運営の効率化と低コスト化を進めることが必要となる。一方、リスク転嫁、分散、保有策には限界があり、人口や経済活動が縮小する中で他の地域の機能に依存しない自給自足的なライフスタイルを重視し、推進することが必要となる。

13-5　リスク対応策の特徴と限界

(1) 脆弱性を低めるための防災対策の限界

従来から防災対策として進められてきた政策の多くは、特定のハザードに対して脆弱性を低下させる政策である。その代表的な政策は防災施設の建設

[2]　日本の多くの地域では、「講」と呼ばれる伝統的な地域集団が存在していた。宮城県本吉郡南三陸町の例では、地域集団のなかで、子供行事、青年団での活動を行い、結婚後は男性は契約講、女性は観音講に入る。さらに息子が結婚すると男性は六親講、女性は念仏講に入る。孫が結婚した時点でこれらの講からは退会することになる。講は、土木工事や家屋の建築を部落全戸の協力の下で交互に実施する主体となる。冠婚葬祭ほかの吉兆禍福に対する共助、共有財産の所有、死者の弔いや死者の魂の供養を行う。

であるが、施設を設計する際には、どの程度の大きさのハザードに対抗するのかという計画水準をあらかじめ設定する必要がある。

しかし自然の力は偉大である。自然は、現在我々人間が生活に用いている土地そのものの形を変えるほどの大きな力を持っている。とすれば、巨大な自然の力によって起こるすべての現象に対抗するような防災施設を人工的に作ることは不可能であると考えざるを得ない。そのため、少ない確率であるかもしれないが、計画水準を上回るような巨大なハザードが発生する可能性が存在する。これを**超過外力**と呼ぶ。

東日本大震災の津波は、まさにこの超過外力であり、従来の防潮堤などの計画水準を大きく上回るものであった。従来の防災対策は、このような超過外力への効果が期待できないだけでなく、施設自体が一部破壊したりして、施設がなかった場合よりも大きな災害の原因となるものもある。東日本大震災時に、防潮林は津波の威力を弱めた場合もあるが、根こそぎ倒れた木が流木となって建物などを破壊したという報告もある。また宮古市田老地区のように防潮堤が整備されていても、その背後に住民が多く居住し、安全への過信を生み出して避難する割合を低めた結果、人的被害を拡大させてしまったという例もある。つまり、良かれと思って行った防災対策が裏目に出て被害を拡大させてしまう、いわば、飼い犬に手を噛まれる状況が発生した。防災対策においては、常に想定以上の外力が発生して対応がとれなくなる「計算外」の問題と、当初想定していなかった種類の外力が加わり対応できなくなる「想定外」の問題が残ることに注意をすべきである。

防災対策のもうひとつの問題は、自然の力を抑止するために人工的な構造物を作るという対策が中心となるため、整備のための土地、費用、労力、時間が多くかかることと、結果的に平常時からの自然の作用も妨げてしまい、自然がもたらす恵みを享受することが難しくなることである。つまり、防災対策の目的である安全性を確保するために、それ以外のさまざまな機能が犠牲になりやすく、一旦犠牲になったものを再び取り戻すことも困難な場合が多い。

(2) 回復力を高めるための減災戦略の特徴と限界

災害からの回復力を高める戦略のうち、リスク転嫁策は災害保険であり、それが社会的に成立するためには各地域が直面する災害のリスクの大きさを科学的に定量化し、社会に公開しておくことが必要である。残念ながら多くの災害についてこのような保険の成立条件は整っていないのが実情である。リスク分散策は、同時にリスクが発生しないような場所を複数選んで資源を分散し、共倒れを防ぐ戦略であるため、資源利用の効率性の点では不利な側面がある。

リスク保有策は避難対策及び被災後の復興加速のための対応策に分けることができる。避難対策はハザードの観測体制、情報処理、通信技術などの技術的な発展に伴い、今後ともより強化することが期待される対策である。しかし避難は、それ自体移動の手間がかかると同時に、平常時にその場所の利用から得られるメリットを一時的にせよあきらめることを伴う。さらに自宅や自家用車などの資産を残して避難した間に盗難に遭うという新しいリスクを受け入れなければならない。従って人々はできることなら避難は最小限にとどめたいという考えを持ちやすく、全員に迅速な避難を行わせることは極めて難しい。この問題については後述する。

災害による被害の発生を前提にした上で、迅速な災害対応を行い、復旧、復興を加速させるための施策にはさまざまなものが考えられる。例えば隣人の安否を即座に確認でき、困っている被災者に素早く救援の手を差し伸べる地域コミュニティーの存在、災害時の医療体制の強化、ボランティアの受け入れ態勢の整備などは、ハザードの種類を問わず、回復力の向上に役立つものである。さらにこれらの条件は平常時の生活の充実にもつながる可能性がある。復興の段階では土地所有情報などの蓄積、充実も重要である。

このような**ソフトな政策**の導入には、地域社会のあり方や人々の関心、災害対応策への理解の程度が大きく影響する。他人からの視線や干渉を受けずに自由に暮らしたいと思う人はコミュニティーの強化は煩わしいと感じるであろう。地域の特性ごとに、導入可能な政策は異なってくるし、また、導入のための住民合意の努力も不可欠である。

(3) 超過外力問題と巨大災害に関する理解

超過外力の破滅的な影響を避けるためには、計画水準を越える事態の発生をいち早く予知して、住民などに情報を伝えて、避難行動などのリスク受容の対応に切り替えさせる必要がある。そのためには、どの程度の大きさの外力がどの程度の確率で発生するのかという統計的な知見に加えて、巨大な外力が発生するにはどのような条件が直前にあるのか、事態の発生の途中でどのような現象が起きるのか、それらの中に「前兆」として利用できるものがあるかを知ることが必要である。しかし、このような超過外力時の自然界の挙動について、我々が十分な知識を得ることは簡単ではない。というのも、我々が超過外力に直面する確率は低く、さらに、防災対策が高いレベルまで進められればその機会はますます小さくなるからである。

したがって、時間軸及び空間軸を広げ、できるだけ数多くの巨大災害の情報を集めることが求められる。歴史学や考古学の知見の活用、国際的な災害調査体制の構築と情報の国際的な共有が必要となる。その際、科学的な計測ばかりでなく、現地の人々からの目撃情報の収集も有効であるが、文化や言語の違いを無視した情報は無意味であるばかりか、分析を混乱させてしまう原因ともなる。その意味で、人文科学者の協力を得た学際的なアプローチが重要となる。

一方、シミュレーション計算による検討も巨大災害の理解に役立つ可能性がある。ただし、シミュレーションモデルを作成する際には、あらかじめ起こりうる現象を想定し、その範囲内で精度を確保するようにモデルが選定され、材料強度や摩擦などのパラメータも過去の観察結果に合うように設定される。例えば、ビリヤード台の上での球の動きだけに着目して作成したシミュレーションモデルでは、強く打ちすぎて球が台の外に飛び出す事態や、球が割れてしまう事態を計算することができない。また、これまでの観測結果に合わせるように「ネジ」が調節されるので、原理的には起こり得る現象であっても、これまでに観測されたことがないような現象は計算上起こりにくくなる。このようにシミュレーションも、モデリング時の想定という限界を受けざるをえない。

限界点をより精密に見極めることは、被害を防ぐためのひとつの方法である。シベリアの春洪水でいえば、上流域の積雪量、気温の上昇の程度、そして上流での河川の水位の変化について、より多くの情報を集め、それらと着目する地点の洪水発生との間の関連性、法則性を見出すことが、災害発生の危険性と発生時期の予知の高度化につながる。しかし、このような予知技術の高度化は、よりギリギリまで危険区域を活用するという行動を引き起こし、災害の実際の発生が予知よりも早くなった場合に受ける被害は、予知がなかった場合よりも大きくなってしまうという影響を持っている。いわば「諸刃の剣」であり、防災対策に適用することについては慎重になるべきであろう。

(4) 避難行動の外部性と避難促進策の必要性

前項までに述べてきた超過外力問題を鑑みた場合、一般住民の積極的な避難を促すような社会的な仕組みが検討されるべきである。日本では洪水や土砂災害の危険性を考えて、二段階の避難情報が出される。まず、強制力のない避難勧告、次に強制力があり一般には避難命令と呼ばれている避難指示である。これらの発令権限は市町村にあるが、高齢者や要介護者など、自力で避難できない人が少なくない状況を考えると、具体的な災害が発生していない早い段階で強制力のある避難指示を出すことにはためらいがあるため、まずは避難勧告の発令がなされ、実際に氾濫やがけ崩れなどの災害が発生してから避難指示が出されるというケースが多い。避難勧告の段階で実際に避難を行うかどうかは、住民自身の判断に任されることになる。

避難勧告の段階で避難をした場合、避難所の畳敷きの部屋の片隅にプライバシーのない状態におかれ、「他人と一緒にテレビの災害情報を見るぐらいしかすることがない」という状況になる。そこではインターネットを使って自分の知りたい別の情報を集めて独自に判断することもやりにくい。避難所の中では行動が制約されるので、「できる限り避難を遅らせたい、できれば避難をせずにやり過ごしたい」と考えるのが自然である。さらに、実際に避難を行わなかった住民には自己正当化の力が働く。つまり、避難しなかったという自分の行動を正当化するために、「その地域の危険性は避難を必要とするほど深刻なものではなく、自治体が用心しすぎて勧告を出したのだ」と考えたくなる。さらにコミュニティーの内部では「周りの人々の考えに合わせることで周囲の人たちとの摩擦をなくしたい」という心理的な作用がある。地区における避難率が半分以下の状況であれば、今回避難した人も、次回は周囲にいる避難しなかった人の考え方に合わせようとして、避難を行う割合が低下してしまう危険性が大きい。本来、避難勧告の出る状況は、確率的に考えてその地域が危険にさらされていることを意味しているから、避難した後で結果的にその地域に災害が発生しなかったとすると、そのことを「幸運なこと、ありがたいこと」として受け止める必要がある。しかし実際には、「取り越し苦労に終わった、無駄なことをした」と考えがちである。

避難の意思決定においては、周囲の人が避難を始めているかが大きな影響を及ぼす。避難することがコストをもたらすために、人々は自分が避難しない理由を探して納得しようとする。この時、周囲に避難をしていない人がいることは格好の理由になる。このようにして、ある一人の人が避難をしないことは、その人自身がより大きなリスクにさらされるだけでなく、それを助けようとする人の避難を遅らせるとともに、他人が避難しないことに言い訳を与えてしまうという悪影響を持つ。つまり経済学的用語でいう「負の外部性」をもつので、各自の自由な意思決定に任せれば社会的に最適な避難率は達成されず、それよりも低い避難率が実現することになる。このような場合には、政策的な介入により、避難率を引き上げることが望ましい。

具体的には、早めに避難した人に何らかの褒美を与えるか、逆に避難が遅い人に罰金を科す必要がある。強制力のない避難勧告の段階での行動に罰金を課すのは難しいので、褒美を与える方法が現実的であろう。例えば、避難を行ったことについてポイントがつき、町営の温泉施設の無料利用券に交換できるなどの特典を付けることが考えられる。さらに、過去の避難の実施率に基づいて災害保険の掛け金を割り引くという制度を導入すれば、避難率の向上とともに災害保険への加入率が高まるという効果を期待できると思われる。

(5) 危険な場所をぎりぎりまで利用することを防ぐ仕組み

自然災害のハザードは、何もないところから起きるわけではなく、プレートテクトニクス、マグマ、積雪や氷の蓄積、あるいは大気と水蒸気の移動による降水とその浸透水の土壌内への蓄積などの物理過程が継続し、それが河川の疎通能や地盤の保水能力というキャパシティーを超えることによってエネルギーが一気に解放されることにより発生する。このような破壊的な現象が具体的にいつ起こるのかを予知することは困難であるが、空間的な危険の予知、つまりどこのキャパシティーが比較的小さく危険性が大きいのかという考察はある程度可能である。すなわち、物理的なエネルギーが遠距離を急速に伝わってくることは少なく、重力の働きにより流体は下流や低い土地に集まりやすいという物理に基づいた考察が可能である。急傾斜地や谷のような地形はそもそも、災害の原因となる自然の力が集まりやすいという性質がある。実際のところ、隕石や飛行機の墜落を除けば、全く想定しなかった場所で全く想定しなかったような自然災害が発生するということは考えにくい。

このように、過去に被災の経験があるような災害リスクが高い場所があらかじめ想定できる場合には、その場所の地価はリスクを抱えている分だけ周囲と比べて安くなるのが自然である。しかし、外部の地域から人や企業が入ってきて開発をするような場合、地価の安さにつられて、危険な地域に入り込み、しかも過去の災害経験に乏しいために避難などの災害の対応が行われないという場合も少なくない。このような場合、危険度の極めて高い地区は土地利用制限を設けるべきであるが、それより低い危険度であっても、危険度にあった税金を掛けるか、あるいは、危険度を反映するような災害保険への加入を義務化するなどの方法が考えられる。

その場所の特性から災害を受ける可能性があることは薄々感じていても、まだ発生の危険性が迫ってはいないだろうと考えて、避難などの対応が遅れれば災害の損失は大きくなる。防災施設が整備されていても、ハザードが設計外力を超過することを見過ごしてしまうと、大きな損害が生まれることになる。

実は多くの社会の活動においては、災害が想定されたレベルに達しなければ、むしろその場所をぎりぎりまで使うことが有利になるという状況に陥りやすい。危険が迫りその経済活動を継続する人が少なくなった時点での活動には希少価値が生まれやすく、自由な経済活動に任せると、リスクの高い活動の利益率が高くなるので、そのようなリスクにあえて挑戦しようとする人が現れる。江戸の大火の直後に嵐の中、紀州から木材を運搬して莫大な利益を得た紀伊國屋文左衛門のような行動である。被害を防ぐには、このようなリスクの高い行動が有利さを生み出しにくいような仕組みが必要である。つまり、危険なときに無理をするよりも、早めにあきらめた方が有利になる状況を社会的に作り出す必要がある。例えば異常気象などで危険の発生が予想される場合に、早めに商店や役所の活動を休業としたり、公共交通の休止を決めて公表する。危険体制時の電気などの使用料金を通常時より引き上げるなどの時間的コントロールにより、そのときに無理に経済活動を継続することのコストを人為的に高めるという方策が検討されてもよいと思われる。

13-6　経験が乏しいリスクへの対応力

人々は、地域の自然環境に合わせ、地域の中の生業や生活、社会のシステムを構築してきた。こうした人間社会のシステムは自然界で起こりうる多数の状態を勘案して合理的に設計されたものというよりは、これまでに実際に起こった自然界の状況に対して、たまたま有利であった戦略が累積的に蓄積された経験的な適応過程の結果である。したがって、極めて低頻度でしか発生しない災害や、これまでにその地域が経験しなかったような環境の変化に対して、現在のシステムがどの程度高いパフォーマンスを発揮できるかは不明である。現在の状況に過度に適応して高いパフォーマンスを発揮している場合ほど、希少な現象や新しい変化に対する対応が難しいと考えられる。

歴史的には、これらの変化に対応できずコミュニティーが滅んだり、撤退を余儀無くされてきたのだとすれば、地球温暖化に関連するエコシステムの変化に対応できないような現在の地域社会システムは、その欠点ゆえに滅んでも仕方はなく、むしろそれが、より対応力のある新しい社会システムへの転換につながるという考え方もあり得る。しかし災害に代表されるように、適応の失敗は多くの人命の損失につながる危険性がある。また変化への適応力は日常の経済力と相関しており、貧困層のような社会的弱者ほど厳しい状況におかれてしまう。シベリアでは、これまでの自然環境のあり方に密接に関わる形で発展させてきた少数民族の生活文化の存続に関わることから、人道的視点や社会的正義を考えると、現在の社会システムの適応力を高めることが求められる。そのための知識としては、現在の社会システムに安定性をもたらしているメカニズムを理解し、それらが限界に達して破綻すると何が起こりそうかを考えておくことは有用である。その変化が起こるとすれば、どのような予兆がみられるのかも重要な情報である。

一方で、このような大きな変化が起きたあとの状態については、既存の観測データが乏しいため定量的に予測することは極めて難しいであろう。システムに非線形性を持つ正のフィードバックが含まれている場合には、どのフィードバックループが先に卓越するかという偶然に影響されるため、時間の進展に沿って事態の進展を想定して行き着く状態を定性的に予測することも難しい。不確実性を有する事象への対策として、発生確率がある程度大きな事象に対しては、対策の効果にその事象が発生する確率をかけた効果の期待値を使って定量的に対策の実施を判断することができる。特に金銭的な損失については、保険のような仕組みを用いてリスクの移転をするという方法も取ることができる。一方、事象の発生確率が小さいリスクや発生確率が計算できないような事象については、期待値を使うことができない。この場合想定される事象が対応不可能な甚大な影響を持つかどうかを考え、事後的な対応が困難な場合を想定して対応力を高める対策を考えることになる。

この時、自然科学では事象の発生を時間が進行する方向で追跡することが普通であるが、人文科学にはその制約はない。つまり、津波により溺死が発生するという事象について、地震の発生がどのような津波を起こし、それがいつどこにどのように伝わるかを理解するという順方向のアプローチの他に、最終的に死亡した事例からその直前の状況を理解するという時間軸を遡る方向のアプローチを併用することが考えられる。また発生しそうな事象を事前に想定してそれに備えるという対応ではなく、事態の発生後の情報収集を効率化し、考える時間を確保することも重要である。限られた時間で人が判断できることは限られている。行動をパターン化して少数の選択肢から選ぶなどの方法で、意思決定を単純化するとともに、緊急時に必要になりそうな連絡先のリストを事前に整理しておくなどの方法で、事後の時間を生み出すことが考えられる。

以上のように、リスクに対する地域の対応を考える上では、自然科学から人文、社会科学に至るさまざまな分野の知識と方法論を駆使していくことが重要である。本書で紹介してきた取り組みが、このような学際的な取り組みの先駆けとなることを期待するものである。

参考文献

Tierney, K. and Bruneau, M. (2007) *Conceptualizing and Measuring Resilience, A Key to Disaster Loss Reduction*. TR News, No. 250, May-June 2007: 14–17.

奥村誠 (2012) 氷の上の道路交通.『極寒のシベリアに生きる ── トナカイと氷と先住民』(高倉浩樹編著) 新泉社, 第 8 章：173–193.

奥村誠・越村俊一・寺田賢二郎 (2013) 災害対応技術におけるシミュレーションの役割と限界. 土木計画学研究・講演集 (CD–ROM), Vol. 47, No. 252；1–5.

奥村誠 (2013) あとがき：東日本大震災の経験を活かす文理連携研究『途絶する交通・孤立する地域』(奥村誠・藤原潤子・植田今日子・神谷大介 著) 東北大学出版会. 161–168.

奥村誠 (2014)『土木計画学』(土木・環境系コアテキストシリーズ E–1) コロナ社.

◉ コラム11 ◉

衛星データを使ったトナカイ放牧地の植生解析

吉田　睦

地球温暖化に代表される気候変動のトナカイ牧畜への影響や過放牧の植生への影響を分析するために、緑色植物の植生量・活力の検出が可能な衛星データであるNDVI（正規化植生指数）画像[1]を使用し、現地調査結果と照らし合わせた分析を試みた[2]。

ここで取り上げたのはサハ共和国北西部オレニョク郡の**トナカイ牧畜公営企業**（MUP）「オレニョクスキー」の放牧地である。当該放牧地の植生変化状況として、北緯70度付近に位置するカラマツを主体とする高木の森林限界線が過去数十年間に数キロ程度北上していることが現地調査で判明している。サハ共和国内の家畜トナカイ放牧地の多くは、産業的な開発の手が及んでいない所が多く、本指標を使って放牧地と気象現象の影響の相互関係を見出す可能性を探った。

まずデータの入手可能な過去十数年間のSPOT-VegetationによるNDVI異常値の検出地域を検証した。図1はロシア極北部全体のGoogle Earth画像にNDVI異常値を示すポイントをオーバーレイしたものである。図上大陸部の白い部分が異常値を示す地域で、そのうちのいくつかはトナカイ牧畜従事地域と重なる（図上楕円の白線内では家畜トナカイの放牧が行われている）。

[1]　コラム5「衛星データからみたシベリアの植生変化」を参照のこと。

[2]　NDVIデータは、名古屋大学大学院環境学研究科の山口靖先生（SPOT-Vegetation）、同生命農学研究科の山本一清先生（MODIS）の提供を受けた。本コラムでは加工済のNDVI画像を使用しており、分析内容の責は本コラムの筆者に帰する。

さらに図 2 は、上述した企業の夏季放牧地付近の NDVI 異常値を、同じく Google Earth 画像上に示したものである。ここでは黒点が NDVI 異常値地点、白い網掛け部分がトナカイ放牧範囲である。放牧地帯の北半部、すなわち夏季放牧地の方に異常値地点が多い。なお、図 2 では放牧地以外にも異常値地点が散在しており、NDVI 異常値とトナカイ放牧地との間には、完全な相関は示されていない。

次に、放牧キャンプ周辺地域の MODIS を使用した NDVI の年間最大値の年別値（ここでは 2001 年～2011 年）を基にした分析結果を示す。図 3～6 は図 2 の放牧地内にある 2 つの夏季キャンプ周辺地域を範囲としている。図 3 は当該地点の Google Earth 画像、図 4～6 は放牧キャンプに対応した NDVI 最大値を画像化した 2 枚の画像（正方形のもの）を図 3 上にオーバーレイしたもので、それぞれ 2001 年、2004 年、2008 年である。正方形内で灰白―白色に見える部分が NDVI 値の高い（緑葉の植生量の多い）所である。図 4～6 をみると、図 5 即ち 2004 年には白色部分がわずかであり、最大植生量の値が少ないことが読み取れる。この色の違いはわずかな数値の差異を強調して図化したもので、実際の植生量変化はわずかである可能性もあるが、それでも最近 10 年余の間でも年によって植生量の差異が顕著である。

これらの衛星データ解析画像は、トナカイ牧畜が地表の植生量変化に影響を与えている可能性があることを示唆している（図 1、2）。夏季放牧地が NDVI 異常値地域とより一致することは、トナカイの食性（夏季は緑色植物、冬季は地衣・蘚苔類や枯葉を中心に採餌する）ことを考慮に入れると、NDVI との相関を一定程度裏付けることになる。またより局地的なトナカイ牧畜の夏季キャンプ地周辺においては、最近 10 余年の NDVI 最大値を見る限り、一定の傾向をもつ経年変化は検出されていないが、年によって植生の活性状態の多寡があることが検出された（図 3～6）。

これらの結果は、現地における植生調査やトナカイ牧畜民からの実態聴取などでさらに検証される必要があるが、衛星データにより読み取り可能な情報が得られることが示されたといえよう。

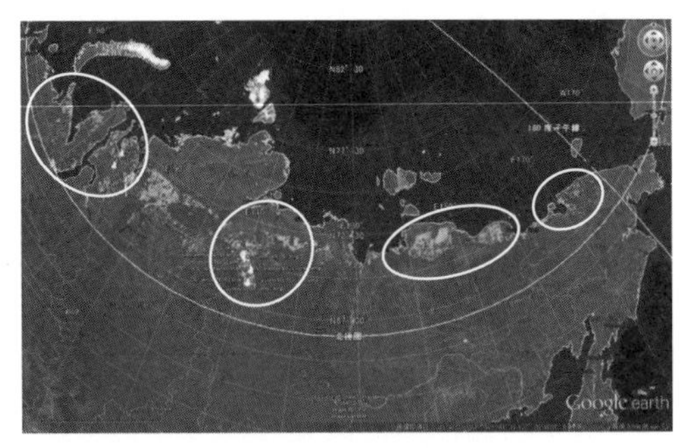

図 1　ロシア極北部の NDVI 異常値地点（図 1–2：SPOT-Vegetation 使用）

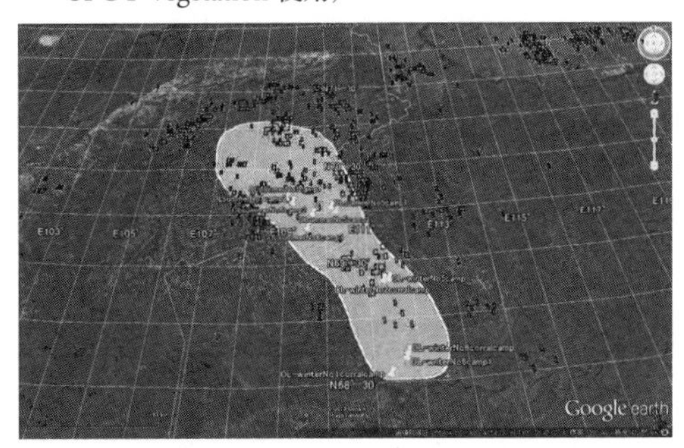

図 2　サハ共和国北西部のトナカイ放牧地における NDVI 異常値地点（N68～71°E100～120°）

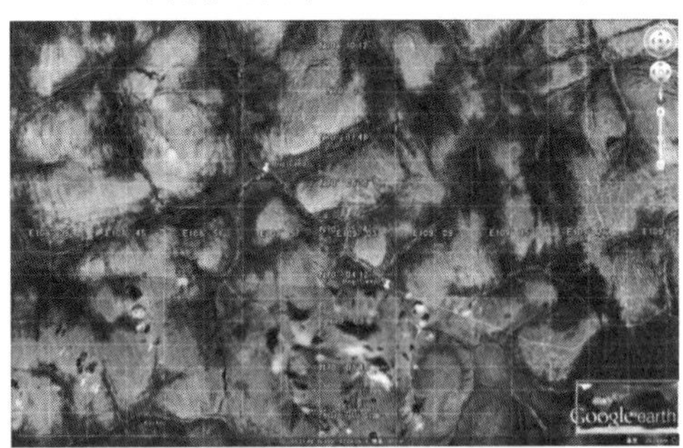

図 3　サハ共和国北西部トナカイ放牧キャンプ（N70°06　E109°00 付近）

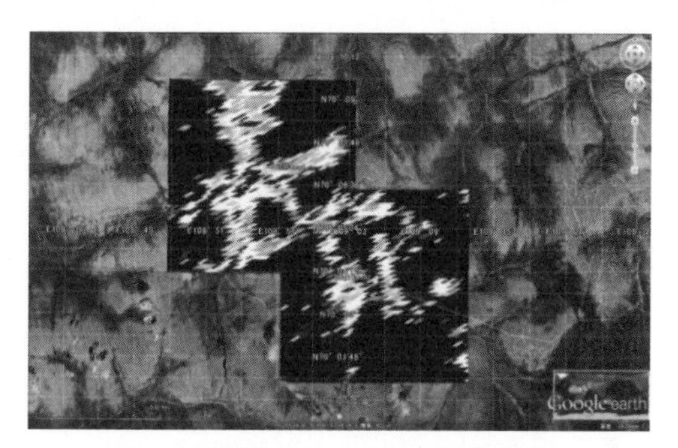

図 4　図 3 と同範囲の NDVI 最大値検出状況（2001 年）（図 4–6　MODIS 使用）

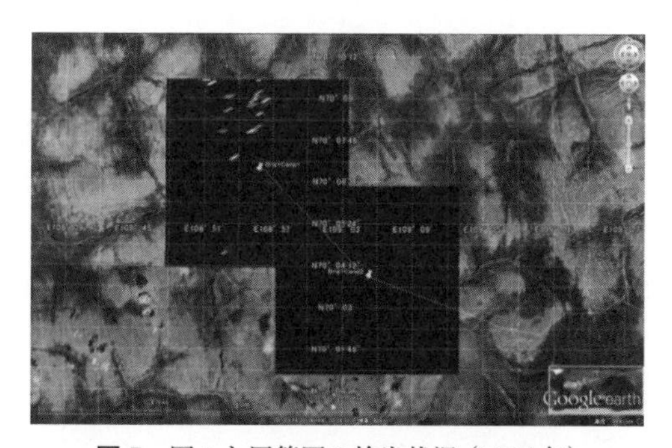

図 5　図 3 と同範囲の検出状況（2004 年）

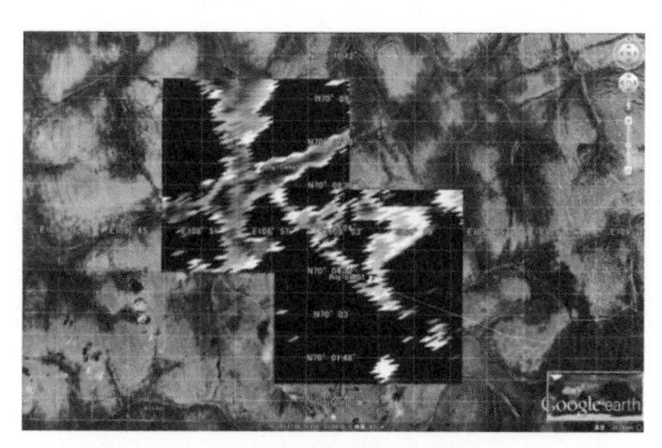

図 6　図 3 と同範囲の検出状況（2008 年）

◉ コラム 12 ◉

シベリアのエネルギー資源と日ロ関係

杉本　侃

我が国のエネルギー政策は、方向性を見出せずにいる。エネルギー需要の将来見通しは不明だが、原子力発電は絶対量が減ることは否定出来ず、それによる一次エネルギーの需給差を、その他のエネルギー源やエネルギー利用効率の改善などで補う必要があると思われる。代替するエネルギーとして、再生可能エネルギーは普及するとしても様々な制約から量的に限度があり、**化石燃料**では、**天然ガス**はかなりの部分を補完し、**石炭**についても需要が増えるかもしれない。

その前提に立つと、天然ガスをはじめとするエネルギー資源が豊富に賦存するロシアの重要性が増してくる。その兆候を示すのが、2013 年に入ってからの日ロ間の人的交流である。4 月の首脳会談を筆頭にして、天然ガス部門での協力を中心とするエネルギー関係の動きが目立った。

図 1 は最近の日ロ間の動きを示したものである。シベリアは天然資源の宝庫であり、日本はかつてそこで大型の共同開発事業をいくつも実現した。**サハリン—1 プロジェクト**は、1975 年に日ソ間で合意した共同事業の承継事業であり、**サハリン—2 プロジェクト**もその流れの中で生まれたものと言える。

以下に日ロ間で進行中のエネルギー関連案件を概述する。

NOVATEK 社が Yamal 半島南 Tambei ガス田で計画している LNG（液化天然ガス）事業は、TOTAL 社が資本参加し、日揮と Technip 社が EPC 契約を締結した。三井、三菱、東京電力、東京ガスが関心を持つとされる。

ExxonMobil 社と Rosneft 社はサハリン–1 の天然ガスを原料とする極東 LNG 事業を計画し、丸紅は同事業の LNG を年間 125 万トン購入する売

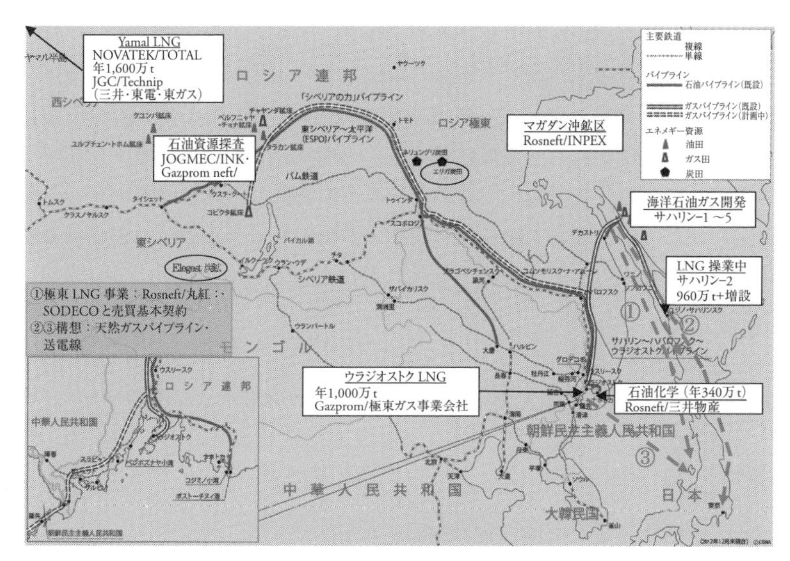

図 1　日ロ間エネルギー協力概図

買基本契約を含む Rosneft 社との広汎な協力に合意し、SODECO 社も年間 100 万トンを購入する売買基本契約を締結した。サハリン島内か大陸部沿岸を建設候補地とし、2019 年第 1 四半期の供給開始を予定している。

Gazprom 社のウラジオストク LNG 事業では、極東ロシアガス事業調査会社（伊藤忠など 4 社が株主）が 11 年から極東の天然ガス利用の共同事業化調査を実施、このほど共同作業・市場調査の覚書に調印した。日本政府も 09 年から関与し、12 年に政府間で協力覚書に署名した。INPEX 社は Rosneft 社とマガダン沖の探鉱で協力協定を締結した。

上述の如く、Gazprom 社、Rosneft 社および NOVATEK 社との協力が目立つが、JOGMEC（独立行政法人石油天然ガス・金属資源機構）がロシア企業と東部シベリアで実施している**石油**探査の合弁事業も重要であるし、ロシア側が折に触れて提案する電力供給や日本にとって重要な意味を持つと思われる**パイプライン**によるガス供給も検討に値する。石炭は安価な燃料であり、東部ロシアに豊富に賦存することから、これも協力の対象になり得る。ロシアは石油精製・化学やガス化学にも関心を抱いている。

我が国としては、明確なエネルギー政策を打ち出す必要性は論を俟たないが、海外での資源確保に努めると共に、EUに倣い輸入国・消費国としての立場を強化することも課題である。

そのためには、近隣輸入国および世界の消費国との政策協調を図って資源国に対して共同歩調を取ること、その前提として、我が国の資源輸入政策の一元化を図ることが不可欠と考えられる。

（2013年8月執筆）

◉ コラム 13 ◉

システム・ダイナミックスでみる
トナカイ牧民経済

加賀爪優

1. 生態環境研究とシステム・ダイナミックス

生態環境のような自然科学的要素と社会経済学的要素が混在する学際的な現象を定量的に予測する分析手法として、**システム・ダイナミックス**がある。このモデルは、1959年にマサチューセッツ工科大学のForrester教授が当初はIndustrial Dynamicsとして開発し、その後、Urban Dynamicsに改良され、さらにSystem Dynamicsとして精緻化され、あらゆる動学現象に適用可能な手法として進化してきた。この手法が一躍注目を浴びたのは、1972年に**ローマ・クラブ**がこの手法に基づいて**『成長の限界』**を出版し、人類が今のままの活動を続けると、2020年には世界の成長は限界に達すると警告した直後に、食料危機(1973)、オイル・ショック(1974)が立て続けに発生したからである。このシミュレーションでは、食料・資源は算術級数的にしか増加しないが、人口や公害は幾何級数的に増加するという「マルサスの命題」に縛られるため、何れは限界にぶつかるという悲観的予測を示したのである。こうした計量経済学的手法は、規範的分析と実証的分析に分類されるが、前者は幾つかの制約条件の下で目的関数を極大化する最適解を求める枠組みであるのに対して、後者は相互依存関係の構造自体を分析対象としている。さらにこの後者は、**同時方程式モデル**(SE)と**システムダイナミックスモデル**(SD)に大別される。SEでは、サンプル期間を通じて構造は不変として予測するのに対して、SDにおいては、構造自体が時々刻々変化することを許したうえで予測する点でより伸縮的な手法である。具体的には、1期前と現時点、1期先の3時点の間の漸化式からなる連立微分方程式を、時点をずらしながら解いていく。この手法の最大の長所は、実際のデータの有る変数間の関係だけでなく、データの無い変数がシステムに含まれていても、その関係がデータのある変数間の関係と整合するように作られていくということである。このことから、この手法は、定量的な関係のみならず定性的な関係をも扱えるという点で、学際的な枠組みの分析に適する。したがって、シベリアのトナカイ牧民経済と温暖化や体制変化という学際的な課題に適するのである。

2. 温暖化と共有資源（コモンズ）へのゲーム論的接近 ── モンゴルの牧民の事例

筆者と永年、内外モンゴルの調査研究に携わってきた国際農林水産業研究センター（JIRCAS）の鬼木氏らはモンゴルの牧民経済をSD手法で分析している（Oniki et al. 2013）。彼らの研究は畜産研究者のグループを中心としてSDモデルに必要な技術的パラメータを実際に現地で実験して作成するという形式をとっており、その意味で貴重な分析である。モデルは、①植生・家畜体重モジュール、②家畜成長モジュール、③粗所得モジュール、④家畜飼養管理モジュール、⑤屠殺決定モジュール、⑥放牧密度モジュール、⑦出生・死亡率モジュール、の７つのサブモデルから構成されている。主たるシミュレーション結果は以下の通りである。ここでは詳細については省略するが、シミュレーション結果は家畜頭数の急増を示している（図1）。牧民１戸あたりの利潤は当初プラスに留まるが、その後、ゼロに近づく（図2）。家畜頭数の増加のために、夏期牧草のバイオマスは急激に減少する（図3）。家畜の牧草消費率が減少するにつれて、家畜の体重も下落する（図4）。

モデルが家畜管理の不安定性を示している点にも注目すべきである。このことは、家畜頭数はそれ自身安定的な均衡を有しておらず、家畜の成長に対する制約要因は牧草のバイオマスと牧民の利潤最大化行動であることを意味している。ここで生じる問題はどの要因も過剰生産に対する完全な防止措置として働かないことである。例えば、家畜を少なくして所得が増

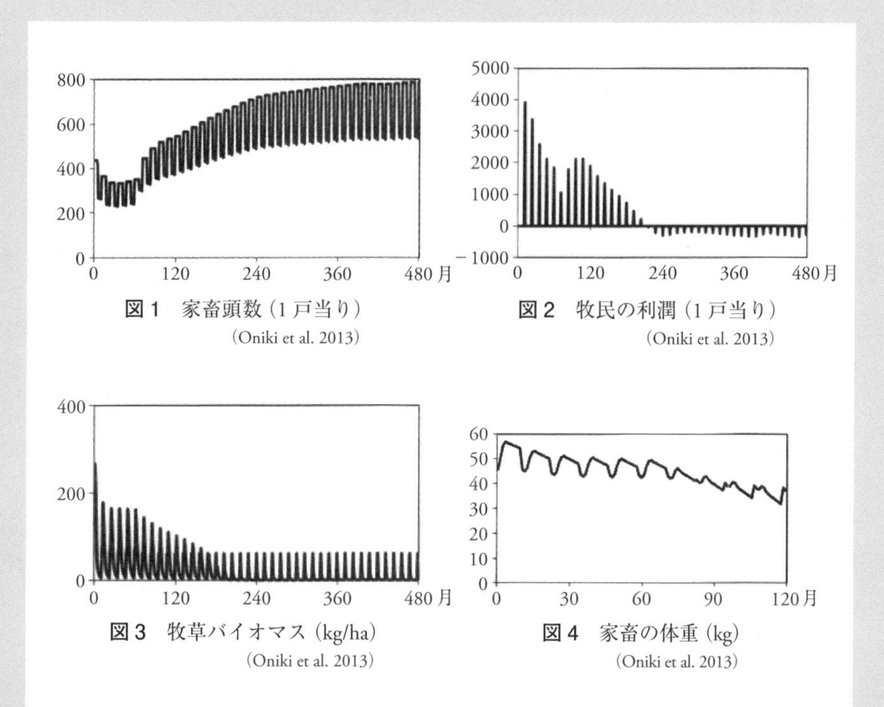

図 1　家畜頭数（1 戸当り）
（Oniki et al. 2013）

図 2　牧民の利潤（1 戸当り）
（Oniki et al. 2013）

図 3　牧草バイオマス（kg/ha）
（Oniki et al. 2013）

図 4　家畜の体重（kg）
（Oniki et al. 2013）

加するとしても、家畜頭数は、共有牧草地の下で純所得がゼロになるまで増加し続ける。人口密度の高い共有利用地域においては、もし自然災害が無ければ、家畜頭数は理想的な頭数を超えて増加しがちである。それ故、家畜頭数をコントロールし、あるいは牧草地の植生と牧民の所得を共に維持すべく飼育密度を減少させるために、牧民にインセンティブを与える政策介入が必要となる。ここで示したモデルは、モンゴルのウランバートル北部における、植生が安定している森林ステップのケースである。植生の時間的変化が大きいモンゴルの南部や西部、あるいはシベリアなどの乾燥地には、「植生動学の非均衡モデル」（Ferrnandez-Gimenez 1999）がより適当かも知れない。

モデルは、牧草地利用において、非協力ゲーム[1]の状況に基づいており、ナッシュ均衡[2]に導かれる。牧草は大多数の牧民に対して共有利用資源であり、牧民は共有牧草の包括的な使用が許されない。牧民は他の牧民の活動をコントロールできないので、他の牧民の行動と調和して行動する。牧民は、他の牧民が家畜頭数を増加させるのを妨げるかどうかを考慮することなく家畜頭数を増やす行動に出ることもある。例えば、たとえ牧民が夏営地の牧草を保全するために家畜頭数を減らしたとしても、他の牧民がその場所に入ることを妨げられない。

別のシナリオとして、協力ゲーム[3]のケースが考えられる。このシナリオの下では、その地域のすべての牧民は調整を行い、協力チームとして働く。それ故、このシナリオは、メンバーが全体の集計的利益を最大化するために家畜頭数をコントロールできる集団的行動のケースである。それはまた、その地域の各牧民家計にとっての利潤を最大化する結果となる。これらの議論は、シベリアにおける氏族共同体の議論の枠組みに通じるものがある。

3. ソ連崩壊後の体制移行期における牧民経済と氏族共同体

1991 年のソビエト連邦の崩壊は、ロシアのツンドラおよびタイガ地域におけるトナカイ牧民に深刻な打撃を与えた。トナカイ牧民の信頼できる

---

[1]　非協力ゲームとは、プレイヤーが提携しないゲームを意味する。協力ゲームと非協力ゲームとの差異は「制度的なもの」であり、プレイヤーが拘束力を伴う合意を形成する制度的な枠組みがない場合、そのゲームは非協力ゲームである。

[2]　ナッシュ均衡は、他のプレーヤーの戦略を所与とした場合、どのプレーヤーも自分の戦略を変えることによって利得を高めることができない戦略の組み合わせである。ナッシュ均衡の下では、どのプレーヤーも戦略を変える誘因を持たない。

[3]　協力ゲームとは、ゲーム理論において、複数のプレイヤーによる提携行動が可能である場合のゲームである。

雇用機会であった**国営農場**（ソフホーズ）が突然清算され、その結果、牧民は良好で、安定的な報酬などの便益を受ける機会を無くした。このような死活問題の危機的状況の下で、彼らは自身のトナカイを屠殺し、辛うじて生き延びてきた。

そのような危機の生じることが予測されたので、ロシア連邦政府は、1991 年当初において、北方少数民族が**氏族共同体**を樹立するのを許す法律を制定した。トナカイ牧民は東シベリア或いは極東ロシアにおいて氏族共同体を形成することに最も積極的であった。1990 年代初期において多くの研究者が土地保有問題との関係で氏族共同体の詳細な分析を行っている。そのうちの幾つかはモンゴルでの状況と興味深く比較されている。

しかし、シベリアで出現している氏族共同体、主にトナカイ牧民の氏族共同体の研究は多くは見当たらない。同志社大学の室田武教授の論文（室田他 2012）は、まず第一に、ソビエト崩壊後の体制移行期におけるトゥバ共和国 Todzhinskii 州に注目してトナカイ牧民の活動条件変化を、また第二に 2009 年以来、新しく設立された 5 つの氏族共同体の現状を記述することにより、トナカイ牧民の氏族共同体が持続可能な将来を確保するための提案を行っている。

4. シベリアのトナカイ牧民経済

同様な枠組みで、北シベリアに関して SD モデルの適用を試みたのが図 5（加賀爪・中庄谷 2013）である。モンゴルの SD モデルがそのパラメータを現地で実際に実験して得たデータを用いているのに対して、この研究の SD モデルは現時点では既存の関連文献からの借用情報が殆どであるため直接には比較にならないが、温暖化の影響に対する同様な手法での分析であり、筆者と中庄谷氏の作業によると、部分的ではあるが、類似する予測結果も得られている。その要点を挙げると以下の通りである。

温暖化の影響は餌となる地衣類や苔、牧草の生育に影響するが、そのことは、出生率や死亡率には直接的には影響せず、専らトナカイの体重に影響する。体重の減少による収入減を相殺するために屠殺することが頭数の

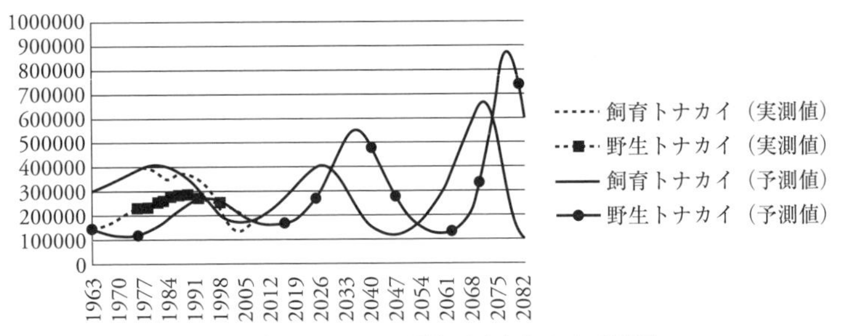

図５　飼育トナカイ頭数・野生トナカイ頭数
（加賀爪・中庄谷 2013）

更なる減少につながる。トナカイの頭数に関しては、飼育トナカイ、野生トナカイ、肉食獣を想定しており、温暖化はまず野生トナカイの体重を減らすことになり、他の条件一定の下ではそれを餌とする肉食獣の頭数が減る。結果的に、このことは野生トナカイ頭数を増やすことになるが、野生トナカイによる飼育トナカイの連れ去りが生じその一部が野生化するため、飼育トナカイ頭数が減少する。それに伴い牧民収入が減少するため、収入減を相殺すべく、牧民は飼育トナカイの屠殺を増やす結果として、飼育トナカイは更に減少する。つまり温暖化の進行は、肉食獣と飼育トナカイを減少させ、野生トナカイを増加させる。こうした変動に伴う牧民収入の変動を安定化させる政策として、まず一時的な適度の水準の補助金政策が挙げられる。これによりトナカイ頭数と牧民収入の変動が安定化された時点で、トナカイ肉価格を妥当な水準に誘導する価格支持政策への転換が推奨される。現場の肉市場の詳細な状況は不明であるが、多くの途上国でみられるように市場が整備されておらず、もし牧民の交渉力が弱くて産地家畜商に買い叩かれる状況であれば市場流通制度を改善して結果的に肉価格が妥当な水準に改善されるような政策が望まれる。

最後に、室田氏は、シベリアのトナカイ牧民活動に関して、以下のように結んでいる。氏族共同体の制度は、国営農場（ソフホーズ）の清算後のトナカイ牧畜に従事する人々の生活にフィットしている。自然資源のみならず、文化も持続可能性がある。最近、生物多様性が世界的に強調されてきたが、このような文脈において、文化の多様性もまた非常に重要である。トナカイ牧畜は、経済的な死活問題としてのみならずそのような文化の多様性の観点からも支持されなければならない。

参考文献

Ferrnandez-Gimenez, et al. (1999) Testing a non-equilibrium model of rangeland vegetation dynamics in Mongolia, *Journal of Applied Ecology*, Vol 36.

加賀爪優・中庄谷栄太郎（2013）「トナカイ牧民経済への温暖化の影響と体制変化後のその反応 ── システム・ダイナミックスによる接近」『温暖化するシベリアの自然と人』地球研プロジェクト C-07 2013 年 3 月.

室田武, Litvinenko, T. V. (2012) Recent Emergence of Ancestral Commons in Southern Siberia: A Case Study of Reindeer Husbandry in Todzhinskii County, Tyva Republic. 経済学論叢 (同志社大学), 第 64 巻, 第 1 号.

Oniki, S. et al. (2013) Integrated Simulation model for pastoral management and grassland vegetation in a Forest-Steppe area near Ulaanbaatar in Mongolia. JIRCUS Working report No. 78.

おわりに ── 本書のまとめにかえて

産業革命以降、人類の経済活動はグローバル化し、化石燃料の消費が著しく増加した。その結果人口爆発が発生するとともに、人類は、自らの営みの場である地球の環境を変えてきた。そのため産業革命以降の時代には、**人類世**（Anthropocene）という新しい呼び名がついた。この人類世で最大の地球環境問題である地球温暖化は、北極域で顕著に進行しつつある。北極海の海氷面積縮小によるアイス・アルベドフィードバックがその主要因と考えられており、それは北極海を取り囲む陸域（環北極域）のエネルギー・水循環にも影響を及ぼしている。我々日本人にとって無視できない事象は、北極域の温暖化が環北極域の大気水循環を変化させ、北東ユーラシア、特に東シベリアに湿潤化をもたらすことである。これには、北極海の夏季の海氷面積が（北米大陸側ではなく）ユーラシア大陸側で縮小していることが関係している。温暖化とそれにともなう湿潤化は、年平均気温 0℃ 未満、年降水量 250～500mm 程度という寒冷・乾燥に適応した東シベリアの陸域生態系と人々の生業に、どのような影響をもたらすのであろうか。

このような問題意識から、地球研シベリアプロジェクトは企画された。このプロジェクトは、東シベリア・レナ川流域を対象にした初めての文理融合・学際型（interdisciplinary）の共同研究であった。プロジェクトは、人工衛星データを用いてシベリアの水・炭素循環の特徴を俯瞰的にとらえ、それらの変動の近未来予測を行い（グループ 1：広域グループ）、水・炭素循環の変動要因を現地観測から明らかにし（グループ 2：水・炭素循環グループ）、水循環の変動、湿潤化、凍土劣化、植生変化、そして社会変化等に対して人々がどのように適応しているのかを見極め（グループ 3：人類生態グループ）、今後どのように適応していくべきかを検討することを目的とした。本書は、その Full Research（2009 年度～2013 年度の 5 年間）の成果を解説したものである。

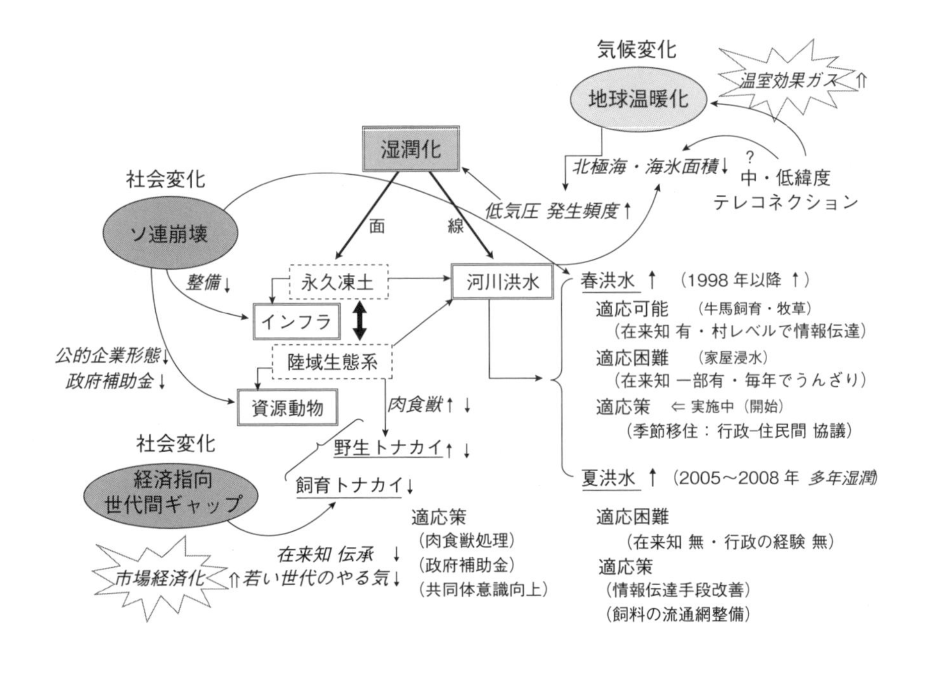

まとめにかえて、ここにプロジェクトと本書の総まとめを行う（図参照）。

レナ川は上流域が南に、下流域が北にあるため、毎年春になると上流側の川の表層を覆っていた氷が割れ、氷の塊が重なり合って川の流れをせき止める。これはアイスジャムと呼ばれる「氷のダム」である。この上流側には水が溜まり、川沿いの住居に浸水被害をもたらすが、上流側からの水流・水圧に屈してアイスジャムが決壊すると、水と氷が一気に流れ出し、下流側にも洪水被害をもたらす。この一連のアイスジャム洪水（あるいは春洪水）はレナ川では毎年のように発生するが、1998 年以降、春洪水の被害は以前よりも大きくなっていることがわかった。一方、北極海の夏季の海氷面積が縮小している影響で、ユーラシア大陸側の北極海上では低気圧が発生しやすくなった。そのため、東シベリアでは夏季に大雨がもたらされるようになり、レナ川中流に位置するヤクーツク付近では、夏にも河川水位が上昇するようになった（夏洪水）。夏洪水は、レナ川の中州で生育させた牧草を刈り取る直前に冠水させてしまうため、彼らは夏洪水を新たな災害と認識していることがわかった。

春洪水に対しては「移住」という適応策が施行され始めた。しかしながら施行以前、行政側は住民に対し高台の新しい村に移住を勧めた一方、住民側は河川を生業の場とし、かつ在来知や文化を尊重しているため河川沿いの古い村を捨てられず、移住に反対していた。そこで両者が議論を重ねた結果、彼らが牛馬飼育で伝統的に行っていた移牧（夏営地と冬営地との間を季節的に移り住む）形態にならい、「季節移住」が採用されることで決着した。これは政策としての適応策に、彼らの在来知に立脚した文化が織り交ぜられた社会適応の好例と言えよう。一方、夏洪水については行政側も住民側も在来知を持たないため、今のところ相応しい適応策がない。そこで我々は、飼料流通網の整備、および洪水情報伝達手段の改善を、彼らの生業かつ文化としての牛馬飼育を維持するための、有効な適応策であると提案した。

ツンドラやタイガでトナカイの飼育や狩猟をしている少数民族への温暖化の影響も調べた。衛星リモートセンシングデータ解析と生態人類学的調査を照らし合わせた結果、水環境や植生の変化に対し、牧民は微地形を巧みに利用して柔軟に適応できていることがわかった。彼らは気温上昇を大きな環境変化と認識していない一方、大雨や小河川の洪水を鮮明に記憶しており、またオオカミなどの肉食獣が増加していると認識していた。野生トナカイについては移動ルートがわかり、夏には繁殖のため、冬には越冬のため群れで滞留することがわかった。温暖化で緑色植物は繁茂している一方、トナカイゴケは減少傾向にあるためトナカイの出生率や春の体重が減少傾向にあることも考えられた。そこで、野生トナカイを保護するために越冬地を保護区にする必要性を提案した。そして、極北シベリアの生業文化として位置づけられるトナカイ牧畜と牧民を守るためには、彼らに適度な政府補助金を与え、肉食獣の狩猟を促す政策が必要であることを見出した。

地球研シベリアプロジェクトと本書を通して浮かび上がった問題点・適応策が、今後、現地研究者を通して現地政府や住民にフィードバックされることを祈る。

あとがき

本書は、大学共同利用機関法人　人間文化研究機構　総合地球環境学研究所（地球研）の連携研究プロジェクト（C-07）『温暖化するシベリアの自然と人　─水環境をはじめとする陸域生態系変化への社会の適応』（略称：地球研シベリアプロジェクト）の一環として企画・出版されたものである。

シベリアでのフィールド調査は困難の連続であった。最後に調査の裏話を少し紹介してみたい。以下は編者自身の体験、およびメンバーから聞き取った体験談である。

調査でまず大変だったのは、交通事情の非常に悪いこの地で調査地までたどり着くこと、そして帰ってくることである。調査地のうち最も遠いのはトナカイキャンプだった。

- 夏にトナカイ飼育企業のキャンプ地6か所を2週間かけて移動した。移動はトナカイに乗って合計20時間。途中3回落馬（落鹿？）し、うち1回は沼地で半身びしょ濡れになった。
- 夏のトナカイキャンプからの帰り道、車が通れる道まで馬で数時間移動したが、途中、落馬すること数回。うち一度は落馬している間に現地ガイドに置いていかれてしまい、広大な原野にぽつんと取り残され、このままはぐれたらどうしようかと思った。

その他、冬にトナカイ橇で移動中、トナカイが疲れて走れなくなり、仕方なく橇とトナカイをひとりで曳いて50キロ歩いたというツワモノもいる（本書コラム10参照）。

車や飛行機での移動も簡単ではなかった。

- 冬に調査地の村から帰る際、車の運転手が非常に時間を気にしていて、乱暴な運転で飛ばしていた。そのせいで凍ったでこぼこ道で車が横転しかけ、もうすこしで首の骨を折るところだった。

- 夏に調査地の村から戻るために、飛行場のある鉱山まで、大型トラックで道なき道約 60 キロメートルを 17 時間かけて移動した。途中、川の中、岩山などを通行。カラマツ林を通る時は、大型トラックが通れるようにするために、カラマツを伐採しながら進んだ。
- 冬にトナカイに発信機を取り付けに行く際、車が途中でエンストして動かなくなり、代用車で現場へ向かった。その後、エンストした車を修理した運転手は、我々に追いつくべく急いでいたが、あろうことかカーブの手前でハンドルがもげて、車がそのまま道路外にぶっ飛んでしまった。幸い運転手はシートベルトのおかげで軽傷ですんだが、我々が座っていた席にはシートベルトはなかったので、もしもエンストで車を降りていなければ死んでいただろう。
- 夏に調査地の村に行く際、唯一の交通手段は十数人乗りの小型機だった。しかしフライトスケジュールはあってなきがごとし。空港に電話しても通じず、フライト情報はウワサに頼るしかなかった。その後、やっと飛んだはいいが、村に着陸した際に滑走路に大穴が見つかり、即座に飛行場が閉鎖。調査が終わっても帰れないのではと不安だった。

シベリアの寒さもまた、苦労の種だった。

- 冬に調査地の村からトナカイキャンプ地までの 140 キロメートルを、スノーモービルで移動した。氷点下 30 度前後の厳寒期で、吹きさらし状態の中、7 時間もかかった。
- 冬のトナカイキャンプでトナカイの解体を見物していたら、「お前も手伝え」と言われ、腸間膜を剥がしやすいように腸の一部を引っ張った。氷点下 30 度の気温の中でのことで、解体している人は手がかじかむと、まだ温かいトナカイの体内に手を入れて暖をとっていた。私は寒さで指先の感覚がなくなってしまい、ひと月ほど戻らなかった。

移動に際しては、私たちと現地の人々との距離感の違いにもしばしば驚かされた。「すぐ近く」と言われて気軽に出発したら、何時間もかかるような場所で疲れ果てた、というような出来事も笑い話である。

コラム2「フラックス観測」で紹介した観測タワー建設の裏話も紹介しておきたい。これはサハ共和国の森の中にある高さ約30メートルのタワーで、研究者が手ずから建てたものである。

- 税関での検査に時間がかかり、資材の到着が予定より遅れたため、約2週間でタワーを建設する必要に迫られた。その年は雨が多く、建設は思うように進まなかった。しかし帰国日が迫っていた我々は、小雨混じりの中、まだ少しぐらつくタワーのてっぺんで最後の仕上げをせざるを得なかった。タワーはアルミ製なので滑りやすく、雨の中での作業は滑落する危険を伴うものであり、今思えば、決死の覚悟での建設だった。

また、予定していたものの、思いがけず調査することのできなかったテーマもあった。冬道路に関する調査である。

- 冬になると固く凍りつくレナ川は、毎年12月頃に凍った川面が整地され、春まで道路として利用される。寒冷地での非常に合理的な交通手段として、この冬道路に感心し、氷点下50度のヤクーツクへ整地工事を見るために出かけた。しかし現地では、これは軍事機密であると言われ、調査を強く拒まれた。現地では誰もが日常的に使っている氷の道路の調査がこれほど困難だとは、驚きだった。

これ以外にもさまざまなことがあったが、無事に現地調査を終え、本書の出版にこぎつけたことに安堵している。

調査に際しては、サハ共和国の人文科学・北方少数民族研究所（IHIPN）、寒冷圏生物問題研究所（IBPC）、永久凍土研究所（MPI）の皆様に大変お世話になった。またシベリア各地の町、村、キャンプ地では、現地の方々に非常に温かく迎えていただいた。ここでひとりずつ名前を挙げることはできないが、深く感謝の意を表したい。

本書の企画に当たっては、地球研の研究高度化支援センター・コミュニケーション部門の阿部健一教授にお世話になった。そして本書の刊行に当たっては、京都大学学術出版会の鈴木哲也編集室長、永野祥子編集室員にたいへんお世話になった。ここに記して感謝申し上げます。

編者一同

索　引

【カ行】

【サ行】

【タ行】

【ナ行】

【ハ行】

【マ行】

【ヤ行】

【ラ行】

執筆者紹介

【編者】

檜山　哲哉（ひやま　てつや）　はじめに、第1章、コラム8、部扉、おわりに、あとがき

名古屋大学地球水循環研究センター教授

名古屋大学大気水圏科学研究所助手、同・地球水循環研究センター助教授および准教授、総合地球環境学研究所准教授を経て、2014年4月から現職。

専門分野：水文学、気候・気象学、地球環境学

主な著作：『新しい地球学 ―― 太陽-地球-生命圏相互作用系の変動学』（共編著、名古屋大学出版会）、『水の環境学 ―― 人との関わりから考える』（共編著、名古屋大学出版会）

藤原　潤子（ふじわら　じゅんこ）　第12章、あとがき

日本学術振興会特別研究員

東北大学東北アジア研究センター機関研究員、総合地球環境学研究所上級研究員などを経て、2014年10月から現職。

専門分野：文化人類学、ロシア研究

主な著作：『呪われたナターシャ ―― 現代ロシアにおける呪術の民族誌』（人文書院）、『水・雪・氷のフォークロア ―― 北の人々の伝承世界』（共編著、勉誠出版）、『途絶する交通、孤立する地域』（共著、東北大学出版会）

【執筆者】

池田　透（いけだ　とおる）　第11章11-2節

北海道大学大学院文学研究科教授

専門分野：保全生態学、野生動物管理学（外来種管理）、地域科学

主な著作：『日本の外来哺乳類 ―― 管理戦略と生態系保全』（編著、東京大学出版会）、『外来生物が日本を襲う！』（監修、青春出版社）、『極寒のシベリアに生きる ―― トナカイと氷と先住民』（分担執筆、新泉社）、『生物という文化 ―― 人と生物の多様な関わり』（編著、北海道大学出版会）

石井　敦（いしい　あつし）　第10章

東北大学東北アジア研究センター准教授

専門分野：国際関係論、科学技術社会学
主な著作：『解体新書「捕鯨論争」』（編著、新評論）、"Path Dependence and Paradigm Shift: How Cetacean Scientists Learned to Develop Management Procedures that Survived the Controversial Whaling Regime" *Review of Policy Research*, 31, 257–280.（共著）、Governing the Air: The Dynamics of Science, Policy, and Citizen Interaction（分担執筆、MIT Press）、"An alternative explanation of Japan's whaling diplomacy in the post-moratorium era" *Journal of International Wildlife Law and Policy*, 10, 55–87.（共著）、「国際捕鯨委員会における不確実性の管理 ―― 実証主義から管理志向の科学へ」『科学技術社会論研究』第3号（共著）

江畑　冬生（えばた　ふゆき） コラム9
新潟大学人文学部准教授
専門分野：言語学・サハ語
主な著作：『サハ語文法』（共著、東京外国語大学アジア・アフリカ言語文化研究所）、『水・雪・氷のフォークロア ―― 北の人々の伝承世界』（共著、勉誠出版）、『ニューエクスプレス・スペシャル 日本語の隣人たち』（共著、白水社）

荏原　小百合（えはら　さゆり） 第9章
北海道大学大学院文学研究科専門研究員
専門分野：文化人類学、音楽人類学
主な著作：「サハ―歌謡と口琴」『水・雪・氷のフォークロア ―― 北の人々の伝承世界』（分担執筆、勉誠出版、pp.217–242）

大石　侑香（おおいし　ゆか） コラム10
首都大学東京大学院人文科学研究科博士後期課程
専門分野：社会人類学、シベリア民族誌
主な著作：「西シベリア・タイガ地帯北部におけるトナカイ飼育の脱集団化過程と複合的生業の現在」『北海道立北方民族博物館研究紀要』（第23号、pp.1–21）

大島　和裕（おおしま　かずひろ） コラム1
海洋研究開発機構地球環境観測研究開発センター研究員
専門分野：気候学、気象学
主な著作：「北半球寒冷圏陸域の気候・環境変動」（分担執筆、日本気象学会、第2章 pp.12–26）

太田　岳史（おおた　たけし） コラム3

名古屋大学大学院生命農学研究科教授

専門分野：森林気象水文学

主な著作：『森林水文学』（塚本良則編、文永堂出版）、「Permafrost Ecosystems」（ed. Osawa A., et al., Springer）、「Responses of Energy Budget and Evapotranspiration to Climate Change in Eastern Siberia」（ed. Park H., et al., InTech.）

奥村　誠（おくむら　まこと） 第13章

東北大学災害科学国際研究所教授

専門分野：土木計画学、被災地支援学、都市間交通

主な著作：『土木計画学』（単著、コロナ社）、『途絶する交通・孤立する地域』（共編共著、東北大学出版会）、『これからの都市・地域政策 ―― 「実験型都市」が未来を創る』（分担執筆、中央経済社）

I. M. オクロプコフ（Innokentiy M. Okhlopkov） 第3章

ロシア科学アカデミーシベリア支部寒冷圏（凍土圏）生物問題研究所副所長、ロシア北東連邦大学理学部教授

専門分野：動物生態学、哺乳類学、野生動物保全管理学

主な著作：Nature Park "Lena Pillars": past, present and future（共編著、Siberian Blanch of Russian Academy of Science）、"Эколого-физиологические особенности холодоустойчивости зайца-беляка (*Lepus timidus*) на северо-востоке Сибири." *Ж. ДАН*, T. 419. No 6. C. 1–4（共著）

加賀爪　優（かがつめ　まさる） コラム13

京都大学農学研究科教授

専門分野：地域環境経済学、国際貿易論

主な著作：『食糧・資源貿易と経済発展』（大明堂）、「日系食品企業による海外直接投資の国際的波及効果に関する応用一般均衡分析 ―― FDIパネルﾃﾞｰﾀに基づくCGEモデルによる接近」『生物資源経済研究』（第16号、pp.33–54）、「経済グローバリゼーションと農業 ―― 東アジア経済圏連携の可能性」『農業経済研究』（第79巻、第2号（日本農業経済学会大会シンポジウム座長解題）、pp.46–48）

金　憲淑（きむ　ほんしゅく） コラム6
国立環境研究所特別研究員
専門分野：大気科学

小谷　亜由美（こたに　あゆみ） コラム2
名古屋大学大学院生命農学研究科助教
専門分野：水文気象学
主な著作：『北半球寒冷圏陸域の気候・環境変動』（分担執筆、日本気象学会、第6章 pp.63–82）

酒井　徹（さかい　とおる） 第5章
農業環境技術研究所特別研究員
専門分野：衛星リモートセンシング

杉本　敦子（すぎもと　あつこ） 第2章
北海道大学大学院地球環境科学研究院教授
専門分野：生物地球科学
主な著作：『気象学における水安定同位体比の利用』（共編者、日本気象学会）、『陸域生態系の科学 —— 地球環境と生態系』（分担執筆、共立出版）

杉本　侃（すぎもと　ただし） コラム12
公益財団法人環日本海経済研究所副所長
専門分野：ロシアのエネルギー開発、日ロ経済関係、北東アジア地域エネルギー安全保障
主な著作：「2030年までのロシアの長期エネルギー戦略」（東西貿易通信社）、「The Foundation of Japan-Russia Energy Cooperation:The History of the Ups and Downs of the Sakhalin Project」（The Northeast Asian Economic Review Vol.1 No.2 December 2013）、「北東アジアのエネルギー政策と経済協力」（共著、京都大学学術出版会）

高倉　浩樹（たかくら　ひろき） 第6章
東北大学東北アジア研究センター教授
専門分野：社会人類学　ロシア・シベリア研究
主な著作：Arctic Pastoralist Sakha: Ethnography of Evolution and Microadaptation in Siberia

(Trans Pacific Press)、『展示する人類学 ── 日本と異文化をつなぐ対話』(編著、昭和堂)、『極寒のシベリアに生きる ── トナカイと氷と先住民』(編著、新泉社)、『社会主義の民族誌 ── シベリア・トナカイ飼育の風景』(東京都立大学出版会)

立澤　史郎 (たつざわ　しろう) 第3章、第11章11-1, 3, 5, 6節

北海道大学大学院文学研究科助教

専門分野：動物生態学、保全生態学、環境科学教育

主な著作：『世界遺産春日山原始林–照葉樹林とシカをめぐる生態と文化』(分担執筆、ナカニシヤ出版)、『生物という文化』(分担執筆、北海道大学出版会)、『環境倫理学』(分担執筆、東京大学出版会)、『馬毛島、宝の島』(共編著、南方新社)、Sika Deer: Biology and Management of Native and Introduced Populations (分担執筆、McCullough et al. eds., Springer)

陳　学泓 (ちぇん　しぇーほん) コラム5

北京師範大学地表過程・資源生態国家重点実験室准教授

専門分野：空間情報処理、リモートセンシング

主な著作："An automated approach for updating land cover maps based on integrated change detection and classification methods" *ISPRS Journal of Photogrammetry and Remote Sensing*, 71, 86–95. (共著)、"Scale effect of vegetation index based spatial sharpening for thermal imagery: a simulation study by ASTER data" *IEEE Geoscience and Remote Sensing Letters*, 9 (4), 549–553. (共著)

中田　篤 (なかだ　あつし) 第11章11-4節(2),(4)

北海道立北方民族博物館主任学芸員

専門分野：北方人類学、人と動物の関係学

主な著作：『環北太平洋の環境と文化』(分担執筆、北海道大学出版会)、『開発と先住民』(分担執筆、明石書店)、『極寒のシベリアに生きる ── トナカイと氷と先住民』(分担執筆、新泉社)

永山　ゆかり (ながやま　ゆかり) 第8章

北海道大学大学院文学研究科助教

専門分野：言語学・アリュートル語 (チュクチ・カムチャツカ諸語)

主な著作：中川裕監修・小野智香子編『ニューエクスプレス・スペシャル 日本語の隣人

たち II』（分担執筆、白水社）、『水・雪・氷のフォークロア —— 北の人々の伝承世界』（共編著、勉誠出版）、『極寒のシベリアに生きる —— トナカイと氷と先住民』（分担執筆、新泉社）

八田　茂実（はった　しげみ） 第4章
独立行政法人国立高等専門学校機構苫小牧工業高等専門学校教授
専門分野：水文学
主な著作：『積雪寒冷地の水文・水資源』（分担執筆、信山社サイテック）

W. ブルッツァート（Wilfried Brutsaert） コラム8
米国コーネル大学 教授（William L. Lewis Professorship in Engineering）
専門分野：水文学、大気境界層気象学
主な著作：『Evaporation into the Atmosphere: Theory, History, and Applications』（単著、Kluwer Academic Publishers、1982）、『Hydrology: An Introduction』（単著、Cambridge University Press、2005）

S. マクシュートフ（Shamil Maksyutov） コラム6
国立環境研究所地球環境研究センター物質循環モデリング・解析研究室　室長
専門分野：大気科学、大気物理

山口　靖（やまぐち　やすし） コラム5
名古屋大学大学院環境学研究科教授
専門分野：リモートセンシング、地球惑星科学
主な著作：『宇宙から見た地形 —— 日本と世界』（分担執筆、朝倉書店）、『基礎からわかるリモートセンシング』（分担執筆、理工図書）、『新しい地球学 —— 太陽-地球-生命圏相互作用系の変動学』（分担執筆、名古屋大学出版会）、『古地図で楽しむなごや今昔』（分担執筆、風媒社）

山崎　剛（やまざき　たけし） コラム4
東北大学大学院理学研究科准教授
専門分野：気象学、雪氷学、水文学
主な著作：『水環境の気象学 —— 地表面の水収支・熱収支』（分担執筆、朝倉書店）

山田　仁史（やまだ　ひとし） 第7章
東北大学大学院文学研究科准教授
専門分野：宗教人類学、宗教民族学
主な著作：『神の文化史事典』（共編著、白水社）、『アジアの人類学』（共編著、春風社）、『水・雪・氷のフォークロア ―― 北の人々の伝承世界』（共編著、勉誠出版）、ミュラー『比較宗教学の誕生』（共訳、国書刊行会）

山本　一清（やまもと　かずきよ） コラム5
名古屋大学大学院生命農学研究科准教授
専門分野：森林計測学、森林リモートセンシング
主な著作：『人工林荒廃と水・土砂流出の実態』（分担執筆、岩波書店）、『森林組織計画』（分担執筆、九州大学出版会）

吉川　泰弘（よしかわ　やすひろ） コラム7
北見工業大学社会環境工学科助教
専門分野：河川工学、河氷工学
主な著作：『東日本大震災合同調査報告　共通編2　津波の特性と被害』（分担執筆、丸善出版）、「結氷河川における解氷現象と実用的な氷板厚計算式の開発」（土木学会論文集B1（水工学）、Vol.68、No.1、pp.21-34、共著）

吉田　睦（よしだ　あつし） 第11章11-4節(1)(3)(5)、コラム11
千葉大学文学部教授
専門分野：北方ユーラシア先住民文化研究
主な著作：『シベリア牧畜民の食の文化・社会誌』（彩流社）、『極寒のシベリアに生きる ―― トナカイと氷と先住民』（共著、新泉社）

図 1-11 東シベリア・レナ川中流域のフラックス観測サイト（Spasskaya Pad サイト）における林冠（a：2003 年 8 月、b：2007 年 7 月）と林床（c：1997 年 8 月、d：2009 年 6 月）の変化。Ohta et al.（2014）の Fig. 1 を修正。

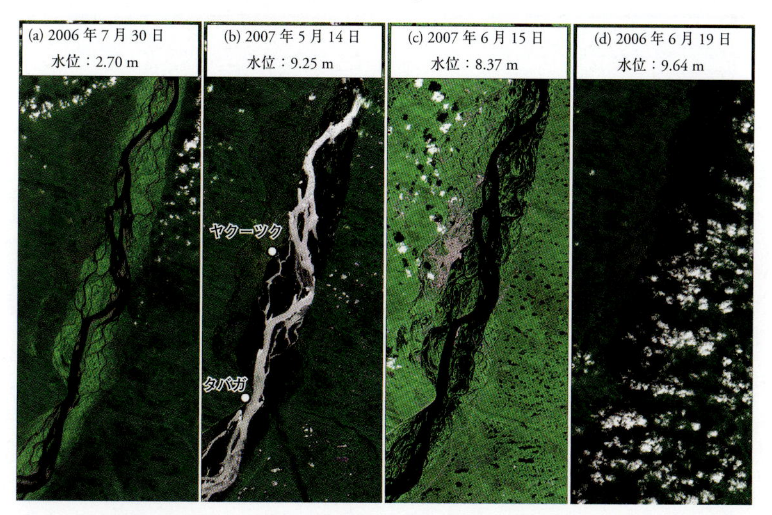

図 5-9 人工衛星 Landsat から見たレナ川洪水。(a) 洪水の影響なし、(b) アイスジャム洪水、(c-d) 融雪洪水。

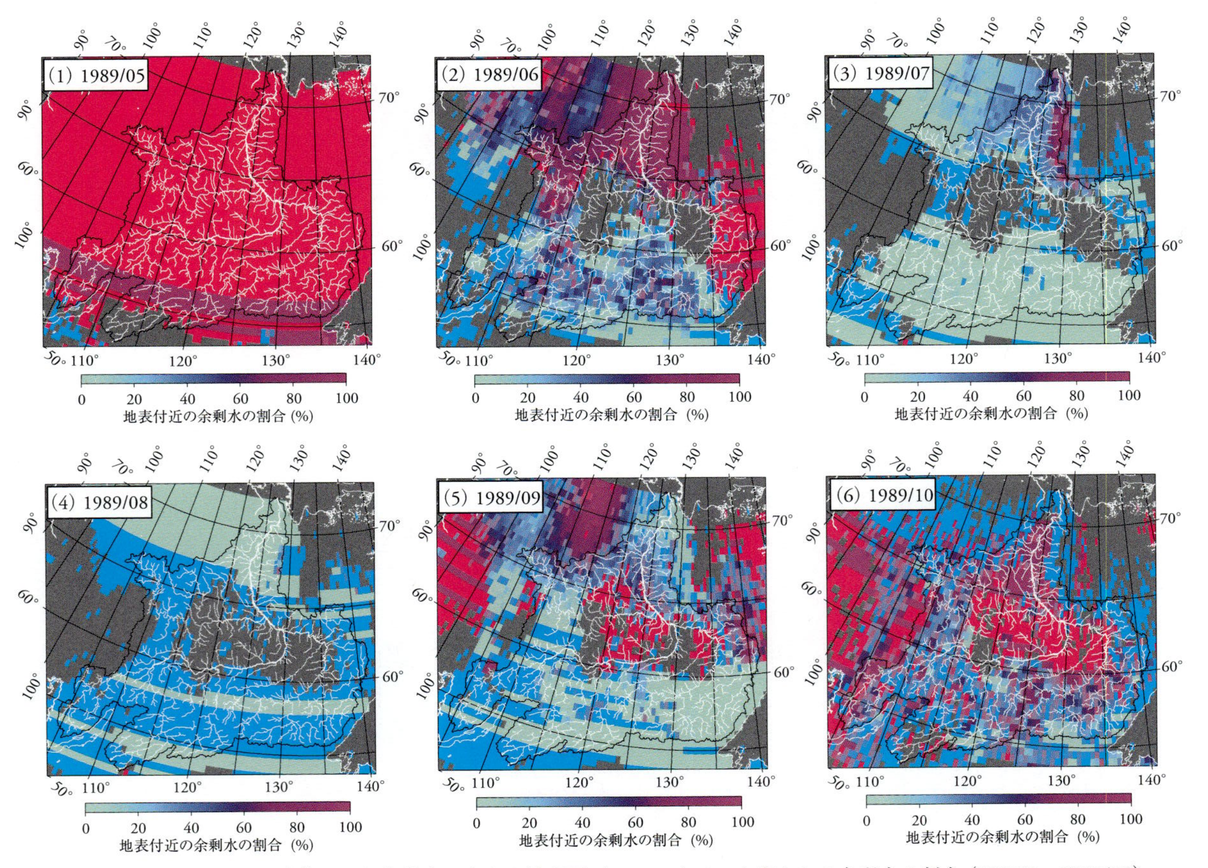

図 4-16　陸面モデルで計算された余剰水に占める地表面下 30 cm までの土壌からの余剰水の割合（1989/5～1989/10）

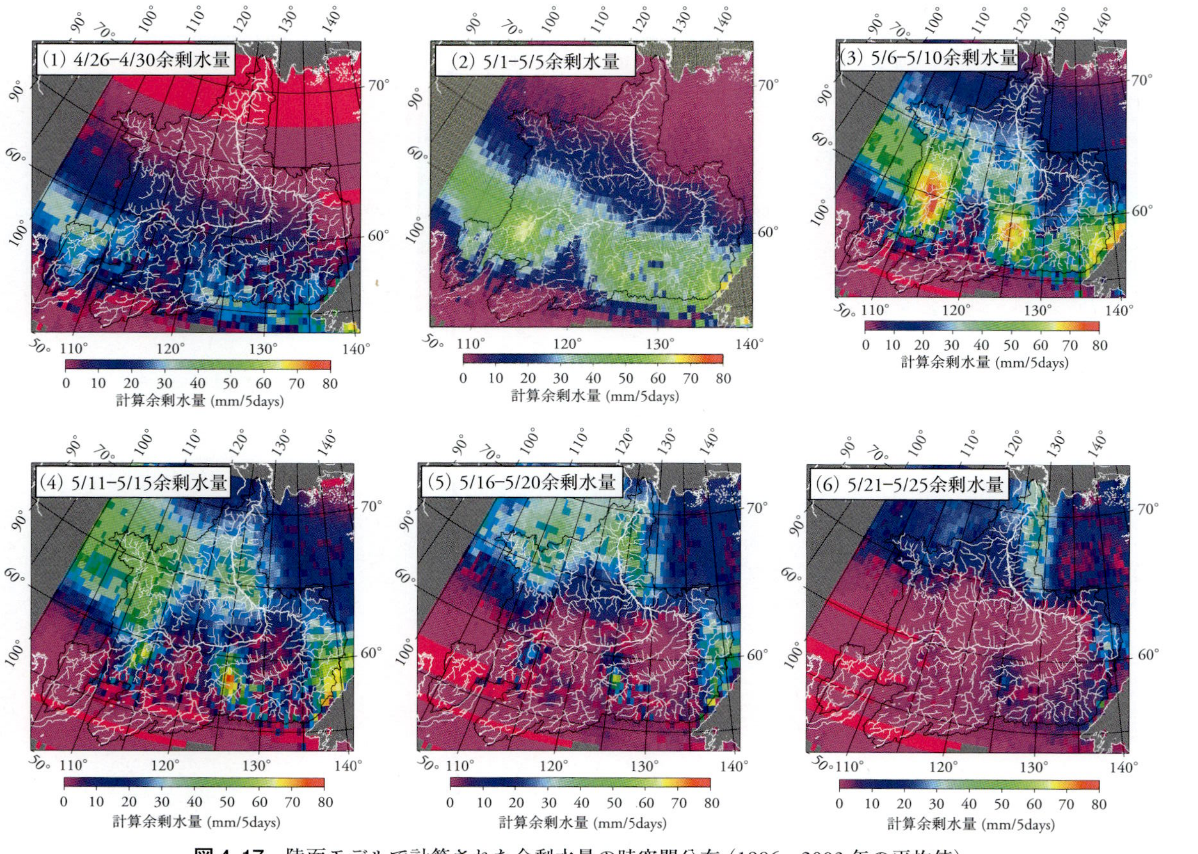

図 4–17　陸面モデルで計算された余剰水量の時空間分布（1986～2003 年の平均値）

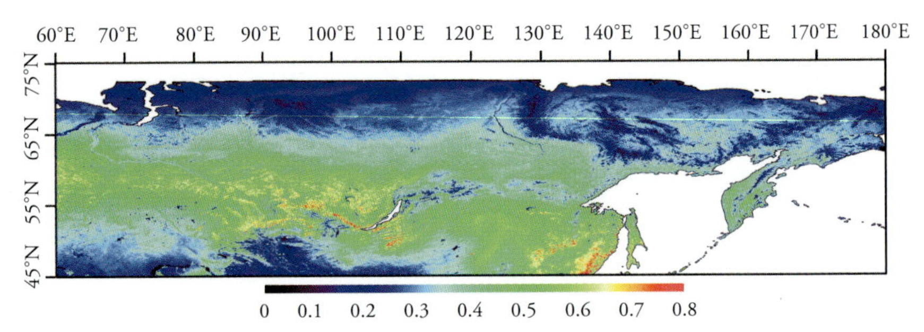

コラム5図1　1999年から2010年までのNDVIの平均値。SPOT Vegetationデータを使用。

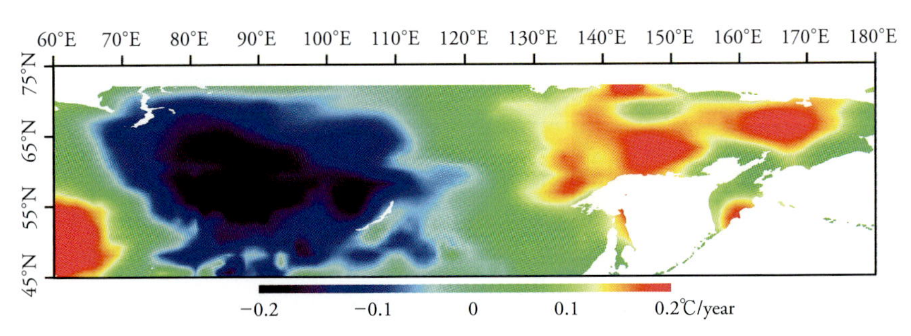

コラム5図2　1999年から2010年までの5月から8月の気温の変化傾向。JRA25/JCDASデータ（Onogi et al. 2007）を使用。

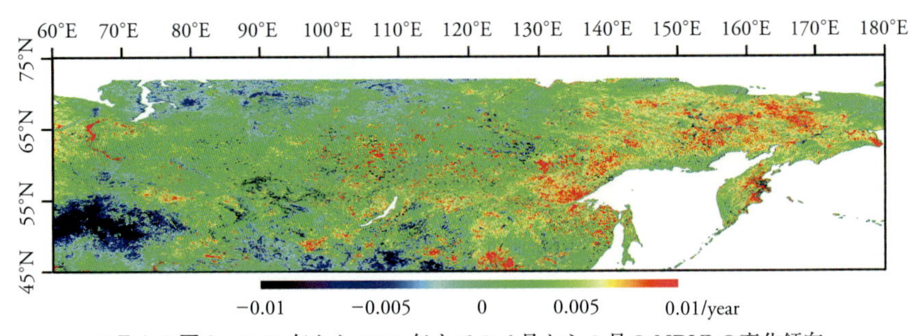

コラム5図3　1999年から2010年までの6月から8月のNDVIの変化傾向。

環境人間学と地域
シベリア　温暖化する極北の水環境と社会

平成27（2015）年3月30日　初版第一刷発行

編著者　檜山哲哉
　　　　藤原潤子
発行人　檜山爲次郎
発行所　京都大学学術出版会
京都市左京区吉田近衛町69番地
京都大学吉田南構内（〒606-8315）
電話（075）761-6182
FAX（075）761-6190
URL http://www.kyoto-up.or.jp
振替 01000-8-64677

ISBN 978-4-87698-315-5
Printed in Japan

印刷・製本　㈱クイックス
装幀　鷺草デザイン事務所
定価はカバーに表示してあります